教育部高等学校材料类专业教学指导委员会规划教材

国家级一流本科课程建设成果教材

光电子材料与器件

曾海波　陈 军　董宇辉　等 编著

OPTOELECTRONIC
MATERIALS AND DEVICES

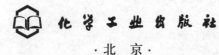

化学工业出版社
·北京·

内容简介

《光电子材料与器件》以光学和半导体交叉为理论基础，涵盖了光电子器件的基本原理、核心材料、应用技术及产业及产业应用技术，深度融合基础理论与前沿进展。主要内容包括光学和半导体物理的基础知识，发光型器件（发光显示器件和半导体激光器）、光电探测器件（光电导探测器、光电子发射探测器、光伏探测器）以及太阳能电池的基本原理、特性参数、主要材料与结构、应用实例等。另外，还加入了一些近年来最新的研究进展和应用成果。

本书涉及材料科学、光学、电学等领域的知识，涉及的知识面较广，交叉性强。本书既可作为高等院校材料科学与工程、材料物理、纳米材料与技术、光电信息工程、电子科学与技术等专业高年级本科生及研究生的教材或教学参考书，也可作为有关专业科研人员和工程技术人员的参考书。

图书在版编目（CIP）数据

光电子材料与器件 / 曾海波等编著. -- 北京：化学工业出版社，2024. 8. -- （教育部高等学校材料类专业教学指导委员会规划教材）. -- ISBN 978-7-122 -46473-6

Ⅰ. TN204；TN15

中国国家版本馆 CIP 数据核字第 2024C3H983 号

责任编辑：陶艳玲　　　　　　文字编辑：陈立璞
责任校对：王　静　　　　　　装帧设计：史利平

出版发行：化学工业出版社
　　　　　（北京市东城区青年湖南街 13 号　邮政编码 100011）
印　　装：北京云浩印刷有限责任公司
787mm×1092mm　1/16　印张 17¾　字数 437 千字
2025 年 7 月北京第 1 版第 1 次印刷

购书咨询：010 64518888　　　售后服务：010-64518899
网　　址：http://www.cip.com.cn
凡购买本书，如有缺损质量问题，本社销售中心负责调换。

定　　价：68.00 元　　　　　　　版权所有　违者必究

序

战略性新兴产业以重大前沿技术突破和重大发展需求为基础，对经济社会全局和长远发展具有重大引领带动作用，是国家壮大新质生产力的发展支柱之一。

在当今科技飞速发展的时代，光电子材料与器件的发展正以前所未有的速度推动着诸多领域的变革与进步。从通信、信息处理到医疗、能源等，光电子材料与器件的应用无处不在，且不断拓展与深化。从"十三五"规划开始，国家就颁布了一系列支持光电子器件产业发展的政策，内容涉及光电子器件发展技术路线、半导体与集成电路发展规划、光学薄膜领域发展建议等。这些政策的出台，为光电子材料与器件行业的发展提供了明确的方向和广阔的市场前景。

在新型显示、光伏能源、光电传感、光电成像等新兴技术的快速发展推动下，光电子材料与器件市场需求持续增长。然而，与产业的迅猛发展形成鲜明对比的是，光电子材料与器件领域的专业人才还相对匮乏。光电子材料与器件产业融合了材料科学、电学、光学等多学科知识，需要具备跨学科专业知识和技能的人才来从事研发、设计、制造等工作。但目前这类复合型专业技术人才的培养数量还难以满足产业快速发展的需求，导致人才短缺现象严重，制约了光电子材料与器件产业的进一步发展。

《光电子材料与器件》已被列入教育部高等学校材料类专业教学指导委员会规划教材，正作为战略性新兴领域"十四五"高等教育教材体系进行建设，旨在解决新材料领域高等教材整体规划性较差、更新迭代速度慢等问题，为学习者提供系统、全面的光电子材料与器件知识，培养具有创新思维和实践能力的专业人才，为推动光电子产业的持续繁荣贡献力量。

本书涵盖了光学和半导体基础知识、发光二极管、激光器、光电探测器、太阳能电池等重要内容。本书在内容编排上独具匠心，主要体现在下列几个方面。一是，对每种光电子器件的工作原理、结构设计、关键性能、核心材料及产业应用进行了详细的阐述，不仅让读者知其然，更让读者知其所以然，为读者构建了一个完整而清晰的光电子器件知识体系。二是，不仅全面涵盖了光电子材料与器件的基础理论知识，而且非常注重对前沿技术和最新研究成果的引入。三是，打破了传统教材的局限，依托清晰的脉络和生动的阐述，读者能够轻松地理解复杂的概念和原理。四是，紧跟产业发展前沿，充分反映国内外科研和生产最新进展，注重理论教学与实践教学的融合融汇，将产业案例、典型方案等融入了教材。总而言之，本书的出版，无疑是顺应了时代的需求，为培养光电子领域的专业人才提供了重要的知识支撑。

相信这本《光电子材料与器件》将在光电子教育领域和产业发展中发挥重要的作用，助力培养更多优秀的材料和光电子专业人才，期待未来有更多的优秀人才和创新成果在光电子领域涌现，为科技的发展和社会的进步做出更大的贡献。

中国科学院院士
2024 年 6 月于杭州

前　言

光电子材料与器件是国家重点发展方向，推动着新材料产业和光电产业的发展，在信息、能源、国防等领域发挥重要作用。针对产业需求，本领域的人才需要具备扎实的数理基础，掌握光电子学、半导体理论、光电材料等跨学科知识。本书面向光电子材料与器件"卡脖子"技术领域，以光电子材料和光电子器件为主要内容，注重材料学、光学、电学等多学科知识的融合，以培养具有扎实半导体理论知识、掌握光电子器件原理、能从材料-器件-应用构效关系角度优化和设计光电子器件的复合型创新创业人才。

笔者从 2014 年开始一直讲授"光电子材料与器件"课程 [该课程于 2021 年入选江苏省线下一流本科课程，2023 年入选国家级一流本科课程（线下）]，并主持了多项省级、校级相关教改课题，2021 年获江苏省高等教育教学成果奖一等奖，2023 年获高等教育国家级教学成果奖二等奖。笔者在总结多年的教育教学经验基础上，为适应学科发展、教学需要和产业的需求，特编写了这本专业教材。

本书共 4 篇 9 章。第 1 篇为基础知识，包含第 1 章光学基础知识，第 2 章半导体物理基础知识；第 2 篇为发光材料与器件，包含第 3 章半导体发光材料；第 4 章发光显示器件，第 5 章半导体激光器；第 3 篇为探测材料与器件，包含第 6 章光电导材料及器件，第 7 章光电子发射材料及器件，第 8 章光伏型探测材料及器件；第 4 篇为新能源材料与器件，包含第 9 章太阳能电池。本书对光电子理论基础、光电子材料以及核心器件与技术三大板块进行了系统整理，优化了知识体系，加强了板块之间的联系。本书体系完整，结构合理，重点突出，注重应用，既可作为材料科学与工程、材料物理、纳米材料与技术、光电信息工程、电子科学与技术等专业本科生及研究生的学习用书，也可供相关学科与专业教师和科技工作者使用。

本书由曾海波、陈军、董宇辉等编著，陈军统稿。参加本书编著的还有秦渊、徐荣嵘、尹千禧、王潇婷、李沐霖、齐为超等。

近年来，出现了不少光电子材料与光电子器件方面的优秀教材和著作，为推动我国光电子材料与光电子技术学科的教学和科研以及产业的发展做出了重要的贡献。在编写本书的过程中，笔者有幸参考了这些教材和著作，在此向相关作者表示诚挚的感谢。

光电子材料与器件不仅内容涉及多种学科领域，而且是活跃的发展中学科。由于笔者水平有限，书中难免存在不足之处，欢迎专家学者、教师、学生和工程技术人员提出宝贵意见，以便今后不断改进。

编著者
2024 年 6 月于南京理工大学

目 录

第2篇　发光材料与器件

第**3**篇   探测材料与器件

第 4 篇　新能源材料与器件

参考文献

第 1 篇

基础知识

第 1 章

光学基础知识

光与人们的生活密切相关。人类对光的研究，最初主要试图回答"人为什么能看见周围的物体"这一类问题。经过漫长的研究出现了以牛顿为代表的微粒说和以惠更斯为代表的波动说之争，最终爱因斯坦发现了光的波粒二象性。

光电子材料和器件的核心是光电转换，这离不开光学的基础理论知识。为了设计和优化光电子材料与器件，需要了解光的基本特性。为了衡量发光器件和光电探测器件的性能，需要对光辐射进行定量描述。因此，本章首先介绍了光的波动性和粒子性，然后介绍了光的反射、透射、吸收等基本特性，最后介绍了辐射度学和光度学基础。

1.1 光辐射与光

光辐射是电磁辐射的一种，具有波粒二象性。用光辐射的波动性可以很方便地解释光的反射、折射、干涉、衍射和偏振等现象。光辐射又可以看成不连续的光量子流。从光辐射的粒子性可以很好地解释光的吸收、发射和光电效应等现象。在利用光电子元器件实现光电转换时也涉及光辐射在媒质中传播的问题，但更多的是与光辐射和半导体的相互作用有关，因此将较多地利用光辐射的粒子性来讨论问题。

对于光辐射对应的波长范围，在不同资料中有所区别。例如按照国际照明委员会的定义，光辐射频段的波长范围是 1nm～1mm。但是许多文献资料中波长下限常有大于 1nm 的，上限则有小于 1mm 的；还有的将 1～10nm 的短波部分归属于软 X 射线，而将 0.1～1mm 的长波部分归属于亚毫米无线电波；较普遍的是指波长范围在 10nm～1mm 之间的电磁辐射。作为整个电磁辐射波谱的一个组成部分，光辐射的波长范围见图 1-1。

光辐射频段由三部分组成：紫外辐射、可见光和红外辐射。波长小于 390nm 的是紫外辐射，波长 390～770nm 的属于可见光，波长大于 770nm 的是红外辐射。可见光是指能引起肉眼视觉的光辐射。红外及紫外辐射频段有时各分为远、中、近三部分或远、中、近、极四部分。波长范围的区分在不同资料中也常有出入。

人们一般常说的光是指可见光。对于光学或光电子学来说，光辐射不仅是可见光，一般也包括紫外及红外辐射。这样，光辐射与光的含义严格说来是有区别的。但是为了方便起见也把光辐射简称为光。

1.1.1 光的波动性

光的波动性已经被著名的干涉和衍射等实验证实。光可以被认为是由相互正交且与传播方向 z 垂直的电场 E_x 和磁场 B_y 合成并随时间变化的电磁波，如图 1-2 所示。

电磁波为行波，其随时间变化的电场、磁场彼此正交，传播方向为 z。最简单的行波

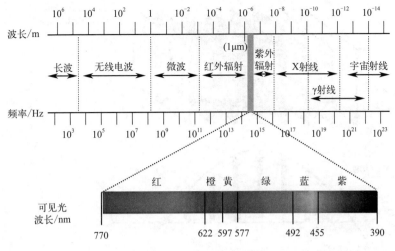

图 1-1　电磁辐射波谱

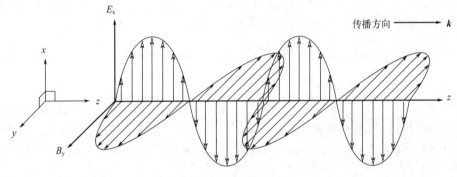

图 1-2　电磁波传播

是正弦波，若其传播方向为 z ，则具有普遍的数学形式：

$$E_x = E_0 \cos(\omega t - kz + \varphi_0) \tag{1-1}$$

式中，E_x 为 t 时刻在 z 位置的电场；k 为传播常数，或称为波数，由 $2\pi/\lambda$ 给出，其中 λ 为波长；ω 为角频率；E_0 为波的振幅；φ_0 为初始相位，它表示 $t=0$、$z=0$ 时的相位。幅角 $\omega t - kz + \varphi_0$ 称为波的相位，用 φ 表示。式 (1-1) 描述了沿 z 的正方向向无穷远处传播的单色平面波。由式 (1-1) 可知，在垂直于传播方向（z 方向）的任意平面内，波的相位是不变的，即电磁场在这个平面内也是不变的。波前是同相位的各点组成的面。显然，平面波的波前是一个垂直于传播方向的平面，沿着 z 轴传播的平面电磁波在一个给定的 xy 平面内在任何点上都有相同的 E_x（或 B_y），如图 1-3 所示。

由电磁学可知，时变磁场产生时变电场（法拉第定律），反之，时变电场产生相同频率的时变磁场。依据电磁学定律，式 (1-1) 中的电场 E_x 传播时，必然伴随着具有相同频率和传播常数（ω 和 k）的磁场 B_y 的传播。但这两个场的方向相互垂直，如图 1-3 所示。因此，磁场分量 B_y 有着相似的行波方程。我们一般用电场分量 E_x（而不是磁场分量 B_y）来描述光与不导电物质（电导率 $\sigma=0$）的相互作用，这是因为电场转移了晶体中原子或离子中的电子从而使物质被极化。但是，这两个场是相互关联的，它们有着很密切的联系。在一般情况下，光场通常指的是电场 E_x。

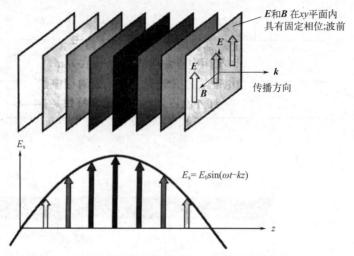

$$E_x = E_0\sin(\omega t - kz)$$

图 1-3 沿着 z 轴传播的平面电磁波波前

由于 $\cos\varphi = \mathrm{Re}[\exp(\mathrm{j}\varphi)]$，其中 Re 是指实部，因此我们也可以用指数来描述行波，只需要从最终计算的复数结果中取实部即可。所以，可以把式（1-1）改写为

$$E_x(z,t) = \mathrm{Re}\{E_0\exp(\mathrm{j}\varphi_0)\exp[\mathrm{j}(\omega t - kz)]\}$$

或
$$E_x(z,t) = \mathrm{Re}\{E_c\exp[\mathrm{j}(\omega t - kz)]\} \tag{1-2}$$

式中，$E_c = E_0\exp(\mathrm{j}\varphi_0)$，是一个复数，它描述了波的振幅并包含了初始相位信息 φ_0。

传播方向可以用矢量 $\boldsymbol{k}$ 来表示，称为波矢，其大小为传播常数 $k(=2\pi/\lambda)$。显然，$\boldsymbol{k}$ 垂直于等相位面，如图 1-4 所示。当电磁波沿着某任意 $\boldsymbol{k}$ 方向传播时，垂直于 $\boldsymbol{k}$ 的平面上点 r 处的电场 $E(r,t)$ 为

$$E(r,t) = E_0\cos(\omega t - \boldsymbol{k}\cdot\boldsymbol{r} + \varphi_0) \tag{1-3}$$

$\boldsymbol{k}\cdot\boldsymbol{r}$ 是 $\boldsymbol{k}$ 与 $\boldsymbol{r}$ 在 $\boldsymbol{k}$ 上的投影（即 r'）之积，如图 1-4 所示。所以，$\boldsymbol{k}\cdot\boldsymbol{r}=kr'$。矢量 $\boldsymbol{k}$ 对应了传播方向，实际上，如果传播方向沿着 z，$\boldsymbol{k}\cdot\boldsymbol{r}$ 就变成了 kz。通常，$\boldsymbol{k}$ 具有沿着 x、y、z 三个方向的分量 k_x、k_y 和 k_z，则由点积的定义可知 $\boldsymbol{k}\cdot\boldsymbol{r}=k_xx+k_yy+k_zz$。

给定相位 φ 的时空演变，例如对应于极大场的相位，按照式（1-1）有 $\varphi=\omega t-kz+\varphi_0$ 为一常数。经过一段时间 Δt，这一恒定相位（对应最大场）移动了一段距离 Δz，从而这个波的相位速度为 $\Delta z/\Delta t$。因此相速度 v 为

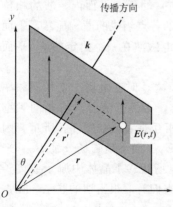

图 1-4 沿 $\boldsymbol{k}$ 方向传播的平面电磁波

$$v = \frac{\mathrm{d}z}{\mathrm{d}t} = \frac{\omega}{k} = \nu\lambda \tag{1-4}$$

式中，ν 为频率；$\omega=2\pi\nu$。

我们更感兴趣的是，在给定时间，波中有一定距离的两个点之间的相位差 $\Delta\varphi$。如式（1-2），若波以波矢 $\boldsymbol{k}$ 沿 z 轴传播，则距离 Δz 的两点间的相位差为 $k\Delta z$，因为每个点的 ωt 都是一样的。如果相位差为 0 或 2π 的整数倍，则称两点的相位相同。因此，相位差 $\Delta\varphi$ 可以表示为 $k\Delta z$ 或 $2\pi\Delta z/\lambda$。

1.1.2　光的粒子性

光的波动性有大量实验事实和光的电磁理论支持，成功地说明了一切有关光的传播问题，却始终没有满意地解释有关光的发射和吸收问题，特别是有关黑体辐射与光电效应的问题。黑体辐射问题研究的是辐射与周围物体处于平衡状态时能量按波长（或频率）的分布。所有物体都发射热辐射，这种辐射是一定波长范围内的电磁波。对于外来的辐射，物体有反射或吸收的作用。如果一个物体能全部吸收投射在它上面的辐射而无反射，这种物体就称为绝对黑体，简称黑体。一个空腔可以看成黑体。当空腔与内部的辐射处于平衡时，腔壁单位面积所发射的辐射能量和它吸收的辐射能量相等。实验得出的平衡时辐射能量密度按波长分布的曲线，其形状和位置只与黑体的绝对温度相关，而与空腔的形状及组成的物质无关。

根据经典电动力学（麦克斯韦理论）和统计力学，可以推导出黑体辐射问题中辐射的能量与频率之间的关系式。但是，这样推导的公式却与实验结果严重地不相符。维恩（Wien）由热力学的讨论，并加上一些特殊假设得出了一个分布公式——维恩公式。这个公式在图1-5所示的短波部分与实验结果符合，而在长波部分则显著不一致。瑞利（Rayleigh）和金斯（Jeans）根据经典电动力学和统计物理学也得出了一个黑体辐射能量分布公式。他们得出的公式在长波部分与实验结果较符合，而在短波部分则完全不符。

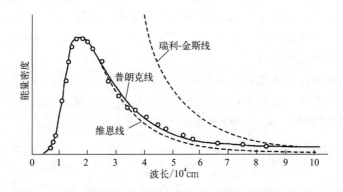

图 1-5　黑体辐射能量分布曲线（圆圈代表实验值）

经过长期的研究和详细分析，普朗克（Planck）于 1900 年发现，若要得到与实验结果相符的黑体辐射能量分布公式，需要假定：对于一定频率 ν 的电磁辐射，物体只能以 $h\nu$ 为能量单元，发射或吸收这一频率的电磁辐射。其中

$$h = 6.62607015 \times 10^{-34} \text{J} \cdot \text{s}$$

是一个普适常数，称为普朗克常数，又称为作用量子。基于这个假定，普朗克得到了与实验结果符合得很好的黑体辐射能量分布公式

$$\rho_\nu \mathrm{d}\nu = \frac{8\pi h \nu^3}{c^3} \times \frac{1}{\mathrm{e}^{\frac{h\nu}{kT}} - 1} \mathrm{d}\nu \tag{1-5}$$

式中，$\rho_\nu \mathrm{d}\nu$ 是黑体内频率在 $\nu \sim \nu + \mathrm{d}\nu$ 之间的辐射能量密度；c 是光速；k 是玻尔兹曼常数；T 是黑体的绝对温度。普朗克的理论突破了经典物理学在微观领域的束缚，打开了认识光的粒子性的途径。

普朗克的量子假说虽然成功地解释了黑体辐射的规律，但毕竟是间接的。物体究竟是否确实如此发射和吸收电磁辐射还有待进一步的直接实验证明。第一个完全肯定光除了具有波动性之外还具有粒子性的是爱因斯坦（Einstein）。他认为电磁辐射不仅在被发射和吸收时以能量为 $h\nu$ 的微粒形式出现，而且以速度 c 在空间运动，这种粒子叫做光量子或光子。用这个观点，爱因斯坦成功地解释了光电效应。正如干涉现象无可置辩地证明了光是一种波动，光电效应也同样不容怀疑地证明了光具有"粒子"性。

光电效应显示，当特定频率的光照射到某些金属面上时，金属面上会发射出电子，称为光电子。这种电子发射具有下列重要特性：

① 对于一定的金属，只有当照射光的频率 ν 达到或超过一定值 ν_0 时，才会有光电子从金属面上射出来。如果频率低于 ν_0，则无论光多么强，被照射的金属面都不会射出光电子。

② 光的强度只决定发射出来的光电子的密度（即单位时间内从单位面积上射出来的光电子数目），即光电流的强度，而不决定发射出来的光电子的速度（动能）。决定光电子速度（动能）的是照射光的频率 ν。

③ 当频率足够高的光照射到一定的金属面上时，光电子几乎是立刻（约 3×10^{-9} s）射出的（不论光多么弱）。

所列举的光电效应的这三个特性都是与光的波动理论相矛盾的，因而是经典光的电磁理论所不能解释的。例如，根据光是电磁波的理论来计算，强度为 10^{-6} W/m^2 的光照在金属钠上，由于光能是分布在波阵面上的，大约需要 10^7 s（约 115 天）才能使金属钠中的电子获得足够的能量从表面脱逸出来。

根据光的粒子性理论，光电效应就可以很简单地得到说明：当金属中的电子吸收了一个频率为 ν 的光子，它就立刻获得了该光子的全部能量 $h\nu$。如果该能量大于电子摆脱金属表面的约束而需要做的功 W_0，电子就会从金属中飞逸出来，出来后的最大动能为

$$\frac{1}{2}\mu v_{\mathrm{m}}^2 = h\nu - W_0 \tag{1-6}$$

式中，μ 是电子的质量；v_{m} 是电子脱出金属表面后的速度。

从式（1-6）可以看到，如果电子所吸收的光子的能量 $h\nu$ 小于 W_0，则电子不能脱出金属表面，因而没有光电子产生。光电子的动能（速度）只与照射光的频率有关，而与光强无关。这个理论也说明了为什么光强决定着光电流的大小。因为根据光子的概念，光强代表单位时间内落在被照射的金属表面单位面积上的光子数，由此而发射出来的相应电子数（对应光电流）当然是与其成比例的。此外，按照该理论所说的光电子发射机制，光电子在光照射到金属面上时几乎立刻发射出来。

爱因斯坦的光子理论比普朗克的理论进了一步，认为电磁辐射——光不仅在发射和吸收时以量子为单位，而且其本身就是在真空中以速度 c（光速 $= 3 \times 10^8$ m/s）运动着的"粒子"——光子。频率为 ν 的光子不仅具有能量 $E(=h\nu)$，而且还像普通的运动质点那样具有动量 p。由相对论我们知道，以速度 v 运动的粒子的能量为

$$E = \frac{\mu_0 c^2}{\sqrt{1 - \dfrac{v^2}{c^2}}} \tag{1-7}$$

式中，μ_0 是粒子的静止质量。对于光子，$v=c$，所以由上式可知光子的静止质量为零。再由相对论中的能量动量关系式

$$E^2 = \mu_0^2 c^4 + c^2 p^2 \tag{1-8}$$

可得到光子能量 E 和动量 p 之间的关系为

$$E = cp \tag{1-9}$$

所以，光子的能量和动量分别为

$$E = h\nu = \hbar\omega \tag{1-10}$$

$$\boldsymbol{p} = \frac{h\nu}{c}\boldsymbol{n} = \frac{h}{\lambda}\boldsymbol{n} = \hbar\boldsymbol{k} \tag{1-11}$$

式中，$\boldsymbol{n}$ 表示沿光子运动方向的单位矢量；$\omega=2\pi\nu$，表示角频率（有时也称为频率）；λ 表示波长，则波矢的表达式为

$$\boldsymbol{k} = \frac{2\pi\nu}{c}\boldsymbol{n} = \frac{2\pi}{\lambda}\boldsymbol{n} \tag{1-12}$$

$\hbar = \dfrac{h}{2\pi} = 1.0545 \times 10^{-34} \text{J} \cdot \text{s}$，是量子力学中常用的符号。关系式（1-10）和式（1-11）把光的两重性质——波动性和粒子性联系了起来，等式左边的动量和能量是描写粒子的，而等式右边的频率和波长则是波的特性。

1.2 光的基本特性

1.2.1 光的反射与透射

光波即电磁辐射，当它在不带电的、各向同性的导电媒质（包括半导体）中传播时，服从麦克斯韦方程组：

$$\nabla \times \boldsymbol{E} = -\frac{\partial \boldsymbol{B}}{\partial t} \tag{1-13}$$

$$\nabla \times \boldsymbol{H} = \boldsymbol{J} + \frac{\partial \boldsymbol{D}}{\partial t} \tag{1-14}$$

$$\nabla \cdot \boldsymbol{B} = 0 \tag{1-15}$$

$$\nabla \cdot \boldsymbol{D} = \rho \tag{1-16}$$

式中，ρ 为电荷密度。

对于均匀的各向同性线性介质，有 $\boldsymbol{J}=\sigma\boldsymbol{E}$，$\boldsymbol{B}=\mu_r\mu_0\boldsymbol{H}$ 和 $\boldsymbol{D}=\varepsilon_r\varepsilon_0\boldsymbol{E}$。式中，$\varepsilon_0$ 和 μ_0 是自由空间的介电常数和磁导率；ε_r 是媒质的相对介电常数；μ_r 是媒质的相对磁导率；σ 是媒质的电导率。对于光学波长，$\mu_r=1$，麦克斯韦方程组变为

$$\nabla \times \boldsymbol{E} = -\mu_0 \frac{\partial \boldsymbol{H}}{\partial t} \tag{1-17}$$

$$\nabla \times \boldsymbol{H} = \sigma \boldsymbol{E} + \varepsilon_r \varepsilon_0 \frac{\partial \boldsymbol{E}}{\partial t} \tag{1-18}$$

$$\nabla \cdot \boldsymbol{H} = 0 \tag{1-19}$$

$$\nabla \cdot \boldsymbol{E} = \frac{\rho}{\varepsilon_0} \tag{1-20}$$

由式（1-17）、式（1-18）可得

$$\nabla \times (\nabla \times \boldsymbol{E}) = -\mu_0 \frac{\partial}{\partial t}(\nabla \times \boldsymbol{H}) = -\mu_0 \left(\sigma \frac{\partial \boldsymbol{E}}{\partial t} + \varepsilon_r \varepsilon_0 \frac{\partial^2 \boldsymbol{E}}{\partial t^2} \right)$$

由于

$$\nabla \times (\nabla \times \boldsymbol{E}) = \nabla(\nabla \cdot \boldsymbol{E}) - \nabla^2 \boldsymbol{E}$$

因此

$$\nabla^2 \boldsymbol{E} - \sigma \mu_0 \frac{\partial \boldsymbol{E}}{\partial t} - \mu_0 \varepsilon_r \varepsilon_0 \frac{\partial^2 \boldsymbol{E}}{\partial t^2} = 0 \tag{1-21}$$

对于 $\boldsymbol{H}$ 也可获得类似的方程。

现考虑沿 x 方向传播的平面电磁波，取 $\boldsymbol{E}$ 的一个分量 E_y，其表达式为

$$E_y = E_0 \exp \left[\mathrm{i}\omega \left(t - \frac{x}{v} \right) \right] \tag{1-22}$$

式中，E_0 是 E_y 的振幅；ω 是角频率；v 是平面波沿 x 方向的传播速度。将式（1-22）代入式（1-21），计算得

$$\frac{1}{v^2} = \mu_0 \varepsilon_0 \varepsilon_r - \frac{\mathrm{i}\sigma\mu_0}{\omega} \tag{1-23}$$

因为光波在媒质中的传播速度 v 应等于 c/N（其中，N 是媒质的折射率；c 是真空中的光速），所以

$$N^2 = c^2 \left(\varepsilon_r - \frac{\mathrm{i}\sigma}{\omega\varepsilon_0} \right) \mu_0 \varepsilon_0$$

对于自由空间，$N=1$，$\varepsilon_r = 1$，$\sigma = 0$。由上式得

$$c = \frac{1}{\sqrt{\varepsilon_0 \mu_0}} \tag{1-24}$$

因此

$$N^2 = \varepsilon_r - \frac{\mathrm{i}\sigma}{\omega\varepsilon_0}$$

显然，当 $\sigma \neq 0$ 时，N 是复数。设

$$N = n - \mathrm{i}\kappa \tag{1-25}$$

代入式（1-22），得

$$E_y = E_0 \exp \left(-\frac{\omega\kappa x}{c} \right) \exp \left[\mathrm{i}\omega \left(t - \frac{nx}{c} \right) \right] \tag{1-26}$$

对于 H_z，可得出相似的式子

$$H_z = H_0 \exp\left(-\frac{\omega\kappa x}{c}\right) \exp\left[i\omega\left(t - \frac{nx}{c}\right)\right]$$ (1-27)

将式（1-27）和式（1-26）代入式（1-21），可得出 E_0 和 H_0 的关系式

$$H_0 = \frac{n - i\kappa}{\mu_0 c} E_0 = \frac{N}{\mu_0 c} E_0$$ (1-28)

这说明，光波在媒质中传播时，H_0 与 E_0 的数值不同，且两者之间有一相位差 θ（$= \arctan\frac{\kappa}{n}$）。由式（1-26）得知，$\sigma \neq 0$ 时，光波以 c/n 的速度沿 x 方向传播，其振幅按 $\exp(-\omega\kappa x/c)$ 的形式下降。这里 n 是通常的折射率，而 κ 则是表征光能衰减的参量，称为消光系数。

（1）光的反射

当光波（电磁波）照射到媒质界面时，必然发生反射和折射。一部分光从界面反射，另一部分光则透入媒质。从能量守恒观点来看，反射能流和透射能流之和等于入射能流。因为入射能流密度可用坡印亭矢量的实数部分来表示，又因为

$$H_0 = \frac{N}{\mu_0 c} E_0$$ (1-29)

所以，入射能流密度

$$S_0 = \frac{1}{2} E_0 H_0 = \frac{N E_0^2}{2\mu_0 c}$$ (1-30)

可见，光波的能流密度（即光强度）与电矢量振幅的平方成正比。现规定反射系数 R 为界面反射能流密度和入射能流密度之比。设 E_0 和 $E_0{'}$ 分别代表入射波和反射波的电矢量振幅，则应用式（1-30）可得反射系数

$$R = \frac{E_0{'}^2}{E_0^2}$$ (1-31)

当光从空气垂直入射于折射率为 $N = n - i\kappa$ 的媒质界面时，可以推得反射系数

$$R = \frac{(n-1)^2 + \kappa^2}{(n+1)^2 + \kappa^2}$$ (1-32)

对于吸收性很弱的材料，κ 很小，其反射系数 R 比纯电介质稍大。但折射率较大的材料，其反射系数也较大。如 n 达到 4 的半导体材料，其反射系数可达 40% 左右。

（2）光的透射

在界面上，除了光的反射外，还有光的透射。规定透射系数 T 为透射能流密度和入射能流密度之比。由于能量守恒，在界面上透射系数和反射系数满足

$$T = 1 - R$$ (1-33)

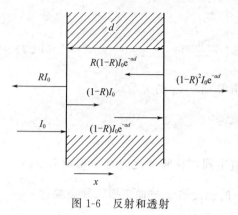

图 1-6　反射和透射

现进一步讨论光波透过一定厚度的媒质时,透射系数与反射系数的关系。设强度为 I_0 的光垂直透过厚度为 d 的媒质,如图 1-6 所示。在两个界面处都发生反射和透射,界面上反射系数为 R,媒质的吸收系数为 α。显然,第一个界面上的反射光强度为 RI_0,透入媒质的光强度为 $(1-R)I_0$;到达第二个界面的光强度为 $(1-R)I_0 e^{-ad}$,最后透过第二个界面的光强度为 $(1-R)^2 I_0 e^{-ad}$。根据定义,透射系数

$$T = \frac{\text{透射光强度}}{\text{入射光强度}} = (1-R)^2 I_0 e^{-ad} \qquad (1\text{-}34)$$

这就是光波透过厚度为 d 的样品时,透射系数和反射系数的关系。

1.2.2　光的干涉、衍射与偏振

1.2.2.1　光的干涉

我们大概都看到过这样有趣的现象:把两块石头同时投入平静的水池内,则在两石块落水处各产生一个向外传播的水面波,在两波相交的区域,有些地方的扰动实际上等于零,而另一些地方的扰动比任何单独一个波所产生的扰动都大得多。这种现象我们称为水面波的干涉。

两个或两个以上的光波相遇时,各光波间不产生相互的影响,即每一个光波的传播方向、振幅、频率以及其他特性等都如同其他光波不存在一样,不发生改变。从这个意义来说,向各方向传播的光是相互独立的,正如几何光学基本原理所说的那样。然而,对于满足一定条件的两个或两个以上的光波,在它们相交的区域,各点的光强度与各光波单独作用时的光强度之和可能是极不相同的,有些地方的光强度近于零,而另一些地方的光强度则比各光波单独作用时的光强度之和大得多。这种现象称为光的干涉。

图 1-7 是杨氏干涉实验装置的示意图及光路图。在强单色光源前放置一个有针孔 S' 的遮光屏,光通过 S' 向前传播。若针孔足够小,S' 就可以看作单色点光源。在其前面再放置屏 G,上面开有针孔 S_1 和 S_2,可将 S' 发出的球面波前分离出两个次波波源。现用图 1-7 中杨氏干涉实验的光路图考察观测屏 S_c 上 P 点的光强。一般表达式可用复振幅合成法求得。设 U_1 和 U_2 分别是两缝在重叠区 P 点产生的复振幅,则 P 点的合成光强为

$$\begin{aligned}
I &= |U|^2 \\
&= |U_1|^2 + |U_2|^2 + 2\sqrt{|U_1|^2}\sqrt{|U_2|^2}\cos 2\beta \\
&= I_1 + I_2 + 2\sqrt{I_1}\sqrt{I_2}\cos 2\beta
\end{aligned} \qquad (1\text{-}35)$$

式中,2β 是 P 点两复振幅的相位差。最后一项是由两光波的干涉引起的,通常称为干涉项。在分析干涉现象时,这是非常重要的一项。若 $I_1 = I_2 = I_0$,则

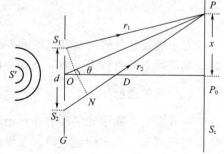

图 1-7　双缝干涉实验

式（1-35）可简化为

$$I = 2I_0(1 + \cos 2\beta) = 4I_0 \cos^2 \beta \tag{1-36}$$

式（1-36）表明干涉条纹的光强具有周期性的变化规律，因此可以用相位差 2β 来描述。根据光程差和相位差之间的关系可写出

$$2\beta = \frac{2\pi}{\lambda}\delta \tag{1-37}$$

由于 $\delta = d\sin\theta$，因此 $2\beta = (2\pi/\lambda)d\sin\theta$。可见，干涉条纹的光强取决于 S_1 和 S_2 发出的两个衍射波到达屏上一点时相位差的半值 $\beta[=(\pi d/\lambda)\sin\theta(\theta$ 为 OP 和 OP_0 之间的夹角）]。

当

$$\beta = \frac{\pi\delta}{\lambda} = \pm p\pi$$

或

$$\delta = \pm p\lambda = \pm 偶数 \times \frac{\lambda}{2} \quad p = 0,1,2,\cdots \tag{1-38}$$

时，$I = 4I_0$，是最大值，可得明线。式中，p 是各级明线的级数，叫做干涉级数。当 $p = 0$ 时，即得零级明线，或称中央明线。

当

$$\beta = \frac{\pi\delta}{\lambda} = \pm\left(p + \frac{1}{2}\right)\pi$$

或

$$\delta = \pm\left(p + \frac{1}{2}\right)\lambda = \pm 奇数 \times \frac{\lambda}{2} \quad p = 0,1,2,\cdots \tag{1-39}$$

时，$I = 0$，是最小值，得暗线。

将 $\beta = \frac{\pi d}{\lambda}\sin\theta \approx \frac{\pi d}{\lambda} \times \frac{X}{D}$、式（1-38）和式（1-39）代入式（1-37）可得出明线和暗线的位置分别为

$$x_M = \pm\frac{D}{d}p\lambda \quad p = 0,1,2,\cdots \tag{1-40}$$

$$x_m = \pm\frac{D}{d}\left(p + \frac{1}{2}\right)\lambda \quad p = 0,1,2,\cdots \tag{1-41}$$

由式（1-40）可得第 p 级和第 $p+1$ 级明线的间隔为

$$\Delta x = \frac{D}{d}\lambda \tag{1-42}$$

同理，由式（1-41）可得出相邻两暗线的间隔也等于 $D\lambda/d$，而且条纹的间隔不因级数的改变而改变。这意味着在观察屏 S_c 上呈现的是等间隔的、明暗相间的干涉条纹。其间隔与两缝到观察屏的距离成正比，与入射光的波长成正比，而与双缝之间的距离成反比。

条纹间隔一般都是很小的，例如当 $\lambda = 5 \times 10^{-5}$cm，$D = 1$m，$d = 0.5$cm 时，则有 $\Delta x = 0.01$cm。因此，为了便于观察，可增大 D 值。但 D 越大条纹就变得越暗淡，可见只有减小 d 值才是增大 Δx 最可取的方法。为了使 S_1 和 S_2 之间的距离足够小，可以采用不同的实验装置，如菲涅耳双镜、菲涅耳双棱镜等。

需要明确的是，在产生干涉效果的情况下，虽然有的地方光强增大，有的地方光强减

弱，但它们的平均光强却不变，仍然满足能量守恒定律。

只有满足振动方向一致、频率相同、具有稳定相位差（此称为相干条件）的两束或多束光，才能在其叠加区域出现可以观察到的干涉条纹。因此，用光源直接照射双缝时能否出现可以观察到的干涉条纹，主要取决于光源的发光机理。理想的光源模型中，可以将一无限小点发出的无限长波列的光束，用光学的方法分成两束，然后再实现同一波列的相遇叠加，从而得到稳定的干涉条纹。这样的光源也叫相干光源。

在考察一个实用光源是否满足相干光源的要求时，既要考虑光源发光的持续时间，也要考虑光源的尺寸，而且还要考虑被分开的两束光相遇前光程差的大小。总之，空间变量和时间变量是决定相位差能否稳定的共同因素。为方便讨论，可设计空间变量不变（实际上只能接近不变）的装置，认为相位差仅仅是由时间变量引起的，这是所谓时间相干性的问题；也可以设计时间变量不变的装置，认为相位差仅仅是由空间变量引起的，这是所谓空间相干性的问题。

（1）时间相干性

任何实际光源发出的光波，都不可能是在时间和空间上无限延续的简谐波，而是一些断断续续的波列。假设光源中原子每次发光的持续时间为 τ，相应的波列长度为 L，则它们之间的关系为 $L = \tau c$（c 为真空中的光速）。由于原子的发光是完全无规则的，它相继发射的各波列之间完全没有确定的位相关系。为了用普通光源产生干涉现象，必须将同一原子发出的一列波一分为二，例如通过双缝［图1-8（a）］，使它们经过不同的光程后再相遇。但是，只有当它们到达 P 点的光程差小于波列长度，或者说它们到达 P 点的时间间隔小于波列的持续时间，由同一波列分成的两波列中，一波列尚未完全通过 P 点时，另一波列的前端已到达 P 点，这两波列才能产生干涉。因此我们称 τ 为相干时间，L 为相干长度。

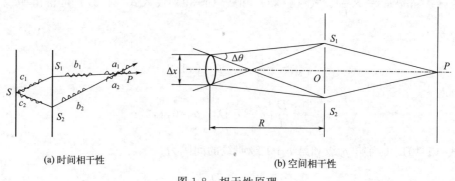

(a)时间相干性　　　　　　　　　　(b)空间相干性

图1-8　相干性原理

（2）空间相干性

光的空间相干特性可以利用图1-8（b）所示的双孔干涉实验进行考察。如果光源是一个理想点光源，则可以在观察屏上看到清晰的干涉条纹。如果光源有一定的大小 Δx，则其干涉效应将变差。当光源到双孔的距离固定为 R 时，改变双孔 S_1 和 S_2 的间隔，通过双孔光的干涉效应将随之变化；随着孔间距离的增大，干涉条纹逐渐变得模糊。实验表明，在双孔屏上有一个以 O 点为对称中心的区域面积 A_c，如果 S_1 和 S_2 在 A_c 内就能观察到干涉条纹；只要 S_1 和 S_2 在 A_c 之外，就观察不到干涉现象。通常，用相干面积 A_c 来表征该光源在双孔屏上产生的光的最大相关空间范围。A_c 越大，则该光的空间相干性越好。在双孔屏

处，该光场具有明显相干性的条件是

$$\Delta x \Delta \theta \leqslant \lambda \tag{1-43}$$

式中，$\Delta \theta$ 是两孔间距对光源的张角。式（1-43）表明，要增大空间相干性的张角 $\Delta \theta$，可以采用较小的光源。

1.2.2.2 光的衍射

光的衍射是指光在传播过程中遇到障碍物时偏离几何光学路径的现象。具体表现为光可以绕过障碍物，传播到障碍物的几何阴影中，并且在观察屏上呈现出光强的不均匀分布（称为衍射图样），对光在某个方向上的空间限制越强，则该方向上的衍射效应越强。衍射是波的基本特征，但是明显的衍射现象只有在衍射障碍物（或孔径）的宽度 a 与所考察波的波长 λ 相比拟时才表现出来。比值 λ/a 越大，衍射现象越明显；若比值 λ/a 趋于零，则衍射现象消失，光波将按照几何光学的规律传播。由于日常生活中各类障碍物的空间尺寸（约 $10^0 \, \mathrm{m}$）远大于可见光的波长（约 $10^{-7} \, \mathrm{m}$），因此光的衍射现象并不明显，人们主要看到光的直线传播行为。如果障碍物的尺寸很小，比如让光通过很细的狭缝或很小的圆孔，或在平直的挡板边缘，仔细观察的话，我们还是可以观察到衍射现象的。

在实验室条件下，常采用高亮度的激光或普通的强点光源，并保证屏幕的距离足够远，这样就可以清楚地演示出光的衍射现象了。如图 1-9（a）所示的装置，S 是一个位于很远处的线光源，由 S 发出的光束照射到不透光的 G 板上开有细缝的地方（缝宽约 $0.5 \, \mathrm{mm}$），在 G 的后方，可在不同的距离处用一个观察屏 S_c 观察经过细缝的光束所产生的现象。

当 S_c 和 G 紧密接触时，屏上出现了细缝的像，如图 1-9（b）所示；当 S_c 逐渐向后移动时，缝的像两长边的边界开始模糊；当 S_c 移动到几厘米远处时，可看到在原长边的边界附近出现了暗淡的条纹，此时，虽然 S_c 上显示的图像已经与细缝的几何像不完全一样了，但仍然能看出缝的像的大致轮廓，见图 1-9（c）；如果继续移动 S_c 到几米远的地方，S_c 的中央会出现一条亮而粗的明线，它的两侧则对称地排列着光强度递减的、等间距的、较细的明线，如图 1-9（d）所示。需要指出的是，上述三个区域是逐渐过渡的，并没有明显的分界线。

图 1-9（b）是细缝的几何像，可以用光的直线传播特性来解释。图 1-9（c）和（d）所示的现象，则是光束在前进的路上遇到细缝时，因受到限制而产生衍射现象造成的。通常，把图 1-9（c）所示的衍射现象称为菲涅耳（Fresnel）衍射或近场衍射，把图 1-9（d）所示的衍射现象称为夫琅禾费（Fraunhofer）衍射或远场衍射。

光的衍射是光的波动性的一种表现，我们通过对光的各种衍射现象的研究可以在光的干涉现象之外，从另一侧面再次深入具体地了解光的波动性。下面介绍惠更斯-菲涅耳原理，以便更好地了解光的衍射现象。

惠更斯为了说明波在空间各点的逐步传播机制，曾提出一种设想，现今称为惠更斯原理。如图 1-10（a）所示，他认为自点光源 S 发出的波阵面 Σ 上的每一点均可视为一个新的振源，由它发出次级波；若光波在各向同性的均匀介质中以速度 v 传播，则波阵面 Σ 经过某一时间 τ 后，新波阵面就是在波阵面 Σ 上作出的半径为 $v\tau$ 的诸次级球面波的包络面 Σ'。

利用上述原理，可以预料光的衍射现象的存在。例如，我们来考察一平面波 WW' 通过宽度为 a 的开孔 AA' 的情况，如图 1-10（b）所示。开孔 AA' 限制了平面波 WW'，只允许

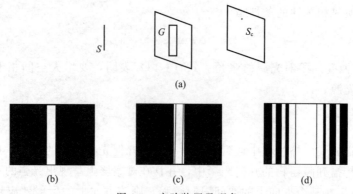

(a)

(b)　　　　　(c)　　　　　(d)

图 1-9　实验装置及现象

宽度为 a 的一段波阵面通过，开孔平面上的每一点都可视为新的振源，传出次级波；这些次级波的包络面在中间部分是平面，在边缘处是弯曲的。即在开孔的边缘处光不沿原光波方向传播，因而可以预料在几何影内的光强度不为零，它表明有衍射现象。这是几何光学所不能描述的。

　　然而，惠更斯原理却不能用来考察衍射现象的细节以及多种多样的衍射。换言之，惠更斯原理有助于确定光波的传播方向，而不能确定沿不同方向传播的光波的振幅。菲涅耳基于光的干涉原理，认为不同次级波之间可以产生干涉，给惠更斯原理做了补充，成为惠更斯-菲涅耳原理。菲涅耳在惠更斯原理的基础上，考虑到所有子波射抵一点时的相位关系，认为空间任意一点 P 处的光强是到达该点的全部子波叠加的结果，并引进了一个倾斜因数 $K(\theta)$ 的修正因子假设。他认为波阵面 S 上某一点 Q 处的子波对 P 点振幅的贡献与倾斜因数 $K(\theta)$ 成正比，θ 为 Q、P 的连线与过 Q 点波阵面的法线 N 之间的夹角，如图 1-11 所示。当 $\theta=0$ 时，$K(\theta)=1$；当 θ 逐渐增大时，$K(\theta)$ 逐渐减小；$\theta \geqslant \pi/2$ 时，$K(\theta)=0$，从而解决了倒退波不存在的问题。

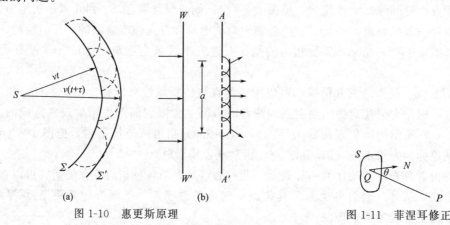

(a)　　　　　　　　　　　　　　(b)

图 1-10　惠更斯原理　　　　　　　　图 1-11　菲涅耳修正

　　菲涅耳为了应用惠更斯的次级子波概念计算衍射实验的结果，对子波做了下列三个修正因子假设：

　　① 子波源的振幅与发射方向有关，取决于倾斜因数 $K(\theta)$，并且规定 $\theta \geqslant \pi/2$ 时，$K(\theta)=0$，用以说明倒退波不存在；

　　② 子波源的振幅为原波源振幅的 $1/\lambda$；

　　③ 子波源的相位相比原波源的相位应超前 $\pi/2$。

1.2.2.3 光的偏振

(1)自然光、偏振光

光具有波动特性。光效应通常由电场强度矢量和磁场强度矢量引起，但在很多情况下，由于物质与光的相互作用，电场强度矢量起到更为显著的作用。光波是电磁辐射波谱中很短的一段，光波和其他波段的电磁波一样，也具有横波特征，即波矢量（电矢量）和光波传播方向垂直。

一般光源含有大量的发光原子或分子，它们发出的光振动方向互不相关，因此光源在一切可能的振动方向上的光振动概率是相等的。从能量分布来看，光振动平面内任何方向上的能量都相等，或者说光振动的能量密度均匀。这种振动方向无规律的光波是自然光。

振动方向具有一定规则的光波是偏振光。如果光波的波矢量是沿着一条直线反复振动，则称为线偏振光。线偏振光的波矢量方向与传播方向构成的平面叫做振动面；包含传播方向在内并与振动面垂直的平面（即磁矢量所在的平面）叫做偏振面。线偏振光的振动面是固定的平面，故也称为平面偏振光。

若线偏振光与自然光相掺杂，则为部分偏振光。这时沿线偏振方向的光振动的原子或分子要比沿其他方向多，因而这个方向光振动的功率密度要比其他方向大。通常用偏振度 P 来量度线偏振的程度，其定义式为

$$P = \frac{I_{\mathrm{M}} - I_{\mathrm{m}}}{I_{\mathrm{M}} + I_{\mathrm{m}}} \tag{1-44}$$

式中，I_{M} 和 I_{m} 是部分偏振光在两个特殊方向上的功率密度，分别对应最大和最小的功率密度。若 $P=1$，是线偏振光；若 $P=0$，是自然光；若 $0<P<1$，是部分偏振光。

与其他振动相同，光振动也可以分解成两个方向互相垂直的振动，而由两个方向互相垂直的光振动也能合成得到任意取向的振动。一般把这两个方向选为与入射面垂直的方向和与入射面平行的方向，并且与入射面垂直的光振动用符号"•"来表示，而与入射面平行的光振动用符号"↕"来表示。图1-12（a）表示的是光振动方向垂直于纸面（即入射面）的线偏振光，图中直线的单箭头代表光的传播方向，图1-12（b）则表示光振动在入射面内的线偏振光。

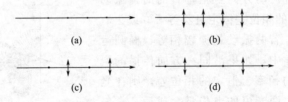

图 1-12　光的传播与振动方向

自然光中的每一个光振动都可分解成这两个互相垂直的光振动。由于自然光中这两个方向上的光振动之和也相等，因此自然光可用功率密度相等、振动方向互相垂直的两个线偏振光来表示，见图1-12（c）。每个线偏振光的功率密度为自然光功率密度的一半，而且这两个线偏振光之间无相位联系。图1-12（d）表示的是部分偏振光，其垂直于入射面的光振动较强。

（2）偏振片、起偏和检偏

光学中常有些晶体具有二向色性，指对入射光的两个互相垂直的光振动的吸收不同。具有二向色性的晶体内部有一个特殊方向，叫做主轴或者光轴。入射光波中垂直于光轴的电场分量会被强烈地吸收，而沿光轴方向的电场分量则可以透过晶体。如果晶体足够厚，当自然光入射到晶体片上时，与光轴方向垂直的光振动可以被全部吸收，透射光中只剩下沿光轴方向的光振动，这样就得到了线偏振光。因此称这种晶体片为偏振片，称光轴方向为偏振片的偏振化方向或主方向，又可称为偏振片的透光方向。

自然光入射到偏振片上，透射的是线偏振光。从自然光得到偏振光的过程叫做起偏，起起偏作用的光学元件叫做起偏器。除了偏振片这种线起偏器外，还有圆起偏器和椭圆起偏器。

如果入射到偏振片上的是线偏振光，则当偏振片的偏振化方向与线偏振光的振动方向一致时，透射光最强；旋转偏振片，当这两个方向互相垂直时，则没有透射光，见图 1-13。

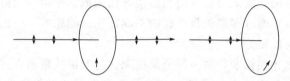

图 1-13　光的偏振现象

当自然光入射到偏振片上时，旋转偏振片，透射光的功率密度不发生变化。而当部分偏振光入射时，旋转偏振片，透射光的功率密度会发生变化，但不存在功率密度为零的情况。总之，旋转偏振片，观察透射光功率密度的变化特点，可以确定入射光的偏振特点。确定光的偏振特点的过程叫做检偏，起检偏作用的光学元件叫做检偏器。偏振片也可作为检偏器。

线偏振光入射到线偏振片上，旋转偏振片，当偏振光的振动方向与偏振片的偏振化方向的夹角为 θ 时，透射光的强度 I 为

$$I = I_0 \cos^2\theta \tag{1-45}$$

式中，I_0 是入射线偏振光的强度。这是 Malus 在 1809 年得到的，称为马吕斯定律。

（3）椭圆偏振和圆偏振

当两个频率相同且振动方向互相垂直的简谐振动进行合成时，如果它们的相位差恒定且不等于 0 或 $\pm\pi$，其合振动是椭圆运动；若两振动的振幅相等，椭圆运动变成圆运动。在光学中，如果沿同一方向传播的两束线偏振光具有相同的频率、恒定的相位差，则在光传播途中的任一点处，两光束的电矢量合成后，合矢量的大小和方向都随时间变化。其末端在过该点且垂直于传播方向的平面上的轨迹一般情况下是一椭圆

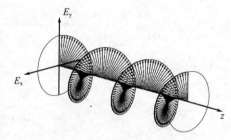

图 1-14　圆偏光传播

（椭圆偏振光），特殊情况下是圆或直线（圆偏振光或线偏振光），如图 1-14 所示。

图 1-15 是获得椭圆偏振光的装置。图中 N 是尼科耳棱镜；C 是单轴晶片，厚度为 L，对某一单色光的主折射率为 n_o 和 n_e，其光轴 HH' 平行于晶体表面。

一束单色自然光穿过尼科耳棱镜后，成为线偏振光，振幅为 A。此线偏振光垂直照射

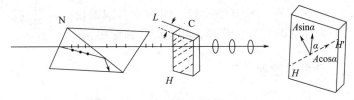

图 1-15　获得椭圆偏振光的装置

到晶体表面时，将产生双折射，这时的 o 光与 e 光沿同一方向传播，但速度不同，或者说两束光的折射率不同（分别是 n_o 和 n_e）。o 光的振动垂直于光轴，振幅为 $A_o = A\sin\alpha$；e 光的振动平行于光轴，振幅为 $A_e = A\cos\alpha$。利用不同的折射率计算光程，可得到 o 光与 e 光穿过厚度为 L 的晶体后，两束光间产生的光程差和相位差：

$$\delta = (n_o - n_e)L \tag{1-46}$$

$$\Delta\varphi = \frac{2\pi}{\lambda}(n_o - n_e)L \tag{1-47}$$

我们利用两频率相同、振动方向相互垂直、相位差为 $\Delta\varphi = \varphi_2 - \varphi_1$ 的简谐振动合成的原理可以得到轨迹方程

$$\frac{x^2}{A_x^2} + \frac{y^2}{A_y^2} - \frac{2xy}{A_x A_y}\cos(\varphi_2 - \varphi_1) = \sin^2(\varphi_2 - \varphi_1) \tag{1-48}$$

当 $\Delta\varphi = 2n\pi$（$n = 0, 1, 2, 3, \cdots$）时，o 光与 e 光通过晶片后合成为线偏振光。当 $\Delta\varphi = (2n+1)\pi$（$n = 0, 1, 2, 3, \cdots$）时，o 光、e 光合成后仍为线偏振光，但相对于原入射线偏振光振动面转了一个角度。当 $\Delta\varphi = (2n+1)\frac{\pi}{2}$（$n = 0, 1, 2, 3, \cdots$）时，o 光、e 光合成后为正椭圆偏振光，光矢量端点描绘出正椭圆轨迹。若 $A_o = A_e$，即为圆偏振光，光矢量端点描绘出圆轨迹。当 $\Delta\varphi$ 为其他值时，合成光为椭圆偏振光，光矢量端点在垂直于光传播方向的截面内描绘出椭圆轨迹。

总之，不同的相位差 $\Delta\varphi$，对应着不同形态的偏振光。如图 1-16 所示，根据光矢量旋转方向的不同，椭圆偏振光还可分为右旋椭圆偏振光和左旋椭圆偏振光。当迎着光的传播方向

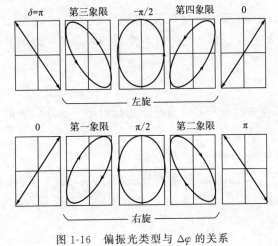

图 1-16　偏振光类型与 $\Delta\varphi$ 的关系

看时，光矢量端点随时间作顺时针方向旋转，叫右旋椭圆偏振光。当迎着光的传播方向看时，光矢量端点随时间作逆时针方向旋转，叫左旋椭圆偏振光。

1.2.3 光的吸收、色散与散射

1.2.3.1 光的吸收

除了真空，没有一种介质对任何波长的电磁波是完全透明的。所有的物质都是对某些范围内的光透明，而对另一些范围内的光不透明。例如石英，它对可见光几乎是完全透明的，而对波长 $3.5\sim5.0\mu m$ 的红外线却是不透明的，即石英对可见光的吸收很少，而对所述的红外线有强烈的吸收。进而言之，吸收是物质的普遍性质。如石英对可见光的吸收称为一般吸收，它的特点是吸收很小并且在给定波段内几乎是不变的；如石英对 $3.5\sim5.0\mu m$ 红外线的强烈吸收称为选择吸收，它的特点是吸收很大并且随波长有急剧的改变。任一介质对光的吸收都是由这两种吸收（一般吸收和选择吸收）组成的。

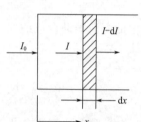

图 1-17 光在介质中的吸收

令平行光通过均匀的介质传播，经过薄层 $\mathrm{d}x$ 以后，光强度从 I 降到 $I-\mathrm{d}I$（图 1-17）。朗伯（Lambert）指出，$\mathrm{d}I/I$ 应与吸收层的厚度 $\mathrm{d}x$ 成正比，即

$$\frac{\mathrm{d}I}{I}=-\alpha\mathrm{d}x \tag{1-49}$$

式中，α 称为吸收系数。对于厚度为 x 的介质层，由此式可得 $\lg I=-\alpha x+C$，其中 C 为一积分常数。当 $x=0$ 时，$I=I_0$，则 $C=\lg I_0$，所以

$$I=I_0\mathrm{e}^{-\alpha x} \tag{1-50}$$

此即朗伯定律的数学表达式。

吸收系数 α 是波长的函数。在一般吸收的波段内，α 值很小，并且近似于一常数；在选择吸收的波段内，α 值很大，并且随波长不同而有显著的变化。

吸收系数 α 越大，光被吸收得越强烈。当 $x=1/\alpha$ 时，由式（1-50）可得 $I=\dfrac{I_0}{\mathrm{e}}\approx\dfrac{I_0}{2.72}$。也就是说，厚度等于 $1/\alpha$ 的介质层可使光强度降到原光强的 $1/2.72$。

消光系数 κ 与介质的吸收系数 α 之间有着密切的联系，具体如下：

$$\alpha=\frac{4\pi}{\lambda_0}n\kappa \tag{1-51}$$

式中，λ_0 为光在真空中的波长；n 为介质的折射率。如此，朗伯定律可写作下列形式：

$$I=I_0\mathrm{e}^{-\frac{4\pi}{\lambda_0}n\kappa x} \tag{1-52}$$

实验指明，在溶液中，溶液的吸收系数与浓度有关。比尔定律指出，溶液的吸收系数 α 与其浓度 C 成正比，即 $\alpha=kC$。此处 k 为一个与浓度无关的新常数，它只取决于吸收物质的分子特性。如此，则式（1-50）变为

$$I = I_0 e^{-kCx} \tag{1-53}$$

上式即比尔定律的数学表达式。比尔定律只有在物质分子的吸收本领不受其周围邻近分子的影响时才是正确的。当浓度很大时，分子间的相互影响不可忽略，此时比尔定律不成立。所以，虽然朗伯定律始终是成立的，但比尔定律有时并不成立。

在比尔定律可成立的情况下，根据式（1-53），由光在溶液中被吸收的程度可以确定溶液的浓度，这就是吸收光谱分析的原理。

1.2.3.2 光的色散

1672 年，牛顿就发现了光的色散现象。他令一束近乎平行的白光通过玻璃棱镜，在棱镜后的屏上得到了一条彩色光带。光的色散表明，不同颜色（波长）的光折射率不同，即折射率 n 是波长 λ 的函数：

$$n = f(\lambda) \tag{1-54}$$

为表征折射率随波长变化的程度，我们引入了色散率 ν。它在数值上等于介质对两光的折射率差与波长差的比值，即

$$\nu = \frac{n_2 - n_1}{\lambda_2 - \lambda_1} = \frac{\Delta n}{\Delta \lambda} \tag{1-55}$$

或

$$\nu = \frac{dn}{d\lambda} = \frac{df(\lambda)}{d\lambda} \tag{1-56}$$

表示折射率 n 与波长 λ 关系的色散曲线，可以从实验中获得。图 1-18 是几种介质的色散曲线。从图中可以看出，波长增大时折射率和色散率都减小，这样的色散称为正常色散。所有不带颜色的透明介质，在可见光区域内，都表现正常色散，即紫光的折射率比红光的折射率大些，紫光的色散率也比红光的色散率大些。所以用棱镜产生的光谱，紫光的偏析要比红光大得多，与由光栅所得的正比光谱不同。

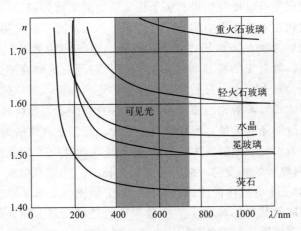

图 1-18　各种介质的色散曲线

从图 1-18 中的曲线可以看出，各种介质的色散曲线形状都不一样。所以，用各种材料做成的棱镜得到的光谱所对应的谱线间隔绝不会完全一致。

描述正常色散的公式是柯西（Cauchy）于 1836 年首先得到的，具体如下：

$$n = A + \frac{B}{\lambda^2} + \frac{C}{\lambda^4} \tag{1-57}$$

这是一个经验公式。式中，A、B 和 C 是由所研究的介质的特性决定的常数，可以由实验求出。只需测出三个已知波长的 n 值代入式（1-57），然后联立方程式即可求得 A、B、C。当波长间隔不太大时，取公式（1-57）的前两项就够了，即

$$n = A + \frac{B}{\lambda^2} \tag{1-58}$$

并且

$$\nu = \frac{\mathrm{d}n}{\mathrm{d}\lambda} = -\frac{2B}{\lambda^3} \tag{1-59}$$

由于 A、B 都是正的，式（1-58）和式（1-59）表明，当波长 λ 增大时，折射率 n 和色散率 ν 都减小。

1.2.3.3　光的散射

光束通过光学性质不均匀的介质时，从侧向可以观察到光，这种现象称为光的散射。散射光的产生原因可以用经典电磁波的次波叠加观点加以解释。在入射光作用下，介质分子（原子）或其中的杂质微粒极化后作为次波源而辐射次波。对于完全纯净均匀的介质，各次波源有一定的相位关系，相干叠加的结果使得只在遵守几何光学规律的方向上干涉相长，其余方向均干涉相消，故光线按照几何光学所确定的方向传播。当介质不均匀时，各次波的相位无规律性，使得次波叠加的结果呈非相干性，即除了原入射光方向外，其他方向也有光强分布，形成光的散射。散射光的一切性质——强度、偏振与光谱成分，都反映了散射介质的性质。研究光的散射现象可以使我们得到关于物质结构的丰富知识。

光散射的基本过程是光与介质中的分子（原子）作用而改变其光强的空间分布、偏振态或频率的过程。按散射介质在光电场作用下，极化与电场间的关系，可以将散射分成两大类：一类是线性散射，散射光的波长与入射光的波长相同，这时介质的不均匀性与时间无关，散射光的频率不会发生变化，只是沿波矢量方向受到偏折，对应弹性散射；另一类是非线性散射，散射光的波长与入射光的波长不同，这时介质的不均匀性随时间变化，光波与其作用交换能量，因此散射光的能量，即频率发生变化，对应非弹性散射。线性散射，按照散射微粒的大小，又分为大粒子散射或称为廷德尔散射（散射粒子的线度远大于入射光的波长）、米氏散射（散射粒子的线度与入射光的波长相比拟）和瑞利散射（散射粒子的线度小于入射光的波长）。对于十分纯净的液体和气体，由于物质分子密度的起伏，也能产生散射，称为分子散射。线性散射是我们日常生活中最常见的散射现象。而非线性散射包括拉曼散射、布里渊散射等。非线性散射现象与构成介质的微观粒子（如原子、分子）的量子能级有关，在研究物质成分、分子的结构和分子动力学方面有非常重要的应用价值。

关于分子散射的理论，首先是由瑞利提出来的。瑞利认为由于分子质点的热运动破坏了

分子间固定的位置关系，使分子所发出的次波不再相干，因而产生了旁向散射光。所以在计算散射光强时，不必按次波振幅的叠加来计算，只需把每个次波的强度叠加起来即可。按照电磁理论，每个次波的振幅和其频率 ν 的平方成正比，而每个次波的光强又和其振幅的平方成正比，因此叠加这些次波的光强可得到散射光强和波长的四次方成反比的瑞利定律，具体如下：

$$I \propto \nu^4 \propto \frac{1}{\lambda^4} \tag{1-60}$$

瑞利散射的特点包括：散射光的波长与入射光的波长相同；散射光的强度随散射方向变化；当自然光入射时，各方向的散射光一般为部分偏振光，但在垂直入射光方向上的散射光是线偏振光，沿入射光方向或逆其方向的散射光仍然是自然光。

瑞利散射的条件是散射粒子的线度远小于入射光的波长（$\frac{\lambda}{5} \sim \frac{\lambda}{10}$ 以下）。如果散射粒子的线度接近或大于入射光的波长，瑞利散射定律不再适用。1908 年，米（G. Mie）和德拜（P. Debey）利用电磁场方程对平面波照射球形粒子时的散射过程进行了分析。计算结果指出，当散射粒子的线度 a 与入射光的波长 λ 之比很小（数量级显著小于 0.1）时，散射光的强度与波长的关系遵从瑞利散射定律；当散射粒子的线度与入射光的波长可以比拟（a/λ 的数量级为 0.1~10）时，散射光的强度与偏振度随散射粒子的线度而变化。随着散射粒子线度的增大，散射光的强度与波长的依赖关系逐渐减弱，$I(\lambda) \propto \frac{1}{\lambda^n}$（其中 $n < 4$，n 的取值取决于散射粒子的线度 a）；散射光的偏振度随 a/λ 的增大而减小。这种散射称为米氏散射。对于足够大的散射粒子（$a/\lambda > 10$），散射光的强度基本上与波长无关。这种散射称为大粒子散射，它可以作为米氏散射的大粒子极限。瑞利散射和米氏散射都是线性散射，其共同的特点是散射光的频率与入射光的频率相同，散射光中不会产生新的频率的光。

许多自然现象都与光的散射有关，如地球外围大气层对阳光的散射使天空呈现光亮。如果没有大气层的散射，则天空除了日月星辰等（自身或反射）发光体外，背景将是完全黑暗的，这是宇航员在大气层外所见到的景象。实际的大气中往往存在尺度不等甚至尺度连续分布的粒子，因此它们对光的散射是瑞利散射和米氏散射同时存在，只是在不同情形下，某一种散射占优势而已。

通过研究散射的性质，可以获得胶体溶液、浑浊介质和高分子物质的物理化学性质，以及测定微粒的大小、悬浮粒子的密度和运动速度等。而通过测定激光在大气中的散射可以测量大气中悬浮微粒的密度和其他特性，以确定空气污染的情况。

1.3 辐射度学与光度学基础

在测量和应用光电子器件时，均需评价光辐射量的大小。光辐射量的评价有两套不同的体系：辐射度量与光度量。在辐射度量中，以辐射能量或辐射功率为基本量，焦耳（J）或瓦特（W）为基本单位。当辐射量与人眼的视觉特性（CIE 标准光度观察者）相联系而被评价时，则定义为光度量。光度量的基本量是发光强度，其单位为坎德拉（cd）。光度量和辐射度量的相对应量通常采用相同的符号。

为了区别光度量和辐射度量，辐射度量的符号加下角标 e，如 Φ_e；光度量的符号则加下角标 v，如 Φ_v。在不会发生混淆的情况下可以不加下角标。辐射量的数值大多是随波长变化的。若某量是波长（或频率或波数）的函数，按国家标准的规定，则应在该量的名称前面加上形容词"光谱［的］"，而在该量的符号后面加上带圆括号的 λ。

1.3.1　辐射度的基本物理量

辐射度量是用物理学中对电磁辐射测量的方法来描述光辐射的一套参量，主要有以下几种。

（1）辐射能（量）

辐射能是以辐射的形式发射或传输的电磁波（主要指紫外辐射、可见光和红外辐射）的能量，一般用符号 Q_e 表示，其单位是焦耳（J）。辐射能对应一段时间内总的辐射能量。

（2）辐射通量

辐射通量 Φ_e 又称为辐射功率，定义为单位时间内流过的辐射能量。

$$\Phi_e = \frac{\mathrm{d}Q_e}{\mathrm{d}t} \tag{1-61}$$

辐射通量的单位为瓦特（W）或者焦耳/秒（J/s）。

（3）辐射强度

辐射强度定义为点辐射源在给定方向上发射的在单位立体角内的辐射通量，表示为

$$I_e = \frac{\mathrm{d}\Phi_e}{\mathrm{d}\Omega} \tag{1-62}$$

辐射强度的单位为瓦特/球面度（W/sr）。

由辐射强度的定义可知，如果一个置于各向同性均匀介质中的点辐射体向所有方向辐射的总辐射通量是 Φ_e，则该点辐射体在各个方向的辐射强度 I_e 为常量，即

$$I_e = \frac{\Phi_e}{4\pi} \tag{1-63}$$

一般辐射源多为各向异性的，即 I_e 随辐射的方向而改变。通常辐射方向通过球坐标中的 (θ, φ) 标定。图 1-19 为点辐射源的辐射强度。

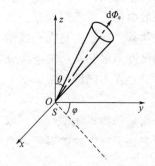

图 1-19　点辐射源的辐射强度

（4）辐射出射度与辐射亮度

辐射出射度与辐射亮度是描述面辐射源上各面元辐射能力的物理量。图 1-20（a）、（b）分别表示 M_e、L_e 的定义。

辐射出射度 M_e 被定义为通过单位面元辐射出的功率，即

$$M_e = \frac{\mathrm{d}\Phi_e}{\mathrm{d}S} \tag{1-64}$$

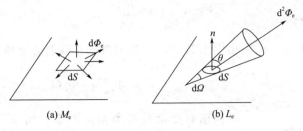

图 1-20 M_e、L_e 的定义

单位为 W/m² （瓦每平方米）。M_e 是面元位置的函数，面辐射源上不同点可有不同的 M_e 值。此外，还需要知道面辐射源沿不同方向的辐射能力差异，这就要用辐射亮度 L_e 来描述了。L_e 是面元位置和辐射方向（θ,φ）的函数，等于该方向面元的辐射强度与面元表面积之比，即

$$L_e(\theta,\varphi)=\frac{d^2\Phi_e}{dS\cos\theta d\Omega}=\frac{dI_e(\theta,\varphi)}{dS\cos\theta} \tag{1-65}$$

单位为 W/(sr·m²) （瓦每球面度平方米）。

（5）辐射照度 E_e

E_e 是辐射接收面上单位面积承受的辐射通量，即

$$E_e=\frac{d\Phi_e}{dS} \tag{1-66}$$

单位为 W/m² （瓦每平方米）。式中，dS 为接收面上的面元；$d\Phi_e$ 是照射到该面元的辐射通量总和。与 M_e 类似，E_e 也是面元位置的函数，只不过 M_e 对应发射出去的辐射通量，而 E_e 对应接收到的辐射通量。

（6）光谱辐射量

辐射源所发射的能量往往由很多波长的单色辐射的能量组成。为了研究光源对各种波长的辐射情况，提出了光谱辐射量的概念。

光谱辐射量是该辐射量在波长 λ 处的单位波长间隔内的大小，又叫辐射量的光谱密度，是辐射量随波长的变化率。

综上所述，光谱辐射通量 $\Phi_e(\lambda)$ 为 $\Phi_e(\lambda)=\dfrac{d\Phi_e}{d\lambda}$ $\tag{1-67}$

光谱辐射强度 $I_e(\lambda)$ 为 $I_e(\lambda)=\dfrac{dI_e}{d\lambda}$ $\tag{1-68}$

光谱辐射出射度 $M_e(\lambda)$ 为 $M_e(\lambda)=\dfrac{dM_e}{d\lambda}$ $\tag{1-69}$

光谱辐射亮度 $L_e(\lambda)$ 为 $L_e(\lambda)=\dfrac{dL_e}{d\lambda}$ $\tag{1-70}$

光谱辐射照度 $E_e(\lambda)$ 为
$$E_e(\lambda) = \frac{\mathrm{d}E_e}{\mathrm{d}\lambda} \tag{1-71}$$

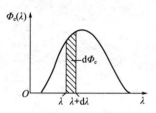

图 1-21 光谱辐射
通量与波长的关系

由图 1-21 可见，辐射源的总辐射通量 Φ_e 为

$$\Phi_e = \int_0^\infty \Phi_e(\lambda)\mathrm{d}\lambda \tag{1-72}$$

其他辐射度量也有类似的关系。用 X_e 代表其他辐射度量（M_e、L_e、E_e 等），则

$$X_e = \int_0^\infty X_e(\lambda)\mathrm{d}\lambda \tag{1-73}$$

1.3.2 光度的基本物理量

（1）光量

光量是光通量在可见光范围内对时间的积分，以 Q_v 表示，单位为流明·秒（lm·s）。

（2）光通量

光源表面在无穷小时间段 $\mathrm{d}t$ 内发射、传播或接收到的所有可见光谱的能量除以这个时间间隔 $\mathrm{d}t$，则得到光通量

$$\Phi_v = \frac{\mathrm{d}Q_v}{\mathrm{d}t} \tag{1-74}$$

光通量的单位为流明（lm）。它也是一个客观量，描述了光源发出的可见光的强弱。

（3）发光强度

在给定方向上单位立体角内光源发出的光通量，即

$$I_v = \frac{\mathrm{d}\Phi_v}{\mathrm{d}\Omega} \tag{1-75}$$

发光强度描述了光源在某一方向发出的光的强弱。考虑光源发光的方向性，由此公式可得到光通量的积分式

$$\Phi_v = \int I_v \mathrm{d}\Omega \tag{1-76}$$

对于各向同性的光源，有 $\Phi_v = 4\pi I$。其中 I 为常数。

发光强度的单位是坎德拉（candela），简称为坎（cd）。1979 年，第十六届国际计量大会通过决议，将坎德拉重新定义为：在给定方向上能发射 540×10^{12} Hz 的单色辐射源，在此方向上的辐射强度为 $1/683$W/sr，其发光强度定义为 1cd。这一新定义的特点是：

① 使基本单位只跟单色辐射相联系，避免了采用过去的复色光源基准器，如蜡烛、火焰基准或白金凝固点光度基准。

② 使基本光度单位与辐射度单位相联系，两者的基准可以统一。

③ 以频率代替波长来规定单色辐射，使定义更为严格（因波长与媒质的折射率有关）。

④ 频率为 540×10^{12} Hz 时，对应空气中 555nm 的单色辐射波长，是明视觉的人眼最灵敏的波长。

发光强度是对点光源，或光源尺寸与使用的照明距离相比很小的情况而言的。如果是表面积较大的面光源，就要考虑到下述的光出射度与光亮度。

（4）光出射度

面积为 A 的面光源表面某一点处的面元向半球面空间发射的光通量 Φ_v 与面元 dS 之比称为光出射度 M_v，表示为

$$M_v = \frac{\mathrm{d}\Phi_v}{\mathrm{d}S} \tag{1-77}$$

光出射度的单位为勒克斯（lx），$1\mathrm{lx} = 1\mathrm{lm/m}^2$。对于均匀发射的面光源，有

$$M_v = \frac{\Phi_v}{A} \tag{1-78}$$

（5）光亮度

光源单位面积的发光强度（光源在指定方向上单位面积的发光能力）

$$L_v = \frac{\mathrm{d}I_v}{\mathrm{d}S} \tag{1-79}$$

其单位为坎德拉/米^2（cd/m^2），也可用尼特（nt）表示。如果平面方向与观察者成 α 角（图 1-22），则

$$L_v = \frac{\mathrm{d}I_v}{\mathrm{d}S\cos\alpha} \tag{1-80}$$

进一步得到

$$L_v = \frac{\mathrm{d}^2\Phi_v}{\mathrm{d}\Omega\,\mathrm{d}S\cos\alpha} \tag{1-81}$$

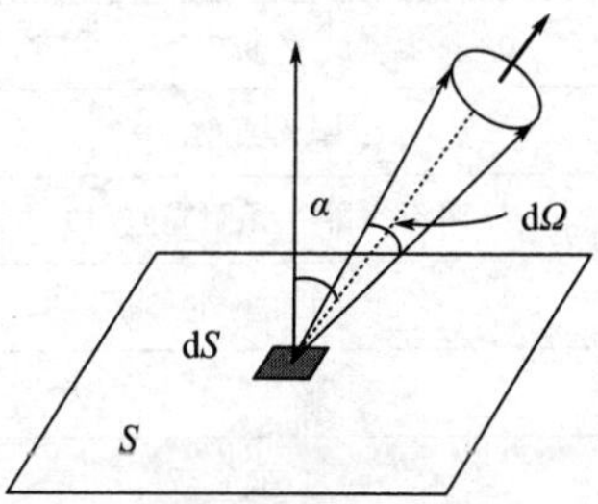

表 1-1 为常见物体的光亮度。

图 1-22 法线与观察者成 α 角的关系

表 1-1 常见物体的光亮度

光源名称	光亮度/nt
地球上看到的太阳	1.5×10^9
地球大气层外看到的太阳	1.9×10^9
普通碳弧灯的喷头口	1.5×10^9

（6）光照度

光照度（illuminance）定义为光照射到表面一点处的面元上的光通量除以该面元的面积。该量的符号为 E_v，单位为勒克斯（lx）。其数学表达式为

$$E_v = \frac{\mathrm{d}\Phi_v}{\mathrm{d}A} \tag{1-82}$$

光照度与光出射度的单位虽同为 lm/m^2，但它们的意义是不同的。光照度是表示受光面被照明程度的物理量，而光出射度是表征面光源发光特性的物理量。表 1-2 为常见环境的光照度值。

关于光照度，有下述两个常用的定律。

① 光照度的平方反比定律：由点光源形成的光照度，与该光源在一定方向上的发光强度成正比，而与被照射面到点光源距离的平方成反比。

② 光照度余弦定律：物体表面上的光照度与光线入射角的余弦函数成正比。

这两个定律可用下面的公式表示：

$$E_v = \frac{I_v}{l^2}\cos\theta \tag{1-83}$$

式中，I_v 为发光强度；l 为点光源到被照射面的距离；θ 为被照射面元法线与入射光线的夹角。

若不知道点光源的发光强度，而知道距离 l_1 处的光照度 L_1，由平方反比定律可以推出任意距离 l_2 处的光照度 E_2，即

$$E_2 = \frac{l_1^2}{l_2^2}E_1 \tag{1-84}$$

表 1-2　常见环境的光照度值

环境	光照度/lx	环境	光照度/lx
阳光直射	$(1\sim1.3)\times10^5$	晨昏蒙影	10
晴天室外（无阳光直射）	$(1\sim2)\times10^4$	暗晨昏蒙影	1
阴天室外	$500\sim1000$	整圆明月	0.2
漆黑天	10^2	上、下弦月	10^{-2}
工作台	$50\sim250$	无月晴空	10^{-3}
可阅读条件	20	无月阴空	10^{-4}

许多重要的光度量都有与之对应的辐射度量，如发光强度对应辐射强度，光照度对应辐射照度等。表 1-3 为辐射度量和光度量的对照表。

表 1-3　辐射度量和光度量的对照表

辐射度量	符号	单位	光度量	符号	单位
辐射能	Q_e	J	光量	Q_v	$lm\cdot s$
辐射通量或辐射功率	Φ_e	W	光通量	Φ_v	lm
辐射照度	E_e	W/m^2	光照度	E_v	lx 或 lm/m^2
辐射出射度	M_e	W/m^2	光出射度	M_v	lm/m^2
辐射强度	I_e	W/sr	发光强度	I_v	cd 或 lm/sr
辐射亮度	L_e	$W/(m^2\cdot sr)$	光亮度	L_v	cd/m^2

1.3.3 光源的辐射效率与发光效率

常用光源大都是电光源（电能转化成光辐射能）。

在所需的波长范围（$\lambda_1 \sim \lambda_2$）内，光源发出的辐射通量与所需的电功率之比称为该光源在规定光谱范围内的辐射效率，即

$$\eta_e = \frac{\Phi_e}{P} = \frac{\int_{\lambda_1}^{\lambda_2} \Phi_e(\lambda) d\lambda}{P} \tag{1-85}$$

发光效率是指光源发射的光通量与所需的电功率之比，即

$$\eta_v = \frac{\Phi_v}{P} = \frac{K_m \int_0^\infty \Phi_e(\lambda) V(\lambda) d\lambda}{P} \tag{1-86}$$

单位为 lm/W（流明/瓦）。式中，$V(\lambda)$ 为明视觉光谱光视效率；$K_m = 683\text{lm/W}$，为明视觉最大光谱光视效能。

应根据工作的要求选择效率高的光源。表 1-4 给出了常见光源的发光效率。

表 1-4 常用光源的发光效率

光源种类	发光效率/（lm/W）	光源种类	发光效率/（lm/W）
普通钨丝灯	8～18	高压汞灯	30～40
卤钨灯	14～30	高压钠灯	90～100
普通荧光灯	35～60	球形氙灯	30～40
三基色荧光灯	55～90	金属卤化物灯	60～80

思考题

1. 光辐射频段一般由哪几部分组成？可见光波段的波长范围是多少？

2. 光的哪些特性可以用波动性解释，哪些特性可以用粒子性解释？

3. 光的干涉和衍射之间有什么联系与区别？

4. 将一束自然光和线偏振光的混合光垂直入射一偏振片，若以入射光束为轴转动偏振片，测得透射光强度的最大值是最小值的 3 倍，求入射光束中自然光与线偏振光的光强比值。

5. 一束光照射到半导体硅材料上，其吸收系数 $\alpha = 10^4 \text{cm}^{-1}$，若光经过硅材料后 90% 的入射光子能量被吸收，硅材料的厚度是多少？

6. 什么是瑞利散射和米式散射？日常生活中，有哪些光的散射现象？

7. 辐射度学和光度学有什么区别？辐射度量与光度量评价的对象分别是什么？

8. 请举例说明光电子器件设计和制备中可能涉及的光学基础知识。

第2章

半导体物理基础知识

    光电子器件大多数由半导体材料制备而成，半导体材料独特的物理特性是研究光电子器件的理论基础。本章重点讲解半导体材料的基本物理概念和基础理论知识，包括能带理论、载流子的输运、PN结、异质结，以及金属与半导体的接触。这些内容对于正确掌握各种光电子器件的原理、特性参数和应用都非常重要。

2.1 能带理论

2.1.1 原子能级和晶体能带

    如图 2-1 所示，电子在原子核周围形成一轨道，轨道分为多层，能量各不相同。每层的电子数量为 $2n^2$，n 随能量递增。电子在这些分立的轨道上只能具有分立的能量，这些分立的能量值在能量坐标上称为能级。越接近原子核能级越低，越外层能级越高。如果几个原子集合成分子，离原子核较远的壳层常常要发生彼此之间的交叠。这时，价电子（最外层电子）已不再属于某个原子，而是若干个原子共有的，这一现象称为电子共有化。电子共有化使得本来处于同一能量状态下的电子之间产生微小的能量差异。它们的原子轨道发生类似于耦合振荡的分离，这会产生与原子数量成比例的分子轨道。当大量（数量级为 10^{20} 或更多）的原子集合成固体时，轨道数量急剧增多，轨道间能量的差别变得非常小。但是，无论多少原子聚集在一起，轨道的能量都不是连续的。组成晶体的大量原子在某一能级上的电子本来都具有相同的能量，现在由于处于共有化状态而具有各自不尽相同的能量。因为它们在晶体中不仅受本身原子势场的作用，还受到周围其他原子势场的作用。因此，晶体中所有原子原来的每一个相同能级就会分裂而形成有一定宽度的能带。

    图 2-1 给出了晶体中 N 个原子的能带图。在理想的绝对零度下，硅、锗、金刚石等共价键结合的晶体中，从其最内层的电子直到最外层的价电子都正好填满相应的能带。能量最高的是价电子填满的能带，称为价带。图 2-1 中，与价电子能级相对应的为价带（valence band），价带以上能量最低的能带为导带（conduction band），导带底与价带顶之间的能量间隔（energy band gap）为禁带（forbidden band）。禁带区域不允许电子存在；处于价带中的电子，受原子束缚，不能参与导电；而处于导带中的电子，不受原子束缚，是自由电子，能参与导电。价电子要跃迁到导带成为自由电子，至少要吸收禁带宽度的能量。

    如图 2-2 所示，一般常见的金属材料其导带与价带之间的"能隙"（E_g）几乎为零，导带与价带有一定程度的重合，在室温下电子很容易获得能量跳跃至导带而导电。绝缘材料则因为能隙很大，通常大于 3eV（绝缘材料 SiO_2 的 $E_g \approx 5.2eV$），电子很难跳跃至导带，所以无法导电。一般半导体材料的能隙 E_g 约为 $1\sim3eV$（半导体 Si 的 $E_g \approx 1.1eV$），介于导体和绝缘体之间。因此只要给予适当条件的能量激发，或改变其能隙，此材料就能导电。

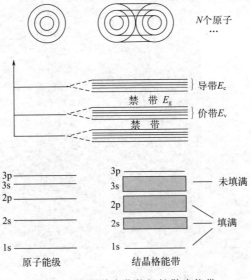

图 2-1　电子共有化能级扩散为能带

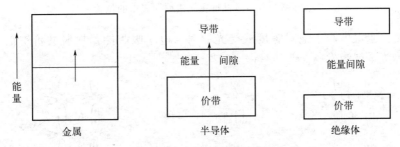

图 2-2　金属、半导体、绝缘体的能带

　　半导体的导电性能介于绝缘体和金属之间，是制作光电器件的重要材料。半导体分为本征半导体（intrinsic semiconductor）和掺杂半导体（doped semiconductor）。结构完整、纯净的半导体称为本征半导体，又称Ⅰ型半导体，如纯净的硅称为本征硅；本征半导体中可人为地掺入少量杂质而形成掺杂半导体，掺杂半导体包括 N 型半导体和 P 型半导体。半导体之所以能广泛应用在今日的数字世界中，就是因为能在其晶格中掺入杂质而改变其电性能。掺杂进入本征半导体的杂质浓度与极性都会对半导体的导电特性产生很大的影响。半导体材料在元素周期表中的位置如图 2-3 所示。

2.1.2　本征半导体的能带

　　以硅晶体为例，硅原子有四个价电子分别与相邻的四个原子形成共价键，如图 2-4（a）所示。由于共价键上的电子所受的束缚力较小，当温度高于绝对零度时，价带中的电子吸收能量越过禁带到达导带，从而形成自由电子，并在价带中留下等量的空穴。自由电子和空穴可在外加电场作用下做定向运动，形成电流。所以，在常温下，本征半导体出现电子-空穴对，具有导电性。

　　这种能参与导电的自由电子和空穴统称为载流子（carrier），单位体积内的载流子数称

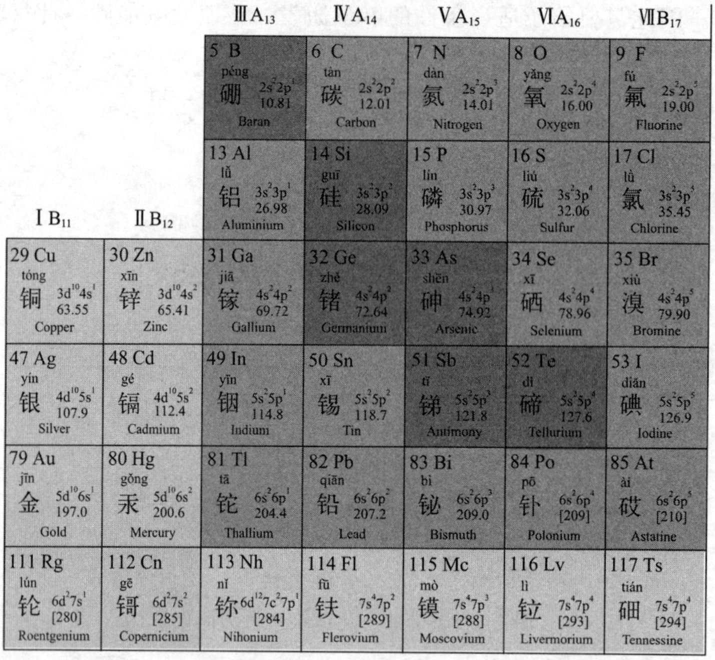

IB_{11}	IIB_{12}	$IIIA_{13}$	IVA_{14}	VA_{15}	VIA_{16}	$VIIB_{17}$
		5 B péng 硼 $2s^22p^1$ 10.81 Boron	6 C tàn 碳 $2s^22p^2$ 12.01 Carbon	7 N dàn 氮 $2s^22p^3$ 14.01 Nitrogen	8 O yǎng 氧 $2s^22p^4$ 16.00 Oxygen	9 F fú 氟 $2s^22p^5$ 19.00 Fluorine
		13 Al lǚ 铝 $3s^23p^1$ 26.98 Aluminium	14 Si guī 硅 $3s^23p^2$ 28.09 Silicon	15 P lín 磷 $3s^23p^3$ 30.97 Phosphorus	16 S liú 硫 $3s^23p^4$ 32.06 Sulfur	17 Cl lǜ 氯 $3s^23p^5$ 35.45 Chlorine
29 Cu tóng 铜 $3d^{10}4s^1$ 63.55 Copper	30 Zn xīn 锌 $3d^{10}4s^2$ 65.41 Zinc	31 Ga jiā 镓 $4s^24p^1$ 69.72 Gallium	32 Ge zhě 锗 $4s^24p^2$ 72.64 Germanium	33 As shēn 砷 $4s^24p^3$ 74.92 Arsenic	34 Se xī 硒 $4s^24p^4$ 78.96 Selenium	35 Br xiù 溴 $4s^24p^5$ 79.90 Bromine
47 Ag yín 银 $4d^{10}5s^1$ 107.9 Silver	48 Cd gé 镉 $4d^{10}5s^2$ 112.4 Cadmium	49 In yīn 铟 $5s^25p^1$ 114.8 Indium	50 Sn xī 锡 $5s^25p^2$ 118.7 Tin	51 Sb tī 锑 $5s^25p^3$ 121.8 Antimony	52 Te dì 碲 $5s^25p^4$ 127.6 Tellurium	53 I diǎn 碘 $5s^25p^5$ 126.9 Iodine
79 Au jīn 金 $5d^{10}6s^1$ 197.0 Gold	80 Hg gǒng 汞 $5d^{10}6s^2$ 200.6 Mercury	81 Tl tā 铊 $6s^26p^1$ 204.4 Thallium	82 Pb qiān 铅 $6s^26p^2$ 207.2 Lead	83 Bi bì 铋 $6s^26p^3$ 209.0 Bismuth	84 Po pō 钋 $6s^26p^4$ [209] Polonium	85 At ài 砹 $6s^26p^5$ [210] Astatine
111 Rg lún 铼 $6d^97s^1$ [280] Roentgenium	112 Cn gē 鿔 $6d^{12}7s^2$ [285] Copernicium	113 Nh nǐ 鿭 $6d^{10}7c^27p^1$ [284] Nihonium	114 Fl fū 鈇 $7s^27p^2$ [289] Flerovium	115 Mc mò 镆 $7s^27p^3$ [288] Moscovium	116 Lv lì 鉝 $7s^27p^4$ [293] Livermorium	117 Ts tián 鿬 $7s^47p^4$ [294] Tennessine

图 2-3　半导体材料在元素周期表中的位置

为载流子浓度。当温度高于绝对零度或受光照时，电子吸收能量摆脱共价键而形成电子-空穴对的过程称为本征激发。

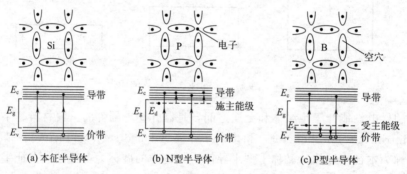

(a) 本征半导体　　　　(b) N型半导体　　　　(c) P型半导体

图 2-4　半导体原子结构的能带

2.1.3　掺杂半导体的能带

载流子的数量对半导体的导电特性极为重要，这可以通过在半导体中有选择地加入其他"杂质"（Ⅲ、Ⅴ族元素）来控制。

（1）N型半导体

如果我们在纯硅（Si）中掺杂少许的磷（P）（其最外层有五个电子），就会多出一个自由电子，这样就形成了 N 型半导体。如图 2-4（b）所示，磷原子用四个价电子与周围的硅原子组成共价键，尚多余一个电子。这个电子受到的束缚力比共价键上的电子小得多，很容易被磷原子释放，跃迁为自由电子，于是该磷原子就成为正离子。这个易释放电子的磷原子称为施主原子，或施主（donor），磷扮演的是施主的角色。由于施主原子的存在，会产生附加的束缚电子的能量状态。这种能量状态称为施主能级，用 E_d 表示，位于禁带中靠近导带底的附近。

和本征半导体的价电子比起来，磷原子中的多余电子很容易从施主能级（不是价带）跃迁到导带而形成自由电子。施主能级跃迁至导带所需的能量较低，比较容易在半导体材料的晶格中移动，产生电流。因此，虽然只掺入少量杂质，却可以明显地改变导带中的电子数目，从而显著地影响半导体的电导率。实际上，掺杂半导体的导电性能完全由掺杂情况决定。只要掺杂百万分之一，就可使掺杂半导体的载流子浓度达到本征半导体的百万倍。

N 型半导体中，原晶体本身也会产生少量电子-空穴对，但由于施主能级的作用增加了许多额外的自由电子，电子数远大于空穴数，如图 2-4（b）所示。因此，N 型半导体以自由电子导电为主，自由电子为多数载流子（简称多子），而空穴为少数载流子（简称少子）。

（2）P 型半导体

如果我们在纯硅（Si）中掺入少许的硼（B）（其最外层有三个电子），反而少了一个电子，而形成一个空穴（hole），这样就形成了 P 型半导体。如图 2-4（c）所示，硼原子的三个电子与周围的硅原子要组成共价键，尚缺少一个电子。于是它很容易从硅晶体中获取一个电子而形成稳定结构，结果硼原子变成负离子，硅晶体中出现空穴。这个容易获取电子的硼原子称为受主原子，或受主（accepter），硼扮演的即是受主的角色。由于受主原子的存在，会产生附加的获取电子的能量状态。这种能量状态称为受主能级，用 E_a 表示，位于禁带中靠价带顶的附近。受主能级表明，硼原子很容易从硅晶体中获取一个电子而形成稳定结构，即电子很容易从价带跃迁到受主能级（不是导带），或者说空穴很容易从该能级跃迁到价带。如图 2-4（c）所示，价带中的空穴数目远大于导带中的电子数目。因此，P 型半导体以空穴导电为主（P 代表带正电荷的空穴），空穴为多数载流子（简称多子），而自由电子为少数载流子（简称少子）。

一个半导体材料有可能先后掺杂施主与受主，而如何确定此半导体为 N 型或 P 型，必须看掺杂后半导体中受主带来的空穴浓度较高还是施主带来的电子浓度较高，即何者为掺杂半导体的"多数载流子"和"少数载流子"。如果掺杂进入半导体的杂质浓度够高，半导体也可能会表现出如同金属般（类金属）的电性能。在掺杂了不同极性杂质的半导体截面处会有一个内建电场（built-in electric field），内建电场和许多半导体元件的操作原理息息相关。

当电子从导带掉回价带时，减少的能量可能会以光的形式释放出来。这个过程是制造发光二极管（light-emitting diode，LED）以及半导体激光器件（semiconductor laser）的基础，在商业应用中拥有举足轻重的地位。而相反地，半导体也可以吸收光子，通过光电效应而激发出在价带的电子，产生电信号。这即是光探测器（photodetector）的来源，它在光纤通信（fiber-optic communications）或太阳能电池（solar cell）领域是最重要的元件。

2.2 载流子的输运

2.2.1 热平衡状态下的载流子

在一定温度下，如果没有其他外界作用，半导体中的导电电子和空穴是依靠电子的热激发作用而产生的。电子从不断热振动的晶格中获得一定能量，可以从低能量的量子态（quantum state）跃迁到高能量的量子态，如电子从价带跃迁到导带，形成导带电子和价带空穴。同时，还存在着相反的运动过程，即电子也可以从高能量的量子态跃迁到低能量的量子态，并向晶格释放一定的能量，从而使导带中的电子和价带中的空穴不断减少，这一过程称为载流子的复合。在一定温度下，这两个相反的过程之间将建立起动态平衡，称为热平衡状态（thermal equilibrium state）。此时，半导体中的导电电子浓度和空穴浓度都保持稳定的数值。这种处于热平衡状态下的导电电子和空穴称为热平衡载流子。当温度改变时，会破坏原来的平衡状态，建立起新的平衡状态，热平衡载流子的浓度也随之发生变化，达到另一稳定数值。由固体理论可知，热平衡时半导体中自由载流子的浓度与两个参数有关，一是能带中的能级分布，二是每个能级可能被电子占据的概率。

2.2.1.1　态密度

在半导体的导带和价带中有很多能级存在。但相邻能级间隔很小，约为 10^{-22} eV 数量级，可以近似认为能级连续。假设在能带中能量 $E \sim E + dE$ 之间无限小的能量间隔内有 dZ 个量子态，则态密度（density of state）$g(E)$ 为

$$g(E) = \frac{dZ}{dE} \tag{2-1}$$

即态密度是能带中能量 E 附近单位能量间隔内的量子态数。

由固体物理知识可以得出在导带底能量 E 附近单位能量间隔内的量子态数，即导带底附近的态密度为

$$g_c(E) = 4\pi V \frac{(2m_e^*)^{3/2}}{h^3}(E - E_c)^{1/2} \tag{2-2}$$

价带顶附近的态密度为

$$g_v(E) = 4\pi V \frac{(2m_p^*)^{3/2}}{h^3}(E_v - E)^{1/2} \tag{2-3}$$

式中，m_e^* 为自由电子的有效质量（effective mass）；m_p^* 为自由空穴的有效质量；V 为体积；h 为普朗克常数。

2.2.1.2　费米能级和载流子的统计分布

半导体中电子的数目非常多，如硅晶体每立方厘米约有 5×10^{22} 个硅原子，相当于每立方厘米中约有 2×10^{23} 个价电子。在一定温度下，半导体中的大量电子不停地做无规则热运动，电子通过晶格热振动获得能量后，既可以从低能量的量子态跃迁到高能量的量子态，也可以从高能量的量子态跃迁到低能量的量子态并释放多余的能量。因此，从一个电子来看，它所具有的能量时大时小，经常变化。但是从大量电子的整体来看，在热平衡状态下，电子按能量大小具有一定的统计分布规律，即电子在不同能量的量子态上统计分布概率是一定的。根据量子统计理论，服从泡利不相容原理的电子遵循费米统计律。能量为 E 的量子态被一个电子占据的概率 $f(E)$ 为

$$f(E) = \cfrac{1}{1 + \exp\left(\cfrac{E - E_F}{kT}\right)} \tag{2-4}$$

$f(E)$ 称为电子的费米分布函数，它是描述热平衡状态下电子在允许的量子态上如何分布的一个统计分布函数。式中，k 是玻尔兹曼常数；T 是热力学温度；E_F 是费米能级（Fermi level）或费米能量，它和温度、半导体材料的导电类型、杂质的含量及能量零点的选取有关。E_F 是一个重要的物理参数，只要知道了 E_F 的数值，在一定温度下，电子在各量子态上的统计分布便可完全确定。

由式（2-4）可知，当 $T = 0\text{K}$ 时，若 $E < E_F$，则 $f(E) = 1$；若 $E > E_F$，则 $f(E) = 0$。可见在热力学温度零度时，能量比 E_F 小的量子态被电子占据的概率为 100%，因而这些量子态上都是有电子的；而能量比 E_F 大的量子态被电子占据的概率为 0，因而这些量子态上都没有电子，是空的。

当 $T > 0\text{K}$ 时，若 $E < E_F$，则 $f(E) > 1/2$，能量比 E_F 小的量子态被电子占据的概率大于 50%；若 $E = E_F$，则 $f(E) = 1/2$，能量等于 E_F 的量子态被电子占据的概率为 50%；若 $E > E_F$，则 $f(E) < 1/2$，能量比 E_F 大的量子态被电子占据的概率小于 50%。

当温度不是很高时，能量大于 E_F 的量子态基本上没有被电子占据，能量小于 E_F 的量子态基本上被电子占据，而电子占据费米能级的概率在各种温度下总是 1/2。所以费米能级的位置比较直观地标志了电子占据量子态的情况，通常称费米能级标志了电子填充能级的水平。费米能级位置较高，说明有较多的能量较高的量子态上有电子。

2.2.1.3 热平衡状态下导带中的电子浓度和价带中的空穴浓度

导带中大多数电子在导带底附近，而价带中大多数空穴在价带顶附近。导带中能量为 $E \sim E + dE$ 的电子数为

$$dN = f(E)g_c(E)dE \tag{2-5}$$

能量在 $E \sim E + dE$ 的单位体积内的电子数为

$$dn = \frac{dN}{V} = 4\pi \frac{(2m_e^*)^{3/2}}{h^3 \left[1 + \exp\left(\cfrac{E - E_F}{kT}\right)\right]}(E - E_c)^{1/2}dE \tag{2-6}$$

对式（2-6）进行积分可以得到导带中电子的浓度为

$$n_0 = N_c \exp\left(-\frac{E_c - E_F}{kT}\right) \tag{2-7}$$

式中，$N_c = 2(2\pi m_e^* kT)^{3/2}/h^3$，称为导带的有效状态系数。

同理，可以得到价带中空穴的浓度为

$$p_0 = N_v \exp\left(\frac{E_v - E_F}{kT}\right) \tag{2-8}$$

式中，$N_v = 2(2\pi m_p^* kT)^{3/2}/h^3$，称为价带的有效状态系数。

将式（2-7）和式（2-8）相乘，得到

$$n_0 p_0 = N_c N_v \exp\left(-\frac{E_g}{kT}\right) \qquad (2-9)$$

可见电子和空穴的浓度乘积和费米能级无关。换言之，当半导体处于热平衡状态时，载流子浓度（carrier concentration）的乘积保持恒定，如果电子的浓度增大，空穴的浓度就要减小；反之亦然。

2.2.1.4 本征半导体的载流子浓度

本征半导体是一块没有杂质和缺陷的半导体，其能带如图 2-5 (a) 所示。在热力学温度零度时，其价带中的量子态都被电子占据，而导带中的量子态都是空的，即共价键是饱和的、完整的。当 $T>0K$ 时，就有电子从价带被激发到导带，使价带中产生了空穴，即出现本征激发。由于电子和空穴成对产生，导带中的电子浓度等于价带中的空穴浓度，即

$$n_0 = N_c \exp\left(-\frac{E_c - E_F}{kT}\right) = p_0 = N_v \exp\left(\frac{E_v - E_F}{kT}\right) \qquad (2-10)$$

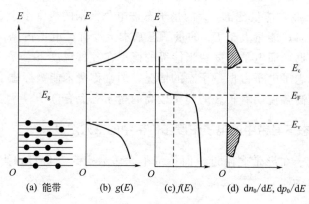

图 2-5 本征半导体

从而得到本征半导体的费米能级，用 E_i 表示为

$$E_i = E_F = \frac{E_c + E_v}{2} + \frac{3kT}{4}\ln\frac{m_p^*}{m_e^*} \qquad (2-11)$$

本征半导体的载流子浓度 n_i 为

$$n_i = n_0 = p_0 = (N_c N_v)^{1/2} \exp\left(-\frac{E_g}{2kT}\right) \qquad (2-12)$$

由式（2-9）和式（2-12）可得 $n_i^2 = n_0 p_0$。

图 2-5 (b)～(d) 分别给出了本征半导体的态密度、费米分布函数和载流子浓度分布。表 2-1 给出了几种材料的本征载流子浓度。

表 2-1　300K 下锗、硅、砷化镓的本征载流子浓度

各项参数	E_g/eV	$m_e^*(m_{dn})$	$m_p^*(m_{dp})$	N_c/cm^{-3}	N_v/cm^{-3}	n_i(计算值)$/cm^{-3}$	n_i(测量值)$/cm^{-3}$
Ge	0.67	$0.56m_0$	$0.37m_0$	1.05×10^{19}	5.7×10^{18}	2.0×10^{13}	2.4×10^{13}

各项参数	E_g/eV	m_e^* (m_{dn})	m_p^* (m_{dp})	N_c/cm^{-3}	N_v/cm^{-3}	n_i(计算值)/cm^{-3}	n_i(测量值)/cm^{-3}
Si	1.12	$1.08m_0$	$0.59m_0$	2.08×10^{19}	1.1×10^{19}	7.8×10^9	1.5×10^{10}
GaAs	1.428	$0.068m_0$	$0.47m_0$	4.5×10^{17}	8.1×10^{18}	2.3×10^6	1.1×10^7

注：m_{dn} 和 m_{dp} 为状态密度有效质量，分别对应电子和空穴；m_0 为自由电子质量。

2.2.1.5 掺杂半导体的载流子浓度

N 型半导体中，施主原子的多余价电子易跃迁进入导带，导带中的自由电子浓度将高于本征半导体的自由电子浓度。设掺入的施主原子浓度为 N_d，那么导带中的电子浓度可以表示为

$$n = N_d + p_0 \approx N_d \tag{2-13}$$

本征激发时，$n_i = n_0 = p_0$，$E_F = E_i$，则有

$$n_0 = n_i \exp\left(-\frac{E_i - E_F}{kT}\right) \tag{2-14}$$

$$p_0 = n_i \exp\left(\frac{E_i - E_F}{kT}\right) \tag{2-15}$$

可以得到 N 型半导体的费米能级为

$$E_F = E_i + kT \ln\left(\frac{N_d}{n_i}\right) \tag{2-16}$$

由式（2-16）可知，N 型半导体中的费米能级位于禁带中央以上，掺杂浓度越高，费米能级离禁带中央越远，越靠近导带底。

同理，P 型半导体中，受主原子易从价带中获得电子，价带中的自由空穴浓度将高于本征半导体中的自由空穴浓度。设掺入的受主原子浓度为 N_a，那么室温下价带中的空穴浓度 p 和电子浓度 n 分别为

$$p = N_a + n \approx N_a \tag{2-17}$$

$$n = \frac{n_i^2}{N_a} \tag{2-18}$$

P 型半导体的费米能级为

$$E_F = E_i - kT \ln\left(\frac{N_a}{n_i}\right) \tag{2-19}$$

由式（2-19）可知，P 型半导体中的费米能级位于禁带中央以下，掺杂浓度越高，费米能级离禁带中央越远，越靠近价带顶。

图 2-6、图 2-7 分别给出了 N 型半导体和 P 型半导体的能带、态密度、费米分布函数和载流子浓度分布，图 2-8 给出了本征、掺杂半导体的费米能级。

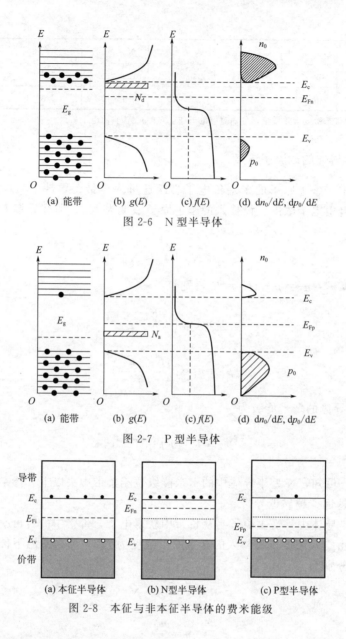

E
O
E_c
E_{Fn}
E_v
E_g
N_d
n_0
p_0
(a) 能带
(b) g(E)
(c) f(E)
(d) dn0/dE, dp0/dE

图 2-6 N 型半导体

E
O
E_c
E_{Fp}
E_v
E_g
N_a
n_0
p_0
(a) 能带
(b) g(E)
(c) f(E)
(d) dn0/dE, dp0/dE

图 2-7 P 型半导体

导带
E_c
E_{Fi}
E_v
价带
E_{Fn}
E_{Fp}
(a) 本征半导体
(b) N型半导体
(c) P型半导体

图 2-8 本征与非本征半导体的费米能级

2.2.2 非平衡状态下的载流子

2.2.2.1 非平衡载流子的产生和复合

（1）非平衡载流子

半导体在热平衡态下载流子浓度是恒定的，但是如果外界条件发生变化，例如，受光照、外电场作用，温度变化等，载流子浓度就要随之发生变化。这时系统的状态称为非平衡态，载流子相对于热平衡时的增量称为非平衡载流子，也称为过剩载流子。由光照射产生的非平衡载流子又称为光生载流子。

例如，在一定温度下，当没有光照时，一块半导体中电子和空穴的浓度分别为 n_0 和

p_0，假设它是 N 型半导体，则 $n_0 \gg p_0$，其能带图如图 2-9 所示。当光照射该半导体时，只要光子的能量大于该半导体的禁带宽度，半导体内就能发生本征吸收，从而光子将价带上的电子激发到导带，产生电子-空穴对，使导带比平衡时多出一部分电子 Δn，价带比平衡时多出一部分空穴 Δp。Δn 和 Δp 就是非平衡载流子的浓度。显然，在 N 型半导体中，由于 $n_0 \gg p_0$，本征吸收时受影响最大的是少子浓度 p_0。

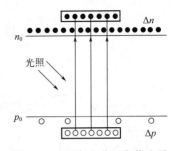

图 2-9　光照产生非平衡载流子

现举例说明本征吸收时载流子浓度的变化。有一 N 型硅片，其电阻率为 $1\,\Omega \cdot cm$，在室温下热平衡载流子浓度为 $n_0 = 5.5 \times 10^{15}\,cm^{-3}$，$p_0 = 3.5 \times 10^4\,cm^{-3}$。本征吸收时，$\Delta n = \Delta p = 10^{10}\,cm^{-3}$。这时，非平衡状态下的载流子浓度分别为

$$n = n_0 + \Delta n = (5.5 \times 10^{15} + 10^{10})\,cm^{-3} \approx 5.5 \times 10^{15}\,cm^{-3}$$

$$p = p_0 + \Delta p = (3.5 \times 10^4 + 10^{10})\,cm^{-3} \approx 10^{10}\,cm^{-3}$$

可以看出，本征吸收时多子的浓度几乎没有变化，而少子的浓度却增加了 28 万倍。可见，本征吸收时对半导体影响最显著的是少子的浓度。因此，可以说一切半导体光电器件对光的本征吸收都是少子行为。

（2）产生与复合

对半导体材料，施加外部的作用把价带上的电子激发到导带，产生电子-空穴对，使非平衡载流子浓度增大，这种运动称为产生；原来激发到导带的电子回到价带，电子和空穴又成对地消失，非平衡载流子浓度减小，这种运动称为复合。单位时间单位体积内增加的电子-空穴对数称为产生率；单位时间单位体积内减少的电子-空穴对数称为复合率。

在光照过程中，产生与复合是同时存在的。半导体在恒定、持续光照下产生率保持在高水平，同时复合率也随着非平衡载流子的增加而增大，直至产生率等于复合率，系统达到新的稳定态。光照停止时，光致产生率为零，但热致产生率仍存在。这时系统的稳定态遭到破坏，复合率大于产生率，非平衡载流子浓度逐渐减小，复合率也随之下降，直至复合率等于热致产生率，非平衡载流子浓度降为零，系统恢复热平衡态。

非平衡载流子的复合过程主要有直接复合和间接复合等。直接复合是指晶格中运动的自由电子直接由导带回到价带与空穴复合，释放出多余的能量，电子-空穴对消失。间接复合是自由电子和空穴通过晶体中的杂质、缺陷在禁带中形成的局域能级（复合中心）进行的复合。

2.2.2.2　非平衡载流子的寿命

理论和实验表明，光照停止后，半导体中光生载流子并不是立即全部复合（消失），而是随时间按指数规律减少，如图 2-10 所示。这说明光生载流子在导带和价带中有一定的生存时间，有的长些，有的短些。光生载流子的平均生存时间称为光生载流子的寿命，用 τ_c 表示。

现以 N 型半导体材料为例，分析和计算弱光照条件下本征吸收时光生载流子的寿命。设热平衡时材料的电子浓度和空穴浓度分别为 n_0 和 p_0，光照后其浓度分别为 n 和 p。复合

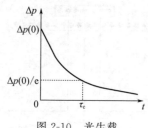

图 2-10 光生载
流子的复合过程

时，电子与空穴相遇成对消失，因此复合率 R 与电子和空穴的浓度乘积成正比，即

$$R = rnp \tag{2-20}$$

式中，r 为比例系数，称为复合系数。另外，光照停止后，只要绝对温度大于零，价带中的每个电子都有一定的概率被激发到导带，从而形成电子-空穴对。这个概率称为载流子的热致产生率，用 G_0 表示。热平衡时，热致产生率必须等于复合率，即

$$G_0 = R_0 = r n_0 p_0 \tag{2-21}$$

于是，光生电子-空穴对的直接复合率（净复合率）可用材料中少子的变化率表示，具体如下：

$$-\frac{\mathrm{d}p(t)}{\mathrm{d}t} = -\frac{\mathrm{d}\Delta p(t)}{\mathrm{d}t} = R - G_0$$
$$= r(n_0 + \Delta n(t))(p_0 + \Delta p(t)) - r n_0 p_0 \tag{2-22}$$

式中，$\Delta n(t)$、$\Delta p(t)$ 为瞬时非平衡载流子浓度。因 $\Delta n(t) = \Delta p(t) \ll n_0$（弱光照），于是式（2-22）又可写成

$$-\frac{\mathrm{d}\Delta p(t)}{\mathrm{d}t} = r n_0 \Delta p(t) \tag{2-23}$$

解上式的微分方程，得

$$\Delta p(t) = \Delta p(0) \mathrm{e}^{-r n_0 t} \tag{2-24}$$

式中，$\Delta p(0)$ 为光照刚停时（$t = 0$）的光生载流子浓度。

由式（2-24）可得到光生载流子的平均生存时间（寿命）

$$\tau_{\mathrm{c}} = t = \frac{\int_0^\infty t \mathrm{d}\Delta p(t)}{\int_0^\infty \mathrm{d}\Delta p(t)} = \frac{1}{r n_0} \tag{2-25}$$

即

$$\tau_{\mathrm{c}} = \frac{1}{r n_0} \tag{2-26}$$

式（2-26）表明，弱光照条件下，光生载流子的寿命与热平衡时多子的浓度成反比，并且在一定温度下是一个常数。

将 τ_{c} 代入式（2-23），可得到载流子复合率的一般表达式

$$-\frac{\mathrm{d}\Delta p(t)}{\mathrm{d}t} = \frac{\Delta p(t)}{\tau_{\mathrm{c}}} \tag{2-27}$$

以上是直接复合过程的计算。间接复合过程的计算更复杂，读者可参考有关文献。可以证明，在弱光照条件下，无论是本征吸收还是杂质吸收，光生载流子的寿命在一定温度下均为常数，它取决于材料的微观复合结构、掺杂和缺陷等因素；而在强光照条件下，光生载流

子的寿命不一定为常数，它往往随着光生载流子浓度的变化而变化。

载流子的寿命是一个很重要的参量，它表征复合的强弱。τ_c 小表示复合强，τ_c 大表示复合弱。在后面讨论中还可以看到，τ_c 可决定线性光电导探测器的响应时间特性。

2.2.3 载流子的扩散与漂移

2.2.3.1 扩散

载流子因浓度不均匀而发生的定向运动称为扩散。常用扩散系数 D 和扩散长度 L 等参量来描述材料的扩散性质。

当材料的局部位置受到光照时，吸收光子产生光生载流子，从而这个局部位置的载流子浓度要比平均浓度高。这时载流子将从浓度高的点向浓度低的点运动，在晶体中重新达到均匀分布。由于扩散作用，流过单位面积的电流称为扩散电流密度，其正比于光生载流子的浓度梯度，即

$$\boldsymbol{J}_{nD} = qD_n\nabla n \tag{2-28}$$

$$\boldsymbol{J}_{pD} = -qD_p\nabla p \tag{2-29}$$

式中，q 为电子的电荷量；$\boldsymbol{J}_{nD}$、$\boldsymbol{J}_{pD}$ 分别为 Δx 方向上的电子扩散电流密度矢量和空穴扩散电流密度矢量；D_n、D_p 分别为电子的扩散系数和空穴的扩散系数；∇n 和 ∇p 分别为电子的浓度梯度和空穴的浓度梯度。

由于载流子扩散取载流子浓度增大的相反方向，因此空穴电流是负的。因电子的电荷是负值，扩散方向的负号与电荷的负号相乘，所以电子电流是正值。

设有图 2-11 所示的一块半导体，入射的均匀光场全部覆盖它的一个端面，则光生载流子在材料中的扩散可作一维近似处理。考虑光生空穴沿 x 方向扩散，利用式（2-27）和边界条件可得，$x \to 0$ 时，$\Delta p(x) = \Delta p(0)$；$x \to \infty$ 时，$\Delta p(x) = 0$。读者自行推导，可以得到任一位置 x 处光生空穴的浓度：

$$\Delta p(x) = \Delta p(0)\exp\left(-\frac{x}{L_p}\right) \tag{2-30}$$

式中，$L_p = \sqrt{D_p\tau_c}$，为空穴的扩散长度；τ_c 为载流子的寿命。由式（2-30）可知，少

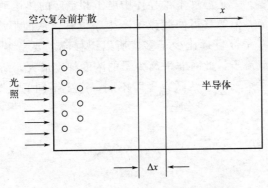

图 2-11　光注入时非平衡载流子的扩散

数载流子的剩余浓度随距离按指数规律下降。同样，可以导出非平衡电子的扩散长度 $L_n = \sqrt{D_n \tau_c}$。

2.2.3.2 漂移

载流子受到电场作用所发生的运动称为漂移（drift）。在电场中电子漂移的方向与电场方向相反，空穴漂移的方向与电场方向相同。载流子在弱电场中的漂移运动服从欧姆定律，在强电场中的漂移运动因有饱和或雪崩等现象而不服从欧姆定律。这里只讨论服从欧姆定律的漂移运动。欧姆定律的微分形式表示如下：

$$\boldsymbol{J}_E = \sigma \boldsymbol{E} \tag{2-31}$$

漂移电流密度矢量 $\boldsymbol{J}_E$ 等于电场强度矢量 $\boldsymbol{E}$ 与材料的电导率 σ 之积。对于电子电流，根据定义，漂移电流密度矢量 $\boldsymbol{J}_E$ 又可以表示成

$$\boldsymbol{J}_E = nq\boldsymbol{v} \tag{2-32}$$

式中，n 为电子的浓度；q 为电子的电荷量；v 为电子漂移的平均速度，与电场强度呈线性关系，即

$$\boldsymbol{v} = \mu_n \boldsymbol{E} \tag{2-33}$$

式中，μ_n 为电子的迁移率。联立式（2-31）～式（2-33），可得

$$\sigma_n = nq\mu_n \tag{2-34}$$

同理，对于空穴电流，有

$$\sigma_p = pq\mu_p \tag{2-35}$$

式中，μ_p 为空穴的迁移率。在电场中，漂移所产生的电子电流密度矢量（空穴电流密度矢量）与电场和迁移率之间的关系为

$$\boldsymbol{J}_{nE} = nq\mu_n \boldsymbol{E} \tag{2-36}$$

$$\boldsymbol{J}_{pE} = pq\mu_p \boldsymbol{E} \tag{2-37}$$

电子在晶体中的运动与气体分子的热运动类似，当没有外加电场时，电子做无规则运动，其平均定向速度为零。一定温度下半导体中电子和空穴的热运动是不能引起载流子净位移的，从而也就没有电流。但漂移可使载流子产生净位移，从而形成电流。在电场中多子、少子均做漂移运动，因多子数目远比少子多，所以漂移流主要是多子的贡献；在扩散情况下，如光照产生非平衡载流子，此时非平衡少子的浓度梯度最大，所以对扩散流的贡献主要是少子。不同材料中电子运动的"活跃程度"不同，产生不同的电阻。图 2-12 为不同材料的电阻率差异。

2.3 PN 结

采用某种技术在一块半导体材料内形成共价键结合的 P 型区和 N 型区，那么 P 型区和

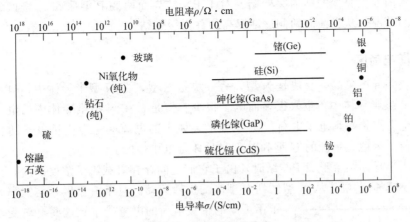

图 2-12 固体材料的分类

N 型区的界面及其两侧载流子发生变化范围的区域称为 PN 结（PN junction）。PN 结是电子技术中许多元件，如半导体二极管、双极性晶体管的物质基础。

2.3.1 PN 结的形成

P 型半导体中多子是空穴，少子是电子；N 型半导体中多子是电子，少子是空穴。当 P 型、N 型半导体结合在一起形成 PN 结时，P 型、N 型半导体由于分别含有较高浓度的空穴和自由电子，存在浓度梯度，因此两者之间将产生扩散运动。即自由电子由 N 型半导体向 P 型半导体的方向扩散，剩下带正电的施主离子；空穴由 P 型半导体向 N 型半导体的方向扩散，剩下带负电的受主离子。

载流子经过扩散过程后，扩散的自由电子和空穴相互结合，从而在两种半导体的中间位置形成一个空间电荷区（或称离子区、耗尽层、阻挡层）。空间电荷区内载流子很少，产生高阻抗，并形成由 N 型半导体指向 P 型半导体的电场，称为"内建电场"。在内建电场的作用下，载流子将产生漂移运动，漂移运动的方向与扩散运动的方向相反。热平衡下，漂移运动与扩散运动将会达到动态平衡状态，这就是 PN 结的形成过程。

PN 结根据掺杂分布情况可以分为两种基本类型：突变结和缓变结。这两种结型的杂质浓度分布情况如图 2-13 所示。对于 PN 结界面两侧 P 型区和 N 型区的杂质浓度分布均匀的

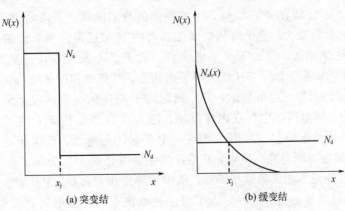

图 2-13 突变结和缓变结的杂质浓度分布情况

情况，仅在界面发生突变的称为突变结。对于 PN 结界面两侧 P 型区和 N 型区的杂质浓度分布不均匀的情况，从界面向两侧逐渐提高的称为缓变结。

2.3.2 空间电荷区

考虑两块半导体单晶，一块是 N 型，另一块是 P 型。在 N 型半导体中，电子很多而空穴很少；在 P 型半导体中，空穴很多而电子很少。但是，在 N 型半导体中的电离施主与少量空穴的正电荷严格平衡电子电荷；而 P 型半导体中的电离受主与少量电子的负电荷严格平衡空穴电荷。因此，单独的 N 型和 P 型半导体是电中性的。

当这两块半导体结合形成 PN 结时，由于它们之间存在着载流子浓度梯度，导致了空穴从 P 型区到 N 型区、电子从 N 型区到 P 型区的扩散运动。对于 P 型区，空穴离开后，留下

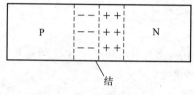

图 2-14　PN 结的空间电荷区

了不可动的带负电荷的电离受主。这些电离受主，没有正电荷与之保持电中性。因此，在 PN 结附近的 P 型区一侧出现了一个负电荷区。同理，在 PN 结附近的 N 型区一侧出现了一个由电离施主构成的正电荷区。通常把在 PN 结附近的这些电离施主和电离受主所带的电荷称为空间电荷，它们所存在的区域称为空间电荷区，如图 2-14 所示。

空间电荷区中的这些电荷产生了从 N 型区指向 P 型区，即从正电荷指向负电荷的电场，称为内建电场。在内建电场的作用下，载流子做漂移运动。显然，电子和空穴的漂移运动方向与它们的扩散运动方向相反。因此，内建电场起着阻碍电子和空穴继续扩散的作用。

随着扩散运动的进行，空间电荷逐渐增多，空间电荷区也逐渐扩展；同时，内建电场逐渐增强，载流子的漂移运动也逐渐加强。在无外加电压的情况下，载流子的扩散和漂移最终将达到动态平衡，即从 N 型区向 P 型区扩散过去多少电子，同时就有多少电子在内建电场的作用下返回 N 型区。因而电子的扩散电流和漂移电流大小相等、方向相反，互相抵消。对于空穴，情况完全相似。因此，没有电流流过 PN 结，或者说流过 PN 结的净电流为零。这时空间电荷的数量一定，空间电荷区不再继续扩展，保持一定的宽度，其中存在一定的内建电场。一般称这种情况为热平衡状态下的 PN 结（简称为平衡 PN 结）。

2.3.3 PN 结的能带图

平衡 PN 结的情况，可以用能带图表示。图 2-15（a）为 N 型、P 型两块半导体的能带图，图中 E_{Fn} 和 E_{Fp} 分别表示 N 型和 P 型半导体的费米能级。当两块半导体结合形成 PN 结时，按照费米能级的意义，电子将从费米能级高的 N 型区流向费米能级低的 P 型区，空穴则从 P 型区流向 N 型区，因而 E_{Fn} 不断下移，且 E_{Fp} 不断上移，直至 $E_{\text{Fn}} = E_{\text{Fp}}$。这时 PN 结中有统一的费米能级 E_F，PN 结处于平衡状态，其能带如图 2-15（b）所示。事实上，E_{Fn} 是随着 N 型区的能带一起下移的，E_{Fp} 则随着 P 型区的能带一起上移。能带相对移动的原因是 PN 结的空间电荷区中存在内建电场。随着从 N 型区指向 P 型区的内建电场不断增强，空间电荷区内的电势 $V(x)$ 由 N 型区向 P 型区不断降低，而电子的电势能 $-qV(x)$ 则由 N 型区向 P 型区不断升高。所以，P 型区的能带相对 N 型区上移，而 N 型区的能带相对 P 型区下移，直到费米能级处处相等时，能带才停止相对移动，PN 结达到平衡状态。因此，PN 结中费米能级处处相等恰好标志了每一种载流子的扩散电流和漂移电流互相抵消，没有净电流通过 PN 结。

从图 2-15（b）中可以看出，在 PN 结的空间电荷区中能带发生了弯曲，这是空间电荷区中电势能变化的结果。因能带弯曲，电子从势能低的 N 型区向势能高的 P 型区运动时，必须克服这一势能"高坡"；同理，空穴也必须克服这一势能"高坡"，才能从 P 型区到达 N 型区。这一势能"高坡"通常称为 PN 结的势垒，故空间电荷区也叫势垒区。

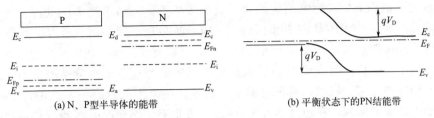

(a) N、P 型半导体的能带　　　　　　　　(b) 平衡状态下的PN结能带

图 2-15　PN 结的能带

2.3.4　PN 结的载流子分布

PN 结的载流子浓度分布情况如图 2-16 所示。在空间电荷区靠 P 型区的边界 x_p 处，电子浓度等于 P 型区的平衡少子浓度 n_{p0}，空穴浓度等于 P 型区的平衡多子浓度 p_{p0}；在靠 N 型区的边界 x_n 处，空穴浓度等于 N 型区的平衡少子浓度 p_{n0}，电子浓度等于 N 型区的平衡多子浓度 n_{n0}。在空间电荷区内，空穴浓度从 x_p 处的 p_{p0} 减小到 x_n 处的 p_{n0}，电子浓度从 x_n 处的 n_{n0} 减小到 x_p 处的 n_{p0}。

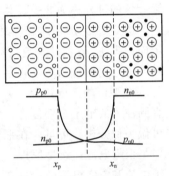

图 2-16　PN 结的载流子浓度分布

在 PN 结的形成过程中，电子从 N 型区向 P 型区扩散，从而在结面的 N 型区侧留下了不能移动的电离施主（正电中心）；空穴自 P 型区向 N 型区扩散，留下了不能移动的电离受主（负电中心）。而在空间电荷区内可移动载流子的分布是按指数规律变化的（变化非常显著），绝大部分区域的载流子浓度远小于中性区域，即空间电荷区的载流子已被基本耗尽，见图 2-16。所以，空间电荷区又叫耗尽区或耗尽层。

在 PN 结的理论分析中，常常假设空间电荷区中的电子和空穴被完全耗尽，即正、负空间电荷密度分别等于施主浓度和受主浓度。这种假设称为耗尽层假设或耗尽层近似。

2.3.5　非平衡状态下的 PN 结

平衡 PN 结中，存在着具有一定宽度和势垒高度的势垒区，其中相应地出现了内建电场；每一种载流子的扩散电流和漂移电流互相抵消，没有净电流通过 PN 结，相应地在 PN 结中费米能级处处相等。当 PN 结两端有外加电压时，PN 结处于非平衡状态，其中将会发生什么变化呢？下面先做一定性分析。

2.3.5.1　外加电压下，PN 结势垒的变化、载流子的运动及分布

PN 结加正向偏压 V（即 P 型区接电源正极，N 型区接电源负极）时，因势垒区内载流子浓度很小，电阻很大，势垒区外的 P 型区和 N 型区中载流子浓度很大，电阻很小，所以外加正向偏压基本降落在势垒区。正向偏压在势垒区中产生了与内建电场方向相反的电场，因而减弱了势垒区中的电场强度，这就表明空间电荷相应减少，故势垒区的宽度也减小。同

时，势垒高度从 qV_D 下降为 $q(V_D-V)$，如图 2-17 所示。

此时，势垒区的电场减弱，破坏了载流子扩散运动和漂移运动之间原有的平衡，削弱了漂移运动，使扩散流大于漂移流。所以在加正向偏压时，产生了电子从 N 型区向 P 型区以及空穴从 P 型区向 N 型区的净扩散流。电子通过势垒区扩散进入 P 型区，在边界 $PR'(x=-x_p)$ 处形成电子的积累，成为 P 型区的非平衡少数载流子，结果使 PP' 处的电子浓度比 P 型区内部高，形成了从 PP' 处向 P 型区内部的电子扩散流。非平衡少子边扩散边与 P 型区的空穴复合，经过比扩散长度大若干倍的距离后，全部复合。这一段区域称为扩散区。在一定的正向偏压下，单位时间内从 N 型区来到 PP' 处的非平衡少子浓度是一定的，并在扩散区内形成一稳定的分布。所以，当正向偏压一定时，在 PP' 处就有一不变的向 P 型区内部流动的电子扩散流。同理，在边界 $NN'(x=x_n)$ 处也有一不变的向 N 型区内部流动的空穴扩散流。N 型区的电子和 P 型区的空穴都是多数载流子，分别进入 P 型区和 N 型区后成为 P 型区和 N 型区的非平衡少数载流子。当增大正向偏压时，势垒降得更低，可增大流入 P 型区的电子流和流入 N 型区的空穴流。这种由于外加正向偏压的作用使非平衡载流子进入半导体的过程称为非平衡载流子的电注入。

图 2-18 为加正向偏压时 PN 结中电流密度的分布情况。在正向偏压下，N 型区中的电子向边界 x_n 处漂移，越过势垒区，经边界 $-x_p$ 处进入 P 型区，构成进入 P 型区的电子扩散电流；电子进入 P 型区后，继续向内部扩散，形成电子扩散电流。在扩散过程中，电子与从 P 型区内部向边界 $-x_p$ 处漂移的空穴不断复合，电子电流就不断地转化为空穴电流，直到注入的电子全部复合，电子电流全部转变为空穴电流为止。对于 N 型区中的空穴电流，可做类似分析。可见，在平行于 $-x_p$ 处的任何截面通过的电子电流和空穴电流并不相等。但是根据电流连续性原理，通过 PN 结中任一截面的总电流是相等的，只是不同的截面，电子电流和空穴电流的比例有所不同而已。在假定通过势垒区的电子电流和空穴电流均保持不变的情况下，通过 PN 结的总电流，就是通过边界 $-x_p$ 处的电子扩散电流与通过边界 x_n 处的空穴扩散电流之和。

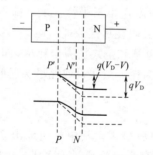

图 2-17　加正向偏压时 PN 结势垒的变化

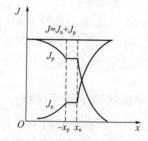

图 2-18　加正向偏压时 PN 结中电流密度的分布

对于正向偏压的 PN 结，载流子是如何分布的呢？此时空间电荷区的电场被削弱，载流子扩散大于漂移，其浓度在空间电荷区及边界处是高于平衡值的，而边界处的非平衡少数载流子向体内扩散，它们边扩散边与多子进行复合，在少子扩散长度处近似等于平衡少子的浓度。因此，会形成图 2-19 所示的情况。

当 PN 结加反向偏压 V 时，反向偏压在势垒区产生的电场与内建电场方向一致，势垒区的电场增强，其宽度也变大，势垒高度由 qV_D 增大为 $q(V_D+V)$，如图 2-20 所示。势垒区的电场增强，破坏了载流子扩散运动和漂移运动之间的原有平衡，增强了漂移运动，使漂移

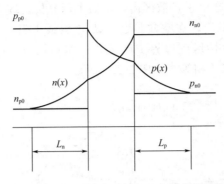

图 2-19　正向偏压下的载流子浓度分布情况

流大于扩散流。这时 N 型区边界 NN' 处的空穴被势垒区的强电场驱向 P 型区，而 P 型区边界 PP' 处的电子被驱向 N 型区。

当这些少数载流子被电场驱走后，内部的少子就来补充，形成了反向偏压下的电子扩散电流和空穴扩散电流。这种情况好像少数载流子不断地被抽出来，所以称为少数载流子的抽取或吸出。PN 结中总的反向电流等于势垒区边界 NN' 和 PP' 附近的少数载流子扩散电流之和。因为少子浓度很低，而扩散长度基本不变，所以反向偏压下少子的浓度梯度也较小。当反向偏压很大时，边界处的少子可以认为是零。这时少子的浓度梯度不再随电压变化。因此扩散流也不随电压变化。所以在反向偏压下，PN 结的电流较小且趋于不变。其载流子浓度分布情况如图 2-21 所示。

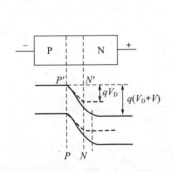

图 2-20　加反向偏压时 PN 结势垒的变化

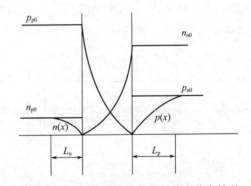

图 2-21　反向偏压下的载流子浓度分布情况

2.3.5.2　外加电压下，PN 结的能带图

在正向偏压下，PN 结的 N 型区和 P 型区都有非平衡少数载流子的注入。在非平衡少数载流子存在的区域内，必须用电子的准费米能级 E_{Fn} 和空穴的准费米能级 E_{Fp} 取代原来平衡时的统一费米能级 E_F。又由于有净电流流过 PN 结，费米能级将随位置不同而变化。在空穴扩散区内，电子浓度高，故电子的准费米能级 E_{Fn} 变化很小，可看作不变；但空穴浓度很小，故空穴的准费米能级 E_{Fp} 变化很大。从 P 型区注入 N 型区的空穴，在边界 NN' 处浓度很大，随着远离 NN'，因为和电子复合，浓度逐渐减小，故 E_{Fp} 为一斜线；到离 NN' 比 L_p 大很多的地方，非平衡空穴已衰减为零，这时 E_{Fp} 和 E_{Fn} 相等。因为扩散区比势垒区大，准费米能级的变化主要发生在扩散区，在势垒区中的变化则忽略不计。所以在势垒区

内，准费米能级保持不变。在电子扩散区内，可做类似分析。综上所述可见，E_{Fp} 从 P 型中性区到边界 NN' 处为一水平线，在空穴扩散区 E_{Fp} 斜线上升，到注入空穴为零处 E_{Fp} 与 E_{Fn} 相等，而 E_{Fn} 从 N 型中性区到边界 PP' 处为一水平线，在电子扩散区 E_{Fn} 斜线下降，到注入电子为零处 E_{Fn} 与 E_{Fp} 相等，如图 2-22 所示。

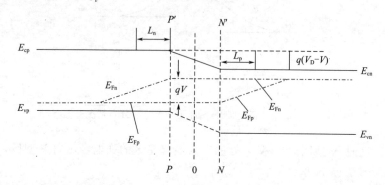

图 2-22　正向偏压下 PN 结的费米能级

在正向偏压下，势垒高度降为 $q(V_D-V)$，由图 2-22 可见，从 N 型区一直延伸到 P 型区边界 PP' 处的电子准费米能级 E_{Fn} 与从 P 型区一直延伸到 N 型区边界 NN' 处的空穴准费米能级 E_{Fp} 之差正好等于 qV，即 $E_{Fn}-E_{Fp}=qV$。

当 PN 结加反向偏压时，在电子扩散区、势垒区、空穴扩散区中，电子和空穴的准费米能级变化规律与正向偏压时基本相似，所不同的只是 E_{Fn} 和 E_{Fp} 的相对位置发生了变化。正向偏压时，E_{Fn} 高于 E_{Fp}，即 $E_{Fn}>E_{Fp}$；反向偏压时，E_{Fp} 高于 E_{Fn}，即 $E_{Fp}>E_{Fn}$，如图 2-23 所示。

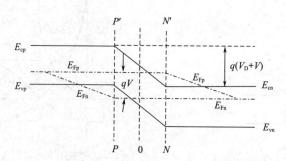

图 2-23　反向偏压下 PN 结的费米能级

2.3.5.3　外加电压下，PN 结的伏安特性

正向偏压下的 PN 结，其电流与电压的关系式如下：

$$I = Aq\left(\frac{n_{p0}D_n}{L_n}+\frac{p_{n0}D_p}{L_n}\right)\left(e^{\frac{qV}{kT}}-1\right) \tag{2-38}$$

反向偏压下的 PN 结，其电流与电压的关系式如下：

$$I_R = Aq\left(\frac{n_{p0}D_n}{L_n}+\frac{p_{n0}D_p}{L_n}\right)\left(e^{\frac{-qV}{kT}}-1\right) \tag{2-39}$$

上述两式即为 PN 结的正、反向电压-电流特性。
两式的差别在于反向特性多了一个 "一"，表示外加的
为反向电压。将 PN 结的正向特性和反向特性组合起
来，就形成了 PN 结的电流-电压特性（伏安特性）。
其伏安特性曲线如图 2-24 所示。

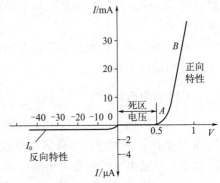

图 2-24　PN 结的电流-电压特性曲线

当反向偏压 $|V|$ 远大于 kT/q 时，则有

$$I=I_R=-Aq\left(\frac{n_{p0}D_n}{L_n}+\frac{p_{n0}D_p}{L_n}\right)=-I_0 \quad (2\text{-}40)$$

即随着反向偏压 V 的增大，电流将趋于一个恒定值
$-I_0$（它仅与少子浓度、扩散长度、扩散系数有关，
称为反向饱和电流）。这也与伏安特性曲线在负偏压时无限趋近于常数的规律一致。

从图 2-24 中可以看出，PN 结外加正向电压时，表现为正向导通，外加反向电压时，表
现为反向截止，即表示 PN 结具有单向导电性。

单向导电性是 PN 结最重要的性质之一。所谓单向导电性，就是当 PN 结的 P 型区接电
源正极，N 型区接负极，PN 结能通过较大电流，并且电流随着电压的增大快速增大，这时
PN 结处于正向导通；反之，如果 P 型区接电源负极，N 型区接正极，则电流很小，而且电
压增大时电流趋于 "饱和"，此时 PN 结处于反向截止。也就是说，PN 结正向导电性能好
（正向电阻小），反向导电性能差（反向电阻大）。

PN 结的这种单向导电特性是由正向注入和反向抽取决定的。正向注入使边界的少数载
流子浓度增加很大（几个数量级），从而形成了大的浓度梯度和大的扩散电流，且注入的少
数载流子浓度随正向偏压增大呈指数规律增加；而反向抽取使边界的少数载流子浓度减小，
且随反向偏压增大其很快趋于零（边界处少子浓度的变化量最大不超过平衡时的少子浓度）。
这就是随电压增大，PN 结的正向电流很快增长而反向电流很快趋于饱和的物理原因。

尽管前面推导出了 PN 结的电流-电压表达式，但是实验表明，理想的电流-电压方程式
和小注入下锗 PN 结的实验结果符合较好，与硅 PN 结的实验结果则偏离较大。引起偏离的
主要原因有空间电荷区中的产生及复合、大注入效应、表面效应、串联电阻效应、温度等，
需要根据具体情况进行分析。

2.3.6　PN 结的击穿特性

由 PN 结的电流-电压特性可知，在加正向偏压时，正向电流随电压指数上升；在加反
向偏压时，开始反向电流随电压增大而略有增长，随后
就与反向偏压无关而保持一很小的数值，这就是反向饱
和电流。然而，在实际的反向偏压 PN 结中，由于空间电
荷区的产生电流和其他因素的影响，反向电流随着反向
偏压的增大而略有增长。当反向偏压增大到某一数值 V_B
时，反向电流骤然变大，这种现象称为 PN 结的击穿，如
图 2-25 所示。发生击穿时的反向偏压称为 PN 结的击穿
电压，用 V_B 表示。

PN 结的击穿电压是半导体器件的重要参数之一。因

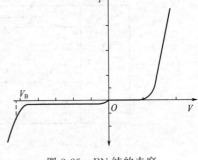

图 2-25　PN 结的击穿

此，研究 PN 结的击穿现象，对于提高半导体器件的使用电压以及制造新型器件都有很大的实际意义。

到目前为止，已经提出的击穿机理有雪崩击穿、隧道击穿（齐纳击穿）和热击穿三种。下面分别简单介绍。

（1）雪崩击穿

在加反向偏压时，流过 PN 结的反向电流主要是由 P 型区扩散到空间电荷区中的电子电流和 N 型区扩散到空间电荷区中的空穴电流组成的。当反向偏压很大时，在空间电荷区内的电子和空穴由于受到强电场的作用，获得很大的动能。它们与空间电荷区内的晶格原子发生碰撞，能把价键上的电子碰撞出来，使其成为导电电子，同时产生一个空穴，如图 2-26 所示。例如，PN 结中势垒区的电子 1 碰撞出来一个电子 2 和一个空穴 2，于是一个载流子变成了三个载流子。电子和空穴在强电场的作用下向相反的方向运动，还会继续发生碰撞，产生第三代载流子。如此继续下去，载流子就会大量增加。这种产生载流子的方式称为载流子的倍增。当反向偏压增大到某一数值后，载流子的倍增如同雪山上的雪崩现象一样，载流子迅速增多，反向电流急剧增大，从而发生了 PN 结的击穿，称为雪崩击穿。

（2）隧道击穿（齐纳击穿）

隧道击穿是在强电场的作用下，由于隧道效应（P 型区价带中的电子有一定的概率直接穿透禁带而到达 N 型区导带中），大量电子从价带进入导带所引起的一种击穿现象。因为最初齐纳用这种现象解释电介质的击穿，故又称齐纳击穿。图 2-27 是 PN 结加反向偏压时的能带图。当对 PN 结施加反向偏压时，势垒升高，能带发生弯曲，势垒区导带和价带的水平距离 d 随着反向偏压的增大而变窄。我们知道，能带的弯曲是空间电荷区存在电场的缘故，因为这个电场使得电子有一附加的静电势能。当反向偏压足够高时，这个附加的静电势能可以使一部分价带中电子的能量达到甚至高于导带底的能量。例如，图 2-27 价带中 A 点的电子能量和 B 点相等，中间有宽度为 x_m 的禁带区域，根据量子力学，价带中 A 点的电子将有一定的概率穿透禁带而进入导带的 B 点，穿透概率随着 d 的减小按指数规律增加，这就是隧道效应。外加反向偏压越大，水平距离 d 越小，电场就越强，能带弯曲的陡度越大，穿透概率就越大。因此，只要外加反向偏压足够高，空间电荷区中的电场足够强，就有大量电子通过隧道穿透而从价带进入导带，反向电流会很快增加，从而发生击穿——这就是隧道击穿（齐纳击穿）。

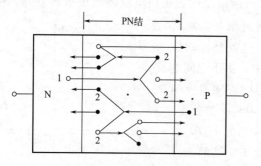

图 2-26　PN 结的雪崩击穿机理

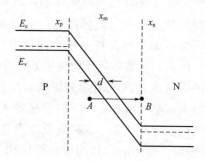

图 2-27　隧道击穿

上述两种击穿的机理是完全不同的，主要区别有以下三点。

① 掺杂浓度对两种击穿机理的影响不同。隧道击穿主要取决于穿透隧道的概率，而穿透概率与禁带的水平距离有关，水平距离越小，穿透概率越大。掺杂浓度越高，空间电荷区的宽度越窄，水平距离 d 就越小，穿透概率就越大。因此，隧道击穿只发生在两边重掺杂的 PN 结中。

雪崩击穿主要取决于碰撞电离。在雪崩击穿中，载流子能量的增加需要一个加速过程。因此，雪崩击穿除与电场强度有关外，还与空间电荷区的宽度有关，空间电荷区越宽，倍增次数就越多。所以，在 PN 结掺杂浓度不太高时，所发生的击穿往往是雪崩击穿。

② 外界作用对两种击穿机理的影响不同。因为雪崩击穿是碰撞电离的结果，光照或快速离子轰击等都能增加空间电荷区中的电子和空穴，引起倍增效应。对于隧道击穿，这些外界作用则不会有明显的影响。

③ 温度对两种击穿机理的影响不同。隧道击穿的击穿电压具有负的温度系数特性，即击穿电压随温度升高而减小，这是因为禁带宽度随温度升高而减小。而由雪崩倍增决定的击穿电压，由于碰撞电离率随温度升高而减小，因此随温度升高而增大，温度系数是正的。

在高掺杂的 PN 结中，空间电荷区很窄，往往首先发生隧道击穿。对于硅 PN 结，击穿电压小于 4V 的是隧道击穿，大于 6V 的是雪崩击穿，介于两者之间时，两种击穿机理可能都起作用。锗、硅晶体管的击穿绝大多数是雪崩击穿。

（3）热击穿（热电击穿）

当加在 PN 结上的反向电压增大时，反向电流所引起的热损耗（反向电流和反向电压的乘积）也增大。如果这些热量不能及时传递出去，将引起结温上升，而结温上升又导致反向电流和热损耗的增大。若没有采取有效措施，就会形成恶性循环，一直到 PN 结被烧毁。这种热不稳定性引起的击穿称为热击穿或热电击穿。用禁带宽度小的半导体材料制成的 PN 结（如锗 PN 结），其反向电流大，容易发生热击穿。但在散热较好、温度较低时，这种击穿并不十分重要。

2.4 异质结

前面对 PN 结的讨论中，我们假设半导体材料在整个结构中都是均匀的，这种类型的结称为同质结。当两种不同的半导体材料组成一个结时，这种结称为半导体异质结。

2.4.1 形成异质结的材料

由于组成异质结的两种材料具有不同的禁带宽度，因此在结表面的能带是不连续的。一方面，我们将半导体由一个窄禁带宽度材料突变到宽禁带宽度材料形成的结称为突变结。另一方面，例如存在一个 GaAs-$Al_x Ga_{1-x}$As 系统，x 值相距几纳米连续变化形成一个缓变结。改变 $Al_x Ga_{1-x}$As 系统中的 x 值，可以改变禁带宽度。

为了形成一个有用的异质结，两种材料的晶格常数必须匹配。晶格的不匹配会引起表面断层并最终导致表面态的产生，所以晶格的匹配非常重要。例如，锗与砷化镓的晶格常数差异约为 0.13%，所以对锗与砷化镓异质结的研究非常广泛。最近对砷化镓-铝镓砷（即 GaAs-

AlGaAs）结的研究十分热门，因为 GaAs 与 AlGaAs 系统的晶格常数差异不足 0.14%。

2.4.2 能带图

由窄带隙材料和宽带隙材料构成的异质结中，带隙能量的一致性在决定结的特性中起重要作用。图 2-28 是三种可能的情况。图 2-28（a）显示了宽带隙材料的禁带与窄带隙材料的能带完全交叠的现象，这种现象称为跨骑，存在于大多数异质结中。这里我们只讨论这种情况。其他情况称为交错和错层，见图 2-28（b）和（c）。

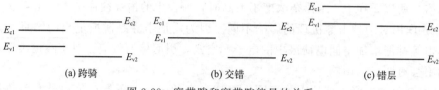

|(a) 跨骑|(b) 交错|(c) 错层|

图 2-28　窄带隙和宽带隙能量的关系

异质结存在四种基本类型。掺杂类型变化的异质结称为反型异质结，如 nP 结或 Np 结（其中大写字母表示较宽带隙的材料）；具有相同掺杂类型的异质结称为同型异质结，如 nN 结和 pP 结。

图 2-29 为分离的 N 型和 P 型材料的能带图，以真空能级为参考能级。宽带隙材料的电子亲和能要比窄带隙材料的电子亲和能低，两种材料的导带能量差以 ΔE_c 表示，两种材料的价带能量差以 ΔE_v 表示。由图 2-29 可知

$$\Delta E_c = E_{An} - E_{Ap} \tag{2-41a}$$

和

$$\Delta E_c + \Delta E_v = E_{gp} - E_{gn} = \Delta E_g \tag{2-41b}$$

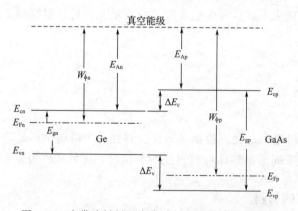

图 2-29　窄带隙材料和宽带隙材料在接触前的能带

在理想突变异质结中用非简并掺杂半导体，真空能带与两个导带能级和价带能级平行。如果真空能级是连续的，那么存在于异质结表面的相同 ΔE_c 和 ΔE_v 是不连续的。理想情况符合电子亲和准则。对于这个准则的适用性，仍存在一些分歧，但是它使异质结的研究工作有了一个好的起点。

图 2-30 为一个热平衡状态下的典型理想 nP 异质结。为了使两种材料形成统一的费米能级，窄带隙材料中的电子和宽带隙材料中的空穴必须越过结接触势垒。

和同质结一样，这种电荷的穿越会在结的附近形成空间电荷区。空间电荷区在 N 型区一侧的宽度用 x_n 表示，在 P 型区一侧的宽度用 x_p 表示。导带与价带中的不连续性与真空能级上的电荷也表示在了图 2-30 中。

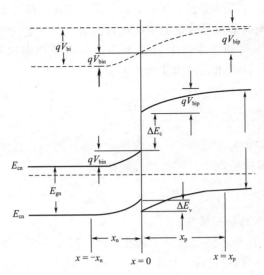

图 2-30　热平衡状态下的一个典型理想 nP 异质结

2.5 金属与半导体的接触

2.5.1 肖特基接触

（1）肖特基势垒的形成

图 2-31 为金属和 N 型半导体在形成接触之前的理想能带图。理想能带图的意思是假设半导体表面没有表面态，其能带直到表面都是平直的。图中，金属的功函数 $W_{\phi m}$ 大于半导体的功函数 $W_{\phi s}$，E_{As} 为半导体的电子亲和势，具有能量的量纲。

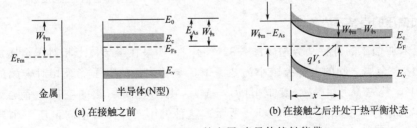

(a) 在接触之前　　　　　　(b) 在接触之后并处于热平衡状态

图 2-31　$W_{\phi m} > W_{\phi s}$ 的金属-半导体接触能带

用某种方法将金属与半导体接触，由于 $W_{\phi s} < W_{\phi m}$，$E_{Fs} > E_{Fm}$，半导体中的电子相对金属中的电子占据更高的能级。于是，半导体中的电子将渡越到金属，使二者的费米能级拉平。由于电子的转移，半导体表面出现了由失去电子中和的离化施主构成的空间电荷层，金属表面则出现了一个由于电子积累而形成的空间电荷层。电中性要求金属表面的负电荷与半导体表面的正电荷量值相等、符号相反。由于金属中具有大量的自由电子，因此金属表面的空间电荷层很薄（约 0.5nm）。半导体中的施主浓度比金属中的电子浓度低几个数量级，所以半导体的空间电荷层相对要厚得多。和 PN 结一样，空间电荷的电场将阻止半导体中的电子流入金属，达到热平衡时形成了确定的空间电荷区宽度、稳定的内建电场和确定的内建电势差。半导体的能带向上弯曲，形成了阻止半导体中电子向金属渡越的势垒，如图 2.31（b）所示。从能带图中可以看出，该内建电势差为

$$\psi_0 = \frac{W_{\phi m} - W_{\phi s}}{q} \tag{2-42}$$

ψ_0 由宽度为 x 的空间电荷层承受，如图 2-31（b）所示。从图 2-31（b）中还可以看出，对于从金属流向半导体的电子，需要跨过的势垒为

$$W_{\phi b} = W_{\phi m} - E_{As} \tag{2-43}$$

势垒 $W_{\phi b}$ 就是所谓的肖特基势垒。

由式（2-43）可见，由于不同金属的功函数不同，因此不同金属与半导体接触形成的肖特基势垒高度是不同的。图 2-31（b）给出

$$\frac{W_{\phi b}}{q} = \psi_0 + V_s \tag{2-44}$$

$$V_s = \frac{E_c - E_F}{q} = V_T \ln \frac{N_c}{n} = V_T \ln \frac{N_c}{N_d} \tag{2-45}$$

式中，V_s 常称为半导体的体电势，其数值可由杂质浓度推导出来。对于热平衡肖特基结，在半导体空间电荷区解泊松方程（边界条件取为 $\psi(x) = 0$）可以求得

$$\psi_s = -\psi_0 = \frac{qN_d x^2}{2\varepsilon} \tag{2-46}$$

$$x = \left(\frac{2\varepsilon\psi_0}{qN_d} \right)^{1/2} \tag{2-47}$$

式中，ψ_s 为半导体的表面势 $\psi(0)$；x 为半导体表面的空间电荷区宽度。

（2）加偏压的肖特基势垒

相较于未加偏压的肖特基势垒［图 2-32（a）］，如果在半导体上相对于金属加一负电压 V，则半导体、金属之间的电势差减小为 $\psi_0 - V$，半导体中的电子能级相对金属的电子能级向上移动 qV，势垒高度由 $q\psi_0$ 变成 $q(\psi_0 - V)$。由于金属一侧的空间电荷层相对很薄，$W_{\phi b}/q$ 基本上保持不变，如图 2-32（b）所示。这种偏压条件称为正向偏压。半导体一边势垒的降低使得半导体中的电子更容易移向金属，能够流过大的电流。

相反地，如果半导体一侧相对于金属加上正电压 V_R，这便是反向偏压条件。在反向偏压条件下，半导体中的电子能级相对金属向下移动 qV_R，$W_{\phi b}/q$ 同样基本上保持不变，半导体、金属之间的电势差增大为 $\psi_0 + V_R$，如图 2-32（c）所示。被提高的势垒阻挡电子由半导体向金属渡越，流过的电流很小。

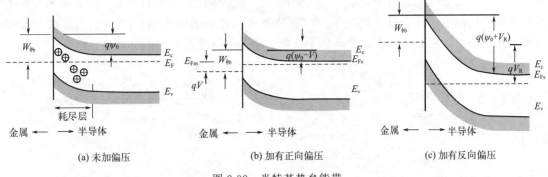

| (a) 未加偏压 | (b) 加有正向偏压 | (c) 加有反向偏压 |

图 2-32　肖特基势垒能带

上述分析说明肖特基势垒具有单向导电性，即整流特性。

对于均匀掺杂的半导体，肖特基势垒的空间电荷区宽度和单边突变 P^+N 结的相同，表示为

$$W = \left[\frac{2\varepsilon(\psi_0 + V_R)}{qN_d}\right]^{1/2} \tag{2-48}$$

式中，N_d 为半导体的掺杂浓度；V_R 为反向偏压。结电容可以表示为

$$C = \frac{\varepsilon A}{x} = \left[\frac{q\varepsilon N_d}{2(\psi_0 + V_R)}\right]^{1/2} A \tag{2-49}$$

也可写成

$$\frac{1}{C^2} = \frac{2}{q\varepsilon N_d A^2}(V_R + \psi_0) \tag{2-50}$$

与 PN 结的情形一样，可以给出 $1/C^2$ 与 V_R 的关系曲线以得到直线关系，如图 2-33 所示。内建电势差和二极管半导体的掺杂情况可以由这种电容-电压曲线的斜率和截距计算出来。

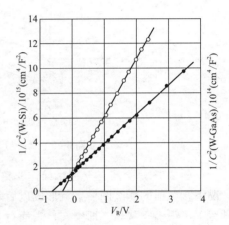

图 2-33　钨-硅（○）和钨-砷化镓（●）的 $1/C^2$ 与外加电压的对应关系

2.5.2　欧姆接触

任何半导体器件或集成电路都要与外界接触。这种接触是通过欧姆接触实现的。欧姆接触即金属与半导体的接触，这种接触不是整流接触。欧姆接触是接触电阻很低，且在金属和半导体两边都能形成电流的接触。理想情况下，通过欧姆接触形成的电流是电压的线性函数，且电压要很低。有两种常见的欧姆接触：一种是非整流接触；另一种是利用隧道效应的原理在半导体上制造的欧姆接触。为了描述欧姆接触的特点，我们定义了一种特定的接触电阻。

之前我们考虑了在 $W_{\phi m} > W_{\phi s}$ 情况下，金属与 N 型半导体接触的理想情况。图 2-34 是同样的理想接触，但在 $W_{\phi m} < W_{\phi s}$ 的情况下。图 2-34 （a）是接触前的能带图，图 2-34 （b）是热平衡后的势垒图。为了达到热平衡，电子从金属流到能量状态较低的半导体中，这使得半导体表面更加趋近于 N 型化，存在于 N 型半导体表面的过量电子电荷会形成表面电荷密

度。如果在金属表面加正电压，就不存在使电子从半导体流向金属的势垒。如果在半导体表面加正电压，使电子从金属流向半导体的有效势垒高度将近似为 $W_{\phi bn} = W_{\phi n}$，这对于重掺杂的半导体来说作用甚微。在这种偏压下，电子很容易从金属流向半导体。

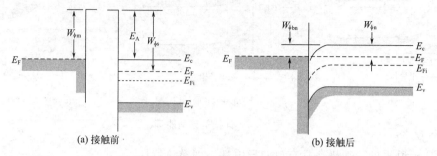

(a) 接触前　　　　　　　　　(b) 接触后

图 2-34　$W_{\phi m} < W_{\phi s}$ 的情况下金属与 N 型半导体结欧姆接触的理想能带图

图 2-35（a）是对金属加一正电压时的能带图，电子很容易向低电势方向流动，即从半导体流向金属。图 2-35（b）是对半导体加一正电压时的能带图，电子很容易穿过势垒从金属流向半导体，这种结就是欧姆接触。

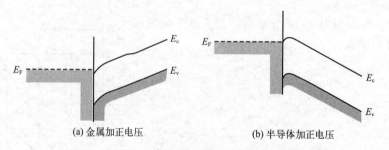

(a) 金属加正电压　　　　　　　(b) 半导体加正电压

图 2-35　金属与 N 型半导体结欧姆接触的理想能带图

图 2-36 是金属与 P 型半导体非整流接触的理想情况。图 2-36（a）是在 $W_{\phi m} > W_{\phi s}$ 的情况下接触前的能级图。接触形成以后，电子从半导体流向金属实现热电子发射，在半导体中留下了很多空状态，即空穴；表面过量的空穴堆积使得半导体 P 型程度更深，电子很容易从金属流向半导体中的空状态。这种电荷的转移对应空穴从半导体流进金属中。我们还可以想象空穴从金属流向半导体的情形，这种结也是欧姆接触。

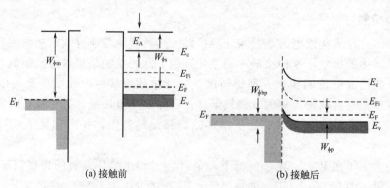

(a) 接触前　　　　　　　　　(b) 接触后

图 2-36　$W_{\phi m} > W_{\phi s}$ 的情况下金属与 P 型半导体结欧姆接触的理想能带图

图 2-34 和图 2-36 中的理想能带图未考虑表面态的影响。假定半导体能带隙的上半部分存在受主表面态，那么所有的受主态都位于 E_F 下，如图 2-34（b）所示。这些表面态带负电荷，将使能带图发生变化。同样地，如果假定半导体带隙的下半部分存在施主表面态，则如图 2-36（b）所示的情况一样，所有的施主状态都带正电荷。带有正电荷的表面态也将改变能带图。因此，对于 $W_{\phi m} < W_{\phi s}$ 的金属与 N 型半导体接触和 $W_{\phi m} > W_{\phi s}$ 的金属与 P 型半导体接触，我们无法形成良好的欧姆接触。

思考题

1. 什么是半导体？半导体与导体和绝缘体有什么区别？

2. 在硅中掺杂何种元素，可以获得 N 型半导体？请列举出至少 3 种。

3. 什么是 PN 结的正向偏压和反向偏压？它们的特性有何不同？

4. 画出 PN 结正向偏压和反向偏压下的能带结构及载流子分布图，并描述电流的形成过程。

5. 请分别计算温度 $T = 250\text{K}$ 和 400K 时，硅的本征载流子浓度。$T = 300\text{K}$ 时，硅的 N_c 和 N_v 为 $2.8 \times 10^{19} \text{cm}^{-3}$ 和 $1.04 \times 10^{19} \text{cm}^{-3}$，$N_c$ 和 N_v 随 $T^{3/2}$ 变化。假设硅的能带隙为 1.12eV，并且在计算的温度区间内不会变化。

6. 请计算 $T = 300\text{K}$ 时，硅 PN 结的理想反向饱和电流密度。如果 PN 结的横截面面积为 $A = 10^{-4} \text{cm}^2$，请计算理想反向偏压二极管的电流。

硅 PN 结的参数如下：$N_a = N_d = 10^{16} \text{cm}^{-3}$，$n_i = 1.5 \times 10^{10} \text{cm}^{-3}$，$D_n = 25 \text{cm}^2/\text{s}$，$\tau_p = \tau_n = 5 \times 10^{-7} \text{s}$，$D_p = 10 \text{cm}^2/\text{s}$，$\varepsilon_r = \varepsilon_0 \varepsilon_s = 11.7$。

第 2 篇

发光材料与器件

第 3 章

半导体发光材料

对于半导体材料而言，电子从高能级向低能级跃迁，伴随发射光子的过程，这就是半导体的发光现象。在半导体内需有某种激发过程存在，通过非平衡载流子的复合，才能形成发光。根据不同的激发方式，可有光致发光、电致发光、阴极射线发光、化学发光等多种方式。在各类发光中，在半导体材料中最常观察到的是光致发光、电致发光。光致发光是由光作为激发能量的发光；电致发光就是将电能直接转换为光能的发光现象，在电视、手机 OLED 显示屏等显示领域应用广泛。本章将先对辐射复合和非辐射复合概念进行介绍，并介绍光致发光和电致发光机理以及常见的发光材料，以期读者对发光原理、分类及常用材料有所了解。

3.1 辐射跃迁与非辐射跃迁

3.1.1 辐射跃迁

半导体材料受到某种激发时，电子产生由低能级向高能级的跃迁，形成非平衡载流子。这种处于激发态的电子在半导体中运动一段时间后，又恢复到较低的能量状态，并发生电子-空穴对的复合。复合过程中，电子以不同的形式释放出多余的能量。从高能量状态到较低能量状态的电子跃迁过程主要有以下几种，如图 3-1 所示。

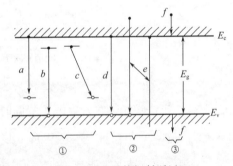

图 3-1 电子的辐射跃迁

① 有杂质或缺陷参与的跃迁：导带电子跃迁到未电离的受主能级，与受主能级上的空穴复合，如过程 a；中性施主能级上的电子跃迁到价带，与价带中的空穴复合，如过程 b；中性施主能级上的电子跃迁到中性受主能级，与受主能级上的空穴复合，如过程 c。

② 带与带之间的跃迁：导带底的电子直接跃迁到价带顶部，与空穴复合，如过程 d；导带的热电子跃迁到价带顶与空穴复合，或导带底的电子跃迁到价带与热空穴复合，如过程 e。

③ 热载流子在带内的跃迁：如过程 f。

前面提到，电子从高能级向较低能级跃迁时，必然释放一定的能量。如跃迁过程伴随着放出光子，这种跃迁称为辐射跃迁。必须指出，以上列举的各种跃迁过程并非都能在同一材料和相同条件下同时发生，更不是每一种跃迁过程都辐射光子（不发射光子的称为无辐射跃迁，将在后面讨论）。但作为半导体发光材料，必须是辐射跃迁占优势。

（1）本征跃迁（带与带之间的跃迁）

导带的电子跃迁到价带，与价带的空穴复合，伴随着发射光子，称为本征跃迁。显然，这种带与带之间的电子跃迁所引起的发光过程，是本征吸收的逆过程。直接带隙半导体，导带与价带极值都在 k 空间原点，本征跃迁为直接跃迁，如图 3-2（a）所示。由于直接跃迁的发光过程只涉及一个电子-空穴对和一个光子，其辐射效率较高。直接带隙半导体包括Ⅱ-Ⅵ族和部分Ⅲ-Ⅴ族（如 GaAs 等）化合物，都是常用的发光材料。

间接带隙半导体，导带和价带极值对应不同的波矢 k，如图 3-2（b）所示。这时发生的带与带之间的跃迁是间接跃迁。间接跃迁是间接吸收的逆过程，即在间接跃迁过程中，除了有光子和电子参与外，还有声子参与。因此，这种跃迁的概率比直接跃迁小得多。Ge、Si 和部分Ⅲ-Ⅴ族半导体都是常见的间接带隙半导体，它们的发光比较微弱。

显然，带与带之间的跃迁所发射的光子能量与 E_g 直接有关。对于直接跃迁，发射光子的能量至少应满足

$$h\nu = E_c - E_v = E_g \tag{3-1}$$

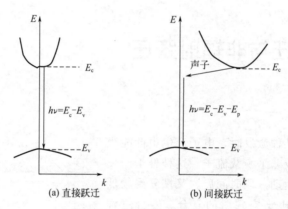

图 3-2　本征辐射跃迁

对于间接跃迁，在发射电子的同时，还发射一个声子，光子能量应满足

$$h\nu = E_c - E_v \pm E_p = E_g \pm E_p \tag{3-2}$$

式中，E_p 是声子能量。

（2）非本征跃迁

电子从导带跃迁到禁带中的杂质能级，或杂质能级上的电子跃迁到价带，或电子在杂质能级之间跃迁，都可以引起发光。这种跃迁称为非本征跃迁。对于间接带隙半导体，本征跃迁是间接跃迁，概率很小。这时，非本征跃迁起主要作用。

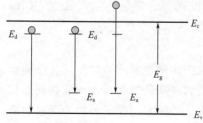

图.3-3　非本征跃迁

对于某些杂质，在图 3-3 所示的几种跃迁过程中有发光现象存在。但对于其他一些杂质，在这几种跃迁过程中则没有发光现象。因此，在半导体中掺入某些特殊的杂质，可以明显地增强半导体的发光。通常把这些杂质称为激活剂。例如，在Ⅲ-Ⅴ族间接禁带半导体 GaP

中，Zn、Cd、O、N、Te 等都起激活剂的作用。

下面着重讨论施主与受主之间的跃迁，见图 3-3 中的 $E_d \rightarrow E_a$。这种跃迁效率高，多数发光二极管属于这种跃迁机理。当半导体材料中同时存在施主和受主杂质时，两者之间的库仑作用力使受激态能量增大，其增量 ΔE 与施主和受主杂质之间的距离 r 成反比。当电子从施主向受主跃迁时，如没有声子参与，发射光子的能量为

$$h\nu = E_g - (E_d + E_a) + \frac{q^2}{4\pi\varepsilon_r\varepsilon_0 r} \tag{3-3}$$

式中，E_d 和 E_a 分别是施主和受主的束缚能；ε_r 是母晶体的相对介电常数。

由于施主和受主一般以替位原子出现于晶格中，因此 r 只能以整数倍增加的不连续数值。实验中也确实观测到一系列不连续的发射谱线与不同的 r 值相对应（如 GaP 中 Si 和 Te 杂质间的跃迁发射光谱）。由式（3-3）可知，r 较小时，相当于比较邻近的杂质原子间的电子跃迁，得到分列的谱线；随着 r 的增大，发射谱线越来越靠近，最后出现一发射带。当 r 相当大时，电子从施主向受主完成辐射跃迁所需穿过的距离也较大，因此发射随着杂质间距离的增大而减少。一般感兴趣的是比较邻近的杂质对之间的辐射跃迁过程，现以 GaP 为例做定性分析。

GaP 是一种 III-V 族间接带隙半导体，室温时禁带宽度 $E_g = 2.24\text{eV}$，其本征辐射跃迁效率很低，它的发光主要是通过杂质对的跃迁。实验证明，掺 Zn（或 Cd）和 O 的 P 型 GaP 材料，在 1.8eV 附近有很强的红光发射带，其发光机理大致如下。

掺 O 和 Zn 的 GaP 材料，经过适当热处理后，O 和 Zn 分别取代相邻近的 P 和 Ga 原子，O 形成一个深施主能级（导带下 0.896eV 处），Zn 形成一个浅受主能级（价带之上 0.064eV 处）。当这两个杂质原子在 P 型 GaP 中处于相邻格点时，形成一个电中性的 Zn-O 络合物，起等电子陷阱作用，束缚能为 0.3eV。GaP 中掺入 N 后，N 取代 P 也起等电子陷阱作用，其能级位置在导带下 0.008eV 处。图 3-4 为 GaP 中几种可能的辐射复合过程。

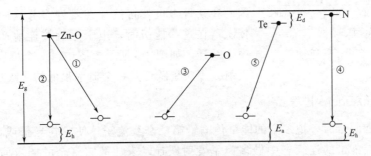

图 3-4　GaP 的辐射复合

① Zn-O 络合物俘获一个电子，邻近的 Zn 中心俘获一个空穴形成一种激子状态。激子的"消灭"（即杂质俘获的电子与空穴相复合）发射 660nm 左右的红光。这一辐射复合过程的效率较高。

② Zn-O 络合物俘获一个电子后，再俘获一个空穴形成另一种类型的束缚激子，其空穴束缚能级 E_h 在价带之上 0.037eV 处。这种激子复合也发射红光。

③ 孤立的 O 中心俘获的电子与 Zn 中心俘获的空穴相复合，发射红外光。

④ N 等电子陷阱俘获电子后再俘获空穴形成束缚激子，其空穴束缚能级 E_h 在价带之上

0.011eV 处。这种激子复合后发绿光。

⑤如 GaP 材料还掺有 Te 等浅施主杂质，Te 中心俘获的电子与 Zn 中心俘获的空穴相复合，发射 550nm 附近的绿色光。可见，不含 O 的 P 型 GaP 可以发绿色光，而含 O 的 GaP 主要发红色光。因此，若要提高绿光发射效率，必须避免 O 的掺入。

GaP 是间接带隙半导体，其发光也是由间接跃迁产生的。但如果将 GaP 和 GaAs 混合制成 $GaAs_{1-x}P_x$ 晶体（磷-砷化镓晶体），则可调节 x 值改变混合晶体的能带结构。如 $x=0.38\sim0.40$ 时，$GaAs_{1-x}P_x$ 为直接带隙半导体，室温时 E_g 为 $1.84\sim1.94eV$。这时主要发生直接跃迁，导带电子可以跃迁到价带与空穴复合，也可以跃迁到 Zn 受主能级，与受主能级上的空穴相复合，发射 $620\sim680nm$ 的红色光。目前，GaP 以及 $GaAs_{1-x}P_x$ 发光二极管已被广泛应用。

3.1.2 非辐射跃迁

半导体材料中存在着非辐射复合中心，又称为消光中心，它们可使许多半导体材料中的非辐射复合过程成为占优势的过程。材料的本底杂质、晶格缺陷、缺陷与杂质的复合体等都可能成为非辐射复合中心，它们对发光的危害很大。许多类型的非辐射复合过程尚不清楚，解释得比较清楚的有以下几个。

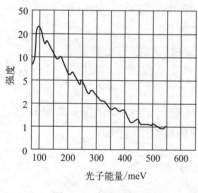

图 3-5　多声子跃迁

（1）多声子跃迁

晶体中的电子和空穴复合时，可以激发多个声子的形式放出多余的能量。通常发光半导体的禁带宽度均在 1eV 以上，而一个声子的能量约为 0.06eV。因此，在这种形式的跃迁中，若导带电子的能量全部形成声子，则能产生 20 多个声子，这么多的声子同时生成的概率是很小的。但是，由于实际晶体总是存在着许多杂质和缺陷，因而在禁带中也就自然存在着许多分立的能级。当电子依次落在这些能级时，声子也就接连地产生，这就是多声子跃迁，如图 3-5 所示。图中每一个峰表示一次声子的发射。多声子跃迁是一个概率很低的多级过程。

（2）俄歇（Auger）过程

电子和空穴复合时，把多余的能量传输给第三个载流子，使它在导带或价带内部激发。第三个载流子在能带的连续态中做多声子发射跃迁，来耗散它多余的能量而回到初始的状态，这种复合称为俄歇复合。由于在此过程中，得到能量的第三个载流子是在能带的连续态中进行多声子发射跃迁，因此俄歇复合是非辐射的。这一过程包括了两个电子（或空穴）和一个空穴（或电子）的相互作用，故当电子（或空穴）浓度较高时，这种复合较显著。因而也就限制了发光管 PN 结的掺杂浓度不能太高。除了自由载流子的俄歇过程外，电子在晶体缺陷形成的能级中跃迁时，多余的能量也可被其他的电子和空穴获得，从而产生另一种类型的俄歇过程。在实际的发光器件中，通过缺陷能级实现的俄歇过程也是相当重要的。各种俄歇过程的情况如图 3-6 所示。

图 3-6（a）～（c）对应 N 型材料，图 3-6（d）～（f）对应 P 型材料。最简单的过程是带

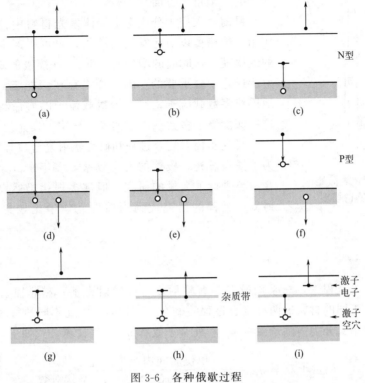

(a) (b) (c)

(d) (e) (f)

(g) (h) (i)

杂质带

激子电子

激子空穴

图 3-6 各种俄歇过程

内复合方式，如图 3-6（a）和（d），发生概率与 $n^2 p$ 或 np^2 成比例。图 3-6（b）~（f）对应多子和一个陷在禁带中的能级上的少子的复合。维斯伯格（Weisiberg）指出，在高掺杂的半导体，如大直接带隙的 GaAs 中，带-带或带-杂质能级的俄歇过程将成为主要的非辐射复合过程。

图 3-6（g）的过程与激子复合的过程有些相似，但在这里，多余的能量传输给了一个自由载流子，而不是产生一个光子。对 GaP：Zn-O 红色发光的研究说明了这种俄歇过程，并且当受主浓度增加到 $10^{18}\,cm^{-3}$ 以上时观察到了发光效率的降低。在图 3-6（h）、（i）的过程中，三个载流子全部在禁带，两个以电子-空穴对束缚激子的形式存在，另一个电子在杂质带中。例如在 GaP 中，高浓度的硫形成一个施主带，在其中电子是非局域的，所以容易形成束缚激子，使得俄歇复合变为可能。在这里有两种可能性，即激子电子或者硫杂质带的电子激发进入导带。

（3）表面复合

晶体表面处晶格的中断，产生能从周围吸附杂质的悬挂键，从而能够产生高浓度的深能级和浅能级，它们可以充当复合中心。虽然对这些表面态的均匀分布没有确定的论据，但是当假定均匀分布时，表面态的分布为 $N_s(E)=4\times10^{14}\,cm^{-2}\cdot eV^{-1}$，这与实验的估计良好地一致。

图 3-7 为半导体表面处能态连续分布的模型。这个模型适合称为缺陷或夹杂物的界面的概念。由于在表面一个扩散长度以内电子和空穴的表面复合是通过表面连续态的跃迁进行的，因此容易发生非辐射复合。所以，做好晶体表面的处理和保护也是提高发光二极管发光

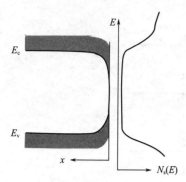

图 3-7　半导体表面处
能态连续分布的模型

效率的一个重要方面。

目前，人们十分注意半导体发光材料中位错及深能级的作用。位错可以引起发光的淬灭，也可引起老化（发光器件的效率随工作时间的增加而降低）。深能级的研究对了解非辐射跃迁是十分重要的。因为如果存在深能级，并且可以稳定地俘获多数载流子，那么少数载流子的寿命将取决于它们和这些深能级上多数载流子的复合概率，发光效率就要下降。

研究非辐射复合过程和研究辐射复合过程是同样重要的。为了提高发光二极管的发光效率，多年来，人们对非辐射复合中心进行了大量的研究，但许多规律仍然没有找到。非辐射复合过程的研究成为当前发光学中比较集中的研究领域之一。

3.1.3　发光效率

在实际的发光过程中，总是同时存在着辐射复合（发射光子）和非辐射复合（发射声子）两个过程。不同的材料这两种复合过程的概率各不相同，因此不同的材料具有不同的发光效率。发光效率又分为内量子效率 $\eta_内$ 和外量子效率 $\eta_外$，其计算公式如下：

$$内量子效率\ \eta_内 = \frac{单位时间内产生的光子数}{单位时间内注入的电子\text{-}空穴对数} \tag{3-4}$$

通常 $\eta_内$ 值很高，几乎为 100%，但此时材料真正发出的光并不多，这是因为材料发出的光又被材料本身吸收掉了。外量子效率 $\eta_外$ 描述材料总的发光效率，即

$$外量子效率\ \eta_外 = \frac{单位时间内发射到外部的光子数}{单位时间内注入的电子\text{-}空穴对数} \tag{3-5}$$

对于自发辐射，可以通过公式（3-6）计算其概率。

$$\left(\frac{\mathrm{d}N}{\mathrm{d}t}\right)_{\mathrm{radiative}} = -AN \tag{3-6}$$

式中，A 为自发辐射跃迁的爱因斯坦系数，$A = 1/\tau_{\mathrm{R}}$，τ_{R} 为高能态辐射寿命。同时考虑辐射跃迁过程和非辐射跃迁过程，则有

$$\left(\frac{\mathrm{d}N}{\mathrm{d}t}\right)_{\mathrm{total}} = -\frac{N}{\tau_{\mathrm{R}}} - \frac{N}{\tau_{\mathrm{NR}}} = -N\left(\frac{1}{\tau_{\mathrm{R}}} + \frac{1}{\tau_{\mathrm{NR}}}\right) \tag{3-7}$$

式中，N 为高能态电子数。

则发光效率为

$$\eta_{\mathrm{R}} = \frac{\dfrac{N}{\tau_{\mathrm{R}}}}{N\left(\dfrac{1}{\tau_{\mathrm{R}}} + \dfrac{1}{\tau_{\mathrm{NR}}}\right)} = \frac{1}{1 + \dfrac{\tau_{\mathrm{R}}}{\tau_{\mathrm{NR}}}} \tag{3-8}$$

由上式可知，若要实现高的发光效率，发光材料或器件需要辐射寿命远小于非辐射寿命。

3.2 光致发光机理

光致发光是指物体依赖外界光源进行照射，从而获得能量，产生激发导致发光的现象。它大致经过光的吸收、能量传递及光的发射三个主要阶段，光的吸收及发射都发生于能级之间的跃迁，都经过激发态，而能量传递则是由于激发态的运动。紫外辐射、可见光及红外辐射均可引起光致发光。它是冷发光的一种，指物质吸收光子（或电磁波）后重新辐射出光子（或电磁波）的过程。从量子力学理论来说，这一过程可以描述为物质吸收光子跃迁到较高能级的激发态后返回低能态，同时放出光子的过程。

光致发光主要包含两类，即荧光（fluorescence）和磷光（phosphorescence）。荧光是物质受到激发后，立即发射光子，发光时间$\leq 10^{-8}$s；而磷光能够长期持续发光，通常发光时间$\geq 10^{-8}$s。

在介绍荧光和磷光之前，我们需要对电子能级图有一个大致的了解。荧光和磷光发生过程的电子能级转换如图3-8所示。S_0为电子基态，即分子中的电子没有受到能量激发时的状态，其中的不同横线代表了不同的电子振动能级，振动能级越往上，电子能量越高。S_1和T_1属于电子被激发后的状态。其中，S_0为基态单重态，S_1属于激发单重态，而T_1属于激发三重态。电子激发态的多重度用$M=2s+1$表示，s为电子自旋量子数的代数和，其数值为0或1。根据泡利不相容原理，分子中同一轨道的两个电子必须具有相反的自旋方向，即自旋配对，即$s=0$，$M=1$。该分子体系便处于单重态，用符号S表示。大多数有机分子的基态是处于单重态的S_0。分子吸收能量后，若分子在跃迁过程中不发生自旋方向的改变，这时分子处于激发单重态S_1。如果分子在跃迁过程中还伴随着自旋方向的改变，这时分子便具有两个自旋不配对的电子，即$s=1$，分子的多重度$M=3$，分子处于激发三重态T_1。处于分立轨道上的非成对电子，其平行自旋要比成对自旋更稳定些（洪特规则），因此三重态T_1能级总是比相应的单重态S_1能级略低。

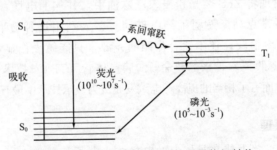

图3-8 荧光和磷光发生过程的电子能级转换

荧光：光子的吸收使分子激发到第一激发态S_1的若干振动能级之一，电子自旋守恒，S_0和S_1始终属于单重态。在激发态S_1上的电子，先通过振动弛豫（VR）降低到激发态的最低振动能级，再通过发射光子返回到基态S_0。因为两种状态具有相同的自旋单重态，所以S_1衰减到S_0是一种在量子力学理论范畴中被允许的跃迁，会导致在皮秒到纳秒时间尺度内发生的瞬间光致发光，即荧光。而一旦激发源被移除，荧光就会迅速衰减。

磷光：光子的吸收使分子激发到第一激发态S_1后，有可能会发生系间窜跃（ISC），其中处于激发态基态振动能级的分子进入具有不同自旋态的较低能量电子态的较高振动能级 T_1。处于三重电子激发态 T_1 的分子，先通过振动弛豫（VR）降低到最低振动能级，然后当分子释放出光子而降低能量到基态时，就会产生磷光。因为激发态 T_1 和基态 S_0 具有不同的自旋多重度，所以这一跃迁过程是被跃迁选择规则禁阻的，也称为禁阻跃迁。由于它是"禁止的"，因此从 T_1 到 S_0 转变产生的光致发光发生在一个更慢的时间尺度（微秒到数千秒）。磷光的平均寿命很长，而其量子产率通常很小。

除了荧光、磷光之外，光致发光还包括热激活延迟荧光（TADF），简称延迟荧光。在 TADF 中，S_1 和 T_1 能级能量相近且强耦合，因此会发生从 T_1 到 S_1 的反向系间窜跃（ISC）。这将延迟电子从 S_1 到 S_0 的跃迁，此时的发光时间介于荧光和磷光之间，故形象地称为延迟荧光。

3.3 电致发光机理

电致发光（electro luminescence，EL）是指电流通过物质时或物质处于强电场下发光的现象。一般认为在强电场的作用下，电子的能量相应增大，直到远远超过热平衡状态下的电子能量而成为过热电子，过热电子在运动过程中可以通过碰撞使晶格离化形成电子-空穴对，当这些被离化的电子-空穴对复合或被激发的发光中心回到基态时便发出光来。电致发光又称场致发光，是指电能直接转换为光能的一类发光现象。它包括注入式电致发光和本征型电致发光。

3.3.1 电致发光的发展

1920 年，德国学者古登和波尔发现，某些物质加上电压后会发光。人们把这种现象称为电致发光或场致发光。

1936 年，德斯垂发现将 ZnS 荧光粉浸入蓖麻油中，并加上电场，荧光粉便能发出光。

1947 年，美国学者麦克马斯发明了导电玻璃。多人利用这种玻璃作电极制成了平面光源，但由于当时发光效率很低，还不适合作照明光源，只能勉强作显示器件。

1970 年以后，由于薄膜技术带来的革命，薄膜晶体管（TFT）技术的发展使电致发光在寿命、效率、亮度、存储方面有了相当的提高，电致发光成为显示技术中最有前途的发展方向之一。

3.3.2 电致发光的原理

注入式电致发光：直接由装在晶体上的电极注入电子和空穴，当电子与空穴在晶体内再复合时，以光的形式释放出多余的能量。注入式电致发光的基本结构是结型二极管（LED）。

本征型电致发光：按发光原理可以分为高场电致发光和低场电致发光。高场电致发光是一种体内发光效应。发光材料是一种半导体化合物，掺杂适当的杂质引进发光中心或形成某种介电状态。当它与电极或其他介质接触，其势垒处于反向时，来自电极或界面态的电子进入发光材料的高场区被加速，并成为过热电子。过热电子可以碰撞发光中心使其激发或离化，或者离化晶格等，再通过一系列的能量输运过程，电子从激发态回到基态而发光。低场电致发光又称为注入式发光，主要是指半导体发光二极管（LED）。

3.3.3　电致发光结构

（1）PN 结注入发光

PN 结处于平衡时，存在一定的势垒区，其能带图如图 3-9（a）所示。如加一正向偏压，势垒便降低，势垒区的内建电场也相应减弱。这样继续发生载流子的扩散，即电子由 N 型区注入 P 型区，同时空穴由 P 型区注入 N 型区，如图 3-9（b）所示。这些进入 P 型区的电子和进入 N 型区的空穴都是非平衡少数载流子。

在实际应用的 PN 结中，扩散长度远远大于势垒宽度。因此电子和空穴通过势垒区时因复合而消失的概率很小，继续向扩散区扩散。所以在正向偏压下，PN 结的势垒区和扩散区注入了少数载流子。这些非平衡少数载流子不断与多数载流子复合而发光（辐射复合），这就是 PN 结注入发光的基本原理。产生发光的跃迁种类包含带间跃迁（本征跃迁）、杂质能级与能带间的跃迁以及施主能级与受主能级之间的跃迁等。常用的 GaAs 发光二极管就是利用 GaAs PN 结制得的。GaP 发光二极管也是利用 PN 结加正向偏压，形成非平衡载流子。但其发光机构与 GaAs 不同，它不是带与带之间的直接跃迁，而是杂质对的跃迁形成的辐射复合。

（2）异质结注入发光

为了提高少数载流子的注入效率，可以采用异质结。图 3-10 为理想的异质结能带。当加正向偏压时，势垒降低。但由于 P 型区和 N 型区的禁带宽度不等，势垒是不对称的。如图 3-10（b）所示，加上正向偏压，当两者的价带达到等高，P 型区的空穴由于不存在势垒，不断向 N 型区扩散，保证了空穴（少数载流子）向发光区的高注入效率；N 型区的电子由于存在势垒 ΔE（$=E_{g1}-E_{g2}$），不能注入 P 型区。这样，禁带较宽的区域（图中的 P 型区）成为注入源，而禁带较窄的区域（图中 N 型区）成为发光区。例如，GaAs-GaSb 异质结注入发光发生于 0.7eV，相当于 GaSb 的禁带宽度。很明显，图 3-10 中发光区（E_{g2} 较小）发射的光子，其能量 $h\nu$ 小于 E_{g1}，进入 P 型区后不会引起本征吸收，即禁带宽度较大的 P 型区对这些光子是透明的。因此，异质结发光二极管中禁带宽的部分（注入区）同时可以作为辐射光的透出窗。

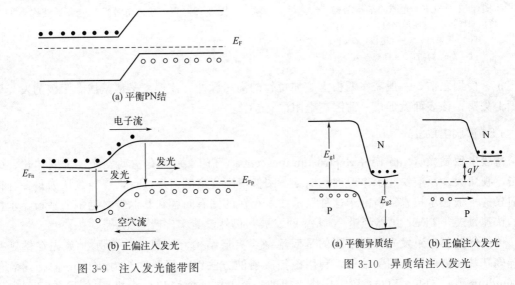

(a) 平衡PN结

(b) 正偏注入发光

图 3-9　注入发光能带图

(a) 平衡异质结　　(b) 正偏注入发光

图 3-10　异质结注入发光

（3）交流粉末电致发光

交流粉末电致发光（ACEL）光源由外加电压驱动，驱动电压、频率对其光电性能（如寿命、亮度等）影响极大。

图 3-11 是交流粉末电致发光光源的结构。首先在玻璃基板或柔性塑料板上制作一层透明导电膜，然后在其上面覆盖一层发光材料（如硫化锌等）粉末，厚度为 $10\sim100\mu m$，再覆盖一层 TiO_2 反射层，接着在 TiO_2 反射层上覆盖一层金属薄膜，形成光源的背电极，为防止光源受潮，在背电极上覆盖一层防潮树脂，最后加上防潮盖板就形成了电致发光器件。发光材料母体一般为 ZnS 粉末，其中添加了一些作为发光中心的活化剂和共活化剂的 Cu、Cl、I 及 Mn 等原子，由此可得到不同的发光颜色。当在透明导电薄膜和金属背电极之间加上一定的交流电压时，大量发光物质粉末受到外加电压的激发，会产生碰撞电离，发出荧光材料特有的光，可以透过玻璃或塑料基板看到。

（4）直流粉末电致发光

直流粉末电致发光光源的结构与交流粉末电致发光光源的结构类似，如图 3-12 所示。但其发光材料（常用 ZnS：Cu，Mn）的涂层是导电的 Cu_xS，而不是大量分布在中间的绝缘胶合介质。其激发情况也与交流电致发光不同，后者是依靠交变电场激发，也就是从交变电场中吸收能量实现光的转换；而直流电致发光吸收的能量等于发光体的传导电流与实际施加在发光体上的电压的乘积，要求发光体与电极有良好的接触，有电流流过发光体颗粒。

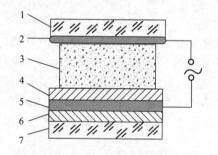

图 3-11　ACEL 光源的基本结构
1—玻璃基板；2—透明导电膜；3—发光材料；
4—TiO_2 反射层；5—背电极（金属）；
6—防潮树脂；7—防潮盖板

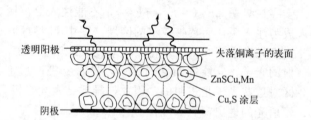

图 3-12　直流粉末电致发光光源的结构

正常使用之前，一般需在两极上施加短暂的高压脉冲，使铜离子从紧挨着阳极的发光体表面上失落，该表面就形成一薄层高电阻的 ZnS。

（5）薄膜电致发光

薄膜电致发光（thin film electro-luminescence，TFEL）具有主动发光、全固体化、耐冲击、视角大、反应快、工作温度范围宽、图像清晰度高等诸多优点，曾经被认为是一种很有前景的平板显示技术。但由于这种显示技术存在的固有问题和其他与之竞争的平板显示技术的快速发展，TFEL 虽然经过 30 多年的发展，仍然没能实现产业化。

传统的薄膜电致发光光源采用的是双绝缘层夹层结构，如图 3-13 所示。首先在钠钙基或硅硼基基片玻璃衬底的基础上，利用磁控溅射的方法镀一层厚度约为 200nm 的铟锡氧化物（indium tin oxide，ITO）膜，用作光源的一个电极（俗称 ITO 电极），然后在 ITO 电极上再镀两层厚度约为 250nm 的绝缘层，将厚度约为 600nm 的发光层夹在两层绝缘层之间，最后在上绝缘层背面再覆盖一层厚度约为 200nm 的金属电极即可。

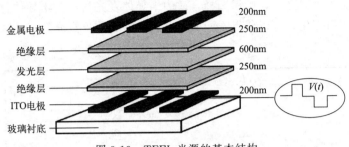

图 3-13　TFEL 光源的基本结构

在厚度只有几百纳米的情况下，氧化铟具有很好的透过率，而氧化锡具有很好的导电性，因此，用铟锡氧化物薄膜作为电极可以同时满足 TFEL 光源的导电性和透光性；当 TFEL 光源开始发光时，发光层内部的电场高达 1.5MV/cm，在这样高的电场下，若将电极直接加在发光层上，发光层的任何缺陷都可能引起漏电，形成短路，导致发光层局部击穿，因此，发光层两侧的绝缘层起到了限流、保护的作用。

目前，关于薄膜电致发光机理的理论尚未完全成熟，现在广泛认可的是碰撞激发模型。根据该模型，TFEL 光源的发光过程可分为下面几步。

① 在绝缘层、发光层界面或绝缘层中，处于深能级的电子在高场作用下被激发，形成初电子，并经隧穿作用进入发光层。

② 初电子在发光层中被高场加速，成为过热电子。

③ 过热电子碰撞激发发光中心，使发光中心的电子能量从基态跃迁到高能态。

④ 当发光中心的电子由高能态返回基态时，发出光子。

⑤ 未被捕获的过热电子穿越整个发光层，最后在阳极一侧的绝缘层和发光层界面处被捕获，成为空间电荷。

对于交流 TFEL，当电压极性反向时，新的电子从绝缘层和发光层界面注入，这些电子与集结在界面处的空间电荷共同作为载流子返回发光层，由于高能电子数增多，发光强度必然增大。因此，通过交替变换电极极性，发光亮度不断增大，直至电子的产生与复合过程达到平衡，器件才能稳定发光。

在发光层中，过热电子碰撞激发发光中心的概率取决于发光中心的横截面积、空间密度和电子达到碰撞激发阈值能量的概率。TFEL 光源的发光效率则取决于发光中心、基质晶格和绝缘层的性质以及器件工作的方式。为了进一步优化 TFEL 光源的性能，需要对载流子的产生、电荷的运输和倍增、碰撞激发过程、发光中心的重新复合特性、绝缘层以及两边连接层的物理机制等做深入的研究。

3.4　典型的发光材料

主要的半导体发光材料为直接带隙的Ⅲ-Ⅴ族、Ⅱ-Ⅵ族半导体材料，以及由它们组成的三元、四元固溶体及其量子点。常见的半导体发光材料有 GaAs、GaP、GaN、InGaN、

GaAsP、GaAlAs、ZnS、ZnSe 等。半导体发光材料的发光范围覆盖了紫外辐射、可见光到红外辐射的很宽范围的光谱，如图 3-14 所示。在具体应用中，根据需要，为了获得特定波长范围的自发或受激辐射光波，则需选择合适的半导体发光材料。半导体材料多元固溶体的带隙随成分的比例而变化，可以获得不同的发射波长。本节重点介绍了几种典型的半导体电致发光材料。

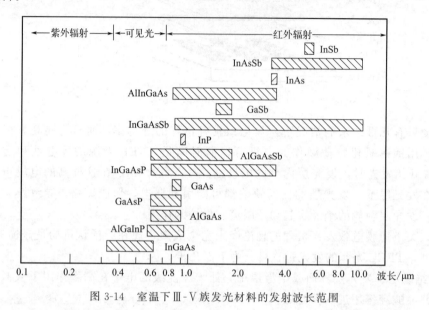

图 3-14　室温下 Ⅲ-Ⅴ族发光材料的发射波长范围

3.4.1　典型的 Ⅲ-Ⅴ族半导体发光材料

3.4.1.1　GaP

由于人眼只对光子能量等于或大于 1.8eV（≤0.7μm）的光敏感，因此对可见光 LED 有价值的半导体的禁带宽度必须大于这个界限。其中最重要的、广泛应用的是 GaP 和 $GaAs_xP_{1-x}$ 半导体。

GaP 是一种间接跃迁型半导体材料，其禁带宽度为 2.3eV。GaP LED 的发光原理是通过禁带中的发光中心来实现的。掺入不同的杂质，其发光机理不同，可发出不同颜色的光。在室温下，对 GaP 发光起重要作用的是深能级的等电子陷阱和激子。其中，构成绿色发光中心的是氮，构成红色发光中心的是氧。另外，还有橙黄色发光中心。

（1）GaP 绿光 LED

当 GaP 中掺入氮时，氮原子可能取代晶格上的磷原子。氮和磷都是Ⅴ族元素，它们的价电子数相同，因此称氮为等电子杂质。由于氮的原子序数为 7 而磷为 15，氮比磷少 8 个电子（或者说氮原子核比磷原子核暴露），因此氮取代磷以后，那里的电子相对欠缺，故氮对电子的亲和力远大于磷。因而，它可以俘获电子，形成电子的束缚状态——等电子陷阱。氮俘获电子以后，又因库仑作用而俘获空穴（氮等电子陷阱俘获空穴和电子的能量分别是 0.037eV 和 0.01eV 左右），俘获的电子和空穴形成激子。这种激子通过辐射复合消失时，在室温下发射波长 $\lambda = 570$nm 的绿光。

氮作为绿色发光中心的最大特点是，它可以掺杂到很高浓度（$10^{10} cm^{-3}$），并且不至于影响自由载流子浓度，因此，不会产生俄歇过程而引起内量子效率降低。

这里涉及两个概念：等电子陷阱和激子。等电子陷阱是固体中的等电子杂质以短程作用为主的俘获电子或空穴所形成的束缚态。所谓等电子杂质是指与点阵中被替代的原子处于周期表中同一族的其他原子。等电子杂质本身是电中性的，但由于它与被替代的原子有不同的电负性和原子半径，其会产生以短程作用为主的杂质势，可以俘获电子（或空穴）。激子是空穴与自由电子之间的库仑吸引互作用在一定条件下形成的空间上束缚在一起的电子-空穴复合体。一个电荷（电子或空穴）首先被缺陷的近程势束缚，使缺陷中心带电，然后再通过库仑互作用（远程势）束缚一个电荷相反的空穴或电子，形成束缚激子。

（2）GaP 红光 LED

当 GaP 中掺入锌和氧后，Zn 一般占据晶格中 Ga 的位置，而 O 则占据 P 的位置。由 GaP 的晶格结构可以看出，Ga、P 处于相邻位置。因此 Zn、O 取代后必然处于相邻的位置，于是形成了 Zn-O 对等电子陷阱。这与掺氮的情况不同。由于 Zn 的阳性相比基质 Ga 更强，而 O 的阴性相比 P 更强，因此 GaP 中 Zn 与 O 原子处在最近邻位置时比分离存在更稳定。由于氧原子是电子亲和力强的原子，即使处于阳性原子 Zn 的最近邻位置也能俘获电子。俘获电子后 Zn-O 对便带负电，由于库仑力又去俘获空穴，从而形成激子，激子复合便发出红色辐射。在 GaP 中，Zn-O 对等电子陷阱俘获电子的能量为（300 ± 10）meV，而俘获空穴的能量为 37meV，激子复合发光的波长在红色范围内。

在 GaP 红光 LED 中，还存在着施主-受主对（D-A 对）复合发光。锌能级在价带边缘以上 0.04eV，氧能级在导带边缘以下 0.803eV。因此，从氧形成的深能级到锌的浅受主能级的跃迁是 D-A 对跃迁。这种 D-A 对跃迁产生在 700nm 的近红外附近的发光。

在实际的 GaP LED 中，还存在着一些其他发光中心，也能产生红色发光，如孤立氧的红外发光、孤立氧同空穴的近红外发光、Zn-O 对受主锌的红色发光等。由于有多种发光机制，因此其发射光谱的峰值不止一个。

3.4.1.2 GaN

GaN 具有带隙宽、热导率高、化学性能稳定的特点。在室温下，其禁带宽度 $E_g=$ 3.39eV。GaN 晶体属于纤锌矿结构，与Ⅲ族氮化物半导体 InN 及 AlN 的性质接近，均为直接跃迁型半导体材料，它们构成的三元固溶体的带隙可以从 1.9eV 连续变化到 6.2eV，能发出红、黄、绿、蓝、紫等颜色的光。GaN 是性能优良的短波长半导体发光材料。从 20 世纪 90 年代开始，GaN 材料和 GaN LED、GaN 激光器的研究工作就受到了人们的极大关注，发展很快。

早期 GaN LED 的基本结构是 In/I-GaN：Mg/N-GaN/蓝宝石结构。这是一种 MIS 结构，即金属-高阻绝缘体-半导体（N 型层）结构。光由蓝宝石衬底出射。N-GaN 层是在蓝宝石衬底上用气相外延方法制备的单晶层。目前，气相外延生长的 GaN 单晶层只能获得 N 型材料。高阻 I-GaN 是掺镁或锌获得的，它们具有价带上方 0.7eV 左右的深能级。这种结构的 GaN LED 发射蓝光，发光波长为 490nm，典型工作电压为 7.5eV。由于是非 PN 结构，因此其发光效率低（1%以下）。

近年来，采用 MOCVD 技术制备 PN 结型 GaN LED 已经获得成功，其基本结构如图

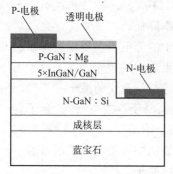

图 3-15 InGaN/GaN
多量子阱 LED

3-15 所示。其中，5×InGaN/GaN 层为 5 层的量子阱结构。P-电极采用 Ni/Au 合金，N-电极采用 Ti/Al/Au 合金。基于上述结构的 GaN LED 可发出 465～480nm 的蓝光、380～405nm 的紫光、505～525nm 的绿光、280～320nm 的深紫外光。该器件的工作电压下降到 3.2V，工作电流为 20mA，效率达到 20%，半宽为 20～30nm。其轴向发光强度在 20mA 的电流下可达 2～4cd。

目前，GaN 技术的发展受到人们的极大重视。室温下连续工作的 GaN 激光器（380～405nm）已经有商品问市，基于 GaN 材料的偏振光 LED、光子晶体、光学微腔、磁半导体和自旋电子学器件等研究工作迅速发展。尤其是 GaN 基白光 LED 成为世界多国在高技术领域激烈竞争的焦点，被称为第三代半导体技术。

GaN 键合的离子性为 0.5，有较强的极性。其主要化学计量比缺陷是氮空位，主要有害杂质是氧（它能形成三氧化二镓，严重影响外延晶体质量，应尽量避免）。不掺杂的 GaN 常呈 N 型，载流子浓度为 10^{16}～10^{18} cm^{-3}，迁移率为 900～1000cm^2/(V·s)。载流子浓度高主要是由氮空位、杂质氮等引起的晶格缺陷造成的。

由于可见光 LED 在低电压和低电流下工作，并且可以把它看作点光源，因此其在光显示中得到了重要的应用。随着全世界半导体照明工程的开展，目前白光 LED 的研制与商品化已经成为世界各国最为关注的重要课题之一。

3.4.1.3 $GaAs_{1-x}P_x$

$GaAs_{1-x}P_x$ 是一种Ⅲ-Ⅴ族化合物固溶体。控制其合金组分 x，则可以改变它的禁带宽度。GaAs 是直接带隙半导体，GaP 是间接带隙半导体。当合金组分增加时，禁带宽度也要增大。在 $x>0.45$ 时，材料由直接带隙变成间接带隙。因此，在 $x>0.45$ 时，辐射由直接辐射复合变成间接辐射复合。图 3-16（a）为 $GaAs_{1-x}P_x$ 的禁带宽度与摩尔分数 x 的函数关系，图 3-16（b）为几种合金组分相应的能量-动量曲线。

$x<0.45$ 的 $GaAs_{1-x}P_x$，其发光原理比较简单。它由导带电子和价带空穴直接复合而发光，即带-带复合发光，其发光波长由该 x 值下的禁带宽度决定。当 $0<x<0.45$ 时，E_g 由 $x=0$ 的 1.424eV 增大到 $x=0.45$ 的 1.977eV。

当 $x>0.45$ 后，进入间接带隙范围，发光效率急剧下降。因此，GaAsP 红色发光二极管的 x 值一般限制在 0.35～0.45。当 $x=0.45$ 时，$E_g=1.977$eV，其发光的峰值波长约为 660nm。

$x>0.45$ 后，$GaAs_{1-x}P_x$ 的能带结构接近于 GaP 的能带结构，因此可以用类似 GaP LED 掺杂的方法，掺入适当的杂质，形成新的发光中心，从而提高发光效率。例如，掺 N 后，形成等电子陷阱，可使发光效率提高一个数量级。当 x 值增加时，等电子陷阱能量减小，所以复合发光产生的光子能量增大，发光波长向短波方向移动。

早期的 GaAsP LED 的 GaAsP 层是生长在 GaAs 衬底上的。由于 GaAs 的禁带宽度小于 GaAsP 的禁带宽度，因此从 GaAsP 中发射的光会被 GaAs 衬底吸收，从而减少了光的输出。由于这个原因，目前多数 GaAsP LED 制造在 GaP 衬底上。直接带隙的 GaAsP LED 发射红光，制造在 GaP 衬底上间接带隙的 GaAsP LED 可发射橙光、黄光、绿光。

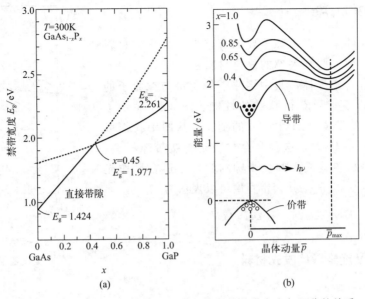

(a)

(b)

图 3-16　$GaAs_{1-x}P_x$ 的直接禁带宽度和间接禁带宽度与组分的关系

3.4.1.4　GaAs

　　砷化镓为直接带隙半导体，在室温下其 $E_g=1.43eV$，发光波长为 890nm。一般 GaAs LED 是通过固态的杂质扩散制成的，用锌作为 P 型杂质向掺锡、碲或硅的 N 型衬底中扩散以形成 PN 结。为达到高效率，两种型号的掺杂剂浓度均为 $10^{18} cm^{-3}$ 的数量级。GaAs LED 也可以通过液相外延，用硅作为它的 P 型和 N 型掺杂剂制成。Si 在 GaAs 中是两性掺杂剂。在化学计量溶液中生长 GaAs∶Si 时，大部分硅占 Ga 位，硅是浅施主；而在富镓溶液中外延生长时或当晶体结晶降型时，硅又占 As 位而形成受主。随着温度降低，溶解在 Ga 中的 Si 量也降低，从而占据 Ga 位的硅原子相应地减少，而占据 As 位的硅原子增加，增加到适当的量就会发生转型。在掺 Si 的 GaAs LED 中，发光峰值下降到 1.32eV。此处的吸收非常小。

　　为了提高 GaAs LED 的外量子效率，在其顶层上生长一层附加的 AlGaAs 层作为光学窗口（图 3-17）。

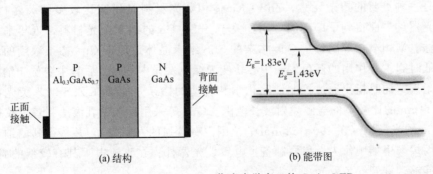

(a) 结构　　　　　　　　　　　(b) 能带图

图 3-17　用 $Al_{0.3}GaAs_{0.7}$ 作为光学窗口的 GaAs LED

3.4.1.5　$Al_xGa_{1-x}As$

对于光学器件来说，一种重要的直接带隙半导体材料是砷化镓。另一种人们感兴趣的复合材料是 $Al_xGa_{1-x}As$，这种材料是化合物半导体，其中铝原子的含量与镓原子的含量之比可以改变，以获得特殊的性能。图 3-18 显示了 $Al_xGa_{1-x}As$ 的禁带宽度随组分 x 的变化。从图中我们可以看到，$0<x<0.45$ 时，这种合金材料是直接带隙材料；$x>0.45$ 时，该材料就成为间接带隙材料，不适合用作光学器件。$0<x<0.35$ 时，其禁带宽度可以表示为

$$E_g=1.424+1.247x(eV) \tag{3-9}$$

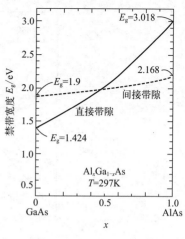

图 3-18　$Al_xGa_{1-x}As$ 的
禁带宽度随组分 x 的变化

3.4.2　非Ⅲ-Ⅴ族半导体发光材料

（1）ZnS

ZnS 是一种重要的Ⅱ-Ⅵ族化合物半导体，被广泛地用于电致发光器件、太阳能电池和其他的光电子器件，是很多元素激活离子的高效基质，从而成为研究热点。自 1994 年 Bhargava 等首次报道了 Mn 掺杂的 ZnS 纳米粒子具有较高的量子产率以来，掺杂稀土离子、过渡金属离子等的 ZnS 纳米发光材料就成为一个研究热点。

锰是一种重要的过渡金属离子，Mn 掺杂的硫化锌近年来得到了深入的研究，不同的制备方法和测试条件等因素会影响其发光性质。孙聆东等合成了 ZnS：Mn 水溶胶，研究了 Mn 的掺杂浓度对样品荧光发射强度的影响，在样品合成 5h 后，Mn 的掺杂浓度为 7% 时得到了最大发射强度，100h 后 Mn 的掺杂浓度为 4% 时得到了最大发射强度；同时也指出了硫离子的浓度以及溶液的酸碱度等都对样品的发光性能有不同程度的影响，过量的硫会吸附在硫化锌的表面，使表面的无辐射跃迁增多，导致发光强度下降。Murugadoss 等采用液相沉淀法制备了粒径为 3～5nm 的 ZnS：Mn 纳米颗粒，其荧光光谱显示当激发波长为 320nm 时，在 445nm 和 580nm 处得到了两个发射峰，分别为硫化锌基质和锰发光中心的发射；随着锰掺杂量的增加，位于 580nm 处的黄色发光带强度不断增大，而源于硫化锌基质的蓝色发光带强度则不断减弱。

铜也是一种重要的掺杂元素，ZnS：Cu 体相荧光材料是研究比较多的荧光材料之一，在电致发光器件方面得到了广泛的应用，关于 ZnS：Cu 的纳米荧光材料，近年来也得到了人们的关注。Manzoor 等制备了 Cu^+ 掺杂的 ZnS 纳米晶体，随着 Cu^+ 掺杂浓度的增加，在 Cu^+ 浓度低时起主要作用的蓝色发光中心转变为绿色发光中心，且后者主要位于纳米粒子的表面区域附近；同时指出通过控制缺陷化学和合适的掺杂，能够在 ZnS 纳米荧光物质中得到 434～514nm 的比较宽的光致发射波长范围。Que 等采用反相微乳液法制备了粒径为 9nm 的 ZnS：Cu 纳米微粒（在 490～530nm 的范围内有较强的发射带），并将得到的纳米微粒置于聚甲基丙烯酸甲酯中作为发射层制备了电致发光器件；在直流电下其有较低的启动电压，在室温下能够观察到绿色发光。

（2）SiC

SiC 为Ⅳ族半导体材料，Si 及 C 按 1：1 的原子比形成的化合物，是最早被观察到电致发光的半导体材料。SiC 非常独特，它几乎有无限多个晶型，已经发现的有 200 多种。根据晶格结构的不同，其带隙宽度在 2～3eV 之间。SiC 属于间接跃迁型半导体材料，是目前发展最为成熟的宽带隙半导体材料。SiC 具有独有的力学、电学、光学及热力学属性，因此在许多技术领域得到了广泛应用。SiC 可通过掺入发光中心实现发光。根据晶型及掺入杂质的不同，SiC 发光可以覆盖可见光及近紫外辐射的光谱范围。SiC 蓝光 LED 已成功实现了商品化。

3.4.3　量子点发光材料

量子点是准零维的纳米材料，也是一类由少量原子组成的半导体纳米粒子，其粒径小于或接近相应半导体材料的激子玻尔半径，一般为 1～10nm。量子点三个维度的尺寸均在纳米量级，其内部电子在各方向上的运动都受到限制，量子限域效应显著。由于电子和空穴的运动被限制，连续的能带结构变为具有分子特性的分立能级结构，其带隙随尺寸的减小而增大，受激后可以发射荧光。

量子点一般为球形或类球形，通常由Ⅱ-Ⅵ族、Ⅳ-Ⅵ族或Ⅲ-Ⅴ族半导体制成。常见的量子点材料主要包括硫化镉（CdS）、硒化镉（CdSe）、碲化镉（CdTe）、硫化锌（ZnS）等Ⅱ-Ⅵ族半导体量子点，硫化铅（PbS）、硒化铅（PbSe）等Ⅳ-Ⅵ族半导体量子点，以及磷化铟（InP）、砷化铟（InAs）等Ⅲ-Ⅴ族半导体量子点。近年来，不含镉或铅等重金属元素的半导体量子点吸引了越来越多的研究投入，如Ⅰ-Ⅲ-Ⅵ族和Ⅲ-Ⅴ族量子点。最近关于Ⅳ族（碳、硅）量子点和铅卤钙钛矿（perovskite）量子点的研究也是一大热点。量子点是在纳米尺度上的原子和分子的集合体，既可由一种半导体材料组成，如上述Ⅰ-Ⅵ族、Ⅳ-Ⅵ族或Ⅲ-Ⅴ族化合物半导体，也可以由两种或两种以上的半导体材料组成核壳或异质结量子点。

3.4.3.1　量子点的性质

量子点独特的性质是基于其自身的量子效应。当颗粒尺寸进入纳米量级时，电子能级由准连续能级转变为具有分子特性的高离散能级，同时导致禁带宽度增大。量子点的量子效应集中表现为量子尺寸效应、表面效应、小尺寸效应、宏观量子隧道效应、介电限域效应和量子限域效应。其中，量子点尺寸效应、表面效应对光学性质影响最大。

（1）表面效应

表面效应是指随着量子点粒径的减小，大部分原子位于量子点的表面，量子点的比表面积随粒径减小而增大。纳米颗粒的比表面积增大以及表面相原子数的增多，导致表面原子的配位不足，不饱和键和悬挂键增多，从而使这些表面原子具有高的活性，极不稳定，很容易与其他原子结合。这种表面效应将引起纳米粒子大的表面能和高的活性。表面原子的活性不但引起纳米粒子表面原子输运和构型的变化，同时也引起表面电子自旋构象和电子能谱的变化。表面缺陷导致陷阱电子或空穴，它们反过来会影响量子点的发光性质，引起非线性光学效应。金属体材料可通过光的反射而呈现出各种特征颜色。因为表面效应和尺寸效应使纳米金属颗粒对光的反射系数显著下降（通常低于 1%），所以纳米金属颗粒一般呈黑色（粒径越小，颜色越深，即纳米颗粒的光吸收能力越强），呈现出宽频带强吸收谱。

（2）量子限域效应

由于量子点与电子的德布罗意波长、相干波长及激子玻尔半径可比拟，电子局限在纳米空间，电子输运受到限制，电子平均自由程很短，电子的局域性和相干性增强，将引起量子限域效应。对于量子点，当其粒径与 Wannier 激子的玻尔半径相当或较小时，处于强限域区，易形成激子，产生激子吸收带。随着粒径的减小，激子带的吸收系数增大，出现激子强吸收。由于量子限域效应，激子的最低能量向高能方向移动，即蓝移。日本 NEC 已成功制备了量子点阵，在基底上沉积纳米岛状量子点阵列。当用激光照射量子点使之激励时，量子点发出蓝光，表明量子点确实具有关闭电子功能的量子限域效应。

（3）宏观量子隧道效应

传统的功能材料和元件，其物理尺寸远大于电子自由程，所观测的是群电子输运行为，具有统计平均结果，所描述的性质主要是宏观物理量。当微电子器件进一步细微化时，必须考虑量子隧道效应。100nm 被认为是微电子技术发展的极限，原因是电子在纳米尺度空间中将有明显的波动性，其量子效应起主要作用。电子在纳米尺度空间中运动，物理线度与电子自由程相当，载流子的输运过程将带有明显的电子波动性，出现量子隧道效应，电子的能级是分立的。利用电子的量子效应制造的量子器件，要求在几微米到几十微米的微小区域形成纳米导电域。电子被"锁"在纳米导电域内，其在纳米空间中显现出的波动性产生了量子限域效应。纳米导电域之间形成薄薄的量子势垒，当电压很低时，电子被限制在纳米尺度范围内运动，升高电压可以使电子越过量子势垒形成费米电子海，从而使体系具有导电性。电子从一个量子阱穿越量子势垒进入另一个量子阱就出现了量子隧道效应，这种从绝缘到导电的临界效应是纳米有序阵列体系的特点。

（4）量子尺寸效应

通过控制量子点的形状、结构和尺寸，可以方便地调节其能隙宽度、激子束缚能的大小等。随着量子点尺寸的逐渐减小，量子点的光吸收谱出现蓝移现象。尺寸越小，则吸收谱蓝移现象越显著，这就是量子尺寸效应。

3.4.3.2　Ⅱ-Ⅵ族量子点

常见的Ⅱ-Ⅵ族量子点以二元、三元及多元金属硫属化物量子点为典型代表。下面简单介绍量子点的制备方法及基本光学特性。

（1）二元金属硫属化物量子点

二元金属硫属化物可以用通式 M_xE_y（M＝Cd、Hg、Pb、Zn、Ag、Cu、Mn、Sn、Ni、Bi、Eu 等，E＝S、Se 和 Te）表示，已有这类体系中众多胶体量子点合成的实例报道。直到今天，CdS、CdSe 和 CdTe 量子点仍然是该系列中研究最多的典型代表。它们相对容易制备，在表面钝化之后发光量子效率有可能接近 100%。随着基于量子点的应用越来越成熟，对不含 Cd 和 Pb 的无毒化合物的需求正在上升。由于各种过渡金属之间的化学相似性，可以预期，使用与 Cd 和 Pb 化合物量子点类似的合成途径，可以实现其他类型金属硫属化物 M_xE_y 量子点的制备。历史上，已经对 ZnE 系列量子点的合成进行了深入研究。另外，也可对预合成的一种量子点进行离子交换来实现 M_xE_y（如 ZnSe）的制备。由于阴离子构成结构框架，较小的阳离子在许多化合物中显示出足够的流动性以支持这种类型的反应。Manna 等使用这种方法，还从 CdSe 初始粒子出发通过两步阳离子交换（CdSe→Cu$_2$Se→ZnSe）连续过程合成了一步交换无法获得的晶相可控的 ZnSe 量子点。

不同的制备方法、前驱体选择、配体方案等都会对量子点的光学性质产生影响。

典型的镉基核壳结构量子点如图 3-19 所示。该结构量子点的光致发光量子产率高达 60%～85%。在用半导体外壳涂覆核之后，量子产率已被证明大大提高了十倍。CdSe/ZnS 核壳体系是研究最广泛的典型核壳体系之一。由于 CdSe 核（约 1.74eV）和 ZnS 壳层（约 3.61eV）之间的带隙差异，激子被很好地限制在了核内。ZnS 壳层也很

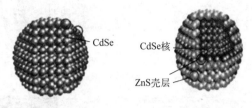

图 3-19 镉基量子点包裹壳层前后的结构

好地钝化了表面缺陷，大大提高了荧光量子产率。ZnS 可以通过胶体系统中的各种化学前驱体反应沉积在 CdSe 核上，如利用金属前驱体二乙基锌和六甲基二硅烷的热解。这些前驱体可以在低于 CdSe 成核所需温度的温度下分解，低至 140℃，高至 200℃。Margaret 通过 ZnS 涂覆的 CdSe 合成的 CdSe/ZnS 量子点具有 50% 的量子产率。彭小组报道了外延生长的纤锌矿 CdSe/CdS 核壳量子点的合成，在直径为 23～39Å（1Å＝10^{-10}m）的核上生长三层一定厚度的壳层，且壳层的生长可以控制在单分子尺寸的十分之一以内，因此室温光致发光的量子产率可以高达 84%。

（2）三元及多元金属硫属化物量子点

三元及多元金属硫属化物半导体构成了一大类材料，不仅可以通过改变尺寸，而且可以通过改变组分来调控带隙。最重要的是，它们不依赖 Cd、Pb 和 Hg 等有毒重金属，也能够产生在可见光和近红外辐射范围内响应的窄带隙量子点，如 CuInS$_2$、CuInSe$_2$、AgInS$_2$、AgGaS$_2$ 等。三元金属硫属化物概念上衍生自 Ⅱ-Ⅵ 族材料，它通过一个一价和一个三价阳离子取代两个二价金属，或通过一个二价和一个四价阳离子取代两个三价阳离子实现。类似地，自三元化合物可以衍生四元化合物。应当注意，三元和多元半导体当然绝不限于金属硫属化物。由于基本合成概念类似，金属和硫属元素前驱体相似，因此三元和多元量子点的制备方法和生长机理与二元金属硫属化物量子点类似。多元量子点合成中的主要挑战在于平衡不同金属前驱体的反应活性，这是控制其组成和晶相的前提条件。

Cu-In-S（Se，Te）量子点是一种很有前途的无镉发光材料，可替代 CdSe（S，Te）。它们可以发射可见光谱范围内的光，适用于广泛的实际应用，包括用于生物医学应用的荧光标记、LED、太阳能电池等。CuInS$_2$ 量子点是通过直接合成方案制备的，其中铜、铟和硫源的所有前驱体通过热注入或加热方法混合并同时反应。为了提高光稳定性和量子产率（QY），半导体采用具有更宽带隙的材料组成的外延壳对发射核心进行了覆盖。在经典的 Cu-In-S 族情况下，ZnS 被认为是最适合外延壳的材料。通过 Cu 和 In 与 Zn 的阳离子交换或利用 Cu、In 和 Zn 前驱体的不同反应活性的直接一锅合成，合成了具有梯度核/壳结构的 CuZnInS 量子点。然而，在高温下，Zn 原子可以在 CuInS 核内扩散并取代 Cu 原子，最终产物具有 ZnCuInS/ZnS 的复杂核/壳四元结构。图 3-20 展现了 ZnS 作为壳层的 CuInS$_2$、CuInSe$_2$ 量子点的可调光学性质。其发光光谱覆盖了可见光，并扩展到近红外区域，且可以做放大制备。

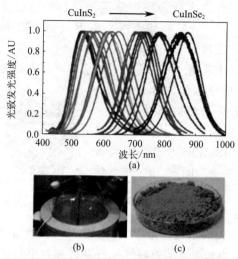

图 3-20　ZnS 作为壳层的 $CuInS_2$、$CuInSe_2$ 量子点的可调光学性质和
量子点反应装置及大批量制备量子点的粉末样品

（3）Ⅲ-Ⅴ族半导体量子点

　　Ⅲ-Ⅴ族半导体是来自ⅢA族的金属元素和来自ⅤA族的非金属元素结合而形成的晶态二元化合物。由于具有独特的性质，如高电子迁移率、直接带隙、低激子结合能以及覆盖从紫外到红外区域的宽范围光谱的体相带隙值等，它们被广泛应用在了高性能光电子器件。除了一些氮化物之外，大多数Ⅲ-Ⅴ族半导体与Ⅱ-Ⅵ族和Ⅳ-Ⅵ族半导体相比，具有更小的晶格离子性，即更大的共价性。与离子反应相比，更多的共价键形成通常需要更苛刻的反应条件，如高的反应温度、长的反应时间和更高反应活性的前驱体。这些条件通常不利于精确控制量子点的尺寸和尺寸分布，前驱体的活性和反应条件需要仔细优化以获得高质量材料。此外，Ⅲ-Ⅴ族半导体（如 InP）量子点与Ⅱ-Ⅵ族量子点（如 CdSe）相比，对空气更敏感，因此大多数合成需要无氧条件。尤其是金属氮化物量子点，寻找合适的Ⅴ族前驱体是化学合成中的关键挑战。由于Ⅴ族元素相对低的电子亲和力，难以找到处于合适的氧化态Ⅲ族前驱体材料。

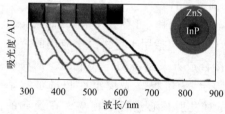

图 3-21　不同尺寸 InP 量子点的 PL 光谱

　　作为取代 Cd 基纳米材料的一种有吸引力的替代品，不含重金属（Cd、Pb、Hg 等）的生态友好型 InP 量子点得到了很好的发展，表现出了显著的光学性能。InP 量子点被认为是最有前途的候选者。如图 3-21 所示，其发射颜色覆盖了大部分可见光和近红外窗口。InP 被选为潜在的纳米治疗材料，因为它具有 1.35eV 的窄带隙，不含重金属，并且很少与哺乳动物细胞毒性有关。胶体 InP 核壳量子点取代了 CdSe 基量子点，尤其是在光电子应用中。InP 量子点的合成是在有机相中进行的。为了增强化学稳定性和生物相容性，在 InP 表面添加了一层薄外壳（ZnS 或 ZnSe）。在 InP 基量子点中，可以通过控制器件电场调节电子和空穴波函数以及限制充电条件来实现高且稳定的量子产率（QY）。不幸的是，与具有类似器件架构的基于 Cd 的 QLED 相比，基于 InP 的 QLED 器件的效率和寿命都被证明低得

多。另外，用于 QLED 的 InP 量子点的发展仍然远远落后 CdSe 量子点。

（4）Ⅳ族元素及新型二维材料量子点

Ⅳ族元素碳、硅和锗的胶体量子点的研究比化合物半导体少得多。其与更广泛研究的化合物半导体的最大差别之一是，Si 和 Ge 的共价键性质需要高温以形成结晶核。其键离解能分别为 327kJ/mol 和 274kJ/mol，并且这两种元素易于形成稳定的非晶相。此外，它们具有强烈结合氧的倾向，Si-O 和 Ge-O 的离解能分别为 798kJ/mol 和 662kJ/mol。这些因素结合其在表面配体化学方面的显著差异，使碳、硅和锗量子点的化学合成具有挑战性。总体来说，新型量子点的合成方法还不够成熟，主要包括自上而下和自下而上两种策略。自上而下策略合成碳量子点包括通过电弧放电、激光烧蚀和电化学氧化的方法来分解较大的碳结构，如纳米金刚石、石墨、碳纳米管、碳烟、活性炭和氧化石墨。制备胶体硅量子点最流行的方法之一是硅的蚀刻。此外，三维体材料或者剥落的二维片材也可以用化学、电化学或物理方式分解为二维材料的量子点。例如，石墨烯、MoS_2、WS_2、ReS_2、TaS_2、$MoSe_2$、WSe_2、$NbSe_2$、$g\text{-}C_3N_4$、h-BN、磷烯等量子点已经可以通过化学蚀刻、电化学剪切、水热/溶剂热切割、锂/钾嵌入、超声波处理和球磨等技术合成出来。自下而上策略合成碳量子点的方法可以通过燃烧/热处理、负载合成、电化学和微波合成路线，从分子前驱体（如柠檬酸盐、碳水化合物等）来实现。硅量子点的自下而上合成方法主要包括以下几个方面：①基于溶液的前驱体还原，如 $SiCl_4$ 和辛基三氯硅烷产生多分散的硅纳米颗粒；②硅锌盐基底方法，通常是用硅锌盐（即 ASi，A＝Na，K，Mg、Zn 等）与卤化硅或溴反应；③前驱体分解和再组装方法，通常涉及含硅原子前驱体物质的分解和再组装过程。一些二维材料的量子点也可以通过较小结构单元的化学组装形成，或从相当大小的前驱体转化而来。

（5）铅卤钙钛矿量子点

1839 年，钙钛矿（perovskite）在乌拉尔山脉的变质岩中被首次发现。它的晶格结构是由矿物学家 Lev A. Perovski 表征的，因此得名。近年来，钙钛矿材料由于宽的可调光谱和高的电子和空穴迁移率而被用于各种光电器件。它们主要包括有机-无机杂化物和全无机钙钛矿。1953 年，Bloembergen 的团队证明，经典的化学成分 $CsPbX_3$（X＝Cl，Br，I）和 Cs_4PbX_6（X＝Cl，Br，I）可以从水溶液中制备。1955 年，一位研究人员发现 $CsPbX_3$ 具有钙钛矿结构，随后 Moller 研究小组也得出了这一结论，并发现 $CsPbCl_3$ 和 $CsPbBr_3$ 在室温下的晶体结构是四方和立方的。

钙钛矿在 47～130℃ 时表现出向立方钙钛矿结构的转变，但当时还没有发现其荧光性质。1999 年，首次报道了有机-无机杂化钙钛矿材料，并对其光学性质进行了探索。2009 年，Kojima 团队首次使用有机-无机杂化钙钛矿材料（$CH_3NH_3PbX_3$，X＝Cl，Br，I）作为阳极制备了光伏太阳能电池。随后，研究人员制备了 $CH_3NH_3PbI_3$ 量子点敏化太阳能电池。该电池在光电转换效率、成本等方面表现出巨大优势，从此开启了钙钛矿量子点研究的新篇章。Carrero 等将油铵溴（OAmBr）作为改性剂溶解在油酸（OA）和 1-十八烯（ODE）溶液中，然后分别加入甲基溴化铅（MABr）和溴化铅（$PbBr_2$）溶解在 N-二甲基甲酰胺（DMF）中的前驱体溶液，并将混合溶液快速转移到丙酮溶液中，制备了 $CH_3NH_3PbBr_3$ 量子点。通过调节前驱体溶液中 MABr、$PbBr_2$、OAmBr 和 ODE 的比例，$CH_3NH_3PbBr_3$ 量子点的荧光量子效率可达 83%。2012 年，Miyasaka 等通过在介孔氧化铝膜上的快速自组装，制备了金属有机卤化物 $CH_3NH_3PbX_3$（$MAPbX_3$，X＝Cl，Br，I）量子点。Song 等对合成的 $CsPbBr_3$ 和 $MAPbBr_3$ 量子点进行了时间分辨稳定性实验，发现有机-无机杂化钙钛矿（$MAPbBr_3$）量子点的量子产率在 5 天内从 74% 急剧下降到 14%，而全无机钙钛矿（$CsPbBr_3$）量子点仅略有下降，显示出了更高的稳定性。因此，越来越多的研究人员开始关注全无机钙钛矿材料的制备及其稳定性。图 3-22 展示了 $CsPbX_3$（X＝Cl，Br，I）量子点随着尺寸和组分可调的光学性能。

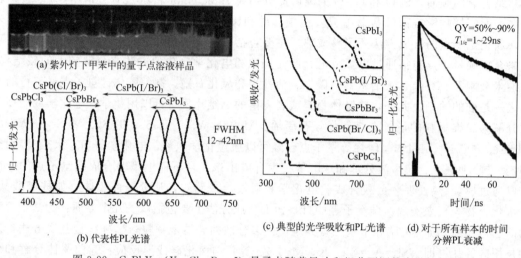

(a) 紫外灯下甲苯中的量子点溶液样品

(b) 代表性PL光谱

(c) 典型的光学吸收和PL光谱

(d) 对于所有样本的时间分辨PL衰减

图 3-22 $CsPbX_3$（X＝Cl，Br，I）量子点随着尺寸和组分可调的光学性能

思考题

1. 半导体的发光现象是由什么引起的？
2. 半导体的辐射跃迁有几种方式？
3. 本征辐射跃迁有哪两种？简要图示其机理。
4. 已知某一发光材料的带隙为 2.3eV，其发光颜色是哪种？
5. 画出半导体中电子从高能量状态到较低能量状态的跃迁过程。
6. 请区分荧光和磷光，两种有何异同？
7. 请列举一种典型的非辐射复合现象，并简单介绍。
8. 典型的交流粉末电致发光结构是什么样的？请画出其典型结构并简述发光原理。
9. 发光效率通过哪种参数评价？其定义是什么？
10. 请列出常见的发光材料类型，并分类列举出典型的具体材料。

发光显示器件

发光显示器件依据处理光信息方式的不同，可以分为主动发光显示技术和非主动发光显示技术两大类。在前述章节半导体物理基础、发光机理等内容的基础上，本章节将重点介绍几种当前典型的发光显示器件（从基本原理以及显示应用等方面展开），包括液晶显示（非主动发光显示）、发光二极管（LED，主动发光显示）以及当前较为新型的 OLED、QLED 和 MicroLED，以使读者对当前发光显示领域有所了解。

4.1 液晶显示

液晶显示的原理是液晶材料在电场的作用下对外界光进行调制，从而实现显示。在当前多种显示方式中，液晶显示发展最成熟、应用最广泛。

4.1.1 液晶概述

液态晶体是一种既具有液体的流动性，又具有晶体的各向异性特征的物质，简称液晶。1888 年，奥地利植物学家莱尼茨尔在测定一种从植物中分离出的胆固醇的熔点时发现，该有机化合物晶体加热至 145.5℃时会熔化，呈现为一种介于固相和液相之间的半熔融白浊状，当温度升高到 178.5℃时呈现为透明的液态。1889 年，德国物理学家莱曼发现许多有机物都具有介于固态和液态的状态，在这种状态下，物质的力学性能与各向同性液体相似，但它们的光学特性却与晶体相似，呈现出各向异性。莱曼将这种状态的物质称为液晶（liquid crystal）。

热致液晶是液晶物质在一定温度范围内形成的各向异性熔体，用于显示的液晶材料都是可工作于室温的热致液晶。热致液晶分子的形状多为细长形，长为几十埃，宽为几埃。液晶分子的正电中心和负电中心不重合，具有极性，所以液晶分子间互相吸引，并按照一定的规律排列。按照分子排列的不同，液晶分为 3 种结构类型，如图 4-1 所示。

（1）近晶相

近晶相液晶又称为层状液晶。近晶相液晶的分子呈层状分布，排列整齐，层内分子的长轴互相平行（这种排列是因为分子侧面间的作用力大于分子末端间的作用力）；分子质心位置在层内无序，分子可以在层内转动或者滑动。

（2）向列相

向列相液晶又称为丝状液晶，一般由长径较大的棒状液晶分子组成，不排列成层，只在长轴方向上保持相互平行或近于平行（热扰动引起），分子可转动，左右、上下滑动。向列相液晶的长轴指向一个方向，具有单轴晶体的光学特性，但是在电学上具有明显的介电各向异性。

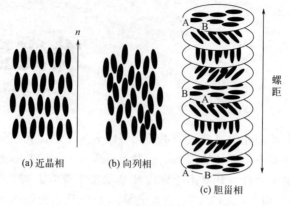

(a) 近晶相　　(b) 向列相

(c) 胆甾相

图 4-1　液晶结构

（3）胆甾相

　　胆甾相液晶又称为螺旋状液晶。该相的液晶主要来源于胆甾醇衍生物，分子分层排列，层内分子的长轴平行，层与层之间分子的取向成一定角度。当不同层的分子长轴排列沿螺旋方向经历 $360°$ 的旋转后，又回到初始取向，这个周期性的层间距称为螺距。向列相液晶和胆甾相液晶可以互相转换。在向列相液晶中加入旋光物质，则形成胆甾相液晶；在胆甾相液晶中加入消旋光物质，就成为向列相液晶。胆甾相液晶的螺距一般为数百纳米，与可见光的波长处于同一数量级；螺旋的方向有左旋的，也有右旋的。胆甾相液晶具有极强的旋光性，远高于石英晶体。

　　胆甾相液晶有独特的性质：

　　① 胆甾相液晶材料具有负性的单轴光学特性，光轴与分子层垂直，沿该轴向的折射率很小。

　　② 具有极强的旋光性。

　　③ 螺距易受外力改变，可以使用调节螺距的方法对光进行调制。

　　④ 当入射光与光轴成 θ 角度时，根据布拉格干涉方程，有

$$n\lambda = P\sin\theta \quad n = 0, 1, 2, \cdots \tag{4-1}$$

式中，λ 为入射光的波长；P 为液晶的螺距。

　　只有满足式（4-1）的入射光才能产生强干涉，成为反射光。

　　⑤ 由于分子的螺旋排列，胆甾相液晶在特定波长范围内具有圆偏振二向色性，即旋转方向与液晶的旋光方向相反的圆偏振光可以全部通过，而旋转方向与液晶的旋光方向相同的圆偏振光则完全被反射。

　　胆甾相液晶的用途主要有以下几个：

　　① 利用胆甾相液晶的选择性光反射，制作感温变色的测温元件。

　　② 用作向列相液晶的添加剂，使向列相液晶形成焦锥结构排列，用于相变显示。

　　③ 可以引导液晶在液晶盒内形成沿面 $180°$、$270°$ 等扭曲排列，制成超扭曲显示液晶。

4.1.2　液晶的电光效应

　　液晶的特性与结构介于固态晶体与各向同性液体之间，是有序性的流体。从宏观物理性

质来看，它既具有液体的流动性、黏滞性，又具有晶体的各向异性，能像晶体一样发生双折射、布拉格反射及旋光效应，也能在外场作用（如电、磁场作用）下产生热光、电光或磁光效应。通过施加电场，可使某种排列状态的液晶分子向其他排列状态变化，液晶的光学性质也随之变化。这种通过电学方法产生光变化的现象称为液晶的电气光学效应，简称电光效应（electro-optic effect）。

液晶的电光效应主要包括以下几种。

（1）液晶的双折射现象

液晶会像晶体那样，因折射率的各向异性而发生双折射现象，从而呈现出许多有用的光学性质，如使入射光的前进方向偏于分子长轴方向，改变入射光的偏振状态或方向，使入射偏振光以左旋光或右旋光进行反射或透射。这些光学性质，是液晶能作为显示材料应用的重要原因。

（2）电控双折射效应

对液晶施加电场，可使液晶分子的排列方向发生变化。因为分子排列方向的改变，按照一定的偏振方向入射的光，将在液晶中发生双折射现象。这一效应说明，液晶的光轴可以由外电场改变，光轴的倾斜随电场的变化而变化，因而两双折射光束间的相位差也随之变化，当入射光为复色光时，透射光的颜色也随之变化。因此，液晶相比晶体具有灵活多变的电旋光性质。

（3）动态散射

当在液晶两极加电压驱动时，由于电光效应，液晶将产生不稳定性，透明的液晶会出现一排排均匀的黑条纹（这些平行条纹彼此间隔数十微米，可以用作光栅）；进一步提高电压，液晶的不稳定性增强，出现湍流，从而产生强烈的光散射，透明的液晶变得混浊不透明；断电后液晶又恢复了透明状态，这就是液晶的动态散射（dynamic scattering）。液晶材料的动态散射是制造显示器件的重要依据。

（4）旋光效应

在液晶盒中充入向列相液晶，把两块玻璃片绕于它们互相垂直的轴相对扭转90°，向列相液晶的内部就会发生扭曲，这样就形成了一个具有扭曲排列的向列相液晶的液晶盒。在这样的液晶盒前、后放置起偏振片和检偏器，并使其偏振化方向平行，在不施加电场时，让一束白光射入，液晶盒会使入射光的偏振光轴顺着液晶分子的扭曲而旋转90°。

（5）宾主效应

将二向色性染料掺入液晶中，并均匀混合起来，处在液晶分子中的染料分子将顺着液晶指向矢量方向排列。在电压为零时，染料分子与液晶分子都平行于基片排列，对可见光有一个吸收峰；当电压达到某一值时，吸收峰值大为降低，使透射光的光谱发生变化。可见，外加电场就能改变液晶盒的颜色，从而实现彩色显示。由于染料少，且以液晶方向为准，因此染料为"宾"，液晶为"主"，所以得名"宾主（guest-host，G-H）"效应。

4.1.3 液晶显示器件的结构和驱动特点

如图 4-2 所示，典型的 LCD 是用环氧类黏合剂以 $4\sim6\mu m$ 的间隙对设有透明电极的两块玻璃基板进行封合，并把液晶封入其中制成的，与液晶相接的玻璃基板表面有使液晶分子取向的膜。如果是彩色显示，在一侧的玻璃基板内面与像素相对应，设有由三基色形成的微彩色滤光片。

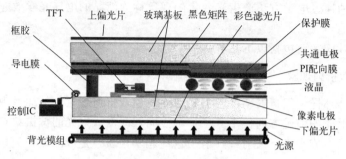

图 4-2　典型的 LCD 结构

LCD 是非发光型的。其特点是视感舒适，而且是很紧凑的平板型。LCD 的驱动由于模式不同而多少有点区别，但都有以下特点：

① LCD 是具有电学双向性的高电阻、电容性器件，驱动电压是交流的。

② 在没有频率相依性的区域，能对施加电压的有效值做出响应（铁电液晶除外）。

③ LCD 是低电压、低功耗工作型，可以用 CMOS 驱动。

④ 因为液晶物理性质常数的温度系数比较大，响应速度在低温下较慢。

4.1.4　液晶显示器的分类与工作原理

根据驱动方式分类，可将 LCD 产品分为扭曲向列（TN）型、超扭曲向列（STN）型及薄膜晶体管（TFT）型 3 大类。

（1）扭曲向列型

扭曲向列（TN）型液晶显示器的基本构造为上、下两片导电玻璃基板，其中注入向列相的液晶，两基板外侧各加上一片偏光板。另外，在导电膜上涂布一层摩擦后具有极细沟纹的配向膜。由于液晶分子拥有液体的流动特性，很容易顺着沟纹方向排列。当液晶填入上、下基板沟纹时，以 90°垂直配置的内部，接近基板沟纹的束缚力较大，液晶分子会沿着上、下基板沟纹方向排列，中间部分的液晶分子束缚力较小，会形成扭转排列。因为使用的液晶是向列相，且液晶分子扭转 90°，故称为 TN 型。若不施加电压，则进入 TN 型液晶组件的光会随着液晶分子扭转方向前进，因上、下两片偏光板和配向膜同向，故光可通过形成亮的状态；相反地，若施加电压，液晶分子朝施加电场的方向排列，垂直于配向膜配列，则光无法通过第二片偏光板，形成暗的状态，以此种亮暗交替的方式作为显示用途。

（2）超扭曲向列型

STN 型显示组件，其基本工作原理和 TN 型大致相同，不同的是液晶分子的配向处理和扭曲角度。STN 型显示组件必须预做配向处理，使液晶分子与基板表面的初期倾斜角增大。此外，在 STN 型显示组件所用的液晶中加入微量胆石醇液晶可以使向列型液晶旋转 80°～270°，为 TN 型的 2～3 倍，故称为 STN 型。TN 型与 STN 型组件的比较见表 4-1 及图 4-3。

表 4-1　TN 与 STN 型组件的比较

项目	TN 型	STN 型
扭曲角	90°	180°～270°
倾斜角	1°～2°	4°～7°
厚度	5～10μm	3～8μm
间隙误差	±0.5μm	±0.1μm

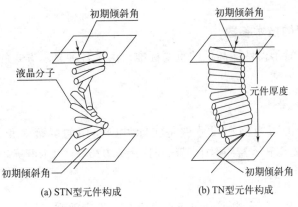

(a) STN型元件构成　　　　　(b) TN型元件构成

图 4-3　STN 与 TN 型液晶分子的扭曲状态

（3）薄膜晶体管型

　　薄膜晶体管（TFT）型液晶显示器也采用了两夹层间填充液晶分子的设计，只不过把左边夹层的电极改为了场效应晶体管（FET），把右边夹层的电极改为了共通电极。另外在光源设计上，TFT 型的显示采用了"背透式"照射方式。光源照射时先通过右偏振片向左透出，借助液晶分子来传导光线。由于左、右夹层的电极改成了 FET 和共通电极，在 FET 导通时，液晶分子的表现如 TN 型的排列状态一样会发生改变，也通过遮光和透光来达到显示的目的。但不同的是，FET 具有电容效应，能够保持电位状态，先前透光的液晶分子会一直保持这种状态，直到 FET 再次加电。相对而言，TN 型就没有这个特性，液晶分子一旦没有被施压，就立刻返回原始状态。这是 TFT 型和 TN 型显示原理的最大不同。表 4-2 为三种主要类型 LCD 产品的比较。

表 4-2　三种主要类型 LCD 产品的比较

项目	TN 型	STN 型	TFT 型
驱动方式	单纯矩阵驱动的扭曲向列型	单纯矩阵驱动的超扭曲向列型	主动矩阵驱动
视角大小（可观赏角度）	小（视角＋30°/观赏角度60°）	中等（视角＋40°）	大（视角＋70°）
画面对比	最小（画面对比在 20∶1）	中等	最大（画面对比在 150∶1）
反应速度	最慢（无法显示动画）	中等（150ms）	最快（40ms）
显示品质	最差（无法显示较多像素，分辨率较差）	中等	最佳

第 4 章　发光显示器件

项目	TN 型	STN 型	TFT 型
颜色	单色或黑色	单色及彩色	彩色
价格	最便宜	中等	最贵（约 STN 型的 3 倍）
适合产品	电子表、电子计算机、各种汽车、电器产品的数字显示器	移动电话、电子辞典、掌上型电脑、低档显示器	笔记本/掌上型电脑、PC 显示器、背投电视、汽车导航系统

4.1.5 液晶显示器的技术参数

技术参数是衡量显示器性能高低的重要标准。由于各种显示方式的原理不同，液晶显示器的技术参数也大不一样。

（1）可视面积

液晶显示器所标的可视面积尺寸就是实际可以使用的屏幕对角线尺寸。一个 15.1ft（1ft＝0.3048m）的液晶显示器约等于 17in（1in＝0.0254m）CRT 屏幕的可视范围。

（2）点距

液晶显示器的点距是指在水平方向或垂直方向上的有效观察尺寸与相应方向上的像素之比。点距越小，显示效果就越好。现在市售产品的点距一般有点 28（0.28mm）、点 26（0.26mm）、点 25（0.25mm）三种。例如，一般 14in LCD 的可视面积为 285.7mm×214.3mm，最大分辨率为 1024×768，那么其点距就等于可视宽度除以水平像素（或者可视高度除以垂直像素），即 285.7mm/1024＝0.279mm（或者 214.3mn/768＝0.279mm）。

（3）可视角度

液晶显示器的可视角度左右对称，而上下不一定对称。由于每个人的视力不同，因此以对比度为准，在最大可视角时所测得的对比度越大越好。当背光源的入射光通过偏光板、液晶及取向膜后，输出光便具备了特定的方向，也就是说，大多数从屏幕射出的光具备了垂直方向。假如从一个非常斜的角度观看一个全白的画面，可能会看到黑色或者色彩失真。一般来说，上下角度不大于左右角度。如果可视角度为左右 80°，表示在始于屏幕法线 80°的位置时可以清晰地看见屏幕图像。但是，由于人的视力范围不同，如果没有站在最佳的可视角度内，所看到的颜色和亮度将会有误差。现在有些厂商开发出了各种广视角技术，试图改善液晶显示器的视角特性，如平面控制模式（IPS）、多象限垂直配向（multi-domain vertical alignment，MVA）、TN＋FILM 等。这些技术都能把液晶显示器的可视角度增加到 160°，甚至更大。

（4）亮度

液晶显示器的最大亮度，通常由冷阴极射线管（背光源）决定。其亮度值一般都在 $200\sim250\mathrm{cd/m^2}$ 之间。液晶显示器的亮度若略低，会觉得发暗，而稍亮一些，就会好很多。虽然技术上可以达到更高的亮度，但是这并不代表亮度值越高越好，因为高亮度的显示器有可能使观看者的眼睛受伤。

（5）响应时间

响应时间是指液晶显示器各像素点对输入信号反应的速度，即像素内暗转亮或亮转暗的速度，此值越小越好。如果响应时间太长，液晶显示器在显示动态图像时就可能有尾影拖曳的感觉。这是液晶显示器的弱项之一，但随着技术的发展现在已得到了极大的改善。通常将反应速度分为两个部分，即上升沿时间和下降沿时间，表示时以两者之和为准。一般以20ms左右为佳。

（6）色彩度

色彩度是LCD的重要指标。LCD面板上是由像素点组成显像的，每个独立的像素的色彩是由红、绿、蓝（R、G、B）三种基本色来控制的。大部分厂商生产出来的液晶显示器，每个基本色（R、G、B）达到6位，即64种表现度，那么每个独立的像素就有$64 \times 64 \times 64 = 262144$种色彩。也有不少厂商使用了所谓的帧频率控制（frame rate control，FRC）技术以仿真的方式来表现出全彩的画面，也就是每个基本色（R、G、B）能达到8位，即256种表现度，那么每个独立的像素就有$256 \times 256 \times 256 = 16777216$种色彩。

（7）对比度

对比度是最大亮度值（全白）与最小亮度值（全黑）的比值。CRT显示器的对比度通常高达500：1，因此CRT显示器呈现真正全黑的画面是很容易的。但这对LCD来说就不是很容易了，这是因为由冷阴极射线管构成的背光源很难做快速的开关动作，其始终处于点亮的状态。为了得到全黑画面，液晶模块必须完全阻挡来自背光源的光，但在物理特性上，这些组件无法完全达到这样的要求，总会有一些漏光。一般来说，人眼可以接受的对比值约为250：1。

（8）分辨率

TFT液晶显示器的分辨率通常用一个乘积来表示，例如800×600、1024×768、1280×1024等，它们分别表示水平方向的像素点数与垂直方向的像素点数。而像素是组成图像的基本单元，也就是说，像素越高，图像就越细腻、越精美。

4.2　LED及其显示应用

发光二极管（light emitting diode，LED）是一种半导体固体发光器件。它是用固体半导体芯片作为发光材料，当两端加上正向电压，半导体中的载流子发生复合引起光子发射而产生光。LED可以直接发出红、黄、蓝、绿、青、橙、紫、白色的光。1907年，首次发现半导体二极管在正向偏置的情况下场致发光的现象。1936年，George Destiau第一次使用场致发光这个术语。19世纪60年代初，试验时LED需要置放在液化氮中。第一个商业LED仅仅只能发出不可见的红外线，但是迅速应用在了感光与光电领域。60年代末，在砷化镓基体上使用磷化物发明了第一个红光LED。70年代中期，采用双层磷化镓发明了能够发出黄色光的LED。70年代末，出现了绿光LED。90年代中期，蓝光LED出现。90年代末，白光LED开发成功。其主要发展脉络如图4-4所示。在短短几十年内LED发展非常迅速，已经是目前光源方面的明星材料。1995年，高效蓝光GaN LED的发明使得高亮、节能的白光照明成为可能，它的发明人中村修二、天野浩、赤崎勇获得了2014年度的诺贝尔物理学奖。回观国内，2004年，我国江风益院士团队的硅衬底高光效GaN蓝光LED获得了2015年国家技术发明奖一等奖，打破了日美垄断LED技术的局面。

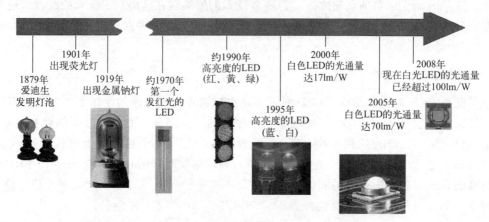

图4-4　发光二极管的发展历程

LED的内在特征决定了它是最理想的光源。LED有着广泛的用途，且具有以下几方面优点：

① 体积小：LED基本上是一块很小的晶片被封装在环氧树脂里面，所以它非常小、非常轻。

② 耗电量低：LED的耗电相当低。一般来说LED的工作电压是2～3.6V，工作电流是0.02～0.03A。这就是说它的耗电不超过0.1W。

③ 使用寿命长：有人称LED光源为长寿灯，意为永不熄灭的灯。它是固体冷光源，由环氧树脂封装，灯体内也没有松动的部分，不存在灯丝发光易烧、热沉积、光衰等缺点，使用寿命可达6万～10万h，是传统光源寿命的10倍以上。

④ 高亮度、低能量、高节能：节约能源、无污染即为环保。它是直流驱动，功耗超低（单管0.03～0.06W），电光功率转换接近100%，相同照明效果相比传统光源节能80%以上。

4.2.1 LED的工作原理

LED是一种注入型电致发光器件，由P型和N型半导体组合而成，按发光机理可分为同质结注入发光与异质结注入发光两种类型。

（1）同质结注入电致发光

同质结注入电致发光（injection electro-luminescence）二极管，一般由直接带隙半导体材料（如GaAs）制作而成。它是内部电子-空穴对复合导致光子的发射，因此，发射出的光子能量近似等于禁带能量差，即$h\nu \approx E_g$。在没有外加电压的情况下，处于平衡状态的无偏压PN结能带图如图4-5（a）所示。其N型区的掺杂浓度大于P型区，此时，PN结存在一定高度的势垒区，即$\Delta E = qV_0$。式中，V_0为内建电压。自由电子从浓度高的N型区扩散到P型区，然而，这种扩散被内建电场的势垒限制。

当在 PN 结的两端加正向偏压时，PN 结的势垒从 V_0 降低至 V_0-V，导致大量非平衡载流子从扩散区 N 型区注入 P 型区。其注入发光能带的结构如图 4-5（b）所示。注入电子与 P 型区向 N 型区扩散的空穴不断地产生复合而发光，由于空穴的扩散速度远小于电子的扩散速度，发光主要发生在 P 型区。复合主要发生在势垒区和沿 P 型区电子扩散长度的扩展区域，该复合区域通常称为活性区。这种由于少数载流子注入产生电子-空穴对复合而导致发光的现象称为注入电致发光。由于电子-空穴对复合过程的统计属性，因此发射光子的方向是随机的。与受激发光相比，它们是自发发射过程。LED 的结构必须能防止发射出的光子被半导体材料重新吸收，即要求 P 型区充分窄，或者使用异质结构。

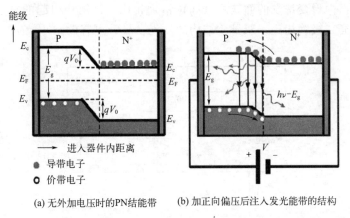

(a) 无外加电压时的PN结能带　　　(b) 加正向偏压后注入发光能带的结构

图 4-5　PN 结注入发光原理

（2）异质结注入电致发光

同一材料不同掺杂浓度构成的 PN 结称为同质结，不同禁带宽度的半导体材料连接成的 PN 结称为异质结（heterojunction）。具有不同禁带宽度材料的半导体器件称为异质结器件。半导体材料的折射率取决于其禁带宽度，能带隙越宽，折射率越低。换言之，借助异质结构构造的发光二极管，可以在器件中设计介质导波管引导光子从复合区域中发射出来。

同质结的发光二极管存在两个弊端。P 型区需充分窄，以便防止发射出的光子被半导体材料重新吸收。当 P 型区很窄时，一些 P 型区的注入电子扩散至表面，并通过表面附近的晶体缺陷进行复合。这种非辐射的复合过程减小了光输出。此外，因为电子扩散长度比较大，复合区域比较大，而重新吸收量随材料体积增大而增加，所以发射出的光子被重新吸收的机会较高。

为了提升载流子注入效率，提高发射光的强度，可以采用双异质结构。图 4-6（a）为两个具有不同禁带宽度的不同半导体材料连接而成的双异质结构。其中，半导体材料 AlGaAs 的禁带宽度 $E_g \approx 2\text{eV}$，GaAs 的禁带宽度 $E_g \approx 1.4\text{eV}$。图中为 N^+P 双异质结构，即在 N^+-AlGaAs 和 P-GaAs 间存在异质结，在 P-GaAs 和 P-AlGaAs 间也存在异质结。GaAs 的 P 型区很薄，通常在微米级，并且属于轻度掺杂。

在没有外加电压的情况下，双异质结构的简化能带图如图 4-6（b）所示。整个结构中费米能级是连续的。对于导带电子来说，存在着阻碍其从 N^+-AlGaAs 扩散到 P-GaAs 的势垒。在 P-GaAs 和 P-AlGaAs 的交接处存在带隙的变化，引起了阶跃，即 ΔE。该阶跃构成了有效阻止 P-GaAs 导带的电子运动到 P-AlGaAs 导带区域的势垒。

当加上正向电压时，和普通 PN 结一样，N^+-AlGaAs 和 P-GaAs 之间的大部分电压都下降，势垒也降低。这样，N^+-AlGaAs 导带区的电子通过扩散注入 P-GaAs，如图 4-6（c）所示。然而，由于在 P-GaAs 和 P-AlGaAs 之间存在势垒 ΔE，电子向 P-AlGaAs 导带的运动受到阻碍。因此，宽禁带 P-AlGaAs 作为封闭层限制注入 P-GaAs 层的电子。P-GaAs 层已经存在的注入电子-空穴对的复合引起自发光子发射。由于 AlGaAs 的禁带宽度比 GaAs 大，发射光子一旦逃离活性区就不会被重新吸收，并可以到达器件表面，如图 4-6（d）所示。因为 P-AlGaAs 层没有吸收光，光反射出去进一步增强了发射光。AlGaAs/GaAs 异质结的另一个优点是，两晶体结构间只有一个小的晶格失配。这样，与传统同质结发光二极管结构在半导体表面由形变诱发的面缺陷（如位错）相比，该结构引起的缺陷可以忽略不计。与同质结构的发光二极管相比，双异质结构的发光二极管更有效。

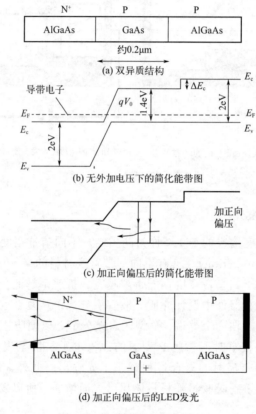

图 4-6　异质结注入发光原理

4.2.2　LED 的结构

LED 的基本结构是先将一块电致发光的半导体材料置于一个有引线的架子上，然后用环氧树脂密封四周，起到保护内部芯片的作用，所以 LED 的抗振性能好。其主要结构包含五部分：支架、银胶、芯片、金线和环氧树脂。其结构如图 4-7 所示。

通常，LED 的两根引线中较长的一根为正极，应接电源正极。有的 LED 两根引线一样长，但管壳上有一凸起的小舌，则靠近小舌的引线为正极。LED 的发光过程包括三部分：正向偏压下的载流子注入、复合辐射和光能传输。微小的半导体芯片被封装在洁净的环氧树脂中，当电子经过该芯片时，带负电的电子移动到带正电的空穴区域并与之复合，在电子与空穴消失的同时产生光子。电子与空穴的能量（带隙）越大，产生的光子能量就越高。

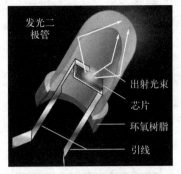

图 4-7　LED 的典型结构

　　LED 对材料有以下几点要求：①纯度高，晶格完整性好，以减小非辐射复合。②直接带隙的半导体，其跃迁效率高。③容易与 Al、Au 等金属形成良好的欧姆接触。④稳定性好，价格便宜。

　　LED 的典型制作方法是：在基底 N^+（如 GaAs 或者 GaP）上外延生长半导体层，如图 4-8（a）所示。这种类型的平面 PN 结，通过先 N^+ 层后 P 层外延生长而形成。基底本质上是一个 PN 结器件的机械支持，且可以是不同的材料。P 层是光发射的表面，为了使光子逃脱不被重新吸收，P 层一般很薄（通常只有几微米）。为了确保大多数的复合发生在 P 层，N^+ 层需要重掺杂。向 N^+ 层发射的光子，在基质界面要么被吸收，要么被反射回来，这取决于基底厚度及 LED 的确切结构。如图 4-8（a）所示，应用分段背电极（segmented back electrode）将促使从半导体到空气中界面的反射。另外，也可以先在 N^+ 基底上外延生长 N^+ 层，然后通过掺杂扩散到外延 N^+ 层面形成 P 层，从而构成扩散结平面发光二极管，如图 4-8（b）所示。

　　如果外延层和基底晶体具有不同的晶格常数，那么，两个晶体结构之间则存在晶格失配的现象。这将引起 LED 层的晶格应变进而导致晶体缺陷。晶体缺陷会促进电子-空穴对非辐射的复合。也就是说，缺陷作为复合的中心。通过基底晶体与 LED 外延层的晶格匹配可以减少这种缺陷。因此，LED 层与基底晶体的晶格匹配是很重要的。例如，有一种 AlGaAs 合金是带隙在红色发射区域的直接带隙半导体，它与砷化镓基底有良好的晶格匹配，可以制作高效率的 LED 器件。

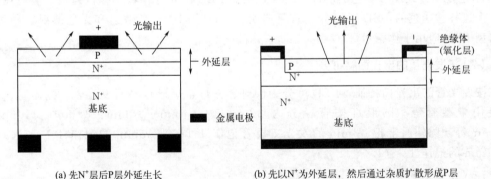

(a) 先 N^+ 层后 P 层外延生长　　　　　　(b) 先以 N^+ 为外延层，然后通过杂质扩散形成 P 层

图 4-8　典型面结型 LED 器件

　　图 4-8 是基于平面 PN 结的 LED 结构。然而，由于内部全反射，并不是所有达到半导体-空气界面的光线都可以发射出去。那些入射角大于临界角 θ_c 的光线将反射，如图 4-9（a）所示。例如，对于 GaAs 与空气交接面来说 θ_c 只有 16°，那就意味着很多光线都遭受全反射。为此，半导体表面也可以制成一个圆顶或半球的形状，这样，光线以小于 θ_c 的角度照射到表面就可以避免全反射，如图 4-9（b）所示。然而，这种圆顶的 LED 制造起来比较困难，同时制作过程中也会增加相关的费用。因此，在实际应用中常用比空气折射率高的透

明塑料介质（如环氧树脂）封装半导体结，同时将 PN 结的一侧做成半球形表面，如图 4-9（c）所示。

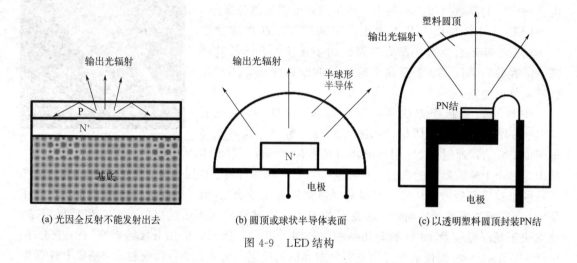

(a) 光因全反射不能发射出去　　　(b) 圆顶或球状半导体表面　　　(c) 以透明塑料圆顶封装PN结

图 4-9　LED 结构

4.2.3　LED 的类型

根据不同的分类标准，LED 可以分为不同类型。目前，对 LED 的分类常依据发光管的发光颜色、发光管的出光面特征、发光强度的角分布、LED 的结构、发光强度和工作电流等几个标准。除此之外，还有按芯片材料分类及按功能分类等方法。

（1）按发光管的发光颜色分

按发光管的发光颜色分，LED 可分成红色、橙色、绿色、蓝色等。除此之外，有的 LED 中包含两种或三种颜色的芯片。另外，根据 LED 出光处掺或不掺散射剂、有色还是无色，上述各种颜色的 LED 还可分成有色透明、无色透明、有色散射和无色散射四种类型。散射型 LED 适用于作指示灯。

（2）按发光管的出光面特征分

按发光管的出光面特征，LED 可分为圆灯、方灯、矩形灯、面发光管、侧向管、表面安装用微型管等。圆形灯按直径分为 $\phi2mm$、$\phi4.4mm$、$\phi5mm$、$\phi8mm$、$\phi10mm$ 及 $\phi20mm$ 等。国外通常把 $\phi3mm$ 的发光二极管记作 T-1；把 $\phi5mm$ 的记作 T-1（3/4）；把 $\phi4.4mm$ 的记作 T-1（1/4）。

（3）按发光强度的角分布分

按发光强度的角分布，LED 可以分为高指向性、标准型和散射型三类。高指向性一般为尖头环氧封装，或是带金属反射腔封装，且不加散射剂，半值角为 5°～20°或更小，具有很高的指向性，可作局部照明光源用，或与光检出器联用以组成自动检测系统；标准型通常作指示灯用，其半值角为 20°～45°；散射型是视角较大的指示灯，半值角为 45°～90°或更大，散射剂的量较大。

（4）按发光二极管的结构分

按发光二极管的结构，LED 可分为全环氧包封、金属底座环氧封装、陶瓷底座环氧封装及玻璃封装等。

（5）按发光强度和工作电流分

按发光强度和工作电流，LED 可分为普通亮度（发光强度＜10mcd）、超高亮度（发光强度＞10mcd）。把发光强度在 10～100mcd 间的 LED 称为高亮度 LED。一般 LED 的工作电流在十几毫安至几十毫安，而低电流 LED 的工作电流在 2mA 以下（亮度与普通发光二极管相同）。

（6）按封装形式分

按封装形式，LED 可分为插件（LAMP）式、表面贴装（SMD）式、食人鱼（Flux）式以及点阵（dot matrix）式。插件 LED 为最常见的形式；表面贴装 LED 一般为菱形，其叫法通常根据长×宽的尺寸；食人鱼式是小功率产品，其散热比较好，一般用作汽车的后尾灯；点阵式是多个 LED 组成点阵构成的。几种 LED 的样式如图 4-10 所示。

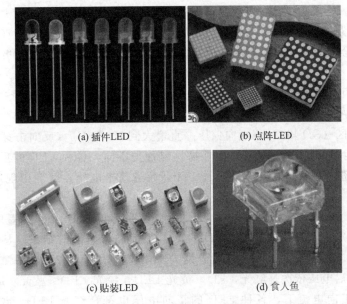

(a) 插件LED   (b) 点阵LED

(c) 贴装LED   (d) 食人鱼

图 4-10　不同封装形式的 LED

4.2.4　LED 的特性参数

对于 LED 器件而言，通常有以下几个极限参数作为考量。

① 允许功耗 P_m：允许加于 LED 两端的正向直流电压与流过它的电流之积的最大值。超过此值，LED 发热、损坏。

② 最大正向直流电流 I_{fm}：允许加的最大的正向直流电流。超过此值可损坏二极管。

③ 最大反向电压 V_{rm}：允许加的最大反向电压。超过此值，发光二极管可能被击穿损坏。

④ 工作环境 T_{opm}：发光二极管可正常工作的环境温度范围。低于或高于此温度范围，发光二极管将不能正常工作，效率大大降低。

除了极限参数，本节还会介绍一些常用的电学及光学特性参数。LED 的颜色和发光效率等光学特性与半导体材料及其加工工艺有密切关系。在 P 型和 N 型材料中掺入不同的杂质，就可以得到不同发光颜色的 LED；同时，不同外延材料也决定了 LED 的功耗、响应速度和工作寿命等诸多光学特性和电学特性。

4.2.4.1 电学特性

（1）伏安特性

$V\text{-}I$ 特性是表征 LED 芯片 PN 结性能的主要参数。LED 具有非线性单向导电性，即外加正偏压表现低接触电阻，反之为高接触电阻。LED 的 $V\text{-}I$ 特性曲线如图 4-11（a）所示。

① 正向死区（OA 段）：当 $V>0$，但 $V<V_F$（LED 的开启电压）时，LED 中仍然没有电流流过。此时 R 很大，外加电场尚克服不了因载流子扩散而形成的势垒电场，这一区域称为正向死区。不同 LED 的开启电压不同，如 GaAs 为 1V，GaAsP 为 1.2V，GaP 为 1.8V，GaN 为 2.5V。

② 工作区（AB 段）：在这一区段，一般随着电压增大，电流增大，发光亮度也跟着增大。但在这个区段内要特别注意，当正向电压增大到一定值后，发光二极管的正向电压会减小，而正向电流会增大。如果没有保护电路，会因电流增大而烧坏发光二极管。

③ 反向死区（OC 段）：LED 加反向电压是不发光的，但有反向电流。这个反向电流通常很小，一般在几微安内。1990～1995 年，反向电流定为 $10\mu A$，1995～2000 年为 $5\mu A$，目前一般是在 $3\mu A$ 以下，但基本上是 $0\mu A$。

④ 反向击穿区（CD 段）：当反向偏压一直增大到 $V<-V_C$（反向击穿电压）时，I 突然增大而出现击穿现象。由于所用的化合物材料种类不同，各种 LED 的反向击穿电压 V_C 也不同。一般不超过 10V，最大不得超过 15V，超过这个电压，就会出现反向击穿，导致 LED 报废。

图 4-11（b）为对 5mm 封装的 InGaAlP 基红光和黄光 LED、InGaN 基绿光和蓝光 LED 以及 InGaN 基荧光物质转换为白光 LED 的 $V\text{-}I$ 特性进行测量的结果。从图中可以看到，红、黄、绿、蓝、白光 LED 的开启电压分别为 1.40V、1.55V、2.00V、2.30V 和 2.50V，即各种 LED 的开启电压依次是红光 LED＜黄光 LED＜绿光 LED＜蓝光 LED＜白光 LED；而且，在同样的正向电流下，各种 LED 的正向电压也符合红光 LED＜黄光 LED＜绿光 LED＜蓝光 LED＜白光 LED 的规律。

（2）电光转换特性

当流过 LED 的电流为 I，电压降为 V 时，则功率消耗为 $P=VI$。LED 工作时，外加偏压、偏流会促使载流子复合发出光，还有一部分变为热，使结温升高。LED 的 $P\text{-}I$ 特性是指 LED 的注入正向电流 I 与输出光功率 P 之间的关系。由于 LED 是直接将电能转换成光能的器件，因而电光转换效率成为标志 LED 器件性能好坏的重要参数。LED 的电光转换效率可以用下式来定义：

$$\eta_e=\frac{\Phi_e}{P_e}=\frac{\Phi_e}{IV} \tag{4-2}$$

式中，η_e 表示 LED 的电光转换效率；Φ_e 表示 LED 的辐射功率；P_e 表示 LED 的电功率，其值等于正向电流与电压的乘积。

图 4-12 是图 4-11（b）中介绍的几种 LED 的 *P-I* 特性曲线。从图中可以看出，在额定电流以下，LED 的辐射功率与正向电流基本上呈线性关系。

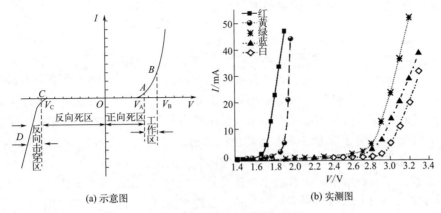

(a) 示意图 (b) 实测图

图 4-11　LED 的 *V-I* 特性曲线

（3）响应时间

如图 4-13 所示，响应时间是用于表征器件跟踪外部信息变化快慢的参数。从使用角度来看，LED 的响应时间就是点亮与熄灭所延迟的时间，即图 4-13 中的 t_r、t_f。图 4-13 中 t_0 值很小，可忽略。响应时间主要取决于载流子寿命、器件的结电容及电路阻抗。LED 的点亮时间（上升时间）t_r 是指从接通电源使发光亮度达到正常值的 10% 开始，一直到发光亮度达到正常值的 90% 所经历的时间。LED 的熄灭时间（下降时间）t_f 是指正常发光减弱至原来的 10% 所经历的时间。

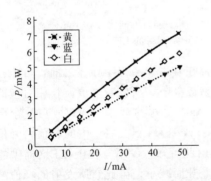

图 4-12　几种 LED 的相对 *P-I* 特性曲线

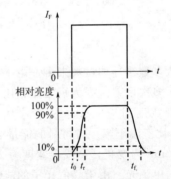

图 4-13　LED 的时间响应特征

不同材料制得的 LED 响应时间各不相同，如 GaAs、GaAsP、GaAlAs 的响应时间 $< 10^{-9}$ s，GaP 为 10^{-7} s。因此它们可用在 $10 \sim 100$ MHz 的高频系统。

4.2.4.2　光学特性

（1）发光光谱

LED 的发光光谱指发出光的相对强度（或能量）随波长（或频率）变化的分布曲线。它直接决定发光二极管的发光颜色，并影响发光效率。发光光谱由材料的种类、性质及发光中心的结构决定，而与器件的几何形状和封装方式无关。描述发光光谱分布的两个主要参量是其峰值波长和发光强度的半宽度（half width）。

辐射跃迁所发射光子的波长满足如下关系：

$$\Delta E = h\nu = \frac{hc}{\lambda} \tag{4-3}$$

LED 发出的光并非单一波长。无论什么材料制成的 LED，其发光光谱分布曲线都有一个相对光度最大处，与之相对应的波长为峰值波长，用 λ_p 表示。峰值两侧光度为峰值光度一半的两点间的宽度，称为谱线宽度（spectrum linewidth），也称为半功率宽度或半高宽度，如图 4-14 所示。对于发光二极管，复合跃迁前、后的能量差大体就是材料的禁带宽度 E_g。因此，发光二极管的峰值波长由材料的禁带宽度决定。

图 4-15 绘出了几种由不同化合物半导体及掺杂制得的 LED 的光谱曲线。其中，曲线 1 是蓝色 InGaN/GaN LED，$\lambda_p = 460 \sim 465\text{nm}$；曲线 2 是绿色 GaP：N 的 LED，$\lambda_p = 550\text{nm}$；曲线 3 是红色 InGaP：ZnO 的 LED，$\lambda_p = 680 \sim 700\text{nm}$；曲线 4 是使用 GaAs 材料的 LED，$\lambda_p = 910\text{nm}$。

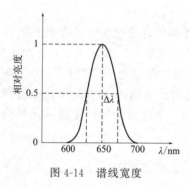

图 4-14　谱线宽度

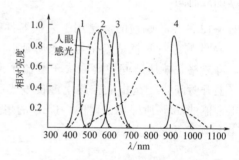

图 4-15　不同化合物半导体及掺杂制得的 LED 光谱响应曲线

对大多数半导体材料来讲，由于折射率较大，在发射光溢出半导体之前，可能在样品内已经过了多次反射。因为短波光相比长波光更容易被吸收，所以以与峰值波长相对应的光子能量比禁带宽度对应的光子能量小些。例如，GaAsP 发射的峰值波长对应的光子能量为 1.1eV，比室温下半导体材料的能量 E_g 小 0.3eV。改变 $GaAs_{1-x}P_x$ 中的 x 值，峰值波长在 620～680nm 内变化，谱线半宽度为 20～30nm。由此可知，$GaAs_{1-x}P_x$ LED 提供的是半宽度很窄的单色光。由于峰值光子的能量随温度的上升而减小，因此它所发射的峰值波长随温度的上升而增大，温度系数（temperature coefficient，TC）约为 0.2～0.3nm/℃。

（2）发光强度

发光强度是表征发光器件发光强弱的重要参数。LED 大量用圆柱形、圆球形封装，由于凸透镜的作用，其具有很强的指向性，位于法向方向的光强最大。LED 的发光强度通常是指法线（圆柱形发光管是指其轴线）方向上的发光强度。若该方向的辐射强度为 1/683W/sr，则发光 1cd。

（3）发光强度的角分布

如图 4-16 所示，I_θ 是描述 LED 发光强度在空间各个方向上分布的主要参数。发光强度的角度分布主要取决于 LED 的封装工艺。当 LED 在某个方向的发光强度是其轴向强度值的 1/2 时,该方向与轴向方向之间的夹角称为半值角,用 $\theta_{(1/2)}$ 表示。如果 $\theta_{(1/2)}$ 较大,则 LED 的指向性弱,如图 4-16(a)所示;反之,如果 $\theta_{(1/2)}$ 较小,则 LED 的指向性强,如图 4-16(b)所示。将半值角 $\theta_{(1/2)}$ 的 2 倍($2\theta_{(1/2)}$)称为视角。

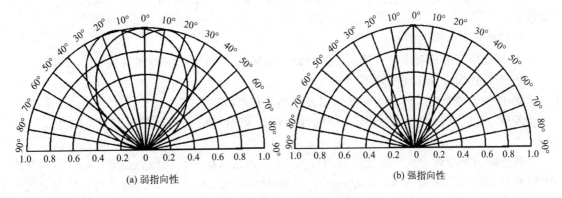

图 4-16　LED 发光强度的角分布

(4)光通量

光通量 Φ 用来标志器件的性能优劣。Φ 为 LED 向各个方向发光的能量之和,与工作电流直接相关。随着电流增大,LED 的光通量随之增大。LED 向外辐射的功率(光通量)与芯片材料、封装工艺水平及外加恒流源大小有关。目前单色 LED 的最大光通量约为 1lm,小晶片白光 LED 的光通量为 1.5~1.8lm,而 1mm×1mm 功率级芯片制成的白光 LED,其光通量可达 18lm。

4.2.4.3　发光效率

发光效率是发光二极管的光通量与输入电功率之比,单位为 lm/W。也有人把发光强度与注入电流之比称为发光效率,单位为 cd/A(坎/安)。

发光效率由内量子效率和外量子效率决定。在平衡时,电子-空穴对的激发率等于非平衡载流子的复合率(包括辐射复合和非辐射复合),而复合率又取决于载流子寿命 τ_{r} 和 τ_{nr}。其中辐射复合率与 $1/\tau_{r}$ 成正比,非辐射复合率为 $1/\tau_{nr}$。因此,内量子效率为

$$\eta_{in}=\frac{n_{eo}}{n_{i}}=\frac{1}{1+\tau_{r}+\tau_{nr}} \tag{4-4}$$

式中,n_{eo} 为每秒发射出的光子数;n_{i} 为每秒注入器件的电子数;τ_{r} 为辐射复合的载流子寿命;τ_{nr} 为非辐射复合的载流子寿命。

由式(4-4)可以看出,只有 $\tau_{nr}>\tau_{r}$,才能获得有效的光子发射。

以间接复合为主的半导体材料,一般既存在发光中心,又存在其他复合中心。通过发光中心的复合产生辐射,通过其他复合中心的复合不产生辐射。因此,要使辐射复合占压倒优势,必须使发光中心的浓度远大于其他杂质的浓度。

必须指出,辐射复合发光的光子并不是全部都能离开晶体向外发射。光子通过半导体时一部分被吸收,一部分到达界面后因高折射率(折射系统的折射系数为 3~4)产生全反射

而返回晶体内部被吸收，只有一部分发射出去。因此定义外量子效率为

$$\eta_{ex} = \frac{n_{ex}}{n_{in}} \qquad (4\text{-}5)$$

式中，n_{ex} 为单位时间发射到外部的光子数；n_{in} 为单位时间内注入器件的电子-空穴对数。

提高外量子效率的措施有三条：

① 用比空气的折射率高且透明的物质如环氧树脂（$n=1.55$）涂敷在发光二极管上。

② 把晶体表面加工成半球形。

③ 用禁带较宽的晶体作为衬底，以减小晶体对光的吸收。

若用 $n=2.4 \sim 2.6$ 的熔点低、热塑性大的玻璃做封帽，可使其外量子效率提高 $4 \sim 6$ 倍。

最早应用半导体 PN 结发光原理制成的 LED 光源问世于 20 世纪 60 年代初。当时所用的材料是 GaAsP，发红光（$\lambda_p = 650$nm），在驱动电流为 20mA 时，光通量只有千分之几流明，相应的发光效率约为 0.1lm/W。70 年代中期，引入元素 In 和 N，使 LED 产生了绿光（$\lambda_p = 555$nm）、黄光（$\lambda_p = 590$nm）和橙光（$\lambda_p = 610$nm），发光效率也提高到 1lm/W。到了 80 年代初，出现的峰值波长对应的光子能量为 1.1eV，比室温下禁带宽度对应的光子能量小的 LED 光源，使得红色 LED 的发光效率达到 10lm/W。90 年代初，发红光、黄光的 GaAlInP 和发绿光、蓝光的 GaInN 两种新材料的成功开发，使 LED 的发光效率得到了大幅度的提高。2000 年，LED 在红、橙区（$\lambda_p = 615$nm）的发光效率达到 100lm/W，而 GaInN 制成的 LED 在绿光区域（$\lambda_p = 530$nm）的发光效率可以达到 50lm/W。

4.2.4.4 温度特性

发光二极管的外部发光效率均随温度上升而下降。图 4-17 给出了某型号发光二极管的相对发光强度 I_v 与温度的关系曲线。

LED 的光学参数与 PN 结的温度有很大关系。一般 LED 长时间连续在小电流（$I_F < 10$mA 或 $I_F = 10 \sim 20$mA）工作时，温升不明显。若环境温度较高，LED 的峰值波长 λ_p 向长波长漂移，发光亮度也会下降，尤其是点阵、大显示屏的温升对 LED 的可靠性和稳定性有较大的影响。

照明用的灯具光源要求小型化和密集排列，以提高单位面积上的光度。设计时尤其应注意用散热好的灯具外壳或专门通风设备，以确保 LED 长期稳定工作。

4.2.4.5 发光亮度与电流关系

LED 的辐射发光发生在 P 型区的情况下，发光亮度 L_v 与电子扩散电流 i_{dn} 之间有如下关系：

$$L_v \propto i_{dn} \frac{\tau}{\exp\tau_r} \qquad (4\text{-}6)$$

式中，τ 是载流子辐射复合寿命 τ_r 和非辐射复合寿命 τ_{nr} 的函数。

图 4-18 为发光二极管的发光亮度与电流密度的关系曲线。这些 LED 的发光亮度与电流密度近似呈线性关系，且在很大范围内不易饱和。该特性使得 LED 可以作为亮度可调的光

源，且在亮度调整过程中发光光谱保持不变。当然，它也很适合用脉冲电流驱动。在脉冲工作状态下，LED 的工作时间缩短，产生的发热量低，因此在平均电流与直流相等的情况下，可以得到更高的亮度，而且长时间稳定性较高。

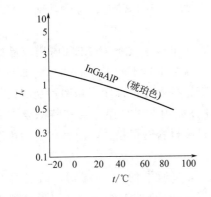

图 4-17　InGaAlP 发光二极管的
相对发光强度与温度的曲线

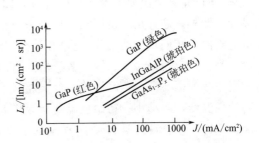

图 4-18　发光亮度与电流密度的关系曲线

在低工作电流下，发光二极管的发光效率随电流的增大而明显提高，但电流增大到一定值时，发光效率不但不再提高，而且还会随工作电流的继续增大而降低。对普通小功率LED（0.04~0.08W）而言，电流多在 20mA 左右，而且 LED 的光衰电流不能大于 $I_F/3$，大约为 15mA 和 18mA。LED 的发光强度仅在一定范围内与 I_F 成正比，当 $I_F > 20\text{mA}$ 时，亮度的增强已经无法用肉眼分出来。因此，LED 的工作电流一般选在 17~19mA 左右比较合理。随着技术的不断发展，大功率的 LED 也不断出现，如 0.5W LED（$I_F=150\text{mA}$）、1W LED（$I_F=350\text{mA}$）、3W LED（$I_F=750\text{mA}$）等。

4.2.4.6　老化与寿命

随着长时间工作而出现的光强或光亮度衰减的现象称为 LED 的老化。器件老化程度与外加恒流源的大小有关，可表示为

$$L_t = L_0 e^{-t/\tau} \tag{4-7}$$

式中，L_t 为 t 时间后的亮度；L_0 为初始亮度。

通常把亮度降到 $L_0/2$ 所经历的时间 t 称为 LED 的寿命。测定 t 要花很长的时间，通常推算。推算方法是先用一定的恒流源驱动 LED，测得 L_0，点亮 $10^3 \sim 10^4 \text{h}$ 后测得 L_t，再代入式（4-7）求出 τ，最后根据寿命定义即可求出 t。

LED 的寿命一般很长，电流密度 J 小于 1A/cm^2 的情况下，寿命可达 10^6h，即可连续点亮一百多年，任何光源都无法与它竞争。LED 的寿命为 10^6h，是指单个 LED 在 $I_F=20\text{mA}$ 下的情况。随着功率型 LED 的开发应用，国外学者认为应该以 LED 的光衰减百分比数值作为其寿命的依据。如 LED 的光衰减为原来 35%，寿命大于 6000h。

影响 LED 光衰的首要因素是热。热的来源有 PN 结产生的热、光被吸收产生的热、工艺中寄生电阻产生的热、材料电阻产生的热等。对于广泛使用的白光 LED，引起光衰因素的影响程度依次为：①荧光粉在高温下的性能衰退；②蓝光 LED 自身的快速衰退（蓝光 LED 的光衰要远比红光、黄光、绿光 LED 快）；③LED 封装底座材料导热不良；④封装的

其他材料引起的衰退；⑤封装工艺引起的衰退；⑥应用不当。除②外，其他影响都不是 LED 芯片引起的问题。与封装好的 LED 产品不同，LED 裸芯片的退化除与温度应力有关外，还有电应力的作用，主要是体内缺陷和离子热扩散与电迁移的物理效应，热扩散场和电漂移场同时并存，属于本质失效。LED 芯片的寿命高达数 10 万 h 以上。考虑其他因素的影响，LED 的平均寿命一般达不到 10 万 h。

影响 LED 光衰的次要因素是工作电流。LED 的工作电流需要针对 LED 应用产品的寿命来设计。此外，芯片尺寸也影响器件寿命。在同样的封装下，不同尺寸的芯片施加的安全工作电流不同。相同尺寸的芯片，在相同的封装形式下，按发光色排序，功率耐受能力从大到小依次为：红、琥珀、黄、绿、蓝、白。当白光 LED 应用在对色温漂移有特殊要求的场景时，则失效判据要考虑色温漂移。色温漂移不仅与封装材料密切相关，而且与初始色温有关。初始色温低，漂移小；初始色温高，漂移大。

降低 LED 的结温是延长器件寿命的根本对策。按照通常的 10℃ 法则，结温每升高 10℃，器件寿命就会减半。当散热状况不良时，必须降低 LED 的工作电流，以保证器件寿命和器件不被损坏。解决好散热可以改善器件寿命，而在保证一定的寿命基础上，可以适当地增大工作电流。降低结温的最有效方法是提高 LED 的发光效率。

此外，影响寿命的因素还有表面漏电流的增大、铜之类沾污物的内扩散以及在 PN 结附近形成非辐射复合中心。前两个因素，可采用合适的钝化、封装以及清洗技术予以消除；对于后一个因素，可以在制作 LED 时尽量保证晶格的完整性，降低其缺陷密度来减小非辐射复合中心产生的速度，但不能完全消除。

4.2.5 提升发光效率的技术

4.2.5.1 提升发光效率的工艺技术

不同的工艺对 LED 发光效率的影响也不可忽视。工艺方面主要包括封装技术和散热特性等。白色功率型 LED，还要考虑荧光粉的选择和工艺等。

（1）DBR 结构技术

LED 结区发出的光同时向上、下两个表面出射，而封装好的 LED 是朝上单侧发光，所以要把向下入射的光反射或直接出射。反射采用的是 DBR（distributed Bragg reflector，生长分布布拉格反射层）结构，直接出射采用的是透明衬底技术。

DBR 结构的 LED 如图 4-19 所示。在有源层和衬底之间，交替生长有多层高折射率 n_H 和低折射率 n_L 的材料，每层的光学厚度为发射波长的 1/4。周期交替生长的层状结构能够将射向衬底的光反射回表面或侧面，减少衬底对光的吸收，提高发光效率。周期数越多，两种材料的折射率相差越大，DBR 结构的反射率也越大。一般应用 10～20 个周期的 DBR。DBR 结构可以直接利用 MOCVD 设备进行一次外延生长完成，而且材料的晶格常数与衬底匹配，反射率高，对器件的电学特性影响小。

传统 DBR 只对垂直入射和小角度入射的光有高反射率。对大倾斜角入射的光，由于其反射率很小，大部分光将透过 DBR 被 GaAs 衬底吸收，为此可以将两种不同中心波长的 DBR 组合成复合结构。这样就可以扩展反射带，从而大幅度提高 LED 器件的性能。

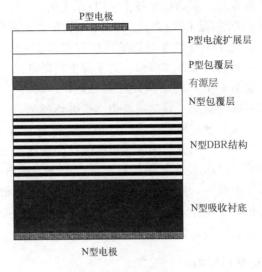

图 4-19　DBR 结构的 LED

（2）衬底剥离技术

为减少衬底的吸收，除采用透明衬底技术外，还可以采用衬底剥离技术。它是利用紫外激光照射衬底，熔化缓冲层而实现衬底的剥离。该技术主要由 3 个关键工艺步骤完成：①在外延表面沉积键合金属层（如 100nm 的 Pd），在键合底板（如 Si 底板）上表面沉积一层 1000nm 的铟；②将外延片低温键合到底板上；③先用 KrF 脉冲准分子激光器照射蓝宝石底面，使蓝宝石和 GaN 界面的 GaN 产生热分解，再通过加热（40℃）使蓝宝石脱离 GaN。

如果将芯片键合到 Cu 片上，再用激光剥离蓝宝石衬底，可使散热能力提高 4 倍。Si 的热导率比 GaAs 和蓝宝石都好，而且易于加工、价格便宜，是功率型芯片的首选材料。

（3）采用光子晶体结构

光子晶体二极管是在衬底上周期分布二维光子晶体光学微腔。由于光子晶体对一定波段范围内的光是禁区，不容许在其中存在，因而当频率处于该禁区内的光入射时就会发生全反射。只要设计好光子晶体的参数，就可以使 LED 的全部发射谱都在光子晶体的禁带区内。光子晶体 LED 大大提高了发光效率，是一种很有发展前途的 LED 器件。通过合理设计光子晶体的形状和排列，采用常规芯片结构，并保持原有的衬底，采用表面光子晶体，其发光效率可以达到 40％。即使不采用键合和剥离办法，让发光区域被二维薄膜光子晶体围绕，也可以有效地提升发光区域的发光效率。

（4）LED 封装

LED 封装是将外引线连接到 LED 芯片的电极上，不但可以保护 LED 芯片，还能起到提高发光效率的作用。LED 封装的好坏也会影响其发光效率。因此，首先要选取合适的封装材料，不仅要求封装材料对光线的吸收小，而且要求有合适的折射率。以 GaN 蓝色芯片为例，GaN 材料的折射率是 2.3，当光线从晶体内部射向空气时，全反射临界角约为 25.8°。在这种情况下，能射出的光只能是在入射角小于或等于 25.8°这个空间立体角内的光。为提高 LED 产品的发光效率，必须选择合适折射率的封装材料，必要时还可以加镀一些合适折射率材料的膜层以提高其临界角。表面贴装技术 LED 是主流。

良好的散热设计对提高功率型 LED 产品的发光效率有着显著的作用。LED 的快速散热，可以降低产品的热阻，使 PN 结产生的热量尽快散发出去，不仅可提高产品的饱和电流、发光效率，也能提高产品的可靠性和寿命。为了降低产品的热阻，首先，封装材料的热阻要低，即要求导热性能良好；其次，结构设计要合理，即各种材料间的导热性能连续匹配，材料之间的导热连接良好，避免在导热通道中产生散热瓶颈，并确保热量从内到外层层散发。同时，要从工艺上确保热量按照预先设计的散热通道及时散发出去。随着 LED 芯片及封装向大功率方向发展，必须采用有效的散热与性能良好的封装材料解决光衰问题。

另外，对于白色功率型 LED，发光效率的提高还与荧光粉的选择和工艺处理有关。为了提高荧光粉激发蓝色芯片的效率，首先荧光粉的选择要合适，包括激发波长、颗粒度、激发效率等在内需要全面考核，兼顾各个性能；其次，荧光粉的涂覆要均匀，最好是相对于发光芯片各个发光面的胶层厚度均匀，以免因厚度不均造成局部光线无法射出。

4.2.5.2　提升发光效率的材料技术

发光材料的选择也会影响外量子效率的提高。芯片发光材料的选择主要考虑如下因素。

① 要求其带隙宽度必须大于或等于所需发光波长的光子能量。对于发可见光的 LED，要求带隙必须大于 1.7eV。而如果要得到短波长的蓝光或紫色 LED，材料的带隙一般要大于 3.0eV。

② 可获得电导率高的 N 型和 P 型晶体，以便有效提供发光所需的电子和空穴，但需注意选择适当的掺杂浓度。在 PN 结加上正向偏压后，注入结区的载流子有一部分被晶格缺陷和有害杂质俘获，形成空间非辐射复合。这种复合应尽量避免。因俘获中心有限，可加大注入电流使其饱和，不再俘获载流子，此时扩散电流开始起主要作用。但是掺杂浓度不能太高，否则因缺陷过多造成过多的光子吸收，减小电子迁移率和增加空穴向 N 型区的注入，这些都会降低注入效率。所以掺杂浓度有一个最佳值，一般都在 $10^{18}\,\mathrm{cm}^{-3}$ 这个数量级上。

③ 可获得完整性好的优质晶体。晶体的杂质和晶格缺陷是影响发光效率的重要因素，因此优质晶体是提高 LED 发光效率的必要条件。影响晶体质量的因素很多，如衬底材料、晶体本身的性质、晶体的生长方法等。早期 GaN 蓝光 LED 发展缓慢的原因，就是没有合适的衬底材料，生长的 GaN 晶体质量难以满足要求。

④ 发光复合概率大。由于发光复合概率直接影响发光效率，因此目前超高亮度的 LED 大多数由直接带隙材料制备。对于间接跃迁晶体，也可以通过掺入适当杂质的方法来形成发光复合概率大的高浓度发光中心，以提高光效。

此外，还需要考虑将芯片发光层能带结构优化。为提高 LED 的光效，设计了不同的发光层结构，如双异质结、单量子阱（SQW）、多量子阱（MQW）等。双异质结的两个势垒层对注入的载流子可起到限域的作用，即通过第一个异质界面扩散进入活性层的载流子会被第二个异质界面阻挡在活性层中，因此双异质结的活性层厚度远小于同质结，有效地提高了注入载流子的浓度，复合效率大大提高。实验表明，发光波长为 565nm 的 AlInGaP 双异质结 LED，活性层厚度在 $0.15\sim0.75\mu\mathrm{m}$ 的范围内，光效最高，超出这个范围，都会引起光效急剧下降。这是因为，活性层太薄容易引起载流子隧穿到活性层外；活性层太厚，载流子浓度降低，使得复合效率降低。目前的高亮度 LED 能带结构通常都采用双异质结。量子阱结构的活性层可以更薄，能够有效提高辐射复合速率和减小再吸收，造成对载流子进一步的限域，更有利于提高效率。它也是目前高亮度 LED 最常用的能带结构之一。

除了采用 DBR 结构将光反射掉，还可以将 LED 的 GaAs 衬底换成透明衬底，使光从下底面出射。透明衬底技术主要是为了消除吸收衬底的影响，增大出光表面积。制作透明衬底的方法主要有：

① 在 LED 芯片生长结束后，移去吸光的 N-GaAs 衬底，利用二次外延生长出透明的宽禁带的导电层。

② 先在 N-GaAs 衬底片上生长厚 $50\mu m$ 的透明层（如 AlGaAs），然后再移去 GaAs 衬底。

③ 采用黏合技术，将两个不同性质的芯片结合到一起，并不改变原来晶体的性质。用选择腐蚀的方式将 GaAs 衬底腐蚀掉后，在高温单轴力的作用下将外延片黏合到透明的 N-GaP 上制成的器件是 GaP 衬底-有源层-GaP 窗口层的三明治结构。它允许光从 6 个面出射，因而提高了出射效率。

InGaAlP LED 通常是在 GaAs 衬底上外延生长 InGaAlP 发光区及 GaP 窗口区制备而成的。与 InGaAlP 相比，GaAs 材料具有较小的禁带宽度，因此，当短波长的光从发光区与窗口表面射入 GaAs 衬底时，将被吸收。这是 InGaAlP LED 器件出光效率不高的主要原因。如果采用透明衬底，代之全透明的 GaP 晶体，量子效率可以提升到 30% 以上。

另外，LED 的结构改进也有利于提高其发光效率。通常Ⅲ-Ⅴ族材料的折射率大（$n=3\sim4$），即使垂直入射到空气界面的光也只有 50% 发射出去，且与界面法线偏离大于 16°（全反射临界角）的光完全发射回器件内部。因此只有小于临界角立体角内的光才能射出器件。当临界角只有 16°时，器件的外量子效率 EQE 约为 0.03，即只有 3% 的光可以到达器件表面被发射出来；再加上光传输过程中很强的吸收作用，实际的 EQE 比计算值还低。从这一思路出发，为了提高 EQE，可采取以下措施：①用球形发射表面结构。这种结构减小了界面发射，但使材料内部光程增大，增加了吸收。②用折射率较大的介质做成圆顶光窗，以增大半导体内的全反射临界角。③在 PN 结背面设置合适的反射面，可以利用正面发出的光，也可以使后面的光得到有效的利用。

4.3 新型 LED

4.3.1 有机发光二极管

有机发光二极管（organic light-emitting diode，OLED），又称为有机电激光显示、有机发光半导体（organic electroluminescence display，OELD）。其工作原理为有机半导体材料和发光材料在电场驱动下，通过载流子注入和复合导致发光。

一般而言，OLED 可按发光材料分为两种：小分子 OLED 和高分子 OLED（也可称为PLED）。

4.3.1.1 OLED 的结构

OLED 的效率和寿命与器件结构密切相关。目前广泛使用的结构属于"三明治夹层"结构，即发光层被阴极和阳极夹在中间（一侧为透明电极，以便获得面发光效果）的结构。由于 OLED 制膜温度低，因此一般多使用氧化铟锡玻璃电极作为阳极。首先在 ITO 电极上用真空蒸镀法或旋涂法制备出单层或多层有机半导体薄膜，然后将金属阴极制备在有机膜上即可。根据有机半导体薄膜的功能，器件结构大致可分为以下几类。

（1）单层器件结构

在器件的 ITO 阳极和金属阴极之间，制备一层有机半导体薄膜作为发光层，这就是最简单的单层 OLED。其器件结构如图 4-20 所示。它仅由阳极、发光层和阴极组成，结构非常简单，制备方便。这种结构在聚合物有机电致发光器件中较为常用。

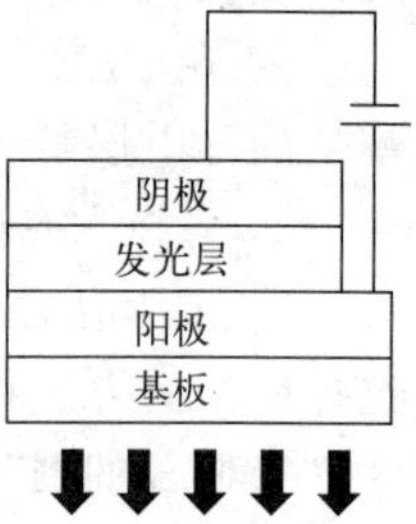

（2）双层器件结构

由于大多数有机电致发光器件的材料是单极性的，同时具有相同的空穴和电子传输特性的双极性（bipolar）有机半导体材料很少，因此只能单一地传输电子或空穴。如果利用这种单极性的有机材料作为单层器件的发光材料，则会出现电子和空穴注入与传输的不平衡，且易使发光区域靠近迁移率较小的载流子注入一侧的电极。若为金属电极，则很容易导致发光猝灭，而这种猝灭会降低激子利用率，从而导致器件发光效率的降低。

由于单层结构存在较难克服的缺点，目前 OLED 器件大多采用多层结构。这一里程碑式的工作于 1987 年由 Kodak 公司首先提出。该结构能有效达到调整电子和空穴的复合区域远离电极和平衡载流子注入速率的目的，在很大程度上提高了器件的发光效率，使 OLED 的研发进入到一个崭新的阶段。这种结构的主要特点是发光层材料具有电子（空穴）传输性，需要加入一层空穴（电子）传输材料以调节空穴和电子注入发光层的速率和数量。这层空穴（电子）传输材料还起着阻挡电子（空穴）层的作用，可使注入的电子和空穴的复合发生在发光层附近。双层 OLED 器件如图 4-21 所示。

（3）三层及多层器件结构

由电子传输层（electron transport layer，ETL）、空穴传输层（hole transport layer，HTL）和发光层组成的三层 OLED 器件，如图 4-22 所示。该结构是由日本的 Adachi 课题组首次提出的。这种结构的优点是三个功能层各司其职，对选择功能材料和优化器件结构性能都十分方便，是目前 OLED 中常采用的结构。

图 4-20　单层器件结构

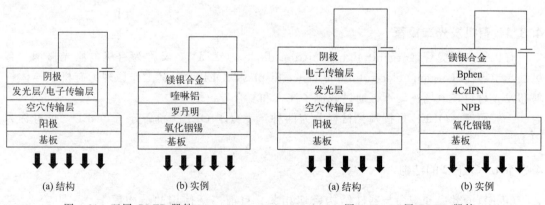

(a) 结构　　(b) 实例

图 4-21　双层 OLED 器件

(a) 结构　　(b) 实例

图 4-22　三层 OLED 器件

在实际 OLED 器件结构设计时，为了使 OLED 器件各项性能最优，并且充分发挥各个功能层的作用，进一步提高 OLED 的发光亮度和发光效率，人们在三层结构的基础上采用了多层器件结构，对过量载流子进行限制、调配。这是目前 OLED 器件最常用的结构。这种结构不但保证了有机电致发光器件的功能层与基板（衬底）之间良好的附着性，还使得来自阳极和金属阴极的载流子更容易注入有机半导体功能薄膜中。为提高器件的性能，各种更复杂的结构不断出现。但由于大多数有机材料具有绝缘的特性，只有在很高的电场强度（约 10V/cm）下才能使载流子从一个分子传输到另一个分子，因此有机半导体薄膜的总厚度不能超过百纳米级，否则器件的驱动电压将会更高。

（4）叠层串式器件结构

基于全彩色显示的需要，Forrest 等提出了将三基色器件沿厚度方向垂直堆叠，且保证每个器件都由各自的电极控制。这样就构成了彩色显示装置，如图 4-23 所示。用这种方法制成的显示器件可获得优于传统技术的分辨率。人们利用这种思想，将多个发光单元垂直堆叠，并在中间加一个电极连接层，同时只用两端电极进行驱动，制备了叠层串式结构器件（tandem OLED）。这种结构能够极其有效地提高器件的电流效率，可使器件在较小的电流下达到非常高的亮度。这为实现高效率、长寿命的有机电致发光器件提供了一个便捷的途径。

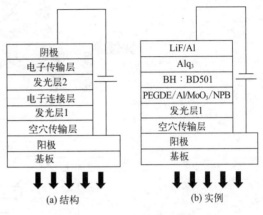

图 4-23　叠层 OLED 器件

4.3.1.2　发光原理

OLED 器件的发光过程可分为电子和空穴的注入、电子和空穴的传输、电子和空穴的再结合、激子迁移、激子的退激发光，如图 4-24 所示。

① 电子和空穴的注入。处于阴极中的电子和阳极中的空穴在外加电压的驱动下会向器件的发光层移动。在向器件发光层移动的过程中，若器件包含有电子注入层和空穴注入层，则电子和空穴首先需要克服阴极与电子注入层及阳极与空穴注入层之间的能级势垒，然后经由电子注入层和空穴注入层向器件的电子传输层和空穴传输层移动。电子注入层和空穴注入层可增大器件的效率和寿命。

关于 OLED 器件载流子注入的机制还在不断地研究当中，目前最常使用的有两种理论：一种为隧穿注入（fowler-nordheim）；另一种为热电子发射注入（richardson-schottky）。一般认为，在电场强度较大或势垒高度较大的情况下，载流子主要以隧穿的方式穿过势垒；而在电场强度较小且注入势垒高度较小的情况下，载流子主要以热电子发射的方式越过势垒。

② 电子和空穴的传输。在外加电压的驱动下，来自阴极的电子和阳极的空穴会分别移动到器件的电子传输层和空穴传输层，电子传输层和空穴传输层会分别将电子和空穴移动到器件发光层的界面处；与此同时，电子传输层和空穴传输层会将来自阳极的空穴和来自阴极的电子阻挡在器件发光层的界面处，使器件发光层界面处的电子和空穴得以累积。

③ 电子和空穴的再结合。当器件发光层界面处的电子和空穴达到一定数目时，电子和空穴会进行再结合并在发光层产生激子。

④ 激子迁移。由于电子和空穴传输的不平衡，激子的主要形成区域通常不会覆盖整个发光层，因而会由于浓度梯度产生扩散迁移。

⑤ 激子的退激发光。在发光层处产生的激子会使得器件发光层中的有机分子被活化，进而使得有机分子最外层的电子从基态跃迁到激发态。由于处于激发态的电子极其不稳定，其会向基态跃迁，在跃迁的过程中会有能量以光的形式释放出来，进而实现了器件的发光。

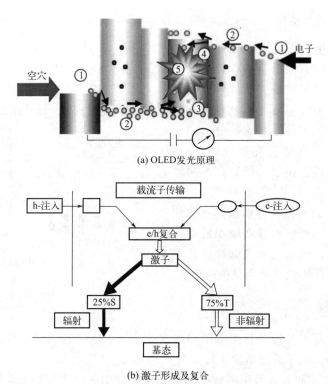

(a) OLED发光原理

(b) 激子形成及复合

图 4-24　OLED 的发光过程

4.3.1.3　OLED 的优点

OLED 是一种高亮度、宽视角、全固化的主动发光型显示器件，其主要优点有：

① 发光亮度可达几百至上万坎德拉每平方米，普通电视是 $100 cd/m^2$。

② 低电压（十几伏至几伏）驱动，功耗低。

③ 有机材料（高分子聚合物、小分子有机材料）具有广泛的可选择性，很多有机物都可实现红、绿、蓝发光，而无机材料难生长，特别是蓝光材料。

④ 制备工艺简单，主要是薄膜工艺和表面处理技术，易制成大面积显示器件。

⑤ 易实现彩色化。可制作三种 OLED，分别是红、绿、蓝，且每种 LED 都对可见光透明。将三种 OLED 重叠，则得到高分辨率的彩色显示屏。

1997 年，世界上推出第一个 OLED 产品，之后研发更加深入，现在已经有了视频图像的彩色 OLED 显示屏。OLED 产品与相同尺寸的 AMLCD 相比更薄，重量更轻，功耗减半，制作成本更低。专家预测，OLED 将会逐渐取代 LCD。

4.3.1.4　OLED 发光材料

有机发光材料的多样性和对其分子结构设计的可能性极大地丰富了有机电致发光的内容。OLED 发光材料须满足以下条件：

① 具有高量子效率的荧光特性，固体薄膜状态下具较高的荧光量子效率，荧光光谱在 $400 \sim 700\text{nm}$ 的可见光区域。

② 具有良好的半导体特性，电导率高，能传输电子或空穴。

③ 具有良好的成膜性，在几十纳米厚度的薄层中不产生针孔。

④ 具有良好的热稳定性和光稳定性。

由于大多数有机染料在固态时存在浓度猝灭等问题，会导致发射峰变宽、光谱红移、荧光量子效率下降，因此，一般以低浓度的方式将它们掺杂在具有某种载流子性质的主体中。当制作掺杂结构的 OLED 时，染料的吸收光谱与主体的发光光谱有很好的重叠，即主体与染料的能量匹配，从主体到染料能够有效地实现能量传递。不同发光颜色的材料可以有不同的化合物结构。

红光的基本峰值大于 610nm，色坐标为 $(0.64, 0.36)$。红光材料的荧光量子效率低，这是因为相关化合物的能级差很小，电子空穴跃迁复合发生在较小的能隙间，激发态染料分子的非辐射失活较为有效。此外，染料分子间距很小，分子间相互作用很强，红光材料分子中的强 $\pi\text{-}\pi$ 作用或强电荷转移特性导致荧光量子产率下降，表现为浓度猝灭效应。为解决浓度猝灭问题，一般将其掺杂在客体中使用。但是，掺杂后的主客体材料之间的能量匹配、相分离、载流子传输不平衡等问题需要着力解决。纯有机小分子红光材料主要有 DCM 系列掺杂红光材料、"辅助掺杂"类红光材料、其他 DCM 衍生物掺杂红光材料、其他掺杂型红光材料等。目前，常用的红光材料有 Kodak 公司的 DCJTB、出光公司的 PI 以及 TORAY 公司的红光材料。应用最多的红光材料是分子内电荷转移化合物，其典型代表是具有较高光致发光效率的 DCM 衍生物。

Kodak 公司最早使用金属配合物型绿光材料 Alq_3，其光色纯度、发光效率和稳定性都很好。绿光材料的研究很大一部分工作是对 Alq_3 进行修饰和改变。将激光染料香豆素 6 掺入 Alq_3，可以提高发光效率。将载流子传输基团和发光基团构建在同一个分子上可以合成具有载流子传输性能的绿光材料。二氨基蒽类衍生物作为空穴传输层，与空穴注入层和电子传输层适当组合可获得高效 OLED。具有一定共轭长度的有机硅化合物可以用作绿光材料，同时有的还可以作为电子传输材料。在共轭体系中引入电子给体和电子受体形成分子内的电荷转移态可以构筑绿色荧光材料。

全彩 OLED 的蓝光效率要达到 $4 \sim 5\text{cd/A}$，CIE 色坐标 x 应在 $0.14 \sim 0.16$，y 应在 $0.11 \sim 0.15$。蓝光材料在分子设计上要求化学结构具有一定程度的共轭结构，但分子的偶极矩不能太大，否则发光光谱容易红移到绿光区。蓝光材料具有宽的能隙，且其电子亲和势 (E_A) 和第一电离能 (I_p) 要匹配。目前，蓝光主发光材料有二芳香基蒽衍生物、二苯乙烯芳香族衍生物、芘衍生物、新型芴衍生物、旋环双芴基蓝光主发光体、其他芳香族发光体系统、双主发光体系统等；天蓝光掺杂物，有叔丁基掺杂物、苯乙烯基亚芳基型掺杂物等；深蓝光掺杂物及深蓝光组件的改善材料等。

4.3.1.5 影响 OLED 发光效率的主要因素和提高发光效率的措施

影响 OLED 发光效率的主要因素有：

① 注入效率和均衡程度。电极/有机层间的势垒高度决定了载流子注入的效率，并且正负载流子只有相遇才能形成激子并发光，因而两个电极上载流子注入的均衡程度以及载流子在迁移过程中的损失将对发光效率有显著影响。

② 载流子迁移率。迁移速率直接影响载流子复合系数，并且如果两种载流子的迁移率相差很大，那么复合将会发生在电极表面，这样的激子不能有效发光。

③ 激子荧光量子效率。有机/聚合物材料的荧光量子效率决定相应器件的发光效率。高效率有机/聚合物发光器件必须采用高荧光量子效率的有机高分子材料，特别是在薄膜状态下。

④ 单线态激子形成概率。一对载流子形成的激子既可以是单线态，也可以是三线态。三线态激子对"电致发光"没有贡献。

⑤ 能量转移。当两种发色团并存时，一种发色团的激发态可以将能量传递给另一种发色团使之激发。对于后一种发色团，这是额外的激发。

提高发光效率的措施有：

① 选择合适的电极和有机层材料，提高载流子注入效率和均衡程度。

② 采用薄膜结构和载流子传输层，提高两种载流子的迁移率，并且使两者相差较小。

③ 改善器件的界面特性，提高器件的量子效率。

④ 利用能量转移提高发光效率。

⑤ 开发三线态电致发光材料。

4.3.1.6 OLED 前沿显示技术

从发光材料和器件结构考虑，OLED 最新显示技术主要包括白光 OLED、透明 OLED、表面发射 OLED、多分子发射 OLED 等；从器件的制备技术角度出发，除了常规真空蒸镀和旋涂制备技术之外，在 OLED 丝网印刷制备技术、喷墨打印技术方面也不断出现新的突破；从应用领域角度考虑，基于柔性 OLED、微显示 OLED 技术的相关研究也开始成为热点。

（1）白光 OLED 技术

从发光光谱来看，白光 OLED 技术可以分为双色白光器件和三色白光器件两类；从器件结构来看，可分为单发光层白光器件和多发光层白光器件两大类；从使用的电致发光材料来看，可分为小分子白光器件和聚合物白光器件两大类；从发光的性质来看，可分为荧光器件和磷光器件两大类。

高性能的蓝光器件是高性能白光器件的基础。根据光学原理，互补的蓝色与橙色复合就能得到白光。双色白光器件的优点是结构简单，发光光谱稳定，器件寿命长。但其主要问题是红、绿色发光较弱，若用于显示器则会带来色域狭小的问题，用于照明则在显色指数（CRI）方面达不到要求。具有红、绿、蓝发光峰的三色白光器件可以很好地解决上述问题，但三色白光器件结构复杂，载流子复合发光区域的控制很难，器件发光光谱随电压、时间变化较大，寿命也不如双色白光器件，是白光 OLED 研究中的难点。

为了提高全彩色器件的效率，研究人员提出了新的彩色方案。即每个像素点由红、绿、蓝、白4个像素构成，这样减少了滤色膜造成的光损失，器件效率提高了近一倍。

（2）透明OLED技术

　　经典的OLED器件都采用透明导电的ITO作为阳极，不透明的金属层作为阴极，而OLED中采用的发光材料在可见光区域都有很高的透过率，因此只要采用透明的阴极就可以实现透明的OLED器件。

　　透明的OLED器件结构的引入，拓展了OLED器件的应用范围。透明OLED可以用在镜片、车窗上，在通电后发光，而不通电时透明，充分显示出了OLED技术的艺术性与实用性。

　　从性能和体验上来讲，透明OLED技术具有以下优点：①高透明度。透明OLED屏具有高达70%以上的透明度，使得屏幕在显示内容时，背景环境能够清晰可见，为用户带来了更加丰富的视觉层次感。②广视角。透明OLED屏的视角达到了170°，使得用户在不同角度都能获得清晰的观看体验。③低功耗。由于OLED的自发光特性，透明OLED屏在显示内容时功耗较低，有利于延长设备的使用时间。④轻薄美观。透明OLED屏的厚度仅为几十微米，重量轻且外观美观，适用于各种场景的装饰和显示需求。

（3）叠层OLED器件和多光子发射OLED

　　透明的OLED器件结构的引入，使得人们可以设计叠层OLED器件，在同一位置制备红、绿、蓝三色器件，这为高分辨率的全色彩OLED面板提供了可能。一种叠层式结构的OLED器件如图4-25所示。

　　在此基础上，日本的城户教授提出了多光子发射OLED。即通过电荷生成层（CGL）将多个透明的OLED串联起来，各器件不能独立控制。多光子发射OLED的最大优点是可以在低电流下得到高亮度的发光，从而提高器件的寿命，而该技术的关键是透明的"电荷生成层"的设计。多光子发射OLED有望在照明和大面积OLED电视方面得到应用。

图4-25　叠层式OLED器件结构

（4）表面发射OLED

　　表面发射OLED器件结构，即从与底板相反的方向获取发光，是一项令人注目的可提高OLED面板亮度的技术。在TFT阵列驱动的OLED器件中，若采用常规的结构，OLED面板发光层的光只能从驱动该面板的TFT主板上设置的开口部射出。特别是对于需要实现高分辨率的便携显示器件而言，透出面板外的发光仅有发光层发光的10%～30%，大部分发光都浪费了。如采用表面发射结构，从透明的器件便可获取发光，则能大幅度提高开口率。通常的表面发射OLED器件中，都必须采用透明导电材料ITO降低阴极的电阻，而Hung等发明了一种新的透明阴极结构，即Li(0.3nm)/Al(0.2nm)/Ag(20nm)/折射率匹配层。Li(0.3nm)/Al(0.2nm)层能实现很好的电子注入功能；Ag层起到降低电阻的作用；折射率匹配层通过材料和厚度的匹配，可以使得阴极透光率超过75%。折射率匹配层材料的选择范围很广，甚至可以是真空蒸镀的有机材料，不必再采用溅射工艺制备ITO层，使得透明阴极的制备工艺更加简单。

第4章　发光显示器件

107

用倒置结构也能实现表面发射 OLED 器件。Bulovic 等发明的倒置结构为 Si/Mg：Ag/Alq/TPD/PTCDA/ITO。PTCDA 起到空穴注入层的作用，同时能够保护其他材料不受溅射时辉光的损坏，但器件性能与经典结构的 OLED 器件相比仍有较大的差距。

（5）喷墨打印制备 OLED

聚合物 OLED 器件的制备中，聚合物薄膜制备通常采用旋涂。旋涂的优点是能实现大面积均匀成膜，但缺点是无法控制成膜区域，因此只能制备单色器件。另外，旋涂对聚合物溶液的利用率也很低，仅有 1％的溶液沉积在基片上，99％的溶液都在旋涂过程中浪费了。而采用喷墨打印技术，不仅可以制备彩色器件，而且对溶液的利用率也提高到 98％。这项技术发明的时间并不长，但发展很快。

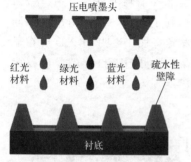

图 4-26　喷墨打印制备彩色器件

喷墨打印制备彩色器件如图 4-26 所示。Hebner 等在喷墨打印制备 OLED 器件方面做出了开创性的工作，首先采用普通的喷墨打印机在导电层 ITO 之间喷上聚合物发光层，然后再蒸镀阴极材料。由于喷墨头喷出的墨点难以形成均匀、连续的膜，器件制备成功率很低，与相同材料采用旋涂工艺成膜制备的器件相比，驱动电压升高，效率低一半以上。Yang 发明了混合-喷墨打印技术，把旋涂和喷墨打印结合起来制备多层器件，利用旋涂生成的均匀膜做成缓冲层，减小了针孔等缺陷的影响。

喷墨打印也对打印技术提出了挑战，如喷嘴能喷出更加精细的墨点，喷出的墨点能够精确定位，保证墨点的重复性等。除此之外，采用 PI 隔离柱进行限位，结合适当的表面处理工艺，使得"墨水"对基片和隔离柱表现出很大差异的表面能，实现定位，也能提高喷墨打印的精度。虽然喷墨的绘制精度本身在数微米到数十微米，但高精度制备的亲水性与疏水性的图形有效地控制了附着有"墨滴"的区域，大大提高了布线精度。

喷墨打印技术被认为是最适合制备大面积 OLED 显示面板的技术，各大公司纷纷进行了研发。EPSON 公司利用喷墨打印技术研制出了 40in 的 OLED 电视，显示出喷墨打印技术的巨大潜力。喷墨打印还能与 TFT 集成电路制备结合起来，Sirringhaus 等用喷墨打印技术制备了沟道仅为 5μm 的全聚合物 FET。精工爱普生公司利用喷墨技术成功地开发出了新型超微布线技术。利用这种技术可以绘出线宽及线距均为 500nm 的金属布线，充分展现了发展潜力。如果上述技术进一步发展，半导体元件的生产设备有可能大幅度缩小体积并节约能源，批量生产也有可能实现。

（6）柔性 OLED

作为全固化的显示器件，OLED 的最大优越性在于能够实现柔性显示器件。如与塑料晶体管技术相结合，可以制成人们梦寐以求的电子报刊、墙纸电视、可穿戴的显示器等产品，淋漓尽致地展现出了半导体技术的魅力。

柔性 OLED 器件与普通 OLED 器件的不同仅在于基片。但对于软性 OLED 器件而言，基片是影响其寿命和效率的主要原因。软性 OLED 采用的塑料基片与玻璃基片相比，有以下缺点。

① 塑料基片的平整性通常要比玻璃基片差，基片表面的凸起会给膜层结构带来缺陷，引起器件的损坏。

② 塑料基片的水、氧透过率远远高于玻璃基片，而水、氧是造成器件迅速老化的主要原因。

由于塑料基片的玻璃化温度较低，只能采用低温沉积的 ITO 导电膜。而低温沉积的 ITO 性能与高温退火处理的 ITO 性能差别很大，电阻率较高，透明度较差，最为严重的是低温沉积的 ITO 与 PET 基片之间附着力不好，普通的环氧胶可能造成（玻璃基片器件通常采用环氧胶粘贴封装壳层）ITO 剥落。这是因为塑料基片中常用 PET 基片与 ITO 热膨胀系数相反的特性，在温度升高时，PET 基片收缩，而 ITO 导电膜膨胀。电流较大时，器件工作产生的焦耳热就可能导致 ITO 导电膜剥落。

为此，人们对塑料基片进行了改进，改善塑料基片的表面平整度，增大其水氧阻隔性能。聚合物交替多层膜（polymer multi layer，PML）技术被认为是一项行之有效的改进技术，并被用于制备软性 OLED 器件的基片。

（7）微显示 OLED

微显示器与大面积平板显示器一样，能提供大量的信息，但其便携性和方便性却大为提高。新兴的微显示器技术较现行的微显示器具有更好的色彩品质和更大的视角，应用领域正在不断扩展。如硅片上的液晶（liquid crystal on silicon，LCOS）和硅片上的有机发光二极管（organic light-emitting diodes on silicon，OLEDOS）等显示技术已被用于微显示器。

基于 LCOS 和 OLEDOS 的微显示器都能集成控制电子线路，使得显示器的成本降低、体积减小。与 LCOS 相比，OLEDOS 是主动发光，不需备有背光源，使得微显示器的能耗降低。OLEDOS 的发光近似于朗伯体发射，不存在视角问题，显示器的状态与眼睛的位置和转动无关，而 LCD 的亮度和对比度会随着角度而变化。另外，OLEDOS 器件的响应速度为数十微秒，比液晶的响应速度高 3 个数量级，更适合实现高速刷新的视频图像。

OLEDOS 的微显示器具有大视角、高响应速度、低成本及低压驱动等特性，因此 OLEDOS 成为理想的微显示技术。

基于硅基板的 OLED 可用于头盔等便携式设备，随着 OLED 亮度和寿命的不断提高，OLEDOS 还可以用于小型的投影仪。

4.3.2 量子点发光二极管

量子点的出现和发展对各种光电器件的应用起到了举足轻重的作用，特别是利用量子点发光可以覆盖全可见光谱范围，广泛应用在了 LED 中。量子点在显示照明中的应用，主要包括两种类型：第一种是光致发光（PL）类型，称为基于量子点的 LED（QD-LED）器件，即量子点吸收近紫外或蓝光区域的高能量光子后产生低能量光子发光；另一种是电致发光（EL）类型，即通过内建电场在量子点上注入电子和空穴，进一步形成激子，辐射复合后产生发光，称为 QLED 器件。本节将讨论 QLED 器件的工作机理、影响因素。

4.3.2.1 QLED 的工作机理

QLED 与有机发光二极管（OLED）的结构和机理相似。其基本结构包括阳极、发光层和阴极。在这种结构里，阴极和阳极中的电子和空穴在电场作用下，隧穿、注入、传输至发光层（EML）中形成激子，通过辐射复合发光。因此，为获得高亮度、高效率器件，载流

第 4 章 发光显示器件

109

子必须有效地注入发光层中。设计采用多层结构，即在两电极之间设计空穴注入层（HIL）、空穴传输层（HTL）、发光层（EML）和电子传输层（ETL）。通过多层结构，可降低电极和量子点发光层之间的能量势垒，促进电荷注入和传输。

为降低空穴的注入势垒，采用有机材料作为 HTL 层时，其最高占据分子轨道（HOMO）须介于阳极的功函数和量子点发光层价带（VBM）之间。同时，由于在 HTL 层的最低未占据分子轨道（LUMO）和量子点导带（CBM）之间存在较大势垒差距，可以阻挡电子从量子点发光层反向流至 HTL 层上。与此类似，ETL 不仅可以促进电子的注入，而且能够阻挡空穴进入 ETL 层。在多层结构中，EML 被夹在 HTL 和 ETL 之间，其能带结构有助于载流子的注入并限制激子，增强激子复合的概率。这种多层传统正置结构和反置结构已被广泛关注。

目前在 QLED 中各种材料的使用已经实现标准化，一般采用聚合物作为 HIL 和 HTL 层，无机材料作为 ETL 层。1994 年，最先报道的 QLED 器件采用 ITO 作为阳极，聚对苯乙炔（PPV）作为 HTL 层，量子点作为发光层，Mg 作为阴极。该器件展示出了极其低的效率，即外量子效率 EQE<0.01%，发光亮度约 $100cd/m^2$。之后，证实了器件中的 HTL 和 ETL 层可采用全有机材料或是全无机材料。相比之前制备的器件，前者器件展示了增强的 EL 特性，但在空气和水氧中极不稳定。后者器件由于采用了无机材料，具有较好的稳定性，但由于在量子点上采用溅射工艺沉积氧化层，对量子点层产生了损害，造成了低发光亮度。而采用有机和无机混合的复合式器件，不仅在很大程度上提高了亮度和 EQE 值，稳定性也有大幅提升。因此，这些器件的研究工作一直持续到现在。

4.3.2.2 QLED 的品质因子

在 QLED 中，器件性能的评估参数指标包括发光亮度、功效和电流效率（CE）等。

（1）外量子效率

色彩的属性包括色相、明度和饱和度。这些值取决于人眼对色彩的敏感度，也就是按照色彩绿、红和蓝的敏感度顺序而定，但很难在不同波长处比较绝对值。基于确定的标准，为评估不同色彩发光器件的效率，可以使用外量子效率（EQE）来标定。其定义为 QLED 器件工作时发出的光子数与输入的电荷数的比值，即

$$EQE = \eta_r x \eta_{PL} \eta_{out} \tag{4-8}$$

式中，η_r 是注入的电荷中形成激子的比例，与电荷情况密切相关；x 是激子中可以进行辐射复合的比例。这两个参数反映的是 QLED 器件工作过程中电荷注入量子点层并形成激子的过程。CdSe 量子点的 x 一般认为接近于 1，与 OLED 中有机磷光材料一致。η_{PL} 是量子点的荧光量子产率，与量子点本身的性质有关，反映的是 QLED 器件工作过程中激子复合发光的效率。η_{out} 代表的是最终能够从器件中发射出的光子数与量子点层产生的光子数的比例。由于器件中各功能层的吸收及多个界面存在的内部反射作用，会导致光子从量子点层向外传输过程中的损失。可以发现，式（4-8）中各参数代表的意义与上述 QLED 器件工作机理的各个过程相符。

（2）亮度

亮度（L）是指单位面积上单位立体角内的光通量，单位是 cd/m^2。与辐射度只考虑总

的辐射功率不同，亮度还需要结合人眼的明视觉函数，以反映人眼对不同波长光的感受。对平板显示应用而言，所需的亮度范围为 $10^2 \sim 10^3 \, \mathrm{cd/m^2}$，而固态照明需要的亮度范围为 $10^3 \sim 10^4 \, \mathrm{cd/m^2}$。

（3）电流效率

电流效率又称为亮度效率，定义为 QLED 正常工作时的亮度与电流密度的比值，单位是 cd/A。

（4）功率效率

功率效率定义为 QLED 器件正常工作时的光通量与器件输入功率的比值，单位是 lm/W。

（5）半峰宽（FWHM）

半峰宽一般指 QLED 器件电致发光光谱（EL）的峰值一半所对应的谱线宽度。该值的大小反映了发光颜色的纯度，半峰宽越小说明其颜色越纯，同时色坐标越靠近 CIE 色度图的边界。

（6）CIE 坐标

一般利用 CIE 坐标来表征器件发光颜色的色度。1931 年，国际照明委员会确定了 CIE XYZ 基色系统，其是与 RGB 相关的基色系统，不过更适用于颜色的计算。但该系统使用比较复杂，同时由于是三维图形，不够直观。为克服该缺点，相关研究人员在 CIE XYZ 的基础上定义了 CIE XYZ 颜色空间，两者之间的换算关系如式（4-9）所示。它把与颜色色度相关的 x 和 y 与表示亮度属性的 Y 分开了。同时由于 z 可以由 $x+y+z=1$ 导出，因此通常不考虑 z，而用另外两个系数 x 和 y 表示颜色，并绘制以 x 和 y 为坐标的二维图形。这就相当于把 $X+Y+Z=1$ 平面投射到了 (x,y) 平面，也就是 $Z=0$ 的平面。这就是目前常用的二维 CIE XYZ 色度图，如图 4-27 所示。

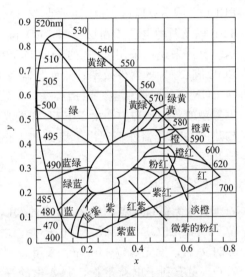

图 4-27　二维 CIE XYZ 色度图

$$x = \frac{X}{X+Y+Z}$$

$$y = \frac{Y}{X+Y+Z}$$

$$z = \frac{Z}{X+Y+Z} = 1-x-y \tag{4-9}$$

4.3.2.3　几种典型的 QLED 器件

（1）镉基

大多数量子点的研究工作都是基于镉基材料的，因而，绝大多数电驱动的 QLED 器件也都用此种量子点材料。2011 年，研发发现采用 ZnO 纳米颗粒作为电子传输层（ETL），在全湿法制备的多层 QLED 器件中，红、绿、蓝三色器件都呈现出了较好的发光特性，其亮度分别达到 $31000cd/m^2$、$68000cd/m^2$ 和 $4200cd/m^2$。从那时开始，大多数 QLED 都采用 ZnO 作为 ETL 层，并匹配不同类型的有机空穴传输层（HTL），如 Poly-TPD、PVK 和 TFB。基于多层结构并结合不断改进的量子点材料及器件结构，器件的性能得到了不断提高。

（2）InP

最先报道的红光 InP QLED 器件，其效率低、色纯度较差。随后，通过混合 InP 红光量子点和蓝、绿有机发光聚合物实现了白光发射。之后，Lim 研究小组合成了绿光 InP@ZnSeS 量子点，应用在了倒置型 QLED 器件中。与镉基的量子点相比，InP 量子点具有更高的价带和导带能级。如果采用与镉基 QLED 中载流子传输层（CTL）相同的材料，由于注入量子点中的电子不充足，会造成 InP 构建的 QLED 器件中载流子注入不平衡。通过在 ETL 和量子点发光层之间增加一层 PFN 层，降低电子注入势垒，可使发光器件的 EQE 值提升至 3.46%，亮度达 $3900cd/m^2$。将高效的红光 InP/ZnSeS/ZnS 量子点应用于 ITO/PEDOT：PSS/HTL/InP 量子点/ZnO/Al 结构中，并对比两种空穴传输层材料 PVK 和 TFB 以及两种电子传输层材料 ZnO 和 ZnMgO，发现 CTL 层材料对器件效率有较大的影响。具体来说，采用 TFB 的 QLED 器件具有更高的迁移率，得到了电流效率 4.2cd/A 及 EQE 值 2.5% 的器件效率；然而，器件中也观测到了 TFB 本身的发光峰，这是由于 TFB 中深 LUMO 能级降低空穴阻挡势垒，导致杂光的出现。同样，对比两种电子传输层材料，在倒置型的器件结构中，由于 ETL 和发光层之间的势垒降低，基于 ZnMgO 纳米颗粒的 ETL 构建的 QLED 器件表现出了更高的工作效率，亮度超过 $10000cd/m^2$，电流效率 4.4cd/A，EQE 值 1.5%。

（3）ZnSe

其他无镉量子点，如 ZnSe 型的 QLED，根据最早的文献报道，荧光量子产率 40%，峰位 420nm，EQE 值较低，为 0.65%。之后，器件的发光亮度增大至 $1170cd/m^2$，电流效率 0.51cd/A，发光峰位 440nm。采用高质量的 ZnSe 量子点及优化的 CTL 材料（如 PVK 和 ZnO）更有利于电荷平衡，制备出的高效紫外 QLED 器件，其最大发光效率 $2632cd/m^2$，EQE 值 7.83%。尽管它们的发光效率高，但它们的发射色彩接近于近紫外线，仍无法用于显示领域。

（4）各种钙钛矿

由于钙钛矿系列的量子点（PQD）具有 20nm 的超窄半峰宽，利用其构建的 QLED 器件引起了科学家们的广泛关注。经典 PQDs 的化学组成为 ABX_3。其中 A 代表铯（Cs）元素，MA 代表甲基铵或甲脒铵（FA）；B 代表金属离子（Pb^{2+} 和 Sn^{2+}）；X 代表卤素离子（Cl^-、Br^- 和 I^-）。由于 PQD 的容错系统，即本征缺陷并不会形成捕获态，PQD 可以表现出优异的光学特性。最新研究报道了新型 PQD，$FAPbBr_3$ 型的钙钛矿量子点由二价正离子（Sn^{2+}，Cd^{2+}，Zn^{2+}，Mn^{2+}）或三价阳离子（Bi^{3+}）掺杂后部分阳离子交换，形成了无机-有机混合的新型 $PQD-CsPb_{1-x}M_xBr_3$（M 表示掺杂的阳离子）。Swarnkar 研究小组将元素周期表中的元素归纳为了四种：掺杂离子、可代替铅的离子、容错离子和等离子体耦合。

众所周知，采用主动发光（AM）模式的背光显示产品包括电视、手机和手表等。镉基AM QLED 的主动发光阵列结构包括 RGB 像素阵列及薄膜晶体管（TFT）驱动阵列，其采用恒流驱动模式。与传统的白光 LED 相比，AM QLED 具有结构简单、功耗低、响应时间短、对比度高及视角宽等特点，并且不需要液晶和色彩过滤器，每个 R、G、B 像素都独立可控，大大降低了功耗。根据报道，相比 NTSC 标准，QLED 的色域范围大于 140%。相比镉基 QLED 器件的性能，PQD QLED 器件被认为具有更好的色彩品质和更广的色域范围。然而，到目前为止，PQD 在应用化的道路中遇到了许多问题，如 PQD 膜表面形貌和荧光产率，载流子从传输层至发光层的注入效率、能带位置、注入平衡，以及发光层中的辐射复合等问题都亟待解决。下面将介绍几种典型的 PQD QLED 器件。

① MAPbBr$_3$ QLED。采用尺寸可调的 MAPbBr$_3$ 量子点作为发光层，最大的发光亮度为 2503cd/m^2，电流效率（CE）值为 4.5cd/A，外量子产率（EQE）值为 1.1%。然而，与镉基 QLED 器件相比，PQD QLED 器件的效率仍然较低。

② FAPbBr$_3$ QLED。CH（NH$_2$）$_2$（FA）阳离子构建的钙钛矿亦有报道，特别是 FA 型的 QLED 器件，但此种材料在固态和液态都十分不稳定。Kin 研究小组采用 FAPbBr$_3$ 型量子点作为 QLED 发光层遇到了较大的挑战，研究中讨论了两种互不相溶的溶剂及不同长度的配体，如丁基胺或己胺或辛胺对 FAPbBr$_3$ 的影响。经研究发现，当采用短链羧酸配体时，FAPbBr$_3$ 呈现出急剧下降的荧光产率，因为短链配体不能防止量子点的聚集，容易团聚成块状材料，失去量子尺寸效应。同样，采用短链氨配体（N-丙氨酸）合成的 FAPbBr$_3$ 也呈现出低荧光产率。为表征电荷注入和传输特性，制备单层空穴或电子器件来测试空穴电流密度和电子电流密度。在这两种器件中，随着氨配体链长的减小，电流密度急剧增大。因此，采用短链的氨配体可以增大 FAPbBr$_3$ QLED 器件的效率。丁基胺-FAPbBr$_3$ 的 QLED 器件 CE 值为 9.16cd/A，PE 值为 6.41m/W，EQE 值为 2.5%。尽管量子点在溶液态时具有高的荧光产率，但要实现高荧光产率的固态膜仍十分困难。此外，配体工程是影响器件效率的另一种因素。表面配体的数量对 QLED 效率产生双重作用：首先，高数量的表面配体可以移除降低荧光产率的表面缺陷；其次，过多的表面钝化配体，如油酸（OA）和油胺（OLAM）配体，却作为绝缘层阻挡 QLED 内部电荷的注入。因此，通过清洗方式获取适当的表面配体可以加速电子和空穴的传输。

③ CsPbBr$_3$ QLED。曾海波教授研究小组首次报道了基于 CsPbBr$_3$ 钙钛矿的器件性能，其 EQE 值为 0.12%，亮度为 946cd/m^2。Li 研究小组采用配体密度控制平衡表面钝化及载流子注入效率，实现了高效的 QLED 器件。通过乙烷/乙酸乙酯的混合溶剂，可以洗去多余的配体。研究发现多余的配体会导致 PQD 膜中的电荷注入效率降低，而配体缺失的膜又会降低荧光产率和稳定性。另外，溶剂中乙酸乙酯：乙烷的最佳清洗比例是 3：1。经过多次清洗之后，最终析出产物分散于辛烷中作为发光层。最终器件的最高 EQE 值为 6.27%，相比首次报道的 CsPbBr$_3$ QLED 器件，其效率提高了 50 倍。近期，有研究小组发现当 CsPbBr$_3$ 中的 Br 含量升高时，可以降低 CsPbBr$_3$ 中的电子缺陷态。同时，"富裕"的 Br 在量子点中形成自钝化层可以提高量子点在纯化过程中的耐受性。由高含量的 Br 构建的 CsPbBr$_3$ QLED 器件，其最大的发光亮度为 12090cd/m^3，CE 值为 3.1cd/A，EQE 值为 1.194%。

4.3.3 Mini/Micro LED

Mini LED 是指尺寸在 100～200μm 之间的发光二极管，而 Micro LED 是指尺寸小于

$100\mu m$ 的发光二极管。

Mini LED 具有动态范围广、发光效率高、尺寸薄等突出优点，可用于从小尺寸到巨大尺寸的平板显示器。Mini LED 在显示方面主要有两种应用。一种是作为自发光 LED，同小间距 LED 类似，由于封装形式上不需要打金线，与小间距 LED 相比，即使在同样的芯片尺寸上 Mini LED 也可以做更小的点间距显示。另外一种是在背光上的应用。相较于传统的背光 LED 模组，Mini LED 背光模组采用了更加密集的芯片排布来减少混光距离，做到了超薄的光源模组。另外配合 local dimming（区域调光）控制，Mini LED 将有更好的对比度和更高的动态范围。

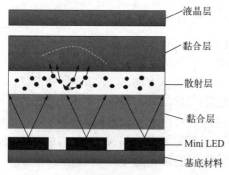

图 4-28　Mini LED 显示器结构

以 Mini LED 为背光源的 LCD 显示器结构与常规 LCD 显示器类似，由液晶层、黏合层、散射层、Mini LED 以及基底材料等部分构成，如图 4-28 所示。其中液晶层用于控制输出光，散射层用于扩大背光源的照射面积和照射角度。

Micro LED 拥有远小于传统 LED 的尺寸，如图 4-29 所示。通过连接 R、G、B 三色的 Micro LED 可以制作色彩丰富且厚度极小的平板显示屏。

Micro LED 显示器是继 OLED 显示器之后又一重要的显示器件。相较于 OLED 显示，Micro LED 显示具有更高的对比度、更高的效率、更高的分辨率以及更短的响应时间。Micro LED 显示器主要由滤波片或玻璃片、Micro LED、电极、基质材料等部件组成，如图 4-30 所示。其结构比 OLED 显示器更简单、更薄、更容易驱动。

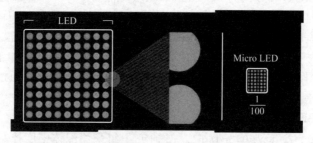

图 4-29　传统 LED 与 Micro LED 的阵列尺寸对比

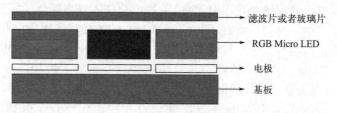

图 4-30　Micro LED 结构

随着平板电脑、智能手机以及智能手表等电子设备在日常生活中的不断推广以及大尺寸电视的智能化，对显示器的响应速度、尺寸、分辨率等提出了更高的要求。目前，全球主要的显示屏生产商投入了大量的精力和经费用于研发 Micro LED 显示技术。2018 年，LG 公司在欧盟知识产权局提交了三款 Micro LED 显示技术专利，分别为 XμLED、SμLED 和

XLμLED，主要用于智能手机设备。LG 公司的液晶 Micro LED 技术已应用于自产的 175in 大平板电视中。三星公司则投资了中国三安光电股份有限公司，双方合作生产 Micro LED 芯片，并用于壁挂式显示器。Micro LED 的应用潜力巨大，全球 Micro LED 市场销售预计从 2019 年的 6 亿美元上升至 2025 年的 205 亿美元。

思考题

1. 简述液晶的种类与特点。

2. 液晶的晶相有哪些？各自具有哪些特征？

3. 商用的 GaN 发光二极管（LED）主要由哪几部分组成？简述该 LED 的发光过程及原理。

4. 3V 电源，1 个可调电阻 R，红、绿两个 LED（2.2V，20mA），请设计一个电源正负极指示电路，正接红灯亮，反接绿灯亮，并给出电阻 R 的值。

5. 请简单介绍 QLED 和 OLED。

6. cd/m^2、lm/W 分别对应什么的单位？

7. 请举出至少两种可用于 LED 显示的新型量子点材料，并简单介绍其光电特性。

8. 结合当前显示技术发展趋势，你认为哪种显示技术会是未来发展的热点？并列出原因。

第5章

半导体激光器

　　1960 年，世界上第一台以红宝石为工作物质的固体激光器研制成功，标志着人们将受激辐射推广至光频领域。从此，人们开始了激光物理和激光工作物质方面的研究与探索。激光（laser）是经受激辐射引起光放大的英文 "Light Application by Stimulated Emission of Radiation" 的缩写。激光与一般的光不同，具有高强度、定向性、单色性、相干性等特点。激光器件的类型包括气体激光器、固体激光器、染料激光器、半导体激光器、光纤激光器等。

　　半导体激光器是以一定的半导体材料作为工作物质而产生受激辐射作用的器件。1953 年 9 月，美国的冯·诺伊曼（John Von Neumann）在他一篇未发表的论文手稿中第一个论述了在半导体中产生受激辐射的可能性。他认为可以通过向 PN 结注入少数载流子来实现受激辐射，并计算了在两个布里渊区之间的辐射跃迁速率。1962 年，美国的四个实验室几乎同时宣布研制成功 GaAs 同质结半导体激光器。1963 年，中国也成功研制出半导体激光器。半导体激光器有许多突出的优点，包括：①半导体激光器是直接的电子-光子转换器，因而它的转换效率很高；②半导体激光器所覆盖的波段范围最广；③半导体激光器的使用寿命最长；④半导体激光器具有直接调制的能力；⑤半导体激光器的体积小、重量轻、价格便宜，这也是其他激光器无法比拟的。

5.1　激光器的物理基础

　　就基本原理而论，半导体激光器和其他类型的激光器没有根本的区别，都是基于受激光发射。要使激光器得到相干的受激光输出，须满足两个条件，即粒子数反转条件与阈值条件。激光器一般由三个部分组成：一是产生激光的工作物质，它是一种可以用来实现粒子数反转和产生光的受激发射作用的物质体系；二是激光产生的激励装置，也称"泵浦源"，它可以提供能量，使工作物质的原子被激发；三是谐振腔，它能使光形成稳定的振荡，对光放大和输出。图 5-1 为激光

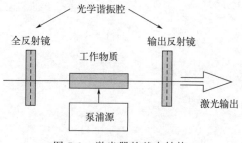

图 5-1　激光器的基本结构

器的基本结构。

5.1.1　光与物质的相互作用

　　爱因斯坦认为辐射场与物质作用时包括自发辐射、受激吸收和受激辐射三种过程，如图 5-2 所示。自发辐射是指物质中处于高能级 E_2 的粒子向低能级 E_1 跃迁，同时释放能量为

E_2-E_1 的光子的过程。自发辐射与外场无关，只与物质本身有关。自发辐射的光子在相位、偏振态等方面是随机的，不属于同一光子态，不相干。普通光源都是基于自发辐射发光。受激吸收是指处于低能级的粒子吸收光子跃迁至高能级。处于高能级的粒子以碰撞的形式将能量传递给晶格，而到达低能级的过程为非辐射跃迁。受激辐射是指在外场的诱导光子作用下，高能级粒子跃迁至低能级并发射出能量为 $h\nu$ 的光子的过程。受激辐射与外场有关，并且可能使介质中传播的光得以放大。受激辐射的光子与外场的诱导光子的相位以及偏振态相同，这些光子属于同一光子态，相干性很好，这便是激光形成的基础。

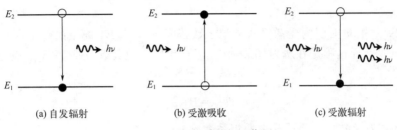

图 5-2　光与物质的相互作用

（1）自发辐射

处于高能级 E_2 的原子自发地向低能级 E_1 跃迁，并发射出一个频率 $\nu=(E_2-E_1)/h$ 的光子的过程称为自发辐射跃迁。这个过程可以用自发跃迁概率 A_{21} 来描述。它定义为在单位时间内，发光材料中从高能级上产生自发辐射的发光粒子数密度占高能级的粒子数密度的比值，也就是

$$A_{21}=\left(\frac{\mathrm{d}n_{21}}{\mathrm{d}t}\right)_{\mathrm{sp}}\frac{1}{n_2} \tag{5-1}$$

式中，$\mathrm{d}n_{21}$ 为 $\mathrm{d}t$ 时间内自发辐射的粒子数密度；n_2 为 E_2 能级的粒子数密度；下标 sp 表示自发辐射跃迁。

自发辐射跃迁是一种只与原子本身的性质有关，而与辐射场 u_ν 无关的自发过程。A_{21} 的大小与原子处在 E_2 能级上的平均寿命 τ_2 有关。现在推导 A_{21} 与 τ_2 之间的关系。E_2 能级上的粒子数密度 n_2 随时间的变化率，在不考虑其他辐射跃迁的情况下可以写成

$$\frac{\mathrm{d}n_2(t)}{\mathrm{d}t}=-\left(\frac{\mathrm{d}n_{21}}{\mathrm{d}_t}\right)_{\mathrm{sp}}=-A_{21}n_2(t) \tag{5-2}$$

解此微分方程，可得到 $n_2(t)$ 随时间变化的规律为

$$n_2(t)=n_2(0)\mathrm{e}^{-A_{21}t} \tag{5-3}$$

式中，$n_2(0)$ 为计时起点 $t=0$ 时的粒子数密度。

上式表明，E_2 能级上的粒子数密度因自发辐射作用随时间按指数规律衰减。定义由 $t=0$ 时的 $n_2(0)$ 衰减到它的 $1/e$ 所用的时间为原子处在 E_2 能级上的平均寿命 τ_2，由式（5-3）不难推出

$$\tau_2=\frac{1}{A_{21}} \tag{5-4}$$

式中，A_{21} 又可称为自发辐射跃迁爱因斯坦系数。

（2）受激吸收

处于低能级 E_1 上的一个原子在频率 $\nu=(E_2-E_1)/h$ 的辐射场作用下，吸收一个光子后向高能级 E_2 跃迁的过程称为受激吸收跃迁。它与受激辐射跃迁的过程恰好相反，其跃迁概率为

$$W_{12}=\left(\frac{\mathrm{d}n_{12}}{\mathrm{d}t}\right)_{\mathrm{n}}\frac{1}{n_1} \tag{5-5}$$

式中，$\mathrm{d}n_{12}$ 为 $\mathrm{d}t$ 时间内受激吸收的粒子数密度；n_1 为 E_1 能级的粒子数密度。

因受激吸收跃迁过程是在辐射场 u_ν 作用下产生的，故其跃迁概率 W_{12} 应与辐射场成正比，即

$$W_{12}=B_{12}u_\nu \tag{5-6}$$

式中，B_{12} 为受激吸收跃迁爱因斯坦系数。

（3）受激辐射

处于高能级 E_2 上的原子在频率 $\nu=(E_2-E_1)/h$ 的辐射场激励作用下，或在频率 $\nu=(E_2-E_1)/h$ 的光子诱发下，向低能级 E_1 跃迁并辐射出一个与激励辐射场光子或诱发光子的状态（包括频率、运动方向、偏振方向、相位等）完全相同的光子的过程称为受激辐射跃迁。用受激辐射跃迁概率 W_{21} 来描述受激辐射，其定义的方式类似于自发辐射跃迁概率：

$$W_{21}=\left(\frac{\mathrm{d}n_{21}}{\mathrm{d}t}\right)_{\mathrm{st}}\frac{1}{n_2} \tag{5-7}$$

式中，$\mathrm{d}n_{21}$ 为 $\mathrm{d}t$ 时间内受激辐射的粒子数密度；下标 st 表示受激辐射跃迁。

受激辐射过程区别于自发辐射的地方在于，它是在辐射场的作用下产生的。因此，其跃迁概率 W_{21} 不仅与原子本身的性质有关，还与辐射场 u_ν 成正比。这种关系可以表示为

$$W_{21}=B_{21}u_\nu \tag{5-8}$$

式中，B_{21} 为受激辐射跃迁爱因斯坦系数。

5.1.2 粒子数反转分布与泵浦

激光的产生是受激辐射的结果。为了创造受激辐射的条件，必须使处于高能级激发态的粒子数多于处于低能态的粒子数。这就是"粒子数反转"，因为在平衡状态下总是低能态的粒子数多于高能态的粒子数。为此，必须输入能量使足够多的处于低能态的粒子跃迁到高能态，这个"激励"过程称为"光泵"或"抽运"。抽运到高能态的粒子能否有较长的寿命，取决于激光工作物质的能态结构，即是否有亚稳态能级，让粒子喜欢"停留""等待"受激辐射。泵浦的方式有很多种，如光泵浦、电泵浦、化学泵浦、热泵浦等。

假设上能级 E_2 是由 g_2 个不同的能态重合在一起组成的，亦即原子的 g_2 个不同的运动状态都具有相同的内部能量 E_2，则称 g_2 为上能级 E_2 的统计权重（或称简并度）。同样假设 E_1 能级的统计权重为 g_1。

令单位体积中处于上能级的粒子（分子或原子）数为 n_2，称 n_2 为处于上能级 E_2 的粒

子数密度，单位为 cm^{-3}。同样令处于下能级 E_1 的粒子数密度为 n_1，则玻尔兹曼分布律可写成

$$\frac{n_2}{n_1}=\frac{g_2}{g_1}\mathrm{e}^{-(E_2-E_1)/kT}=\frac{g_2}{g_1}\mathrm{e}^{-\frac{h\nu}{kT}} \tag{5-9}$$

式中，k 为玻尔兹曼常数；T 为热平衡时的绝对温度。

式（5-9）可改写成

$$\frac{\dfrac{n_2}{g_2}}{\dfrac{n_1}{g_1}}=\mathrm{e}^{-(E_2-E_1)/kT} \tag{5-10}$$

式中，n_2/g_2 是处于上能级 E_2 的一个能态上的粒子数密度；n_1/g_1 是处于下能级 E_1 的一个能态上的粒子数密度。在某一能级上的粒子有不同的运动状态，虽然具有相同的内部能量值，但由于运动状态不同而有不同的能态。

由于 $E_2>E_1$，且 $T>0$，因此热平衡时有

$$\frac{n_2}{g_2}<\frac{n_1}{g_1} \tag{5-11}$$

满足式（5-11）的粒子数分布，通常称为粒子数正常分布，见图 5-3（a）。

在激光器的工作物质内部，由于外界能源的泵浦破坏了热平衡，有可能使处于上能级 E_2 的粒子数密度 n_2 大大增加，达到

$$\frac{n_2}{g_2}>\frac{n_1}{g_1} \tag{5-12}$$

满足式（5-12）的粒子数分布，称为粒子数反转分布，简称为粒子数反转，见图 5-3（b）。

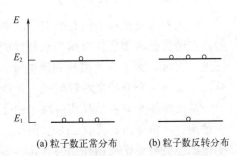

(a) 粒子数正常分布　　(b) 粒子数反转分布

图 5-3　粒子数分布

显然，此时激光器工作物质的内部不再处于热平衡状态。能在特殊工作物质中实现粒子数反转并通过光的受激辐射与放大形成光波振荡（即激光）的装置称为激光器。

5.1.3　谐振腔

在激光器中，受激辐射的最初诱发信号为自发辐射，而自发辐射的方向是随机的。一般在激光器中使用光学谐振腔，它是由两块反射镜或多块反射镜组成的开放式振荡腔，见图 5-4。其中一个是全反射镜，另一个是部分反射镜（输出镜）。它具有两个作用：一是正反馈作用，使沿腔轴方向的受激辐射占主导地位，从而抑制其他方向的受激辐射，最终只存在腔轴方向的受激辐射。受激辐射的光多次通过处于激活状态的工作物质，"诱发"激活的工作物质发光，光被放大。当光达到极高的强度，就有一部分放大的光通过谐振腔具有部分透过率的反射镜一端输出，这就是激光。另一部分反射回工作物质中进行再放大，即正反馈作用。二是选模作用，通过损耗来限制激光只在几个模式或一个模式上振荡。即光学谐振腔除

了提供光学正反馈维持激光持续振荡以形成受激辐射外，还对振荡光束的方向和频率进行限制，以保证输出激光的高单色性和高定向性。通过调节谐振腔的几何参数，还可以直接控制光束的横向分布特性、光斑大小、振荡频率及光束发散角等。

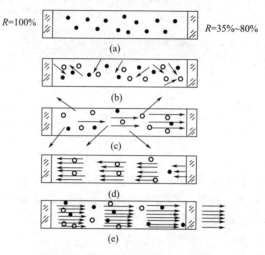

图 5-4 谐振腔对光的放大与输出

（1）提供光学正反馈作用

激光器内受激辐射过程具有"自激"振荡的特点，即由激活介质自发辐射诱导的受激辐射，在谐振腔内多次往返而形成持续的相干振荡。谐振腔的正反馈作用使得振荡光束在腔内行进一次时，除了腔内损耗和激光输出损耗外，还能保证光束有足够的能量在腔内多次往返，经受激活介质的受激辐射放大而维持振荡。

谐振腔的光学反馈作用取决于两个因素：一是组成谐振腔的两个反射镜的反射率，反射率越高，反馈能力越强；二是反射镜的几何形状以及它们之间的组合方式。上述两个因素的变化都会引起光学反馈作用的变化，即引起腔内光束损耗的变化。

（2）振荡条件

有了能实现粒子数反转的工作物质和光学谐振腔，还不一定能引起自激振荡而产生激光。因为工作物质在光学谐振腔内虽然能够引起光放大，但谐振腔内还存在着使光子减少的相反过程，称为损耗。损耗有多种原因，如反射镜的透射、吸收和衍射，工作物质不均匀造成的折射或散射等。显然，只有光在谐振腔内来回一次得到的增益大于同一过程中的损耗时，才能维持光振荡。也就是说，要产生激光振荡，必须满足一定的条件。这个条件是激光器实现自激振荡所需的最低条件，又称阈值条件。下面推导这个条件。

光通过激活介质时受到的放大作用通常用增益（放大）系数 G 来描述。设在光传播方向上 z 处的光强为 $I(z)$，则增益系数定义为

$$G(z) = \frac{\mathrm{d}I(z)}{\mathrm{d}z} \times \frac{1}{I(z)} \qquad (5\text{-}13)$$

即 $G(z)$ 表示光通过单位距离激活物质后光强增长的百分数。在光强 I 很小时，增益系数近似为常数，记为 G^0，称为小信号增益系数。

光放大的同时，还存在着光的损耗，用损耗系数 α 来描述。α 定义为

$$\alpha = -\frac{\mathrm{d}I(z)}{\mathrm{d}z} \times \frac{1}{I(z)} \qquad (5\text{-}14)$$

即光通过单位距离后光强衰减的百分数。

同时考虑增益和损耗，则

$$\mathrm{d}I(z) = [G(z) - \alpha]I(z)\mathrm{d}z \qquad (5\text{-}15)$$

起初，激光器中光强按小信号放大规律增长，设初始光强为 I_0，

$$I(z) = I_0 \mathrm{e}^{(G^0 - \alpha)z} \qquad (5\text{-}16)$$

要形成光放大，需满足

$$I_0 \mathrm{e}^{(G^0 - \alpha)z} \geqslant I_0$$

即

$$G^0 \geqslant \alpha \qquad (5\text{-}17)$$

这就是激光器的振荡条件（阈值条件）。

（3）产生对振荡光束的控制作用

谐振腔还可以对腔内振荡光束的方向和频率进行限制。由于激光束的特性与谐振腔结构有密切联系，因而可采用改变谐振腔参数的方法来达到控制激光束的目的。具体地说，可达到以下几方面的控制作用：①有效地控制腔内实际振荡的模式数目，使大量的光子集结在少数几个状态之中，提高光子简并度，获得单色性好、方向性强的相干光；②直接控制激光束的横向分布特性，如光斑大小、谐振频率、光束发散角等；③改变腔内光束的损耗，在增益一定的条件下，控制激光束的输出功率。光学谐振腔的模式可以分为纵模和横模。由于衍射的存在，只有沿着腔轴方向的振荡模为低损耗模。与腔轴成较小角度的模损耗较小，与腔轴成较大角度的模损耗较大。只有损耗较低的那些模才能够维持振荡，是稳定的模。沿腔轴方向传播的模称为纵模。

当光波在腔镜上反射时，入射波和反射波会发生干涉。为了在腔内形成稳定的振荡，要求光波因干涉而得到加强。由多光束干涉理论可知，相长干涉的条件是：光波在腔内沿轴线方向传播一周所产生的相位差 $\Delta\varphi$ 为 2π 的整数倍。也就是说，只有某些特定频率的光才能满足谐振条件。

$$\Delta\varphi = q \times 2\pi \qquad (5\text{-}18)$$

式中，q 为正整数。

设平行平面谐振腔内充满折射率为 n 的均匀介质，腔长为 L（几何长度），光波在腔内轴线方向来回一周所经历的光学长度为 $2L'(=2nL)$。相位改变量为

$$\Delta\varphi = \frac{2\pi}{\lambda} \times 2nL = q \times 2\pi \qquad (5\text{-}19)$$

式中，λ 为光波在真空中的波长。由此可得

$$L = q\frac{\lambda}{2n} = q\frac{\lambda_q}{2} \qquad (5\text{-}20)$$

式中，$\lambda_q=\lambda/n$，为物质中谐振波的波长。谐振频率为

$$\nu_q=q\frac{c}{2nL} \tag{5-21}$$

式中，ν_q 表示序数为 q 的波的频率。

由上述讨论可知，长度为 L 的平行平面谐振腔只对频率满足式（5-21）沿轴向传播的光波共振，因而提供正反馈。因此，式（5-21）称为谐振条件，ν_q 称为谐振腔的谐振频率，λ_q 称为谐振波长。在平行平面谐振腔内存在两列沿轴线相反方向传播的同频率光波，这两列光波叠加的结果将在腔内形成驻波。根据波动光学，当光波波长和平行平面谐振腔腔长满足式（5-20）时，将在腔内形成稳定的驻波场，这时腔长应为半波长的整数倍，如图 5-5 所示。式（5-20）称为驻波条件。因为式（5-20）与谐振条件式（5-21）是等价的，所以激光器中满足谐振条件的不同纵模对应着谐振腔内各种不同的稳定驻波场。通常把由整数 q 所表征的腔内纵向的稳定场分布称为激光的纵模（或轴模），q 称为纵模的序数（即驻波系统在腔的轴线上零场强的数目）。不同的纵模对应不同的 q 值，也就是对应不同的频率。

反射镜
反射镜
1 2 3
q
$\frac{\lambda}{2n}$
n: 折射率
L
$q\frac{\lambda}{2n}=L$

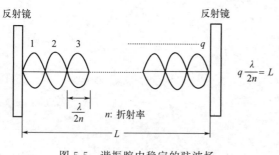

图 5-5 谐振腔内稳定的驻波场

除了纵向（z 轴方向）外，腔内电磁场在垂直于其传播方向的横向 x-y 面内也存在稳定的场分布，通常称为横模，用模序数 m 和 n 描述。因此，每一个激光模式可以用 3 个独立的模序数表示，记成 TEM_{mnq}。其中 TEM 表示横向电磁场，q 表示纵模的序数，m、n 表示横模的序数。将 $m=0$，$n=0$，TEM_{00q} 称为基模，是光斑最简单的结构，而其他的横模称为高阶横模。m、n 取值的规定为，对于轴对称图形，竖直方向出现一个暗区，$m=1$；出现两个暗区，$m=2$；其余类推。同样，水平方向出现一个暗区，$n=1$；出现两个暗区，$n=2$；其余类推。对于旋转对称图形，在图形半径方向上（不包括中心点）出现的暗环数以 m 表示，图上出现的暗直径数以 n 表示，具体见图 5-6。

对称	m	n	q
轴向	x向暗条纹数	y向暗条纹数	纵模序数
旋转	圆周向暗条纹数	径向暗条纹数	纵模序数

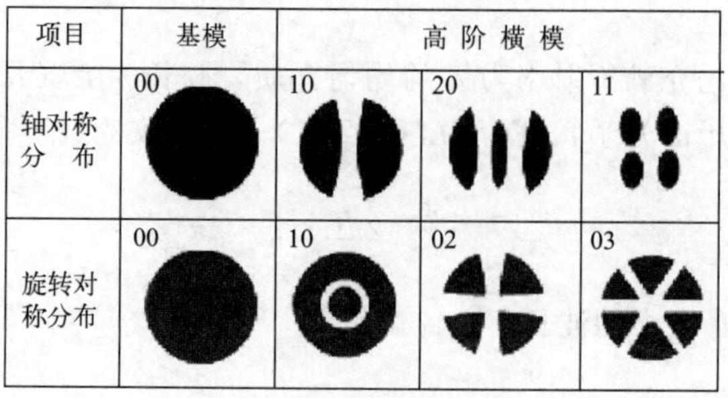

项目
基模
高阶横模
轴对称分布
00
10
20
11
旋转对称分布
00
10
02
03

图 5-6 横模分布

5.2 半导体激光器的原理及材料

5.2.1 半导体激光器的原理

半导体激光器（LD）是以半导体作为激光工作物质的激光器。半导体材料的能带结构如图 5-7 所示。在低温下，半导体中的电子都被原子紧紧束缚着，不能参与导电，价带以上的能带基本上空着。当价带中的电子受到热或光的激发，获得足够的能量，即可跃迁到上面的导带。导带与价带中的禁带宽度为 E_g，取决于导带底的能量 E_c 和价带顶的能量 E_v，且有 $E_g = E_c - E_v$。半导体材料中也有受激吸收、受激辐射和自发辐射

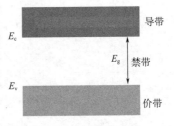

图 5-7 半导体能带图

过程。在电流或光的激励下，半导体价带上的电子获得能量，跃迁到导带上，在价带中形成一个空穴，这相当于受激吸收过程；导带中的电子跃迁到价带上，与价带中的空穴复合，同时把大约等于 E_g 的能量以光子的形式辐射出来，这相当于自发辐射或受激辐射。显然，当半导体材料中实现粒子数反转，使得受激辐射为主，就可以实现光放大。如果加上谐振腔，使光增益大于光损耗，就可以产生激光。那么在半导体中如何实现粒子数反转呢？

应当指出，半导体激光器的核心是 PN 结，它与一般的半导体 PN 结的主要差别是半导体激光器是高掺杂的，即 P 型半导体中的空穴极多，N 型半导体中的电子极多。因此，半导体激光器 PN 结中的自建场很强，结两边产生的电位差 V_D（势垒）很大。当无外加电场时，PN 结的能级结构如图 5-8（a）所示，P 型区的能级比 N 型区高 qV_D。当外加正向电压时，势垒降低，如图 5-8（b）所示。根据费米-狄拉克能量分布，如果正向偏压足够强，满足

$$V_{PN} > \frac{E_g}{e} \tag{5-22}$$

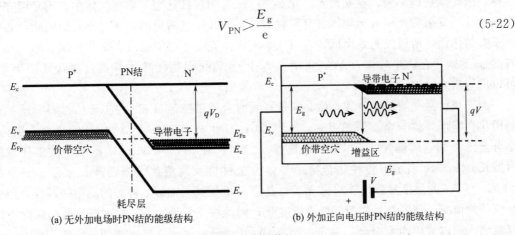

(a) 无外加电场时PN结的能级结构   (b) 外加正向电压时PN结的能级结构

图 5-8 PN 结能级

就能形成和热平衡状态相反的载流子分布，也就是粒子数反转。在 PN 结的空间电荷层附近，导带与价带之间形成电子数反转分布区域，称为激活区（或有源区）。在激活区内，由

于电子数反转，起始于自发辐射的受激辐射大于受激吸收，产生了光放大。进一步地，由于半导体的两解理面可以构成谐振腔，因此光强不断增大，形成了激光，如图 5-9 所示。

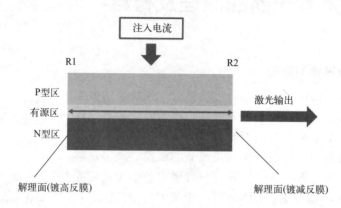

图 5-9　半导体激光器的结构

半导体激光器谐振腔一般是 PN 结两端一对相互平行的晶体解理面或者抛光的平面，其中一个面反射率是 100%，另一个面反射率小于 100%，为部分反射。而 PN 结另外两侧需粗糙化，以消除其他方向的选频放大作用。这样使得只有与谐振腔两端垂直的光束能在 PN 结内来回反射，不断地放大，直到形成稳定的强光光束从部分反射面射出，而其他不同方向的光线则很快逸出谐振腔，保证了激光的方向性。但是，由于半导体激光器谐振腔的尺寸与发射激光的波长处于同一数量级，必然导致半导体激光器输出的光束发生衍射，产生一定的发散角。

5.2.2　半导体激光器的材料

对半导体激光器材料要求的条件有许多项，最重要的条件是要有像 GaAs 那样的直接跃迁型带隙。在这种半导体中带端附近的电子与空穴之间发生光跃迁，它满足能量与动量守恒定律，因此跃迁概率大，容易发光。在 Si 或 Ge 等间接跃迁型带隙半导体中，满足两守恒定律的跃迁所发射的光子被半导体自身吸收了，另外在带端附近的电子与空穴间的跃迁必须有声子参与作用，所以发光效率低，可以认为实现激光是不可能的或者是非常困难的。几乎所有的Ⅲ-Ⅴ族化合物半导体（AlAs 除外）与Ⅱ-Ⅵ族化合物半导体都是直接跃迁型半导体，可以成为激光材料。

为了获得某一波长光的激光器必须选择具有合适带隙能量 E_g 的半导体材料。这时可以利用化合物半导体合金。例如由 GaAs 和 AlAs 能生成 $Al_x Ga_{1-x} As$ 成分的合金，因为 E_g 是合金比 x 的连续函数，所以适当地选择 x 就可以在 $0.7 \sim 0.9 \mu m$ 的范围内设定任意的激射波长。图 5-10 表示了各种化合物半导体合金材料及其覆盖的振荡波长范围。三元合金 $Al_x Ga_{1-x} As$ 的晶格常数几乎与 x 无关，任意 x 的层都与 GaAs 衬底的晶格相匹配。但这是个例外的情况，通常晶格常数随合金比变化，因此在三元系中 E_g 的选择与晶格匹配不能同时兼顾，所以采用四元合金。以 $In_{1-x} Ga_x As_y P_{1-y}$ 为例，适当地选择 x、y 能够在 $1.1 \sim 1.6 \mu m$ 宽的范围内设定任意的激射波长，同时能够与 InP 衬底的晶格匹配。$In_{1-x} Ga_x As_y P_{1-y}$ 合金与 $Al_x Ga_{1-x} As$ 都是最重要的半导体激光器材料，用它们制作的光通信用的 $1.3 \mu m$ 和 $1.5 \mu m$ 波段的激光器已经实用化。

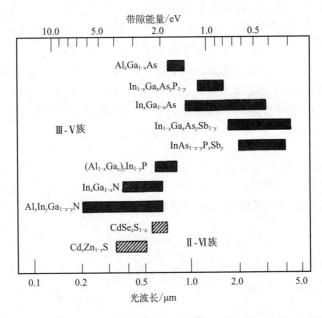

图 5-10　半导体激光器的材料和激射波段

　　下面简单地描述图 5-10 中的一些其他材料。$In_xGa_{1-x}As$ 与 AlGaAs 晶格不匹配，但是把它们组合起来就能够成为应变量子阱激光器的重要材料，可以制作 $0.9\mu m$ 波段的高性能激光器。InGaAsSb、InAsSb 与 GaSb、InAs 衬底的晶格能够匹配，可作为波长 $1.7\sim 4.4\mu m$ 范围的激光器材料。$(Al_xGa_{1-x})_yIn_{1-y}P$ 作为可见光激光器材料能够与 GaAs 衬底的晶格相匹配，$0.6\mu m$ 波段的红色光半导体激光器已经实用化。绿光至紫光范围的激光器材料是 Ⅱ-Ⅵ 族的 CdS、CdSe、ZnS、ZnSe 及其合金，Ⅲ-Ⅴ 族的 GaN、InN、AlN 及其合金。近年来，对这个波长范围的激光器的研究非常活跃，GaAs 衬底上的 ZnSe 系量子阱激光器和 Al_2O_3 衬底上的 InGaN 系量子阱激光器已达到室温连续振荡的水平。在图 5-10 中未表示出来的中远红外范围的激光器材料有 Ⅳ-Ⅵ 族合金 PbSnTe、PbSSe、PbSnSe，在 $3\sim 34\mu m$ 的宽波段已经有各种注入型激光器。这些激光器必须在低温下工作，随着温度的变化激射波长变化的范围也很大，这是激光器的一个特征。

5.3　半导体激光器的特性

5.3.1　激光的基本特性

　　激光辐射具有一系列与普通光源不同的特点。直观地观察，激光具有高定向性、高单色性、高亮度和高相干性。

（1）高定向性

　　定向性好是激光的重要优点，表示光能集中在很小的空间传播，能在远距离获得强度很大的光束，从而可以进行远距离激光通信、测距、导航等。采用定向聚光反射镜的探照灯，其发射口径为 1m 左右，由其会聚的光束的平面发散角约为 10rad，即光束传输 1km 外，光斑直径已达 10m 左右。单横模激光束经过光束口径为 1m 的发射望远镜，由衍射极限角所决定的平面发散角只有 10^{-6} rad，即光束传输至 10^3 km 外，光斑直径仅仅扩至几米。

在实际应用中，通常是根据激光束沿光传播路径上，光束横截面内的功率或者能量在空间二维方向上的分布曲线的宽度来确定平面发散角的大小。

在近似情况下，激光器输出的平面发散角等于光束的衍射角，则有

$$\theta = \theta_{衍} \approx 1.22 \frac{\lambda}{D} \tag{5-23}$$

式中，λ 为波长；D 为光束直径。

θ 的单位一般以弧度或毫弧度表示，一般情况下，$\theta > \theta_{衍}$。

而立体发散角

$$\Omega = \Omega_{衍} = \left(\frac{\lambda}{D}\right)^2 \tag{5-24}$$

其单位为球面度。

测量激光定向性的最简单方法是打靶法。该方法的具体步骤是，在激光传输的光路上，放一个长焦距透镜 L，并在其焦平面上放一个定标的靶（单位烧蚀质量所需的能量是已知的），根据靶材的破坏程度，如烧蚀质量、孔径和穿透深度，来估算激光的定向性。测量激光定向性除了打靶法外，还有套孔法、光楔法和圆环法。它们均具有较高的精度，并能较正确地反映激光强度随发散角分布的情况。但是，这些方法不够直观，操作复杂，实验室很少采用。

（2）高单色性

普通光源发出的光，由各种颜色的光组成，其光谱成分有连续的或准连续的。某一种颜色的光都有一个比较宽的波长范围，所以不能称为单色光。即使同一种原子从高能级 E_2 跃迁到另一个低能级 E_1 而发射某一频率 ν 的光谱线，也总是有一定频率宽度 $\Delta\nu$ 的。这是原子的激发态总有一定的能级宽度以及其他种种原因引起的。激光的谱线成分也不是绝对纯净的，所谓单色性是指中心波长为 λ，线宽为 $\Delta\lambda$ 的光，$\Delta\lambda$ 叫谱线半宽度。单色性常用比值 $\Delta\nu/\nu$ 或 $\Delta\lambda/\lambda$ 来表征，同样也可用频率宽度 $\Delta\nu$ 表示。一般来说，$\Delta\nu$ 和 $\Delta\lambda$ 越窄，光的单色性越好。

在普通光源中，单色性最好的光源是氪同位素 86（Kr^{86}）灯发出的波长 $\lambda = 0.6057\mu m$（605.7nm）的光谱线。在低温下，其谱线半宽度 $\Delta\lambda = 0.47 \times 10^{-6}\mu m$，单色性程度为 $\Delta\lambda/\lambda = 10^{-6}$ 量级。其表明用这种光进行精密干涉测量，最大量程不超过 1m，测量误差为 $1\mu m$ 左右。其与激光的单色性相比相差甚远。例如，单模稳频的氦氖激光器发出的波长 $\lambda = 0.6328\mu m$ 的光谱线，其谱线半宽度 $\Delta\lambda < 10^{-12}\mu m$，输出的激光单色性可达 $\Delta\lambda/\lambda = 10^{-10} \sim 10^{-13}$ 量级。半导体的谱线半宽度 $\Delta\lambda$ 通常可达 2～3nm 或更小。

（3）高亮度

对于激光辐射而言，由于高定向性、高单色性等特点，决定了它具有极高的单色定向亮度值。光源的单色亮度 B_ν 定义为单位截面、单位频带宽度和单位立体角内发射的功率：

$$B_\nu = \frac{\Delta P}{\Delta S \Delta \nu \Delta \Omega} \tag{5-25}$$

式中，ΔP 是光源的面元为 ΔS、频带宽度为 $\Delta \nu$ 和立体角为 $\Delta \Omega$ 时所发射的光功率；B_ν 的量纲为 $W/(cm^2 \cdot sr \cdot Hz)$。

对于太阳光辐射而言，在波长 500mm 附近 $B_\nu \approx 2.6 \times 10^{-2} W/(cm^2 \cdot sr \cdot Hz)$。其数值低，是有限的光功率分布在空间各个方向以及极其广阔的光谱范围内的结果。对于激光辐射来讲，一般气体激光器的定向亮度 $B_\nu = 10^{-2} \sim 10^2 W/(cm^2 \cdot sr \cdot Hz)$，一般固体激光器的 $B_\nu = 10 \sim 10^3 W/(cm^2 \cdot sr \cdot Hz)$，调 Q 大功率激光器的 $B_\nu = 10^4 \sim 10^7 W/(cm^2 \cdot sr \cdot Hz)$。

（4）高相干性

光的相干性是指在不同时刻、不同空间点上两个光波场的相关程度。这种相关程度在两个光波传播到空间同一点叠加时，则表现为形成干涉条纹的能力。相干性又可分为空间（横向）相干性和时间（纵向）相干性。

空间相干性是指光源在同一时刻、不同空间、各点发出的光波相位关联程度。光束的空间相干性和它的方向性是紧密联系的。对于普通光源，其空间相干性可以用杨氏双缝干涉实验来说明。只有当光束发散角小于某一限度时，光束才具有明显的空间相干性。横向相干长度用 D_c 来表征，其大小由光束的平面发散角 θ 决定，即

$$D_c = \frac{\lambda}{\theta} \tag{5-26}$$

D_c^2 定义为相干截面 S_c，即

$$S_c = D_c^2 \tag{5-27}$$

时间相干性是指光源上同一点在不同的时刻 t_1 和 t_2 发出的光波相位关联程度。同样，光束的时间相干性和它的单色性亦是紧密联系的。对于普通光源，其时间相干性可用迈克尔逊干涉仪实验来说明。光波的相干时间 τ_c 和单色性 $\Delta \nu$ 之间的关系如下：

$$\tau_c = \frac{1}{\Delta \nu} \tag{5-28}$$

由于激光辐射的单色性很高，频宽 $\Delta \nu$ 很小，其相干时间 τ_c 很长，亦即时间相干性很好。时间相干性还可用相干长度 L_c 表示。

$$L_c = \frac{c}{\Delta \nu} \tag{5-29}$$

其物理意义是沿光束传播方向上小于或等于 L_c 的距离内，空间任意两点的光场都是完全相干的。激光的单色性好（$\Delta \nu$ 小）决定了它具有很长的相干长度。例如 He-Ne 稳频激光器的频宽 $\Delta \nu$ 可以窄到 10kHz，相干长度达到 30km。

5.3.2 半导体激光器的阈值特性

半导体激光器是一个阈值器件，它的工作状态随注入电流的不同而不同。当注入电流较

小时，有源区不能实现粒子数反转，自发辐射占主导地位，半导体激光器发射普通的荧光，其工作状态类似于一般的发光二极管。随着注入电流的增大，有源区实现了粒子数反转，受激辐射占主导地位。但当注入电流小于阈值电流时，谐振腔里的增益还不足以克服损耗，不能在腔内建立起一定模式的振荡，半导体激光器发射的仅仅是较强的荧光，这种状态称为"超辐射"状态。只有当注入电流达到阈值以后，才能发射谱线尖锐、模式明确的激光。

阈值电流是半导体激光器最重要的参数之一。阈值电流是使半导体激光器产生受激辐射所需的最小注入电流。图 5-11 为半导体激光器输出的光功率（P）与正向注入电流（I）之间的关系，即 P-I 曲线。由 P-I 曲线可看出，当注入电流小于阈值电流时，输出光功率随电流的增大变化较小；当注入电流超过阈值电流时，激光器输出的光功率随电流的增大而急剧上升。对于绝大多数半导体激光器，阈值电流在 5～250mA 之间。

阈值电流与许多因素有关，包括器件材料结构、器件的工作寿命、器件温度等。正常工作条件下，LD 的激光输出线性度好。利用 P-I 曲线阈值以上线性部分的斜率可以很直观地比较不同激光器的效率，故 $\mathrm{d}P/\mathrm{d}I$ 又称为斜率效率。LD 是对温度很敏感的器件，温度升高，其性能劣化，阈值电流升高，输出功率下降，输出波长向长波方向漂移。因此，实用化的 LD 组件一般都封装有半导体制冷器，用于控制温度，以稳定输出光功率和峰值波长。

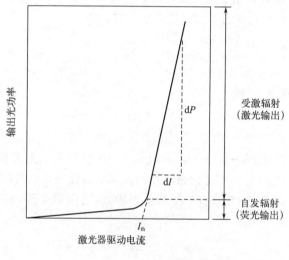

图 5-11　LD 的 P-I 特性曲线

5.3.3　半导体激光器的效率

半导体激光器是一种高效率的电子-光子转换器件。由于半导体激光器是将电能直接转换为光能的光发射器件，与气体、固体激光器相比它具有很高的转换效率。转换效率也是表征半导体激光器质量水平的一个重要参数。半导体激光器的转换效率通常用"功率效率"和"量子效率"来度量。

（1）功率效率

这种效率表征加于激光器上的电能（或电功率）转换为输出的激光能量（或光功率）的效率。功率效率的定义为

$$\eta_P = \frac{\text{激光器所发射的光功率}}{\text{激光器所消耗的电功率}} = \frac{P_{\text{out}}}{P_{\text{in}}} = \frac{P_{\text{out}}}{IV + I^2 r} \tag{5-30}$$

式中，P_{out} 为激光器所发射的光功率；I 为工作电流；V 为激光器 PN 结的正向电压降；r 为串联电阻（包括半导体材料的体电阻和电极接触电阻等）。降低 r，特别是制备良好的低电阻率的电极接触是提高功率效率的关键。改善管芯散热环境，降低工作温度也有利于功率效率的提高。

（2）量子效率

量子效率是衡量半导体激光器能量转换效率的另一尺度。它又分内量子效率 η_i、外量子效率 η_{ex}。内量子效率定义为

$$\eta_i = \frac{Q_{\text{out}}}{q_{\text{in}}} \tag{5-31}$$

式中，Q_{out} 是有源区每秒发射的光子数目；q_{in} 是有源区每秒注入的电子-空穴对数。制造半导体激光器的材料为直接带隙的半导体材料，其中导带和价带的跃迁过程没有声子参加，保持动量守恒，即复合过程为发射光子的辐射复合，从而半导体激光器有高的内量子效率。但是，由于原子缺陷（空位、错位）的存在以及深能级杂质的引入，不可避免地会形成一些非辐射复合中心，降低器件的内量子效率。内量子效率是半导体激光器一个尚未明确的量，从大量测量结果来推断，在室温条件下 η_i 约为 $0.6 \sim 0.7$。

考虑到一个注入载流子在有源区域内辐射复合的内量子效率 η_i，可将受激辐射所发射的功率写成如下表达式：

$$P_e = \frac{(I - I_t)\eta_i}{e} h\nu \tag{5-32}$$

外量子效率定义为

$$\eta_{\text{ex}} = \frac{Q_L}{q_{\text{in}}} \tag{5-33}$$

式中，Q_L 是激光器每秒发射出的光子数目。由定义可知，η_{ex} 考虑了有源区内产生的光子并不能全部发射出去，腔内产生的光子会遭受散射、衍射和吸收以及反射镜端面损耗等。典型半导体激光器每个面的外量子效率是 $15\% \sim 20\%$，高质量的器件可达 $30\% \sim 40\%$。

5.3.4 半导体激光器的输出模式

5.3.4.1 纵模与线宽

激光器的纵模反映激光器的光谱性质。对于半导体激光器，当注入电流低于阈值时，发射光谱是导带和价带的自发辐射谱，谱线较宽；当激光器的注入电流大于阈值后，激光器的输出光谱呈现出一个或几个模式振荡，这种振荡称为激光器的纵模。

（1）纵模

在半导体激光器的工作过程中，当电子和空穴到达结区并复合时，电子回到其在价带的

位置，并释放出它处于导带时的激活能。这部分能量既可以通过碰撞弛豫（声子相互作用）转移给晶格，也可以电磁辐射的方式向外界释放。在后一种情况下，发射光子的能量等于或近似等于半导体材料的禁带宽度 E_g。于是，辐射波长为

$$\lambda = \frac{hc}{E_g} \tag{5-34}$$

可见，只要给出带隙 E_g，即可得到波长 λ。

然而这一波长也必须满足谐振腔内的驻波条件 $2nL = q\lambda$，具体分析见 5.1.3 节。谐振条件决定着激光激射纵横模谱，有可能存在一系列振荡波长，每一波长构成一个振荡模式，称为一个纵模。这些纵模之间的波长间隔及相应的频率间隔为

$$\Delta\lambda = \frac{\lambda^2}{2nL} \tag{5-35}$$

$$\Delta\nu = \frac{c}{2nL} \tag{5-36}$$

式中，L 为谐振腔腔长；c 为光速；λ 为激光波长；n 为增益介质的折射率。

半导体激光器的腔长典型情况下小于 1mm，因而，纵模频率间隔可达 100GHz 量级，相应的波长间隔约为 1nm，是腔长范围在 $0.1 \sim 1\mathrm{m}$ 的普通激光器纵模间隔的 $100 \sim 1000$ 倍。然而激活介质的增益谱宽约为数十纳米，因而有可能出现多纵模振荡。即使有些激光器连续工作时是单纵模的，但在高速调制下由于载流子的瞬态效应，使主模两旁的边模达到阈值增益而出现多纵模振荡。传输速率高（如大于 622Mb/s）的光纤通信系统，要求半导体激光器是单纵模的，因此，必须采取一定措施进行纵模的控制。

在实际中，半导体激光器的纵模数随注入电流而变。当激光器仅注入直流电流时，随注入电流的增大，纵模数减少。一般来说，当注入电流刚达到阈值时，激光器呈多纵模振荡；注入电流增大，主模的增益增大，而边模的增益减小，振荡、模数减少。有些激光器在高注入电流时呈现出单纵模振荡。

（2）线宽

和其他激光一样，半导体激光辐射也有一定线宽。最基本的原因是电子-空穴的复合需要一定时间，这类似于自由电子的自发辐射寿命。对于大多数半导体激光器，上述辐射衰减寿命具有 $10^{-9}\mathrm{s}$ 的量级，相应的辐射跃迁速率为 $10^{-9}\mathrm{s}^{-1}$。如果存在明显的碰撞，则衰减速率加快，固态材料中典型碰撞弛豫时间为 $10^{-14} \sim 10^{-3}\mathrm{s}$。此外，如果存在杂质，衰减速率也会大大提高，这是应该尽量避免的。因而，在半导体的生长过程中应尽量保持清洁，以使不希望的杂质最少。

半导体激光器的线宽和它的驱动电流有密切关系。当驱动电流小于阈值电流时，半导体激光器发出的光是自发辐射引起的，线宽很宽，达几十纳米左右；当驱动电流超过阈值电流以后，光谱宽度迅速变窄，达 $2 \sim 3\mathrm{nm}$ 或更小；当驱动电流进一步增大时，输出光功率进一步集中到几个纵模之内，见图 5-12。此外，半导体激光器的线宽与温度有关，温度升高时，线宽会增大。随着激光器的老化，其线宽也会变宽。由于半导体激光器腔长短，腔面反射率低，因此其品质因数 Q 值低。另外，有源区内载流子密度的变化引起的折射率变化增加了激光输出中相位的随机起伏（相位噪声），因此半导体激光器的线宽比其他气体或固体激光

器宽得多。

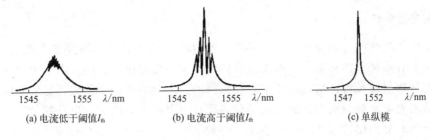

| (a) 电流低于阈值I_{th} | (b) 电流高于阈值I_{th} | (c) 单纵模 |

图 5-12　LD 的发光光谱

5.3.4.2　横模与光束发散角

（1）横模

　　激光器的横模决定了激光光束的空间分布，或者是空间几何位置上的光强分布，也称为半导体激光器的空间模式，如图 5-13 所示。通常把垂直于有源区方向的横模称为垂直横模，平行于有源区方向的横模称为水平横模。通常对半导体激光器输出的光场分布用近场与远场特性来描述。近场分布是激光器输出镜面上的光强分布，由激光器的横模决定；远场分布是指距离输出端面一定距离处测量到的光强分布，不仅与激光器的横模有关，而且与光束的发散角有关。远场分布就是近场分布的傅里叶变换形式，即夫琅禾费衍射图样。

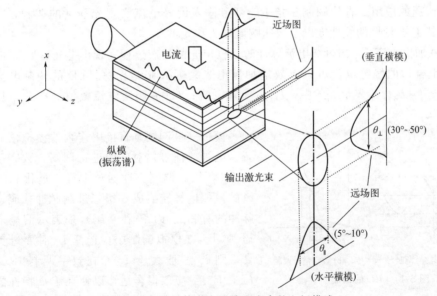

图 5-13　半导体激光器输出光束的空间模式

　　由于半导体激光器发光区几何尺寸的不对称，其光束的远场分布一般呈椭圆状，其长、短轴分别对应垂直于有源区的方向及平行于有源区的方向。由于有源层厚度很薄（约为 $0.15\mu m$），因此垂直横模能够保证为单横模而在水平方向，其宽度相对较宽，可能出现多水平横模。如果在这两个方向都能以单横模工作，则为理想的 TEM_{00} 模。此时光强峰值在光束中心且呈"单瓣"。这种光束的发散角最小，亮度最高，能与光纤有效地耦合，也能通过简单的光学系统聚焦到较小的光斑，这对激光器的许多应用是非常有利的。在许多应用中需用光学系统对半导体激光器这种非圆对称的远场光斑进行圆化处理。

（2）光束发散角

由于半导体激光的光强分布（光斑形状）不对称，其光束的远场并非严格的高斯分布，因此在平行于有源区方向和垂直于有源区方向的光束发散角也不相同。由于半导体激光器谐振腔的厚度与辐射波长可比拟，因此中心层截面的作用类似于一个狭缝，它使光束受到衍射并发散，输出光束发散角很大。通常把平行和垂直于有源区方向的光束发散角定义为半极值强度上的全角，分别用符号 $\theta_\parallel$ 和 $\theta_\perp$ 表示。一般 LD 的 $\theta_\parallel$ 和 $\theta_\perp$ 是不相等的。

由于半导体激光器的谐振腔反射镜很小，因此其激光束的方向性要比其他典型的激光器差得多。由于有源区的厚度与宽度差异很大，因此光束的水平方向和垂直方向发散角的差异也很大。通常，垂直于结平面方向的发散角 $\theta_\perp$ 达 $30°\sim50°$，平行于结平面的发散角 $\theta_\parallel$ 较小，为 $5°\sim10°$。采取一定的措施，垂直方向的发散角能控制在 $\pm15°$ 以内，水平方向的发散角能控制在 $\pm5°$ 以内。

由于半导体激光器的发散角很大，因此，在实际应用中往往需要使激光聚焦或准直。通过外部光学系统来压缩半导体激光器的发散角可以实现相对准直的光束，但这是以一定的光功率损耗为代价的。利用透镜将光聚焦到光纤上，能明显提高激光器的耦合效率。

5.3.5 半导体激光器的调制特性

半导体激光器有别于其他激光器的重要特点就是它具有直接调制的能力，从而在光通信中得到了广泛的应用。直接调制是指 LD 可由输入信号电流实现光强度的调制，也称内调制。这是其 $P\text{-}I$ 特性的线性度以及快速响应能力决定的。

给 LD 加上大于 I_{th} 的阶跃电流脉冲时，输出光的瞬态过程表现出电光延迟和张弛振荡。给 LD 加上合适的偏置电流可以有效地抑制电光延迟和张弛振荡。LD 的调制电流可以用 $I(t)=I_b+I_m f_b(t)$ 表示。式中，I_b 为偏置电流；I_m 为调制电流幅值；$f_b(t)$ 反映调制信号的形状。

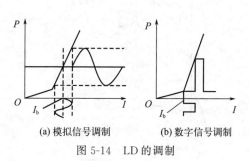

(a) 模拟信号调制　　(b) 数字信号调制

图 5-14 LD 的调制

模拟信号调制是直接用连续的模拟信号（如话音、电视等信号）对光源进行调制。数字信号调制是 PCM 编码调制，即通过取样、量化和编码将连续的模拟信号转换成一组二进制脉冲代码，用矩形脉冲的有和无（1 码和 0 码）来表示信号，如图 5-14 所示。在模拟调制中，选择 I_b 时要避免信号失真，则 I_b 一般大于 I_{th}。在数字调制中，则 $I_b\leqslant I_{th}$，且 I_m 应取得合适，以便在 $P\text{-}I$ 特性的线性区得到足够大的光脉冲，使调制效果较好。

LD 芯片的调制频率很高，达到 10GHz 量级。

当然，除了内调制，还可以采用外调制技术，即使用调制器对输出的光信号进行调制，例如利用马赫-曾德尔调制器。两个光支路采用的材料是电光性材料，其折射率随外部施加的电信号大小而变化。由于光支路的折射率变化会导致信号相位的变化，当两个支路信号调制器输出端再次结合在一起时，合成的光信号将是一个强度大小变化的干涉信号，相当于把电信号的变化转换成了光信号的变化，从而实现了光强度的调制。

5.4 典型半导体激光器的结构

5.4.1 半导体同质结/异质结激光二极管

如果 P 型半导体和 N 型半导体材料都是 GaAs，所形成的 PN 结叫同质结，如图 5-15 (a) 所示。同质结激光器光的受激辐射与吸收的跃迁概率是一样的，要使受激辐射占优势，必须实现粒子数反转，即在半导体的 PN 结上通过电场由 N 型区不断注入电子，由 P 型区不断注入空穴。但要达到阈值条件，就要求有足够高的粒子数反转浓度。这首先要提高导带中的电子密度和价带中的空穴密度。为此，必须采用高掺杂浓度的半导体，不仅使电子的费米能级进入导带，也使空穴的费米能级进入价带（能带变化图可参考 5.2.1 节）。在热平衡时 P 型区和 N 型区的费米能级应相等，造成 PN 结的势垒为 eV_D。当外加正向电压时，势垒高度降低，但这时由于电子的费米能级和空穴的费米能级分别深入导带和价带，就可以容纳更多的电子和空穴，获得高的粒子数反转浓度。这就意味着激光器将有高的增益。

同质结半导体激光器加上正向偏压时，电子向 PN 结注入，并在偏向 P 型区一侧的激活区内复合辐射，激活区的厚度 $d \approx 2\mu m$。当正向偏压较大时，考虑到空穴注入，激活区变宽。同时，由于折射率因素导致 "光波导效应" 不明显，光波在激活区内传播时，有严重的损耗。所以同质结半导体激光器的阈值电流密度很高，达 $3 \times 10^4 \sim 5 \times 10^4 A/cm^2$。这样高的电流密度，将使器件发热。故同质结半导体激光器在室温下只能以低重复率（几千赫兹至几万赫兹）脉冲形式工作。

后来人们研究发现，同质结二极管激光器的激活区（有增益的区域）不但包括 PN 结区，而且包括两边的扩散区，由于大多数电子在 P 型区复合，因此激光略偏 P 型区产生。所以，要在这么大的范围内产生激活，所需的阈值电流密度自然非常高。如果能够设法把激活区抑制在结区，将会降低阈值电流密度，于是研制出了异质结半导体激光器。由不同材料的 P 型半导体和 N 型半导体构成的 PN 结叫异质结。异质结 LD 有单异质结（SH）和双异质结（DH）。下面以 GaAs 和 GaAlAs 两种材料构成的异质结为例进行介绍，并与 GaAs 构成的同质结比较了对载流子和光波的限制情况。GaAlAs 比 GaAs 的带隙宽，即禁带宽度大。带隙差决定了结构中的折射率差。

单异质结器件的结构如图 5-15 (b) 所示。单异质结是由 P-GaAs 与 P-GaAlAs 形成的，即在 P 型 GaAs 的外面再外延一层 P 型 GaAlAs。由于 P 型 GaAlAs 晶格的结构与 P 型 GaAs 差别不大，不会引入大量的位错。但是其禁带宽度却大得多，起到阻挡电子向 P 型区扩散的作用，使增益区域变小，因而降低了阈值电流密度。同时，因 P-GaAlAs 的折射率小，"光波导效应" 显著，将光波传输限制在了激活区内。这两个因素使得单异质结激光器的阈值电流密度降低了 $1 \sim 2$ 个数量级，约 $8000A/cm^2$。单异质结（SH）激光器对光波和载流子的限制比同质结好，通常用作脉冲器件，其脉冲功率可达数十瓦。

双异质结（DH）激光器的结构是窄带隙的有源区（P-GaAs）被夹在宽带隙的 GaAlAs 之间，即在激活区两侧有两个异质结，如图 5-15 (c) 所示。在单异质结激光器的 N 型区再生长上一层 N 型 GaAlAs，可用它来阻挡空穴向 N 型区的扩散。带隙差形成的势垒把两种载流子都限制在了有源区内，带隙差形成的较大的折射率差（5%）也将光场很好地限制在

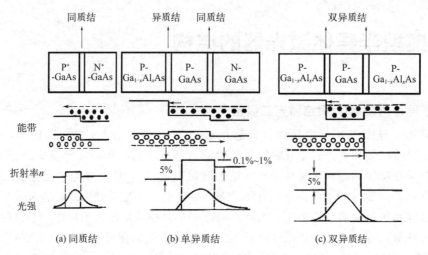

图 5-15　同质结、异质结

了有源区内，"光波导效应"显著，光波传输损耗大大减小，从而阈值电流密度大大降低，下降到了 $3 \times 10^3 \mathrm{A/cm^2}$，工作波长在 $0.89\mu\mathrm{m}$，并且能够在室温下工作。这是一个划时代的开端，半导体激光器开始走向实用化，这种新的光源进入了一个高速发展的阶段。

利用掺杂技术，让 Al 原子替代 GaAs 中的 Ga 原子，即可得到三元合金 $\mathrm{Al}_x\mathrm{Ga}_{1-x}\mathrm{As}$。其禁带宽度较 GaAs 明显增大，且随 x 的增大而增大（介于 $2.15\sim1.55\mathrm{eV}$ 之间），相应的辐射波长处于 $0.6\sim0.8\mu\mathrm{m}$ 之间。除了 GaAs 为基质的激光器之外，以 InP 为基质，以 $\mathrm{In}_{1-x}\mathrm{Ga}_x\mathrm{As}_y\mathrm{P}_{1-y}$ 为激活层的也比较重要。这类激光器的典型波长在 $1.1\sim1.65\mu\mathrm{m}$ 范围内，其中包括了光纤通信用的两个最佳波长（$1.3\mu\mathrm{m}$ 和 $1.55\mu\mathrm{m}$）。

半导体激光向短波长方向发展目前主要由 Ⅱ-Ⅳ 族化合物实现。例如，硒化锌激光器低温时工作波长为 $0.46\sim0.53\mu\mathrm{m}$，室温下也可得到 $0.50\sim0.51\mu\mathrm{m}$ 的辐射。在长波长方面，GaSb 基质上的 $\mathrm{Ga}_x\mathrm{In}_{1-x}\mathrm{As}_y\mathrm{Sb}_{1-y}/\mathrm{Al}_x\mathrm{Ga}_{1-x}\mathrm{As}_y\mathrm{Sb}_{1-y}$ 激活层室温下可连续输出 $2.2\mu\mathrm{m}$ 的红外辐射。

5.4.2　分布反馈式激光器

分布反馈式（DFB）半导体激光器是随光纤通信和集成光学的发展出现的，其最大特点是易于获得单模，单频输出，容易与光缆、光纤调制器耦合。一般的半导体激光器谐振腔是由两端两个平行的天然晶体解理面形成的 F-P 腔。这种腔容易产生多模振荡或模式跳变。DFB 激光器如图 5-16 所示，利用特殊工艺在激活区 GaAs 内制成了周期性波纹结构。DFB 激光器的光振荡就是由这种周期性结构（即衍射光栅）提供的光耦合形成的，不再需要谐振腔的端面提供正反馈。当光水平并满足布拉格条件入射时，得到

$$2\Lambda\sin\theta = m\lambda \quad m = 1,2,3,\cdots \tag{5-37}$$

式中，Λ 是波纹光栅的周期；λ 是入射光波长；θ 是入射角。在上述条件下，如果 $\theta = 90°$，上式变成

$$2\Lambda = \frac{m\lambda}{n_e} \quad m = 1,2,3,\cdots \tag{5-38}$$

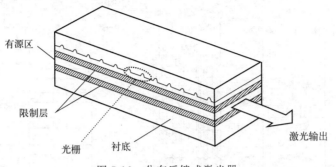

图 5-16　分布反馈式激光器

此处的 n_e 是介质的折射率。在满足布拉格衍射时，入射光几乎被全部反射回去，这就相当于一个全反射镜。如果光栅的周期 Λ 与光栅的长度 L 之比不大时，它是不完全的体积光栅，应有透射光存在，在另一端就可构成半反射镜，成为一个很好的谐振腔。只要腔内存在增益，在满足阈值条件后就能产生激光振荡。

当 Λ 和 n_e 一定时，能够满足布拉格衍射条件的入射光波长只能是 λ 的整数倍，但由于激发二次谐波的阈值较高，因此这种激光器很容易实现单纵模振荡。最初的分布反馈式激光器激活区如图 5-17（a）所示。由于光栅的存在，在工艺制作过程中很容易受损坏。为了改善工艺，人们把光栅改到激活区的两边，如图 5-17（b）所示。这类器件被称作分布布拉格反馈式（DBR）激光器，大大提高了器件的寿命，其输出功率可达几瓦。

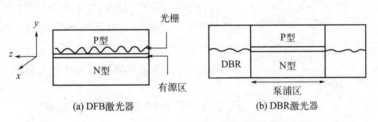

图 5-17　DFB 和 DBR 激光器结构

5.4.3　半导体量子阱激光器

量子阱激光器（QWLD）是指有源区采用量子阱结构的半导体激光器。它是随着分子束外延（MBE）法、金属有机化学气相沉积（MOCVD）法等先进工艺技术的发展和应用而研制成功的新型半导体激光器，具有更低的阈值、更高的量子效率、极好的温度特性和极窄的线宽。

两种不同成分的半导体材料在一个维度上以薄层的形式交替排列形成周期结构，从而将窄带隙的有源层夹在宽带隙的半导体材料之间形成势能阱。量子阱激光器的有源区非常薄，普通 F-P 腔激光器的有源区厚度为 $100 \sim 200 nm$，而量子阱激光器的有源区只有 $1 \sim 10 nm$。当有源区的厚度小于电子的德布罗意波的波长时，电子在该方向的运动受到限制，态密度呈类阶梯形分布，从而形成超晶格结构。图 5-18 给出了单量子阱、多量子阱和应变量子阱的能带。对于可见光 $0.7774 \mu m$，输出功率为 $1W$ 的器件，其阈值比双异质结低一个量级（$1 kA/cm^2$），量子效率可达 48%，谱线宽度为 $6 nm$，因此量子阱效应可以看成是一宏观量子效应。

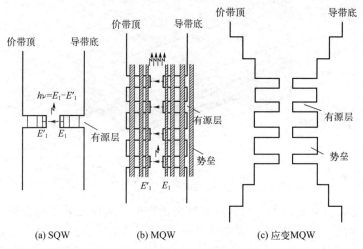

(a) SQW	(b) MQW	(c) 应变MQW

图 5-18　量子阱方案的能带

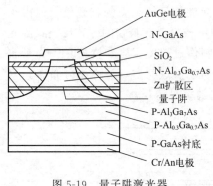

图 5-19　量子阱激光器

图 5-19 所示的量子阱激光器的激活区（量子阱）是由 5 层 GaAs、6 层 $Al_{0.3}Ga_{0.7}As$ 构成的。其中 GaAs 厚 80Å，$Al_{0.3}Ga_{0.7}As$ 厚 120Å。该激光器是单横模输出，光束发散角为 $\theta_{\perp} = 25°$，$\theta_{\parallel} = 12°$，端面最大输出功率为 65mW，阈值电流为 $20\sim25mA$，相当于电流密度为 $3000A/cm^2$。量子阱半导体大功率激光器在精密机械零件的激光加工方面有重要应用，同时也成为固体激光器最理想的高效率泵浦光源。由于高效率、高可靠性和小型化的优点，其导致了固体激光器的不断更新。

5.4.4　垂直腔表面发射激光器

垂直腔表面发射激光器（VCSEL），构成谐振腔的两块反射镜分别位于结层的上、下方，因而激光输出与结层垂直。这导致它具有与端面发射器件极不相同的特性。激光腔的方向垂直于半导体芯片的衬底，有源层的厚度即为谐振腔的长度。VCSEL 的谐振腔不是依靠解理面形成，而是通过单片生长多层介质膜形成，从而避免了前面介绍的边发射激光器中由于解理面本身的机械损伤、表面氧化和沾污等引起激光器性能退化。其结构如图 5-20 所示。

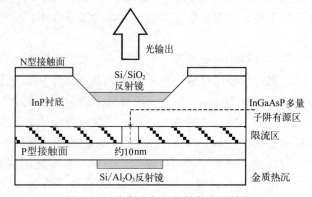

图 5-20　垂直腔表面发射激光器结构

激光器由单片外延生长形成，可产生圆对称且无像散的高质量高斯光束，可形成高密度的二维阵列激光器，容易模块化和封装，成本低，容易实现与其他光电子器件的堆积集成。目前可在 $1cm^2$ 的芯片上集成上百万个这样的激光器，每一个直径只有几微米。它的输出模式近场是单纵模，远场是单横模，输出功率可达几十瓦，可用于横向泵浦大功率固体激光器。

5.4.5 新型微纳半导体激光器

微纳激光器通常指尺寸或模式尺寸接近或小于发射光波长的激光器。其结构小巧、阈值低、功耗低，在高速调制领域具有广阔的应用前景，是未来集成光路、光存储芯片和光子计算机领域的重要组成部分，同时被广泛应用在了生物芯片、激光医疗领域，并在可穿戴设备等领域有着潜在的应用价值。

最早的结构微小化半导体激光器是上一节介绍的垂直腔面发射激光器，将尺寸降低到了几十微米量级，并在通信、电子消费等领域获得了广泛的应用。由于尺寸的降低往往代表着阈值和功耗的降低，在过去的 50 年中，半导体激光器的体积已经减小了大约 5 个数量级。为了进一步减小体积获得更高的性能，人们尝试了各种方法来进行腔长的压缩和谐振腔的设计，如使用回音壁模式的微盘激光器、使用金属核壳结构的等离子激元激光器、基于法布里-波罗腔的异质结二维材料激光器等。表 5-1 介绍了几种不同类型的微纳激光器特性。通过光学、表面等离子、二维材料等新兴科学技术的引入，微纳激光器目前已经实现了三维尺寸衍射极限的突破。基于表面等离子激元介电模式的 SPASER 激光器，横向尺度可以做到 260nm 以下，并可以实现电学泵浦。基于过渡金属二卤化物（TMDC）的二维材料增益介质，可以保证在激光器体积小型化的前提下，提供比一般半导体量子阱材料高几个数量级的材料增益，并可以在三维尺寸上突破衍射极限。此外，量子点材料的引入也为激光器增益性能的提高提供了新的思路。

就各种微纳激光器的发展程度来讲，除 VCSEL 已经成功商用以外，其余类型的激光器在实际应用方面的道路依旧曲折，但微盘激光器的小尺寸、光子晶体激光器的低阈值和高速率、纳米线激光器的灵活调控波长以及等离子激元激光器的均衡性能使其在各自的应用领域内有着广泛的发展前景。

表 5-1 几种不同类型的微纳结构激光器特性比较

激光类型	器件特性	器件尺寸	阈值
VCSEL	基于 DBR 或光栅结构实现腔反馈，有源区与一般半导体激光器相同	有源区尺寸为百纳米量级，器件尺寸为微米量级	相比一般半导体激光器较低
微盘激光器	基于回音壁模式实现腔共振，多采用半导体材料作为有源区	器件多为盘状结构，需要复杂工艺进行微盘制作，器件可以在一个方向实现亚波长尺寸	相比传统半导体激光器低，可以实现高边模抑制比的窄线宽输出
核壳结构激光器	包括纳米线激光器、金属核壳结构激光器等，通常通过激子或电子、空穴等离子体实现光增益	基于纳米线中等效折射率差实现光学限制，可以至少在两个方向实现亚波长尺寸	阈值理论可以达到很低的水平，与核壳结构材料和有源区增益方式有关

激光类型	器件特性	器件尺寸	阈值
金属或金属/介质结构微纳激光器	基于 LSP、SPP/光子耦合微腔或光学微腔结构实现光学谐振	基于表面等离子体及其局域效应可以实现 1D/2D/3D 亚波长结构，否则受到衍射极限限制	非 SPP 效应下受金属损耗影响，阈值较高，但包含 SPP 效应时，主要取决于材料增益，使用量子点、二维材料等作为有源区材料可以大大优化器件性能

5.4.6　垂直外腔面发射激光器

光泵浦垂直外腔面发射激光器（OP-VECSEL），又称光泵浦半导体激光器（OPSLs），或半导体碟片激光器（SDL），是半导体激光器与固体激光器结合的产物，见图 5-21。它的增益芯片采用半导体材料，与垂直腔面发射激光器（VCSEL）非常相似；谐振腔结构则采用固体激光器构型，通常由半导体芯片上的分布布拉格反射镜（DBR）和外腔镜共同构成；泵浦方式通常使用光泵浦，可以提供更灵活的工作方式和更优良的器件性能。VECSEL 使用半导体芯片作为增益物质，可以提供多种波长选择和宽谱的调谐范围。基于固体激光器的光学腔可以使其方便地进行腔内光学元件插入，易于进行脉冲压缩、和频、差频及光束整形，可以产生超短脉冲激光、特殊波长激光、太赫兹激光、多色激光等，满足多种特殊应用需求。目前该领域的主要研究内容集中在提高输出功率、波长可调谐性、激光超短脉冲或超强脉冲产生以及特殊波长或多波长设计等方面。就波长覆盖范围来讲，VECSEL 目前已经实现了紫外波段到可见光波段再到红外波段甚至太赫兹波段的全波段覆盖。

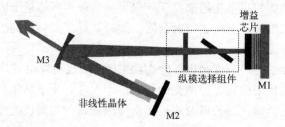

图 5-21　垂直外腔面发射激光器

5.5　半导体激光器的应用

5.5.1　光通信应用

光纤通信系统是指利用激光作为信息的载波信号并通过光纤来传递信息的通信系统。对半导体激光器来说，光纤通信不仅是当前最主要的应用领域，更是未来前景最为广阔的应用领域。2019 年有报道称，全球光纤网络总长度超过 40 亿芯公里足以环绕地球赤道 10 万圈。随着全球互联网、通信等行业的持续发展，光纤通信网络不断建设和扩展。光纤通信之所以能得到如此迅速的发展，是因为它相对于电子通信有很多优点，包括宽通带、大容量、低传输损耗。图 5-22 为光通信系统，主要包含以下几个最基本的部分：①传输介质，光纤；

②有源光学器件模块，光发射机、光接收机、光放大器等；③无源光学元件和器件，活动连接器、固定连接器、耦合器、衰减器、隔离器、光学滤波器、波分复用器等；④微电子学部件，电子复接器/解复接器、信号处理电路、控制/维护电路等。该系统中每一部分互相关联，每个元件或器件都对系统的性能产生影响。其中最基本的是光源、光纤和探测器。

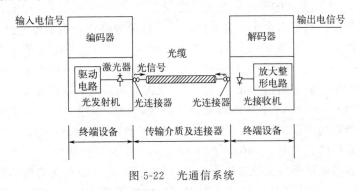

图 5-22　光通信系统

最早进入实用的半导体激光器，其激光波长为 $0.83\sim0.85\mu m$，这对应于光纤损耗谱的第一个窗口，多模光纤的损耗达 2dB/km。围绕着提高光纤通信系统的容量，在 20 世纪 70 年代末期，在 $1.3\mu m$ 波长处得到了损耗更小（0.4dB/km）、色散系数接近于零的单模光纤，不久又开发出损耗更小的 $1.5\mu m$ 单模光纤窗口。因此，早在 20 世纪 60 年代后期开始研究的 $1.3\mu m$ InGaAsP/InP 激光器以及波长为 $1.55\mu m$ 的半导体激光器也很快得到实用化。为进一步实现激光器低阈值、良好的动态单纵模、高的特征温度和长期工作的稳定性，相继出现了很多结构不同、性能优良的半导体激光器，如隐埋条形异质结（BH）激光器、分布反馈（DFB）激光器、分布布拉格反射（DBR）激光器、解理耦合腔（C^3）激光器、量子阱激光器等。

早期的半导体激光器是用液相外延（LPE）技术在 GaAs 基质上生长 $Al_x Ga_{1-x} As$ 合金单晶制造的。在这项技术中，用含少量熔解 Al 的熔融态金属 Ga、GaAs 及半导体 P 型和 N 型掺杂材料生长成半导体薄膜，以实现所希望的激光双异质结。$Al_x Ga_{1-x} As$ 材料系只发射 $600\sim900nm$ 的辐射。从 20 世纪 70 年代后期开始，硅光纤对波长 $1.3\mu m$ 和 $1.55\mu m$ 辐射的传输特性（损耗和散射）得到了极大的改善。对远距离通信来说，最具吸引力的材料是与 InP 基质晶格匹配的 $In_{1-x} Ga_x As_y P_{1-y}$ 合金。它可以用与 $Al_x Ga_{1-x} As$ 十分类似的方式通过 LPE 生长，典型的生长温度为 650℃（略低于前者的 750℃）。$In_{1-x} Ga_x As_y P_{1-y}$ 材料于 20 世纪 80 年代早期已在远距离通信网中被推广使用。

几乎与研制出第一只 $Al_x Ga_{1-x} As$ LPE 双异质结激光器同时，贝尔实验室科学家 Alcho 及其合作者发展了 GaAs 外延层生长的新方法，称为分子束外延（MBE）。它使得生长只有几个原子层厚度的单晶 GaAs 和 $Al_x Ga_{1-x} As$ 成为可能。1975 年，在 MBE 技术的推动下，贝尔实验室的 Dingle 和 Henry 发明了一种全新的激光结构。其中，双异质结激活层的厚度小于 30nm，达到注入载流子"量子尺寸"，因而称为"量子阱"（QW）激光器。计算与实验都证明，与先前的激光器相比，量子阱激光器具有极高的增益、低阈值和低损耗。其优越的性能使当今的激光器市场选择了这种设计。

5.5.2　生物和医学应用

与气体和固体激光器相比，半导体激光器体积小、重量轻、供电简单、结构紧凑、便于携带、便于维护和操作以及能高效率地与光纤耦合等，是医学应用上的理想激光源。现在已用半导体激光器做手术治疗、肌肉组织焊接、牙科治疗、光镇痛和光针灸等。

（1）半导体激光外科手术治疗

输出波长为805nm左右的半导体激光器很适合人体的手术治疗。用激光做手术与通常的手术刀和电刀相比，具有出血少、愈合快、不易感染等特点；用激光进行手术包括使手术部位的组织迅速汽化和切开或切除的组织迅速凝固与止血。这与激光的工作波长和手术头（又称光头或探头）有关，以前使用较多的 Nd：YAG 激光器（波长为 1064nm），由于波长较长，汽化功能不足，而它的倍频光（532nm）又因波长较短而凝固止血功能欠佳。激射波长为 805nm 的 GaAlAs/GaAs 半导体激光器有最佳的组织效应，同时可达到组织汽化与凝固的最佳效果，所需功率仅为波长 1064nm 的 Nd：YAG 激光器的一半。

目前，临床应用的主要是 810nm、940nm、980nm 的半导体激光，以氧合血红蛋白为激光靶子，诱发的热量可促使血液沸腾产生"蒸气泡"，间接损伤血管壁以致血管闭塞，治愈率为 90%、100%。其主要缺点是术后有疼痛和瘀伤等副作用。1470nm 的激光与 980nm 的激光用于前列腺组织消融术时具有出血少、术后并发症较少等优点，并且组织消融速率高，可广泛用于前列腺增生症、湿疣、尿道肿瘤等疾病治疗，成为 KTP 绿激光的有力竞争者。

（2）半导体激光用于牙科治疗

20 世纪 90 年代中期以来，半导体二极管激光治疗系统广泛应用在了牙周病、牙髓炎等口腔疾病的治疗。接触式连续放射的半导体二极管激光器可切除软组织并减少牙周袋内的微生物，其发射的激光对厌氧病原菌有亲和力，可用于种植体周围炎症的消除。半导体激光器泵浦的固体激光器因转换效率高，可做成结构紧凑、维护容易的便携式医用仪器而受到重视，诸如 Er：YAG（激射波长为 2.94μm）、Ho：YAG（2.12μm）、Nd：YAG（1.06μm）、Nd：YLF（1.053μm）等。

在牙本质过敏的治疗中，采用波长 790～830nm、功率 200～500mW 的半导体激光器，照射 180～300s/次，1 次/天，8～10 次/疗程。对于牙周炎的治疗，采用波长 800～980nm、功率为 100～500mW 的半导体激光器，能够减轻牙龈炎症，具有镇痛效果，并能加强局部微循环，促进口内软组织愈合。

（3）半导体激光眼科应用

半导体激光在眼科中的应用有很多，包括青光眼治疗、视网膜修复、黄斑水肿治疗等。

青光眼的治疗主要是依靠激光虹膜切开术，这一技术手段主要依赖激光的光热效应。与通过手术实施的虹膜切除术相比，其安全性更好，并且操作简单易行。由于激光的特性，患者术后恢复快，因此该方法得到了极大推广。激光小梁成形术也是结合手术与药物治疗开角型青光眼的一种方法。此外，可采用半导体红外激光穿过巩膜到达睫状体，使睫状突遭到破坏，限制房水的生成，以达到治疗青光眼的目的。

目前临床上，视网膜脱落已经成为比较常见的眼科疾病。针对这一疾病，半导体激光器可通过热效应，在视网膜与脱离的边缘进行热凝固，通过瘢痕性粘连，进行视网膜修复。激光能穿透较混浊的晶状体、玻璃体积血和视网膜出血灶，直接到达色素上皮层，由于血液不吸收红外光，避免了视网膜神经纤维层的损伤，几乎不会伤害视网膜前膜，在老年人发生的以出血为主要表现的视网膜静脉阻塞的治疗中极具优越性。

（4）半导体激光整形术

在医学美容领域，激光脱毛作为最主要的应用在欧美发达国家已经发展相当成熟。半导体激光在美容领域的另一个重要应用是皮肤重建手术。相关学者应用半导体激光治疗仪进行非消融性祛除皱纹，治疗时结合动力冷却可以保护表皮组织，减少并发症。此方法较其他非消融性皮肤重建术的优点在于减少了皮肤色素沉着、伤疤等副作用。半导体激光烧脂术发展迅速，各种医疗仪器不断涌现。980nm的半导体激光辅助烧脂技术有望成为瘦身整形的新手段。

半导体激光波长范围广，不同波长的半导体激光照射生物组织会产生不同的生物效应，对应着不同的激光治疗方法，可用于不同科室疾病的治疗。医用半导体激光器的应用状况见表 5-2。

表 5-2　医用半导体激光器的应用状况

波长/nm		功率	运行模式	应用
可见光	532	低功率	连续	常规眼底激光光凝术
	630～670	低功率	连续	癌症的光动力学治疗
	650	低功率	连续	各种急慢性鼻炎；穴位照射，活血化瘀，抗炎消肿，杀菌止疼等
红外光	789～910	低功率	连续	牙齿、口腔急慢性炎症；血管照射，针灸理疗等
	810～980	高功率	连续	外科手术中的汽化，激光手术刀
	810	中功率	微脉冲	透巩膜睫状体光凝术
	800、810	中功率	脉冲	脱毛
	980	中功率	脉冲	除皱
	1450	中功率	脉冲	去除粉刺、痤疮等；除皱
	1470	高功率	连续、脉冲	外科手术中的汽化，激光手术刀
	1540～1550	中功率	脉冲	去除粉刺、痤疮等；除皱

（5）用于光学层析造影（OCT）

光学层析造影（也称光学相干层析）不但能对材料进行非破坏或非侵入性的检测，也是对人体健康状况检查和诊断的有效手段，它可以检测氧合血红蛋白、去氧血红蛋白、血流量变化等。从 20 世纪 80 年代初开始对此已有不少研究，积累了大量数据，经过长时间的探索和随着半导体激光器的发展，已普遍认识到半导体激光器是这一应用的首选光源。

OCT 的基本原理为蒙特卡罗（Monte Cerlo）模型。当激光束入射到生物组织表面时，一部分从表面反射，另一部分由于散射分布到组织内部并传输，或直接（弹道式光子）到达在一定距离处设置的探头，从探头输出的光信号即可获得有关组织细胞的信息。

生物组织对某一波长光的吸收系数和散射系数，随光子入射深度、细胞组织颜色和相对血流量值的变化而变化。生物组织对光的吸收系数和光散射系数一般为 $0.05～0.15\mathrm{mm}^{-1}$ 和 $3～10\mathrm{mm}^{-1}$，皮肤的各向异性因子 $g = 0.78～0.95$。因为生物组织对光的吸收和散射较强，故激光源与光探头之间的距离不能很大，一般在 20mm 以内。目前采用的半导体激光器的波长为 700～900nm，连续功率在 40mW 以上。测量结果的改善有待于宽调谐范围（约

100nm）的单模半导体激光器的发展，同时应采取适当的振幅、频率或相位选通技术。

5.5.3 光泵浦应用

5.5.3.1 泵浦固体激光器（DPSSL）

早在 1963 年，即 GaAs 半导体激光器问世后的次年，就有人提出用半导体激光器的相干辐射针对 Nd 的吸收带泵浦来得到高效率、结构紧凑的全固态激光器。尽管也有些人做了一些探索性的工作，但由于早期的半导体激光器只能在液氮温度下输出很小的功率，无法实现有效的 DPSSL 工作。随着 1970 年半导体激光器实现了在室温下的连续工作，1972 年得里梅（Danielmeyer）实验了在室温下用半导体激光器泵浦 Nd：YAG 激光器，1974 年，苛莱特（Conant）等提出用列阵半导体激光器泵浦 Nd：YAG 激光器。1980 年，里斯（Rice）根据卫星之间通信和遥感测风速的需要，使用了列阵 GaAlAs 激光器泵浦 Nd：YAG 激光器。1985 年，周炳琨教授在斯坦福大学研究出单纵模、频率抖动小于 10Hz 的 DPSSL，更加引起了人们的重视。随着量子阱技术的成熟和中心波长为 808nm 的半导体激光器输出功率的提高，结构紧凑、效率高（20% 以上）的 DPSSL 和它的倍频激光器于 20 世纪 80 年代中期就进入了市场。之后，又出现了多种固体激光工作物质（如 $Nd：YVO_4$、$Nd：LiYF_4$ 等）的 DPSSL。通过对谐振腔的设计，又从这些激光器中获得了多种工作波长（如 1064nm、1310nm、946nm 等）的 DPSSL。

DPSSL 的泵浦方式有三种，即直接端泵浦、光纤耦合端泵浦和侧向（边）泵浦。

（1）直接端泵浦

这是小功率 DPSSL 常用的一种泵浦方式，具有结构紧凑、整体效率高和有利于得到好的空间模式（TEM_{00}）的特点。这种激光器主要由半导体激光器泵浦源、耦合光学系统和固体激光器三部分组成，如图 5-23 所示。耦合光学系统可将半导体激光高效率地耦合出来并高效率地耦合进固体激光工作物质。固体激光器的设计主要在于腔型、固体激光材料几何尺寸和位置的选择，遵循一般固体激光器的设计原则，所不同的是在端泵浦中一般采取半外腔（或半内腔）结构，即在固体激光棒（或片）的后端面镀双色膜（它对固体激光波长全反而对泵浦光高透）；输出面具有对所需的固体激光波长合适的透过率，并且能抑制未同时被固体激光工作物质全部吸收的泵浦光和其他的激射谱线从输出腔面逸出。

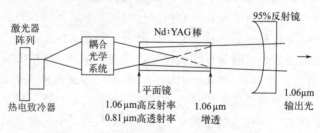

图 5-23 半导体激光器端泵浦固体激光器

（2）光纤耦合端泵浦

用光纤或光纤束将半导体激光器的输出光耦合到固体激光材料的这种方式，可以对泵浦激光器和固体激光器实行热隔离，减轻热效应的相互影响。同时利用光纤的柔性，可以使固体激光头做得更小，适合野战战车、坦克等环境。但这种泵浦方式整体结构不紧凑，效率不及直接端泵浦。

（3）侧向泵浦

用列阵激光器从侧向泵浦板条固体激光器，散热效果好，适合高功率 DPSSL，见图 5-24。垂直腔表面发射激光器很适合进行这种方式的泵浦。

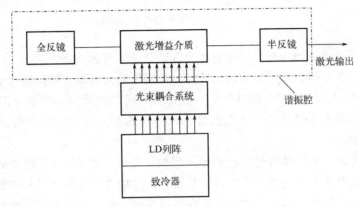

图 5-24　侧向泵浦 DPSSL

5.5.3.2　泵浦光纤激光器

近年来，高功率光纤激光器成为激光技术领域最为活跃的研究方向之一。与传统的固体激光器相比，高功率光纤激光器具有结构简单、散热性能好、稳定性高、光束质量优异以及真正的免维护功能等显著优点，在众多领域，特别是工业加工领域获得了广泛应用。与其他固体激光器类似，光纤激光器由泵浦源、增益介质、光学谐振腔三部分组成。一般采用掺杂光纤作为增益介质，以光纤端面或光纤光栅等作为反射镜来构成光学谐振腔，其泵浦源则普遍采用半导体激光器。

在光纤激光器中，作为泵浦源的光纤耦合半导体激光器是其核心部件之一。光纤激光器的输出性能很大程度上依赖于半导体激光泵浦源的性能，半导体激光泵浦源的泵浦效率、寿命、尺寸和价格直接影响器件的最终性能，泵浦源的选择对光纤激光器的研制具有决定性的影响。对于光纤激光器，不同增益介质掺杂材料对应不同的吸收波长和荧光波长。例如对于掺铒光纤，使用 800nm、980nm、1480nm 和 530nm 等波长的激光作为泵浦光，都可以产生 1536nm 的激光；对于掺钕光纤，使用 800nm、980nm 和 530nm 等波长的激光作为泵浦光，都可以产生 900nm、1060nm 和 1350nm 等的激光。

泵浦源与光纤之间的耦合方式可分为端面泵浦和侧面泵浦两大类。

（1）端面泵浦

端面泵浦是比较简单的泵浦耦合方式。光纤激光器的端面泵浦主要包括透镜组耦合、直接熔接和锥导管耦合。

透镜组耦合方式主要用于以二向色镜（对泵浦光高透射、对振荡激光高反射的透镜）作为腔镜的光纤谐振腔，半导体激光器泵浦光经透镜组聚焦后通过二向色镜直接注入光纤的端面（图 5-25）。为进一步提高泵浦光的注入功率，可采用双向泵浦的方法。

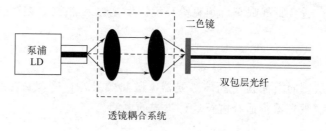

图 5-25　透镜组耦合端面泵浦结构

直接熔接用于泵浦以光纤布拉格光栅作为腔镜的全光纤激光器（图 5-26）。在这种耦合结构中，光纤耦合半导体激光器的输出尾纤与增益光纤的入射端直接熔接起来。这种端面直接熔接的方式优点是：结构较为简单，且不需要其他的辅助微调，实现了激光器的全光纤化。缺点是：半导体激光器尾纤与增益光纤的尺寸通常会有差别，直接熔接时对准难度较大，附加损耗也较大。

锥导管耦合是通过锥形导管把泵浦光导入双包层光纤（图 5-27）。通常情况下，半导体泵浦光的尺寸较增益光纤纤芯的尺寸大几个数量级，选用锥形导管，可利用其两端结构尺寸不一致的特性，使小尺寸一端的尺寸与光纤内包层相同，并与增益光纤熔接到一起。而泵浦光则通过大尺寸一端输入，利用导管自身的光束会聚特性，经过小尺寸一端导入增益光纤。锥形导管最常见的是圆锥状结构，但由于锥形导管的制作工艺比较复杂，锥形导管耦合的报道相对较少。实际应用中，可以将透镜和锥形导管结合起来，分两步从两个方向对泵浦光进行压缩，进而实现泵浦光的耦合。

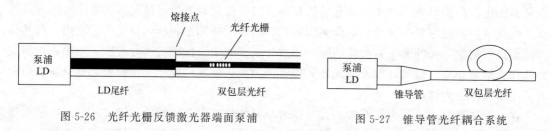

图 5-26　光纤光栅反馈激光器端面泵浦　　　　　图 5-27　锥导管光纤耦合系统

端面泵浦虽然具有工艺简单的优点，但其耦合效率较低，而且泵浦光只能通过光纤的端面注入增益光纤中，所以泵浦功率的提高会受到很大限制。

（2）侧面泵浦

侧面泵浦结构是将泵浦光从双包层增益光纤的侧面耦合进入光纤内包层。根据泵浦光耦合方式，可以分为棱镜侧面耦合、V形槽侧面耦合、嵌入反射镜式泵浦耦合等。采用侧面泵浦方式，不需要在入射端加二向色镜等波长选择元件，使得掺杂增益光纤可直接和其他光纤熔接，并且可以用于行波腔结构，理论耦合效率可达90%。但是，一些侧面泵浦方式对光纤的微机械加工工艺有很高的要求。

棱镜侧面耦合如图 5-28 所示。泵浦光通过紧贴光纤侧面的微棱镜进入增益光纤的内包层。这种方案中，由于耦合棱镜的宽度小于光纤内包层的直径，这为棱镜的加工制作带来了较大困难。目前，采用此种耦合方式获得的光纤激光输出仅有毫瓦量级，不适用大功率光纤激光器。

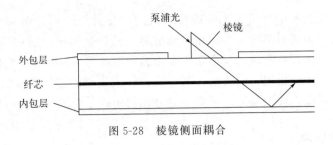

图 5-28　棱镜侧面耦合

　　V 形槽侧面耦合如图 5-29 所示。先将双包层光纤外包层去除一部分，然后在裸露的内包层刻蚀出一个 V 形槽，槽的一个斜面用作反射面。泵浦光由微透镜耦合会聚在 V 形槽的侧面，再由 V 形槽的侧面反射进入双包层光纤的内包层。为了提高耦合效率，V 形槽侧面的面形要求能够对泵浦光全反射。此外，还需在泵浦光入射的内包层一侧增加一层衬底。衬底材料的折射率与光纤内包层的折射率应相近，并且可以加镀增透膜。V 形槽侧面耦合方式原理较为简单，但是由于利用了微透镜准直，半导体激光泵浦源、准直微透镜以及光纤 V 形槽的相对位置对泵浦光的耦合效率影响较大。同时，由于 V 形槽嵌入到内包层，对内包层内传输的泵浦光有较大损耗。

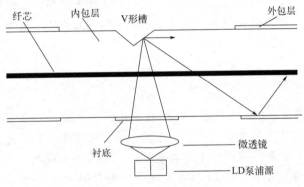

图 5-29　V 形槽侧面耦合

　　嵌入反射镜式泵浦耦合如图 5-30 所示。先将双包层光纤的外包层去除小部分，然后在内包层刻蚀一个小槽用以嵌入一个微反射镜来反射泵浦光。嵌入的微反射镜的反射面可以是优化设计的曲面，为了得到高的耦合效率，其反射面事先镀有高反率的膜层，入射面镀有对

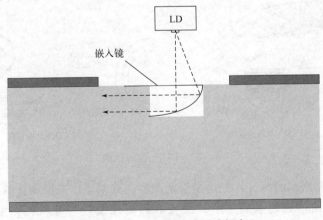

图 5-30　嵌入反射镜式泵浦耦合

泵浦光的增透膜。此技术中采用了光学胶将嵌入的微反射镜的出射面和光纤内包层黏结固定，同时光学胶还作为折射率匹配介质用来降低界面的反射损耗。LD泵浦源应当与嵌入的微反射镜足够近，以保证具有较大发散角的泵浦光能够全部照射到微反射镜的反射面上。

各种侧向泵浦技术的出现，使得以往利用端面泵浦实现的光纤激光器概念发生了改变，实现了在整个光纤长度上均匀泵浦，可更加充分地利用纤芯内增益，获得最大的功率输出。

5.5.4 信息处理应用

（1）光信息存储

激光存储是利用材料的某种对光敏感性质，当带有信息的光照射材料时，材料的这种性质发生改变，且能够在材料中记录这种改变，这就实现了光信息的存储。用激光对存储材料读取信息时，读出光的性质随存储材料性质的改变而发生相应变化，从而实现对已存储光信息的读取。对于光盘机来说，激光器的输出功率是一个重要参数。各种光盘对写入或读出信息所用的光源要求除激光功率有所差别外，其他是相同的，即：①尽可能短的激光波长，尽可能高的光束质量和尽可能小的光束像散，以便实现高密度的信息存储；②体积小、重量轻，以实现结构紧凑的光盘机；③供电简单、功耗小、维护容易；④价格便宜。

为了使记录的信息密度达到最大，经光学系统聚焦的光斑应尽量小。所能达到的最小光斑直径（最大光强 $1/e^2$ 处的光斑直径）为

$$d = 0.82 \frac{\lambda}{NA} \tag{5-39}$$

式中，λ 为激光波长；NA 为聚焦透镜的数值孔径。由式（5-39）可知，盘面上的焦斑直径可以通过增大聚焦透镜的数值孔径或减小激光波长来实现。然而过大的数值孔径会严重减小聚焦系统的焦深，使跟踪控制产生很大困难，一般将 NA 控制在 0.55 左右。

图 5-31 为 CD 光盘的结构。CD-ROM 光盘由沉积有记录介质的基片、金属反射层（一般为 Al 膜）和保护层（有机塑料）组成。光盘的直径为 120mm［图 5-31（a）］，被分为许多轨道［图 5-31（b）］。在光盘上以二进制（"0"和"1"）的形式记录信息，信息以小凹坑（信息斑）的形式沿螺旋形轨道记录在存储介质上。信息斑越小，光盘的存储密度越大。

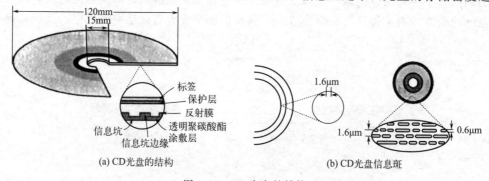

图 5-31　CD 光盘的结构

记录时，二进制形式的信息首先传递给调制器，调制器用来控制从激光器输出的光，使之成为携带有待存储信息的调制光束。激光的相干性极好，可以将光束聚焦到直径只有 $0.6\mu m$ 左右的焦斑上，使处于焦点微小区域内的记录介质受高功率密度光的烧灼形成小凹

坑，被烧蚀的凹坑表示二进制的"1"，而未烧蚀处为"0"，这样就制成了光盘的母盘。利用母盘可通过模压的方法复制大量的 CD 光盘，复制信息的速度比磁盘高几个数量级。为获得最大的信息存储密度，在制作母盘时，凹坑应尽可能地小。

从 CD 光盘上读取信息，是将激光二极管发出的激光束聚焦后照射光盘实现的。光盘在光驱中高速转动，激光头在伺服电动机的控制下前后移动读取数据。CD 光盘的转速不是常数，有一套特殊的控制系统对驱动光盘旋转的电动机进行控制，以调整光束的位置，使之精确地指向信息轨道。当探测器遇到凹坑和金属反射层表面之间的过渡部位，读出的信息就是"1"；否则，反射光来自金属表面，读出的信息就是"0"。

（2）激光扫描

计算机技术的不断进步和日益普及促进了激光扫描技术的发展，它广泛地应用在了印制板曝光、激光打印机、图像传真、图像处理、激光照排、制作微缩胶片、扫描光栅频谱仪、红外探测仪、激光扫描显微镜、激光标记机、尺寸检测仪、条形码扫描器等仪器中。

以条形码扫描器为例，条码扫描器是用于读取条码所含信息的设备。条形码是一组按一定编码规则排列的条、空符号，用以表示一定的字符、数字及符号组成的信息。条码扫描器的结构通常包括光源、接收装置、光电转换部件、译码电路、计算机接口。其基本工作原理为：首先由光源发出的光线经过光学系统照射到条码符号上面，然后被反射回来的光经过光学系统成像在光电转换器上，使之产生电信号；电信号经过电路放大后产生一模拟电压，它与照射到条码符号上被反射回来的光成正比，再经过滤波、整形，形成与模拟信号对应的方波信号，最后经译码器解释为计算机可以直接接收的数字信号。条形码扫描器如图 5-32 所示。条形码读出器所用激光源的功率应限定在对人眼安全的范围内，一般小于 0.5mW。波长在 610～660mm 的可见光半导体激光器很适合这种应用。

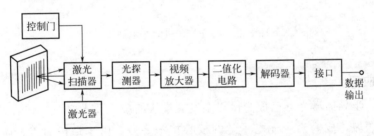

图 5-32　条形码扫描器框图

（3）激光印字或复印

激光打印机是一种将激光扫描技术与电子显像技术相整合的输出设备。首先计算机的输出信号对激光器的输出进行调制，带有字符和图形信息的激光束在涂有光导材料并均匀带电的鼓面上扫描，使光照部分电荷消失，未照部分电荷保留，即曝光；然后经过显影使光照部分吸附墨粉形成图像，再经过定影、转印，就可在纸上得到清晰的输出。

激光打印机的核心部件是一个可以感光的硒鼓。激光打印机的感光硒鼓是一个光敏器件，有受光导通的功能。该硒鼓表面的光导涂层在进行扫描曝光之前，会自动由充电辊充上一定量的电荷。一旦激光束通过点阵形式扫射到硒鼓表面上时，被扫描到的光点就会因曝光而自动导通，这样电荷就由导电基对地快速释放。而没有接受曝光的光点仍然保持原有的电荷大小，这样就能在感光硒鼓表面产生一幅电位差潜像。一旦产生电位差潜像的感光硒鼓旋转到装有墨粉磁辊的位置，那些带相反电荷的墨粉就被自动吸附到感光硒鼓表面，从而产生墨粉图像。

要是装有墨粉图像的感光硒鼓继续旋转，到达图像即将转移的装置时，事先放置好的打印纸也同时被传送到感光硒鼓和图像转移装置的中间。这个时候图像转移装置会自动在打印纸背面放出一个强电压，将感光硒鼓上的墨粉图像吸附到打印纸上，然后再将吸附有墨粉图像的打印纸上传到高温定影装置处进行加温、加压，以便让墨粉熔化到打印纸中，这样指定的打印内容就会显示在打印纸上，至此整个打印过程就结束了。

激光印字的优点是速度快、分辨率高、能适合各种印字、噪声低等。激光印字机适合高速、大量地印字，打印的速度范围在 550～15200 线/min，能用于计算机工作站、文字处理器、计算机辅助设计（CAD）、计算机辅助制造（CAM）等。图 5-33 为激光打印机的基本结构。因半导体激光器能直接调制，故可省去调制器。对半导体激光器需进行自动功率控制，以抑制其功率的波动。

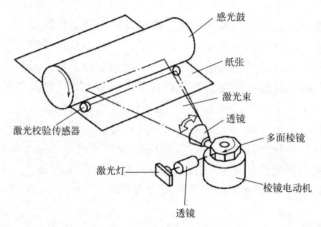

图 5-33　激光打印机的基本结构

5.5.5　军事应用

近些年来，半导体激光器已成为世界上发展最快的激光技术之一。它的应用几乎覆盖了整个光电子学领域，成为当今光电子学的核心技术之一。由于结构简单、体积小、寿命较长、易于调制及价格低廉等，半导体激光器广泛应用在了军事领域，如激光测距、激光制导跟踪、激光瞄准告警、激光雷达、激光引信、激光通信和激光陀螺等。

（1）半导体激光测距

二极管激光测距仪开发较早，测量距离小于 1km 的商用测距仪已有商品出售。典型 GaAs 激光测距仪在几千米距离内精度可达几厘米。美国轻型反坦克武器激光测距机采用了 GaAs 激光器，输出功率 40W，脉宽 70ns，发射角 10mrad，重复频率 5.7kHz，测距大于 500m。美国国际激光系统公司的 GRS00 型激光测距机也采用了 GaAs 激光器，脉宽 40ns，发射角 5mrad，测距 3230m，重量 10kg。

（2）半导体激光制导跟踪

激光制导跟踪在军事上具有十分广泛的应用。一种方法是光纤制导。通过一根放出的光纤把传感器的信息传送到导弹控制器,观察所显示的图像并通过同一光纤往回发送控制指令,以达到控制操纵导弹的目的。激光制导的另一种方法是驾束制导,又称激光波束制导。制导站的激光发射系统按一定规律向空间发射经编码调制的激光束,且光束中心线对准目标。在波束中飞行的导弹,当其位置偏离波束中心时,装在导弹尾部的激光接收器探测到激光信号,经信息处理后,弹上解算装置计算出弹体偏离中心线的大小和方向,形成控制信号,再通过自动驾驶仪操纵导弹相应的机构,使其沿着波束中心飞行,直至摧毁目标。激光驾束制导可用于地-空、空-空、地-地导弹等多种类型的导弹制导。

(3)半导体激光雷达

半导体激光雷达可作为常规兵器自动识别目标和瞄准修正系统的组成部分,也可作为机器人的视觉系统以及自主飞行器的控制系统。半导体激光雷达体积小、结构简单、性能可靠、测速精度高,是继 $1.06\mu m$ 固体激光装置以后,第二个率先在实践中应用的光电武器。随着高重复频率、高功率半导体二极管阵列激光器的实用化,出现了 24 通道实时成像二极管阵列激光成像,对目标的最大测程为 $500m$,帧频为 $3Hz$,视场为 $4°\times10°$,具有伪彩色和灰度反射强度图像的实时显示以及实时目标分类和瞄准点确定等功能。

(4)半导体激光引信

半导体激光器是唯一能用于导弹引信的激光器。激光近炸引信可以准确地确定起爆点,使导弹适时起爆。激光发射装置与接收装置均置于弹头。当导弹接近目标到最佳炸点时,反射激光信号的强度就达到一定程度,使执行机构执行起爆任务。保险和自炸机构是引信独有的。导弹一旦未捕获或丢失目标以及引信失灵后,自炸机构可以引爆导弹自毁。

除上述之外,半导体激光器还在武器模拟、军用光纤陀螺、激光照明等方面有应用,具有极大潜力;在制作光纤传感器、液晶光阀和激光二极管原子钟等方面,也有广泛的军事应用前景。

思考题

1.激光器的典型结构由哪几部分组成?每部分的作用是什么?

2.光与物质的相互作用有哪几种情况?请详细描述。激光的产生基于哪种情况?

3.什么是粒子数反转分布?一般通过哪种技术实现?

4.什么是激光器的纵模和横模?

5.某一激光器,工作介质折射率 $n=1$,荧光光谱增益线宽 $\Delta\nu_F=1.5\times10^9 Hz$,当腔长为 10cm 和 30cm 时,激光器中可能出现几种频率的激光?

6.半导体激光器的基本结构和产生激光的原理是什么?

7.半导体激光器有哪些基本特性?

8.半导体激光器与普通 LED 有什么相同和不同之处?

9.请介绍几个半导体激光器的典型结构,并查阅文献,了解新型半导体激光器的结构。

10.除了本章中介绍的半导体激光器的应用,你还知道哪些应用?

第 3 篇

探测材料与器件

第 6 章

光电导材料及器件

　　某些物质吸收光子的能量产生本征吸收或杂质吸收，从而改变物质电导率的现象，称为物质的光电导效应。利用半导体的光电导效应制成的探测器件称为光电导探测器，简称 PC (photoconductive) 探测器，通常又称为光敏电阻 (photoresistance)。光电导探测器具有体积小、坚固耐用、价格低廉、光谱响应范围宽、灵敏度高、无极性之分等优点，已被应用于照相机、光度计、光电自动控制、辐射测量红外搜索和跟踪、红外成像和红外通信等领域。目前广泛使用的光敏电阻有 Cds、CdSe、PbS、PbSe、Si、GeInSb、HgCdTe。本章主要介绍光电导探测器的原理、结构与特性参数，几种典型的光电导探测器及光电导探测器的应用。

6.1 光电导探测器的原理与结构

6.1.1 光电导探测器的原理

（1）欧姆定律

　　以金属导体为例，金属导体的电阻为 R，在导体两端加电压 U，导体内就形成电流 I，如图 6-1 所示。

$$I = \frac{U}{R} \tag{6-1}$$

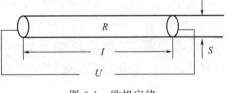

图 6-1　欧姆定律

　　设电阻率为 ρ，电阻 R 与导体长度 l 成正比，与截面积 S 成反比，则

$$R = \rho\,\frac{l}{S} \tag{6-2}$$

　　电导率 σ 为

$$\sigma = \frac{1}{\rho} \tag{6-3}$$

　　电流密度 J 就是通过垂直于电流方向的单位面积的电流，即

$$J = \frac{I}{S} \tag{6-4}$$

　　电场强度 E 为

$$E = \frac{U}{l} \tag{6-5}$$

则

$$J = \frac{U}{\rho \frac{l}{S} S} = \sigma E \tag{6-6}$$

$J = \sigma E$ 仍表示欧姆定律。它把通过导体中某一点的电流密度和该处的电导率及电场强度联系了起来，称为欧姆定律的微分形式。

（2）漂移速度和迁移率

电子在电场作用下沿着电场的反方向做定向运动称为漂移运动，定向运动的速度称为漂移速度。如图6-2所示，设导体中电子浓度为 n，电子的漂移速度为 V_d，导体截面积为 S，则单位时间内通过截面的电子数为 $nV_d \times 1 \times S$，

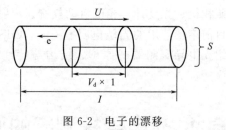

图 6-2　电子的漂移

$$I = neV_d S \tag{6-7}$$

$$J = neV_d \tag{6-8}$$

当导体内部的电场恒定时，电子应具有一个恒定不变的平均漂移速度，电场强度增大时，平均漂移速度也增大，反之亦然。所以平均漂移速度与电场强度成正比，即

$$V_d = \mu E \tag{6-9}$$

式中，μ 为电子迁移率，表示单位电场下电子的平均漂移速度，单位为 $m^2/(V \cdot s)$。在 300K 时，Si 的 μ 值为 $\mu_n = 1350 cm^2/(V \cdot s)$，$\mu_p = 500 cm^2/(V \cdot s)$；而 GaAs 的 $\mu_n = 8000 cm^2/(V \cdot s)$，$\mu_p = 400 cm^2/(V \cdot s)$。$\mu$ 值与材料、温度、掺杂浓度等有关。μ 值大的材料适用于快速响应的高频器件。

$$J = ne\mu E = \sigma E \tag{6-10}$$

其中

$$\sigma = ne\mu \tag{6-11}$$

式（6-11）表达了电导率和迁移率之间的关系。

（3）半导体的电导率

半导体的导电作用是电子导电和空穴导电的总和，如图6-3所示。

导电的电子是在导带中脱离了共价键可以在半导体中自由运动的电子；而导电的空穴是在价带中，空穴电流实际上是共价键上的电子在价键间运动时所产生的电流。显然，在相同的电场作用下，两者的平均漂移速度不会相同，而且导带中的电子平均漂移速度要大些。μ_n、μ_p 分别表示电子、空穴的迁移率，J_n、J_p 分别表示电子和空穴电流密度，n、p 分别表示电子、空穴的浓度，则

$$J = J_n + J_p = (ne\mu_n + pe\mu_p)E \qquad (6\text{-}12)$$

$$\sigma = ne\mu_n + pe\mu_p \qquad (6\text{-}13)$$

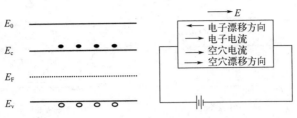

图 6-3 电子-空穴的漂移

（4）光电导效应

半导体在没有光照时，电子-空穴的浓度分别记为 n_0、p_0，称为平衡载流子浓度。此时电导率为 σ_0，为无光照的暗电导。

$$\sigma_0 = n_0 e\mu_n + p_0 e\mu_p \qquad (6\text{-}14)$$

光照到半导体，如图 6-4 所示。当光子的能量大于禁带宽度时，价带中的电子吸收光子，被激发到导带上，如图 6-5 所示。导带中的电子浓度增加 Δn，价带中的空穴浓度增加 Δp，$\Delta n = \Delta p$，增加的电子和空穴称为非平衡载流子。

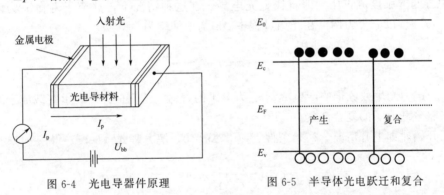

图 6-4 光电导器件原理　　　　图 6-5 半导体光电跃迁和复合

在光注入时，半导体的电导率为

$$\sigma = e(n_0 + \Delta n)\mu_n + e(\Delta p + p_0)\mu_p \qquad (6\text{-}15)$$

电导率增量为

$$\Delta\sigma = \sigma - \sigma_0 = e(\Delta n\mu_n + \Delta p\mu_p) \qquad (6\text{-}16)$$

这种由于光照注入非平衡载流子引起的附加电导率的现象称为光电导效应，附加的电导率称为光电导率，能够产生光电导效应的材料称为光电导材料。

6.1.2　光电导响应过程

光电导效应是非平衡载流子效应。本征光电导的响应与光生载流子 Δn 成正比，所以，这里只需考虑 Δn 对光信号的响应。当光照到探测器上时，光生载流子数增加。开始时，产生的载流子数大于复合的载流子数。但随着载流子浓度的增大，复合机会增多，经过一段时间后，产生和复合达到动态平衡，载流子浓度达到稳定值，如图 6-6（a）所示。同样，光照停止后，光生载流子的消失也需要一定的时间，如图 6-6（b）所示。

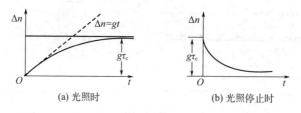

(a) 光照时　　　　　　　　(b) 光照停止时

图 6-6　光电导探测器的弛豫过程

对于非定态情况，例如当光照开始及撤去的瞬间有 $\dfrac{\mathrm{d}\Delta n}{\mathrm{d}t}\neq 0$，$\Delta n$ 将是时间的函数，必须解方程才能求得。由于不同的光照水平和不同的光电导类型，方程的形式不同，因此分不同情况进行处理。在分析定态光电导和光强之间的关系时，实际情况比较复杂，通常讨论两种典型情况。

（1）直线型光电导（弱光情况）

所谓弱光，指光生载流子浓度远小于平衡载流子浓度（小注入），即 $\Delta n \ll n_0$，$\Delta p \ll p_0$，光电导与光强度成正比，即直线型光电导。在这种情况下，载流子寿命 τ 为定值，复合率 $r=\Delta n/\tau$。以电子为例，在光照过程中 Δn 的增加率为

$$\frac{\mathrm{d}\Delta n}{\mathrm{d}t}=g-r=g-\frac{\Delta n}{\tau_{\mathrm n}} \tag{6-17}$$

式中，g 为光生载流子的产生率；$\tau_{\mathrm n}$ 为电子的寿命。式（6-17）表示在载流子产生的同时，还伴随着载流子的复合消失。

光照开始时即上升情况，初始条件 $t=0$，$\Delta n=0$，解方程式（6-17）得

$$\Delta n=g\tau_{\mathrm n}\left[1-\exp\left(-\frac{t}{\tau_{\mathrm n}}\right)\right]=\Delta n_0\left[1-\exp\left(-\frac{t}{\tau_{\mathrm n}}\right)\right] \tag{6-18}$$

式中，Δn_0 为定态光电子浓度。

此时，光电导率为

$$\Delta\sigma=\Delta\sigma_0\left[1-\exp\left(-\frac{t}{\tau_{\mathrm n}}\right)\right] \tag{6-19}$$

当 $t\gg\tau_{\mathrm n}$ 时，$\Delta\sigma=\Delta\sigma_0$，即趋于定态情况，如图 6-6（a）所示。

当光照撤去后，$g=0$，初始条件为 $t=0$，$\Delta n=\Delta n_0$，解方程式（6-17）得

$$\Delta n=\Delta n_0\exp\left(-\frac{t}{\tau_{\mathrm n}}\right) \tag{6-20}$$

$$\Delta\sigma=\Delta\sigma_0\exp\left(-\frac{t}{\tau_{\mathrm n}}\right) \tag{6-21}$$

当 $t\gg\tau_{\mathrm n}$ 时，$\Delta\sigma=0$。

$\Delta\sigma$ 的上升和下降速度取决于 τ_n 值。它表征了光电导的特性，τ_n 越大，弛豫时间越长，这种现象就是光电导的惰性。

（2）抛物线型光电导（强光情况）

所谓强光，即指 $\Delta n \gg n_0$，$\Delta p \gg p_0$，光电导类型为抛物线型，光电导与光强的平方根成正比。许多材料在强光下属于抛物线型光电导。在这种情况下，载流子寿命是一个变数，此时方程为

$$\frac{\mathrm{d}\Delta n}{\mathrm{d}t} = g - r(\Delta n)^2 \tag{6-22}$$

式中，r 为空穴-电子复合率。

若初始条件 $t=0$ 时，$\Delta n=0$，解上述方程，得上升情况时的 Δn 为

$$\Delta n = \left(\frac{g}{r}\right)^{\frac{1}{2}} \tanh\left[(gr)^{\frac{1}{2}}t\right] \tag{6-23}$$

当撤去光照时，$t=0$，$\Delta n=\Delta n_0$，解方程得下降情况时的 Δn 为

$$\Delta n = \left(\frac{g}{r}\right)^{\frac{1}{2}} \left[\frac{1}{1+(gr)^{\frac{1}{2}}t}\right] \tag{6-24}$$

可见在强光注入情况下，光电导的弛豫过程比较复杂，这时响应时间不再是常数，而是光照强度的函数；稳态光电导与入射辐射通量的关系也不再是线性关系，而是与入射辐射通量的平方根成正比。

6.1.3 光电导探测器的结构

光电导探测器又称光敏电阻、光导管，它几乎都是用半导体材料制成的光电器件。光敏电阻没有极性，纯粹是一个电阻器件，使用时既可加直流电压，也可以加交流电压。无光照时，光敏电阻值（暗电阻）很大，电路中电流（暗电流）很小。当光敏电阻受到一定波长范围的光照时，产生光生载流子，导致阻值（亮电阻）急剧减小，电路中电流迅速增大。一般希望暗电阻越大越好，亮电阻越小越好，此时光敏电阻的灵敏度高。实际光敏电阻的暗电阻值一般在兆欧级，亮电阻在几千欧以下。

图 6-7（a）为光敏电阻的剖面图。在顶部有两片呈梳状的金属电极，且两片金属电极的梳齿间隙里露出半导体光敏层（实际上是通过涂抹、喷涂及烧结等方式，在陶瓷基板上形成的一层很薄的半导体光敏层），下面是陶瓷基板，两侧是两只金属引脚。在整个结构的外部由一层透明树脂防潮膜包裹着，起到透光、防潮及加固的作用。图 6-7（b）是光敏电阻的俯视图。可以看到光敏面被做成了蛇形，两端接有电极引线。

为了提高光敏电阻的光电导灵敏度，要尽可能地缩短光敏电阻两电极间的距离 l。因此，可以设计出图 6-8 所示的三种光敏电阻。图 6-8（a）的光敏面为梳形结构。两个梳形电极之间为光敏电阻材料，由于两个梳形电极靠得很近，电极间距很小，光敏电阻的灵敏度很高。图 6-8（b）为光敏面为蛇形的光敏电阻。光电导材料制成蛇形，其两侧为金属导电材料，其上设置有电极。显然，这种光敏电阻的电极间距（为蛇形光电导材料的宽度）也很小，提高了光敏电阻的灵敏度。图 6-8（c）为刻线式结构的光敏电阻侧向图。在制备好的光

敏电阻衬底上刻出狭窄的光敏材料条，再蒸镀金属电极，即可构成刻线式结构的光敏电阻。

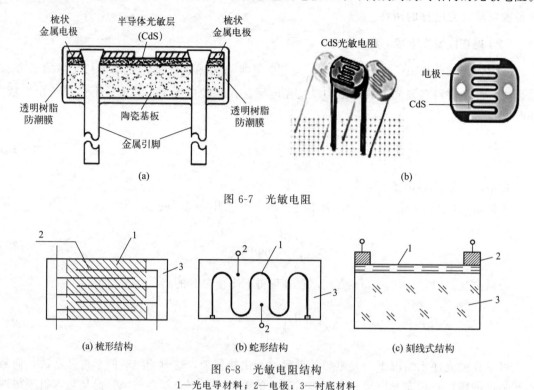

图 6-7 光敏电阻

(a) 梳形结构　　　　(b) 蛇形结构　　　　(c) 刻线式结构

图 6-8 光敏电阻结构
1—光电导材料；2—电极；3—衬底材料

6.2 光电导探测器的特性参数

光敏电阻为多数载流子导电的光电敏感器件，它与其他光电器件特性的差别表现在基本特性参数上。光敏电阻的性能可依据其光谱响应特性、光电特性、频率特性、伏安特性、温度特性、噪声特性等判断。在实际应用中，通常根据这些特性有侧重地选择合适的光敏电阻。

6.2.1 光电特性

光敏电阻在黑暗的室温条件下由于热激发产生的载流子而具有一定的电导，该电导称为暗电导，其倒数为暗电阻。一般暗电导很小（或暗电阻很大）。当有光照射在光敏电阻上时，其电导将变大，这时的电导称为光电导。电导随光照量变化越大的光敏电阻越灵敏，这个特性称为光敏电阻的光电特性。

由前面讨论的光电导效应可知，光敏电阻在弱辐射和强辐射作用下表现出不同的光电特性（线性与非线性），光电导与辐射通量的关系是两种极端的情况，那么光敏电阻在一般辐射作用下的情况如何呢？

在恒定电压的作用下，流过光敏电阻的光电流 I_p 为

$$I_p = g_p U = U S_g E \tag{6-25}$$

式中，E 为光敏电阻的照度；S_g 为光电导灵敏度，定义为光电导 g_p 与光照度 E 之比（灵敏度是光电导体在光照下产生光电导的能力大小）。显然，当照度很低时，曲线近似为线性；随照度的增高，线性关系变坏，当照度变得很高时，曲线近似为抛物线形。为此，光敏电阻的光电特性可用一个随光度量变化的指数 γ 描述，定义 γ 为光电转换因子，并将上式改为

$$I_p = g_p U = U S_g E^{\gamma} \qquad (6\text{-}26)$$

光电转换因子在弱辐射作用的情况下为 1（$\gamma = 1$），随着入射辐射的增强，γ 值减小。当入射辐射很强时，γ 值降低到 0.5。图 6-9 为 CdS 光敏电阻的光照特性。

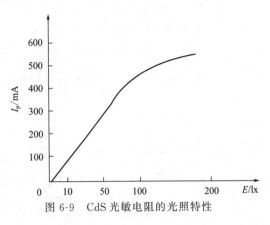

图 6-9　CdS 光敏电阻的光照特性

6.2.2　光电导的灵敏度

光电导的灵敏度通常定义为单位入射光所产生的光电导率。它与材料和入射光的状况有关。设单位时间内入射在样品单位面积上的光子数为 N_0，样品的线性吸收系数为 α，量子效率为 η，则样品的光生载流子产生率 g 为

$$g = \eta \alpha N_0 \qquad (6\text{-}27)$$

由于在载流子产生的同时，还伴随着载流子的复合消失，因此光生载流子浓度的变化关系为

$$\frac{\mathrm{d}\Delta n}{\mathrm{d}t} = g - \frac{\Delta n}{\tau_n} \qquad (6\text{-}28)$$

$$\frac{\mathrm{d}\Delta p}{\mathrm{d}t} = g - \frac{\Delta p}{\tau_p} \qquad (6\text{-}29)$$

式中，τ_n 和 τ_p 为电子及空穴的平均寿命。

在定态情况下，有 $\dfrac{\mathrm{d}\Delta n}{\mathrm{d}t} = 0$ 及 $\dfrac{\mathrm{d}\Delta p}{\mathrm{d}t} = 0$，所以产生的电子和空穴浓度分别为

$$\Delta n_0 = g\tau_n = \eta \alpha N_0 \tau_n \qquad (6\text{-}30)$$

$$\Delta p_0 = g\tau_p = \eta \alpha N_0 \tau_p \qquad (6\text{-}31)$$

因此光电导率

$$\Delta \sigma = e(\Delta n \mu_n + \Delta p \mu_p) = e\eta \alpha N_0 (\tau_n \mu_n + \tau_p \mu_p) \qquad (6\text{-}32)$$

式中，e 为电子电荷；μ_n 和 μ_p 分别为电子及空穴的迁移率。

由上式可知，定态光电导率同载流子的迁移率、平均寿命、光电导的线性吸收系数、量子效率以及入射光强度有关。

根据光电导的灵敏度定义，则其灵敏度 S_g 为

$$S_g = \frac{\Delta \sigma}{N_0} = e\eta \alpha (\tau_n \mu_n + \tau_p \mu_p) \qquad (6\text{-}33)$$

在仅有光生电子的情况下，上式变成

$$S_g = e\eta\alpha\tau_n\mu_n \tag{6-34}$$

在仅有光生空穴的情况下，上式变成

$$S_g = e\eta\alpha\tau_p\mu_p \tag{6-35}$$

这里需要指出，有时也用光电导与暗电导的比值来表示光电导的灵敏度。其定义为

$$S_g = \frac{\Delta\sigma}{\sigma_0} \tag{6-36}$$

而

$$\Delta\sigma = e(\Delta n\mu_n + \Delta p\mu_p) \tag{6-37}$$

$$\sigma_0 = e(n\mu_n + p\mu_p) \tag{6-38}$$

式中，n、p 分别为热平衡状态下电子和空穴的浓度。

根据定义

$$S_g = \frac{\Delta n\mu_n + \Delta p\mu_p}{n\mu_n + p\mu_p} \tag{6-39}$$

由上式可知，n、p 越小，S_g 越高。实用中应选用高阻低温材料制作光电导元件。

6.2.3 光电导的增益

光电导灵敏度反映了光电导器件对光信号的响应能力。灵敏度高，器件在较弱的光照下也能产生较大的光电导响应，适用于低光强检测等应用。光电导增益指的是光生载流子在外部电路中形成的电流与单位时间内入射光子产生的光生载流子数之比。它反映了光生载流子在光电导过程中的倍增程度。

无光照时流过器件的电流称暗电流，由入射光引起的电流称光电流。光电导探测器输出的平均光电流为

$$I_p = G\frac{e\eta}{h\nu}P \tag{6-40}$$

式中，G 为光电导探测器的内增益，是光电导探测器特有的一个参数；P 为入射光功率；e 为一个电子的电量；$h\nu$ 为入射光子的能量；η 为光生载流子效率。

电子在外电场作用下向阳极漂移，设 τ_c 为载流子的平均寿命，τ_d 为载流子在两极间的渡越时间，则

$$G = \frac{\tau_c}{\tau_d} \tag{6-41}$$

而电子的渡越时间为

$$t_d = \frac{L}{v_d} = \frac{L}{\mu_n E} \tag{6-42}$$

式中，L 为样品长度；v_d 为电子迁移速度；E 为电场强度。

所以

$$G = \frac{\tau_n \mu_n}{L} E = \frac{\tau_n \mu_n}{L} \times \frac{U}{L} = \tau_n \mu_n \frac{U}{L^2} \tag{6-43}$$

如果电子及空穴两种光生载流子都存在，则

$$G = (\tau_n \mu_n + \tau_p \mu_p) \frac{U}{L^2} \tag{6-44}$$

由上式可见，光电导的增益与样品上所加的电压成正比，与样品长度的平方成反比。减小样品长度可以大大提高增益；增加载流子的寿命也可提高增益，但寿命增长势必增大惰性。

$G = 1$，光生载流子的寿命正好等于渡越时间，则每个光电子对外回路电流正好提供一个电子电荷 e；$G < 1$，则每个光电子对外回路电流的贡献小于一个电子电荷 e；$G > 1$，相当于一个光子激发可以有多个电子相继通过电极，因此对外回路总的光电流的贡献将多于一个电子，从而使电流得到放大。减小电极间的间距 L，适当提高工作电压，对提高 G 值有利。然而，如果 L 减得太小，使受光面太小，也是不利的。一般 G 值可达 10^3 数量级。一般电极做成梳状，既增大面积，又减小电极间距，从而减少渡越时间。

6.2.4 时间响应特性

光电导材料从光照开始到获得稳定的光电流是要经过一定时间的，同样光照停止后光电流也是逐渐消失的，这些现象称为弛豫过程或惰性。光电导上升或下降的时间就是弛豫时间，或响应时间。弛豫时间长，则光电导反应慢；弛豫时间短，则光电导反应快。光电导的弛豫决定了在迅速变化的光强下一个光电导器件能否有效工作。

当用一个理想方波脉冲辐射照射光敏电阻时，光生电子要有产生的过程，光生电导率 $\Delta \sigma$ 要经过一定的时间才能达到稳定。当停止辐射时，复合光生载流子也需要时间，表现出光敏电阻具有较大的惯性。光敏电阻的响应时间由电流的上升时间 τ_r 和下降时间 τ_f 表示，如图 6-10 所示。光敏电阻的响应时间与入射光的照度、所加的电压、负载电阻及照度变化前电阻经历的时间等因素有关。光敏电阻的时间响应要比其他光电器件差，频率响应要比其他光电器件低，而且具有特殊性。

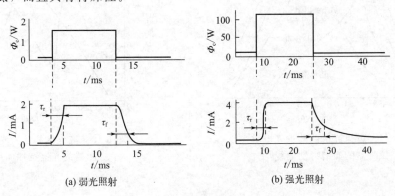

图 6-10 光敏电阻的响应时间

光敏电阻的响应时间决定了它的频率响应特性。图 6-11 为几种典型的光敏电阻的频率特性曲线。从曲线中不难看出，硫化铅（PbS）光敏电阻的频率特性稍微好一些，但是它的频率响应也不超过 $10^4\,\mathrm{Hz}$。光敏电阻的截止频率 f_{HC} 与载流子寿命 τ_c 之间的关系如下：

$$f_{HC} = \frac{1}{2\pi\tau_c} \qquad (6\text{-}45)$$

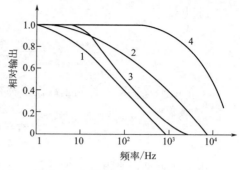

图 6-11　光敏电阻的频率特性
1—Se；2—CdS；3—TeS；4—PbS

6.2.5　光谱特性

光敏电阻对光响应的灵敏度随着入射光波长的变化而变化的特性称为光谱响应度，通常用光谱响应曲线、光谱响应范围以及峰值波长描述。不同材料做成的光敏电阻，其光谱响应曲线有所不同。光敏电阻的光谱响应主要与光敏材料的禁带宽度、杂质电离能、材料掺杂比和掺杂浓度等因素有关。光谱特性多用相对灵敏度与波长的关系曲线表示。从这种曲线中可以直接看出灵敏范围、峰值波长位置和各波长下灵敏度的相对关系。每一种材料都有特定的光谱响应波段，并且可以运用到不同领域。图 6-12 和图 6-13 分别给出了可见光区和红外区的几种光敏电阻的光谱特性曲线。从图中可以看出，硫化镉的光谱响应很接近人眼的视觉响应，峰值在可见光区域，长 515～600nm，接近 555nm，可用于与人眼有关的仪器，如照相机、照度计、光度计等，加滤光片进行修正；而硫化铅的光谱响应峰值在 $2.5\mu m$ 左右，常用于火点探测与火灾预警系统。因此，在选用光敏电阻时把元件和光源的种类结合起来考虑，才能获得满意的结果。目前研制的一种 GaN 紫外光电导探测器，其光谱响应范围为 200～365nm，覆盖了地球大气臭氧层吸收光谱区（230～280nm），非常适合作为太阳盲区紫外光探测器，如火焰燃烧监视器、火箭羽烟探测器等。

常用的光电导探测器组合起来后可以覆盖从紫外、可见光、近红外、中红外延伸至极远红外波段的光谱响应范围。

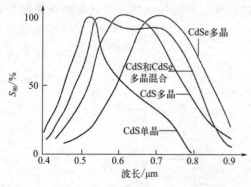

图 6-12　可见光区的几种光电导探测器的光谱特性曲线

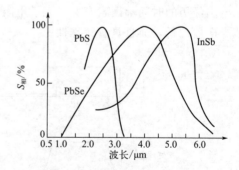

图 6-13　红外区的几种光电导探测器的光谱特性曲线

6.2.6　伏安特性

光敏电阻的本质是电阻，符合欧姆定律，因此具有与普通电阻相似的伏安特性。但是其电阻值是随入射光度量而变化的。在一定的光照下，光敏电阻的光电流 $I_光$ 与所加电压 U 的关系曲线称为光敏电阻的伏安特性。图 6-14 为典型 CdS 光敏电阻的伏安特性曲线。显然，它符合欧姆定律。光敏电阻的伏安特性曲线近似直线，而且没有饱和现象。受耗散功率的限制，在使用时光敏电阻两端的电压不能超过最高工作电压，图中虚线为允许功耗曲线，由此可确定光敏电阻的正常工作电压。在设计光敏电阻变换电路时，应将光敏电阻的功率控制在额定功耗内。

6.2.7 温度特性

光敏电阻的特性参数受温度的影响较大，温度变化会带来光谱响应、峰值波长等一系列的变化。光敏电阻的温度特性与光电导材料有密切的关系，不同材料的光敏电阻有不同的温度特性。图 6-15 为典型 CdS（虚线）与 CdSe（实线）光敏电阻在不同照度下的温度特性曲线。以室温（25℃）的相对光电导率为 100%，观测光敏电阻的相对光电导率随温度的变化关系，可以看出光敏电阻的相对光电导率随温度的升高而下降，光电响应特性随温度的变化较大。为了降低或控制光敏电阻的工作温度，应采取制冷措施。这可以提高光敏电阻的工作稳定性、降低噪声和提高探测率，尤其是对长波长红外辐射的探测领域更为重要。

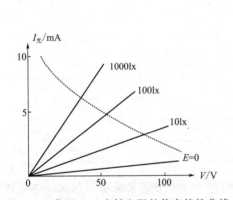

图 6-14 典型 CdS 光敏电阻的伏安特性曲线

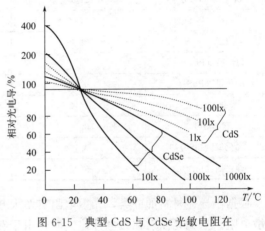

图 6-15 典型 CdS 与 CdSe 光敏电阻在不同照度下的温度特性曲线

6.2.8 噪声特性

光敏电阻的噪声主要有三个：热噪声、产生-复合噪声和低频噪声（或称 $1/f$ 噪声）。光敏电阻内载流子的热运动产生的噪声称为热噪声，或约翰逊噪声。光敏电阻的产生-复合噪声与其平均电流 $\bar{I}$ 有关。光敏电阻在偏置电压作用下产生信号光电流，由于光敏层内微粒不均匀，或体内存在有杂质，因此会产生微火花放电现象。这种微火花放电引起低频噪声。不同的器件，三种噪声的影响不同：在几百赫兹以内以低频噪声为主；随着频率的升高，产生-复合噪声变得显著；频率很高时，以热噪声为主。光敏电阻的噪声与调制频率的关系如图 6-16 所示。

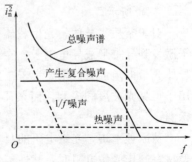

图 6-16 光电导探测器合成噪声频谱

在红外探测中，为了减小噪声，一般采用光调制技术且将频率取得高一些。一般在 $800\sim1000\,\mathrm{Hz}$ 时可以消除 $1/f$ 噪声和产生-复合噪声的影响。另外，还可采用制冷装置降低器件的温度。这不仅能减小热噪声，也可降低产生-复合噪声，提高比探测率。此外，还可设计合理的偏置电路，选择最佳偏置电流，使探测器运用在最佳状态。

6.3 典型的光电导探测器

6.3.1 光电导器件的分类

光敏电阻有多种类型，其性能和要求的工作环境有很大差异，主要是所用的材料不同造成的。常用光电导材料的特性参数如表 6-1 所示。

表 6-1 常用光电导材料的特性参数

光电导器件材料	禁带宽度/eV	光谱响应范围/nm	峰值波长/nm
硫化镉（CdS）	2.45	400~800	515~550
硒化镉（CdSe）	1.74	680~750	720~730
硫化铅（PbS）	0.4	500~3000	2000
碲化铅（PbTe）	0.31	600~4500	2200
硒化铅（PbSe）	0.25	700~5800	4000
硅（Si）	1.12	450~1100	850
锗（Ge）	0.66	550~1800	1540
锑化铟（InSb）	0.16	600~7000	5500
砷化铟（InAs）	0.33	1000~4000	3500

根据半导体材料的分类，光敏电阻有两大基本类型：本征半导体光敏电阻与杂质半导体光敏电阻。当无光照射在光电导体上时，由于存在一定的禁带宽度 E_g，由热激发跃入导带的电子及价带中的空穴都很少，导带上基本是空的，价带上基本是满的，因此，能够参与导电的载流子很少，电阻率很高。当有光照时，对于本征半导体，光子作用于满带（价带）中的电子，当其接收到的能量大于禁带宽度时，则跃迁到导带，这样导带中增加的电子和满带中留下的空穴均能参加导电，光电导体的电导率变大，在外电场作用下形成光电流，如图 6-17（a）所示。

对于杂质半导体，光生载流子产生于杂质能级上的束缚载流子，光子把施主能级上的电子激发到导带形成导电电子，在外加电场作用下形成光电流，如图 6-17（b）所示。本征半导体光敏电阻的长波限要短于杂质半导体光敏电阻的长波限，因此，本征半导体光敏电阻常用于可见光波段的探测，而杂质半导体光敏电阻常用于红外波段，甚至远红外波段辐射的探测。

从原理上讲，光敏电阻的材料，可以是 P 型的，也可以是 N 型的，但实践证明，用 N 型材料制作光敏电阻时，其性能比较稳定，特性也较好。所以目前多用 N 型材料制作光敏电阻。

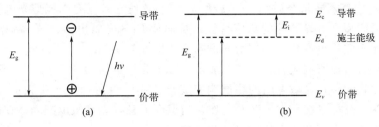

图 6-17 光敏电阻工作能级图

（1）本征型

通常，属于本征型的有硫化镉（CdS）、碲镉汞（$Hg_{1-x}Cd_xTe$）、锑化铟（InSb）和硫化铅（PbS）光电导探测器等。本征型光电导探测器入射光子的能量大于或等于半导体的禁带宽度时能激发电子-空穴对，它的截止波长为

$$\lambda_0 = \frac{hc}{E_g} = \frac{1.24}{E_g} (\mu m) \tag{6-46}$$

目前，本征型光电导探测器的长波限可达 $10 \sim 14 \mu m$。本征型光电导探测器一般在室温下工作，适用于可见光和近红外辐射探测。

（2）杂质型

杂质型光电导探测器入射光子的能量大于或等于杂质电离能时就能激发电子-空穴对，它的截止波长为

$$\lambda_0 = \frac{hc}{\Delta E} = \frac{1.24}{\Delta E} (\mu m) \tag{6-47}$$

式中，ΔE 为 ΔE_d（对于 N 型半导体）或 ΔE_a（对于 P 型半导体）。

同种半导体材料的杂质电离能 ΔE_d 或 ΔE_a 比本征半导体的电离能 E_g 小得多，所以杂质型光电导探测器的长波限比本征型光电导探测器的长波限长得多。目前，杂质型光电导探测器的长波限可达 $130 \mu m$。测量长波光时都采用非本征型光电导探测器。但在非本征型光电导探测器中，杂质原子的浓度远比基质原子的浓度低得多。在常温下，杂质原子束缚的电子或空穴已被热激发成自由态作为暗电导率的贡献量。这时，长波光照在它上面已无束缚电子或束缚空穴供光激发用，即光电导 $\Delta\sigma$ 为零或很微弱。为使杂质型光电导探测器正常工作，必须降低它的使用温度，使热激发载流子的浓度减小，这样才能增加光激发载流子的浓度，提高相对电导率 $\Delta\sigma/\sigma_d$。通常属于杂质型的有锗掺汞（Ge：Hg）、锗掺铜（Ge：Cu）、锗掺锌（Ge：Zn）和硅掺砷（Si：As）光电导探测器等。

6.3.2 硫化镉和硒化镉光敏电阻

硫化镉和硒化镉（CdS 和 CdSe）是可见光区用得较为广泛的一种光敏电阻。CdS 光敏电阻是最常见的光敏电阻。它体积小、可靠性好，而且其光谱响应特性接近人眼光谱光视效率，另外它在可见光波段范围内的灵敏度最高，因此被广泛地用于光电和光线控制以及照相机的自动测光、光控音乐、工业控制和电子玩具等。CdS 光敏电阻常采用蒸发、烧结或黏结的方法制备，在制备过程中把 CdS 和 CdSe 按一定的比例配制成 Cd（S，Se）光敏电阻材

料；或者在 CdS 中掺入微量杂质铜（Cu）和氯（Cl），使它既具有本征型光电导器件的响应特性，又具有杂质型光电导器件的响应特性，从而使 CdS 光敏电阻的光谱响应向红外光谱区延长，峰值响应波长也变长。它们的光谱响应如图 6-12 所示。

CdS 光敏电阻的峰值响应波长为 $0.52\mu m$，CdSe 光敏电阻为 $0.72\mu m$，一般调整 S 和 Se 的比例，可将 Cd(S,Se) 光敏电阻的峰值响应波长大致控制在 $0.52\sim0.72\mu m$。CdS 的禁带宽度高达 2.4eV，故可以在 $-20\sim70℃$ 工作，当温度上升，光灵敏度减弱，在低照度时特别明显。目前，光敏电阻分为环氧树脂封装和金属封装两款。

以前大多使用 CdS 光敏电阻，由于有害物质 Cd（镉）严重超标，且 CdS 的一致性较差，给生产和使用带来了不便，因此环保光敏电阻应运而生。环保光敏电阻又叫作环境光探测器，是适用于欧盟 ROHS 指令的光敏电阻。它可以在不改变原电路的情况下，直接替代 CdS 光敏电阻，同时具有很好的抗红外功能，可用于太阳能灯、小夜灯等节能设备。

6.3.3　硫化铅和硒化铅光敏电阻

硫化铅（PbS）和硒化铅（PbSe）这两种光敏电阻的响应波段范围为近红外区 $1\sim3\mu m$，是工作于大气第一个红外透过窗口的主要光敏电阻。其中 PbS 光敏电阻使用更为广泛。PbS 光敏电阻是近红外波段最灵敏的光电导器件。由于 PbS 光敏电阻对 $2\mu m$ 附近的红外辐射的探测灵敏度很高，因此，常用于火灾等领域的探测。

图 6-18 为 PbS 光敏电阻的光谱特性。PbS 光敏电阻的光谱响应和比探测率等特性与工作温度有关。随着工作温度的降低其峰值响应波长和长波限向长波方向延伸，同时比探测率 D^* 增大。例如，室温下 PbS 光敏电阻的光谱响应范围为 $1\sim3\mu m$，峰值波长 $2.4\mu m$，峰值比探测率 D^* 高达 $1\times10^{11}\mathrm{cm}\cdot\mathrm{Hz}^{1/2}/\mathrm{W}$。当温度降低到 $-77℃$ 时，光谱响应范围为 $1\sim4\mu m$，峰值响应波长移到 $2.8\mu m$，峰值比探测率 D^* 也增大到 $2\times10^{12}\mathrm{cm}\cdot\mathrm{Hz}^{1/2}/\mathrm{W}$。PbS 光敏电阻的响应时间一般为 $100\sim300\mu s$，低温时可长达几十毫秒。

图 6-19 为 PbSe 光敏电阻的光谱特性。PbSe 室温工作时响应波长可达 $5\mu m$，峰值比探测率为 $9\times10^8\mathrm{cm}\cdot\mathrm{Hz}^{1/2}/\mathrm{W}$，响应时间为 $5\mu s$。当温度降低到 $-77℃$ 时，响应波长可达 $6\mu m$，峰值响应波长为 $4.5\mu m$，峰值比探测率 D^* 为 $8.5\times10^9\mathrm{cm}\cdot\mathrm{Hz}^{1/2}/\mathrm{W}$，响应时间为 $30\mu s$。通常室温工作的场合比较多。

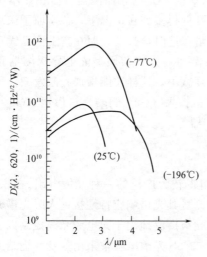

图 6-18　PbS 光敏电阻的光谱特性

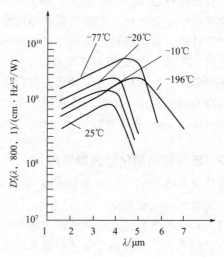

图 6-19　PbSe 光敏电阻的光谱特性

PbS 和 PbSe 光敏电阻都可做成多元列阵。PbS 单元面积为 $1\times10^{-4}\sim4\times10^{-2}\mathrm{cm}^2$。表 6-2 为 PbS、PbSe 材料的光敏电阻特性。

表 6-2　PbS、PbSe 材料的光敏电阻特性

型号	材料	受光面积 /mm×mm	工作温度 /K	长波限 /μm	峰值比探测率 /(cm·Hz$^{1/2}$/W)	响应时间 /s	暗电阻 /MΩ	应用
P397	PbS	5×5	298	3	2×10^{10} (1300, 100, 1)	$(1\sim4)\times10^{-4}$	2	火焰探测
P791	PbSe	1×5	298	3	1×10^{9} (λ_m, 100, 1)	2×10^{-4}	2	火焰探测
9903	PbSe	1×3	263	3	3×10^{9} (λ_m, 100, 1)	10^{-5}	3	火焰探测
OE-10	PbSe	10×10	298	3	2.5×10^{9}	1.5×10^{-6}	4	红外探测

6.3.4　锑化铟光敏电阻

锑化铟（InSb）光敏电阻为单晶半导体，光激发是本征型的，它是工作于大气第二个红外透过窗口波长范围的主要光敏电阻。InSb 光敏电阻由单晶材料制备，制造工艺比较成熟。经过切片、磨片、抛光后的单晶材料，再采用腐蚀的方法减薄到所需要的厚度，便可制成单晶 InSb 光敏电阻。其光敏面的尺寸为 0.5mm×0.5mm～8mm×8mm。大光敏面的器件由于不能做得很薄，探测率较低。InSb 材料不仅适用于制造单元探测器件，也适宜制造阵列红外探测器件。

InSb 光敏电阻在室温下的长波限可达 7.5μm，峰值波长在 6μm 附近，峰值比探测率 D^* 约为 $1\times10^{8}\mathrm{cm\cdot Hz^{1/2}/W}$。当温度降低到 77K（液氮）时，其长波限由 7.5μm 缩短到 5.5μm 左右（主要是材料的禁带宽度变窄），峰值波长也将移至 5μm，恰为大气的窗口范围，峰值比探测率 D^* 升高到 $1\times10^{11}\mathrm{cm\cdot Hz^{1/2}/W}$。其通常工作于低温状态。图 6-20 为 InSb 光电导探测器在不同温度下的光谱特性。

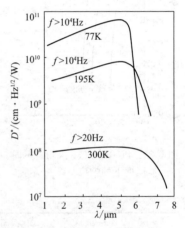

图 6-20　InSb 光电导探测器在不同温度下的光谱特性

6.3.5　HgCdTe 和 PbSnTe 系列光电导探测器件

大气的第三个窗口（8～14μm）透过率高。常温下许多物体的辐射光谱峰值都在 10μm 左右，这是红外遥感、红外军事侦察等仪器的主要工作波段，也是大功率 CO_2 激光器的工作波段。人们希望有工作于常温或不很低的低温且 D^* 又高的本征型光电导器件。根据本征型光电导器件工作原理，适合 8～14μm 波段的半导体材料，其禁带宽度应为 0.09～0.05eV，但是已知所有单晶和化合物半导体材料都不具有这么小的禁带宽度。人们用与单晶体结构相同而禁带宽度不同的二元化合物配制成适当组分的固溶体获得了小的禁带宽度。如碲镉汞（HgCd）Te 和碲锡铅（PbSn）Te 就是这种本征光电导材料。图 6-21 为典型的 PC-HgCdTe 探测器结构。

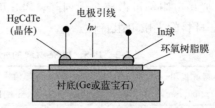

图 6-21　典型的 PC-HgCdTe 探测器结构

$Hg_{1-x}Cd_xTe$ 系列光电导探测器件是目前所有红外探测器中性能最优良、最有前途的探测器，尤其是对于 $4\sim8\mu m$ 大气窗口波段辐射的探测，常用于激光雷达、激光测距、光电制导和光通信等领域。

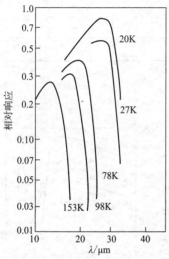

图 6-22　PC-HgCdTe 探测器不同工作温度下的响应与波长关系

$Hg_{1-x}Cd_xTe$ 系列光电导探测器是由 HgTe 和 CdTe 两种材料的晶体混合制造的，其中 x 表示 Cd 元素的组分含量。在制造混合晶体时选择不同的 x，可以得到不同的禁带宽度 E_g，从而可以制造出不同波长响应范围的 $Hg_{1-x}Cd_xTe$ 探测器件。一般 x 的变化范围为 $0.18\sim0.4$，长波限为 $3\sim30\mu m$。当 $x=0.2$ 时，光谱响应的范围为 $8\sim14\mu m$；当 $x=0.28$ 时，光谱响应的范围为 $3\sim5\mu m$；当 $x=0.39$ 时，光谱响应的范围为 $1\sim3\mu m$。

半导体 CdTe 的禁带宽度约为 16eV，HgTe 的禁带宽度约为 0.3eV。两种物体的混合固溶体 $Hg_{1-x}Cd_xTe$ 的禁带宽度随其 x 和温度 T 而变化。改变两种化合物的 x 就可改变禁带宽度 E_g，就能得到不同的截止波长。图 6-22 为 PC-HgCdTe 探测器不同工作温度下的响应与波长关系。表 6-3 为碲镉汞探测器的主要参数。

表 6-3　碲镉汞探测器的主要参数

波段	类型	比探测率 /(cm·Hz$^{1/2}$/W)	响应时间	暗电阻	灵敏度 /(V/W)	量子效率 /%	工作温度/K
$3\sim5\mu m$ $x=0.25\sim0.4$	PC	$D^*_{\lambda p}=1\times10^9$ $\lambda_p=5\mu m$，300K	400ns	<10Ω	30	>40	77、200、300
$8\sim14\mu m$ $x=0.2$	PC	$D^*_{\lambda p}=2\times10^{10}$ $\lambda_p=10\mu m$	1μs	20～400Ω/□	10000	>70	77

$Pb_{1-x}Sn_xTe$ 系列光电导探测器是由 PbTe 和 SnTe 两种材料的混合晶体制备的，其中 x 是 Sn 的组分含量。同样，光电导探测器中 Sn 的组分含量不同，它的禁带宽度也不同，随着组分的改变，它的峰值波长及长波限也改变。这类探测器目前能工作在 $8\sim10\mu m$ 波段，由于探测率较低，应用不广泛。

$Pb_{1-x}Sn_xTe$ 系列器件中最常用的是 $Pb_{0.83}Sn_{0.17}Te$ 探测器。它在 77K 条件下工作时峰值波长与 CO_2 激光波长 $10.6\mu m$ 非常吻合，长波限为 $11\mu m$，D^* 约为 $6.6\times10^8 cm\cdot Hz^{1/2}/W$，响应时间约为 $10^{-8}s$；当冷却到 4.2K 时，D^* 值可提高两个数量级，约为 $1.7\times10^{10} cm\cdot Hz^{1/2}/W$，长波限延伸至 $15\mu m$。

6.3.6 锗、硅及锗硅合金杂质型光电导探测器

杂质型光电导探测器是基于非本征光电导效应的光敏电阻。目前已制成许多锗、硅及锗硅合金的杂质型红外光电导器件，它们都工作于远红外区 $8\sim40\mu m$ 波段。

由于杂质型光电导器件中施主和受主的电离能 ΔE 一般比本征半导体的禁带宽度 E_g 小得多，因此其响应波长要比本征型光电导器件长。一般，杂质原子的浓度比材料本身原子的浓度要小很多。因此在温度较高时，热激发载流子的浓度很高。为了减小热激发载流子的影响，使光照时在杂质能级上激发出较多的载流子，杂质型光电导器件都必须工作于低温状态。具体实现的方法是把器件装在杜瓦瓶中。一般杜瓦瓶采用的制冷剂有如下几种：195K 的制冷剂为干冰，其汽化温度为 194.6K；77K 附近的制冷剂为液态氧、液态氩、液态氮，它们的汽化温度分别为 90.2K、87.3K 及 77.3K；35K 以下的制冷剂为液氖、液氢和液氦，它们的汽化温度分别为 27.1K、20.4K 和 4.2K。

Ge：Hg 杂质型光电导探测器工作时必须采用装有液氮的杜瓦瓶将其冷却到 77K 以下，而 Ge：Cu 光电导探测器则需冷却到液氦的温度（4.2K 左右）。杂质型光电导探测器必须在低温下工作，通常用于中远红外辐射探测。低温条件给使用带来了极大的不便，也是远红外波段探测的困难所在。

杂质型光电导探测器的工作温度及性能参数见表6-4。其中锗掺铜（Cu：Ge）和锗掺汞（Hg：Ge）响应时间短、探测度高，使用较多。

表 6-4　几种杂质型光电导探测器的性能

探测器类型	工作温度/K	长波限/μm	峰值探测度 /(cm·Hz$^{1/2}$/W)	响应时间/s
Ge(Au)	77	8.0	1×10^{10}	5×10^{-8}
Ge(Hg)	38	14	4×10^{10}	1×10^{-9}
Ge(Cd)	20	23	4×10^{10}	5×10^{-8}
Ge(Cu)	4.2	27	5×10^{10}	$<10^{-6}$
Ge(Zn)	4.2	40	5×10^{10}	$<10^{-6}$
Ge-Si(Au)	50	10.3	8×10^{8}	$<10^{-6}$
Ge-Si(Zn)	50	13.8	1×10^{10}	$<10^{-6}$

6.4　光电导探测器的应用

光敏电阻可以用在各种自动控制装置和光检测设备中，如生产线上的自动送料装置、自动门装置、航标灯、路灯、应急自动照明装置、自动给水停水装置、安全生产装置、烟雾火灾报警装置、照相机的自动调节装置、电子计算机的输入设备以及医疗光电脉搏计、心电图等方面。此外，它还广泛用于电子乐器及家用电器。

6.4.1 光控照明灯

公共场所的照明灯包括路灯、廊灯与院灯等，其开关常采用自动控制。照明灯实现光电

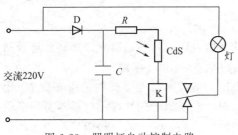

图 6-23 照明灯自动控制电路

自动控制后，根据自然光的情况决定是否开灯，以节约用电。图 6-23 是利用光敏电阻控制的照明灯自动控制电路。该电路由两部分组成：电阻 R、电容 C 和二极管 D 组成的半波整流电路；CdS 光敏电阻和限流电阻 R 以及继电器绕组构成的测光与控制电路。照明灯接在继电器常闭触点上，由光控继电器控制灯的点燃和熄灭。

晚上光线很暗，CdS 光敏电阻阻值很大，流过继电器的电流很小，继电器 K 不动作，照明灯接通电源点亮。早上，天渐渐变亮，即照度逐渐增大，光敏电阻的阻值下降，流过继电器的电流逐渐增大。当自然光增强到一定的照度 E_v 时，光敏电阻的阻值减小到一定的值，流过继电器的电流使继电器 K 动作，常闭触头断开将照明灯熄灭。设使照明灯点亮的光照度为 E_v，继电器绕组的直流电阻为 R_K，使继电器吸合的最小电流为 I_{min}，光敏电阻的灵敏度为 S_g，暗电阻 R_D 很大，则

$$E_v = \frac{\dfrac{U}{I_{min}} - (R + R_K)}{S_g} \tag{6-48}$$

显然，这种最简单的光电控制电路有很多缺点，需要改进。在实际应用中常常要附加其他电路，如楼道照明灯常配加声控开关或者微波等接近开关，使照明灯在有人活动时才被点亮；而路灯光电控制器则要增加防止闪电光辐射或人为的光源（如手电灯光等）对控制电路的干扰措施。

6.4.2 照相机自动快门

自动快门是一种利用电子信号控制感光的快门，它主要通过电子电路来控制快门的开启和关闭时间，而不是通过传统的机械与电磁方式。其中测光器件常采用与人眼光谱响应接近的硫化镉（CdS）光敏电阻。图 6-24 为利用光敏电阻构成的照相机自动曝光控制与光路控制电路。其中，照相机自动曝光控制电路也称为照相机自动快门。照相机自动曝光控制电路由光敏电阻 R、开关 K 和电容 C 构成的充电电路，时间检出电路（电压比较器），三极管 T 构成的驱动放大电路，电磁铁 M 带动的开门叶片（执行单元）等组成。景物经光学镜头成

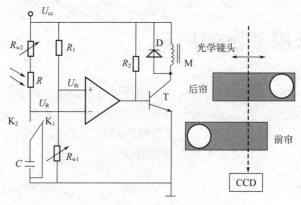

图 6-24 照相机自动曝光与光路控制电路

像，经过后帘、前帘由图像传感器 CCD/CMOS 采集。其中电磁铁吸引后帘向左运动，快门开关控制前帘向右运动。

在初始状态，开关 K 处于图 6-24 所示的位置，即 K_1 闭合，K_2 断开；电压比较器正输入端的电位为 $U_{th} = U_{cc} R_{w1} / (R_{w1} + R_1)$，而电压比较器负输入端的电位 U_R 近似为电源电位 U_{cc}，显然电压比较器负输入端的电位高于正输入端的电位，其输出为低电平，三极管截止，电磁铁不吸合，开门叶片闭合；前帘被快门挂钩钩住，通光孔偏离光轴；电磁铁未通电，无磁性，后帘通光孔偏离光轴，光线无法进入相机。

当按动快门的按钮时，K_2 闭合，K_1 断开，前帘脱钩，并被弹簧拉到右边，通光口位于光轴上，开关与光敏电阻 R 及 R_{w2} 构成的测光与充电电路接通。这时，电容 C 两端的电压 U_C 为 0。由于电压比较器负输入端的电位低于正输入端，其输出为高电平，三极管 T 导通，电磁铁通电，后帘在电磁铁的吸引下往左移动，通光孔位于光轴上，图像进入相机，照相机开始曝光。快门打开的同时，电源 U_{cc} 通过电位器 R_{w2} 与光敏电阻 R 向电容 C 充电，且充电的速度取决于景物图像的光照度；景物图像的光照度越高，光敏电阻 R 的阻值越低，充电速度越快。当电容 C 两端的电压 U_C 充电到电位 $U_R \geq U_{th}$ 时，电压比较器的输出电压将从高变低，三极管 T 截止，电磁铁断电，无磁性，后帘回到初态，通光孔偏离光轴，光线无法进入相机，曝光结束；前帘在联动装置作用下回到左边，重新被快门挂钩钩住。快门开启的时间 t 取决于景物图像的光照度，景物图像的光照度越低，快门开启的时间越长，反之，快门开启的时间变短，从而实现了照相机曝光时间的自动控制。当然，调节电位器 R_{w1} 可以调节阈值电压 U_{th}，调节电位器 R_{w2} 可以适当地修正电容的充电速度，都可以达到适当地调整照相机曝光时间的目的，使照相机曝光时间的控制适应 CCD/CMOS 感光度的要求。

6.4.3　火焰探测报警器

图 6-25 为采用光敏电阻作为探测元件的火焰探测报警器电路图。PbS 光敏电阻的暗电阻为 1MΩ，亮电阻为 0.2MΩ（辐照度 $1mW/cm^2$ 下测试），峰值响应波长为 $2.2\mu m$，恰为火焰的峰值辐射光谱。由电源 U、电阻 R_1 和 R_2、稳压二极管 D_W 和 T_1 构成对光敏电阻 R_3 的恒压偏置电路。恒压偏置电路具有更换光敏电阻方便的特点，只要保证光电导的灵敏度 S_g 不变，输出电路的电压灵敏度就不会因为更换了光敏电阻而改变，从而使前置放大器的输出信号保持稳定。当被探测物体的温度高于燃点或被点燃发生火灾时，物体的火焰将发出波长接近于 $2.2\mu m$ 的红外辐射；该红外辐射光被 PbS 光敏电阻 R_3 接收，使 T_1 前置放大器的输出 A 点信号发生变化，并经电容 C_2 耦合，发送给由 T_2、T_3 组成的高输入阻抗放大

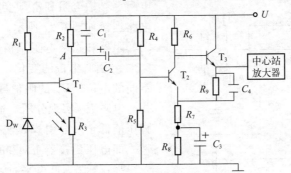

图 6-25　火焰探测报警器电路

器放大。火焰引起的变化信号被放大后发送给中心站放大器，并由中心站放大器发出火灾报警信号或执行灭火动作（如喷淋出水或灭火泡沫）。

6.4.4　火车轴箱温度检测

图 6-26 是火车轴箱红外光子测温的工作原理。火车能在铁路上健康地奔跑，离不开车轴车轮的正常运行。车轴与车轮的连接部件称为轴箱。在轴箱中，车轴（在中心）通过滚柱（在中间）与车轮（在边沿）相连。正常运行时，轴箱中有一定的摩擦生热，会使轴箱温度有一定的升高。若出现滚柱磨裂破损、轴箱开裂、润滑失效等现象，轴箱会产生大量热量，引起轴箱温度严重升高甚至出现燃轴、切轴事故。因此，定时测量运行列车的轴箱温度就成了监测列车健康的重要环节之一。通常采用下方（仰角 $\alpha = 45°$）背面（干扰小）探测，如图 6-26（a）所示，火车行驶速度 $v = 5 \sim 360 \mathrm{km/h}$，轴箱直径为 L。图 6-26（b）是红外探头的细节。汞镉碲三元半导体光敏电阻薄膜，其光谱响应范围为 $3 \sim 5\mu\mathrm{m}$，中心波长为 $\lambda_\mathrm{p} = 4.6\mu\mathrm{m}$，响应时间 $\tau < 1\mu\mathrm{s}$，承担测量轴箱温度的主要功能。为了确保光敏电阻高效工作，采用半导体制冷器制冷，将光敏电阻的温度降到 $-60°\mathrm{C}$。光敏电阻本身的温度采用接触式（如用热敏电阻）测量。通过控制调制盘的转速确保对运行中的轴箱进行多点测量。探头输入窗口采用镀膜锗材料，起到滤除日光的作用，测温范围内的红外光透过率达 $85\% \sim 90\%$。

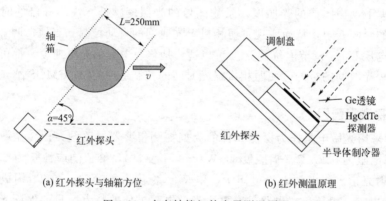

(a) 红外探头与轴箱方位　　　　　(b) 红外测温原理

图 6-26　火车轴箱红外光子测温原理

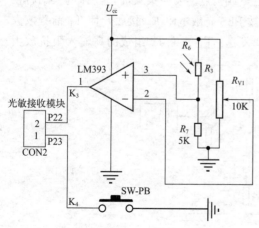

图 6-27　光敏电阻模块电路

6.4.5　智能电动窗帘

光敏电阻传感器模块由 LM393 比较器、电阻、光敏电阻和滑动变阻器等元件组成，其电路连接如图 6-27 所示。其电路原理是根据滑动变阻器和光敏电阻阻值的变化来控制电位器 2、3 号引脚电位的变化，从而使 1 号引脚输出不同的电位。R_6 的阻值随着光线变弱而增大，并与电阻 R_7 实现分压，造成 LM393 的 3 号引脚压值低于 2 号引脚，使得 1 号引脚输出低电平。即电压比较器 LM393 的 1 端为高电平时，光线强；1 端为低电平时，光线弱。在系统中，光敏电阻模块 1 号引脚输出的信号传输到光敏接收模块，控制系统收到光明暗程度数据。单片机采集到光线强弱信息后，控制电动机带动窗帘的开关转动。

思考题

1. 什么是光电导效应？并描述光电导的过程。

2. 为了提高光敏电阻的光电导灵敏度，应该怎么设计电极？

3. 光电导探测器有哪些特性参数？请选择 3 个详细介绍。

4. 两个同样的光电导探测器在不同照度和相同温度下，其光电导灵敏度是否相同？若照度相同温度不同情况又如何？

5. 光电导增益 G 分别在什么情况下小于 1、等于 1 和大于 1？

6. 本征型和杂质型光电导探测器有什么区别？如何计算这两种探测器件的截止波长？

7. 光电导探测器有哪些典型的材料？分别有什么特点？

8. 除了本书中提到的，还有哪些光电导探测器应用？

第7章

光电子发射材料及器件

光电子发射探测器是基于外光电效应的光电探测器，也叫真空光电探测器。在光辐照下，探测器内光电发射材料的电子得到足够的光子能量后，就会逸出材料表面而进入外界空间，在空间电场的作用下便形成电流。光电子发射探测器具有极高的灵敏度、快速响应等特点，在探测极微弱的光辐射、变化极快的光辐射方面有很大的应用空间。

光电子发射探测器主要包括光电管和光电倍增管两类。20 世纪 40 年代以来，价格低廉、性能稳定的半导体光电探测器得到了迅速发展，已取代光电管的大多数应用和光电倍增管的部分应用。但由于光电倍增管具有较高的内增益，其二次发射增益因子可高达 10^7，对单个光子能量比较灵敏，因此光电倍增管在探测微弱光信号及快速脉冲弱光信号方面仍然是一个重要的探测器件，广泛应用在了航天、遥感、材料、生物、医学等领域。

7.1 光电发射与二次电子发射效应

7.1.1 光电发射原理

光电子发射效应又称为外光电效应。它是德国物理学家赫兹在致力于证实麦克斯韦所预言的电磁波的存在实验中偶然发现的一个奇妙现象。具有能量 $h\nu$ 的光子被物质（金属或半导体）吸收后激发出自由电子，当其能量足以克服表面势垒并逸出物质的表面时，就会产生光电子发射，逸出电子在外电场作用下形成光电子流。这就是物质的光电发射现象，可以发射电子的物质称为光电发射体。

当光子的能量 $h\nu$ 被物质吸收后，物质内部的电子获得了足够的能量 E，当 $E \geqslant W_\phi$（W_ϕ 为光电发射体的逸出功），电子就脱离原子核的束缚而逸出物质的表面。对于不同的物质，逸出功 W_ϕ 是不同的。

发射体发射的光电子最大动能，随入射光频率的增大而线性增大，与入射光的强度无关。根据光子概念和能量守恒定律，光电子发射效应电子能量的转换公式为

$$\frac{1}{2}mv_{max}^2 = h\nu - W_\phi = \frac{hc}{\lambda} - W_\phi \tag{7-1}$$

式中，m 为电子质量；v_{max} 为电子逸出后的最大速度；ν 为入射光的频率；h 为普朗克常数，其值为 $6.62 \times 10^{-34} \text{J} \cdot \text{s}$；$W_\phi$ 为光电发射体的逸出功，对于确定的光电发射体，此值不变。这个公式也被称为爱因斯坦方程。它说明，入射光子的能量必须大于物体的逸出功，才能使电子有足够的动能逸出表面。

当 λ 减小时，$\frac{1}{2}mv_{max}^2$ 增加；当 λ 增大时，$\frac{1}{2}mv_{max}^2$ 减小；当 λ 增大到一定值时，

$\dfrac{h\nu}{\lambda}-W_\phi<0$，即逸出电子无动能，那么就不会产生光电发射，此时的 λ 就是光电发射的长波限。它定义为光电子能刚好克服逸出功 W_ϕ 而逸出物质的表面所对应的入射光的波长。显然此波长为 $\dfrac{h\nu}{\lambda}-W_\phi=0$ 时的 λ，即

$$\lambda_0=\frac{hc}{W_\phi}=\frac{1.24}{W_\phi}(\mu\text{m}) \tag{7-2}$$

由式（7-2）可知，λ_0 与光电发射体的逸出功 W_ϕ 有关，产生光电发射时入射光的波长 λ 小于 λ_0。

除了上面的爱因斯坦关系，光电子发射过程还满足斯托列托夫定律。即当入射光的频率或频谱成分不变时，饱和光电流（即单位时间内发射的光电子数目）与入射光的强度成正比。

$$I=e\eta\frac{P}{h\nu}=e\eta\frac{P\lambda}{hc} \tag{7-3}$$

式中，I 为饱和光电流；e 为电子电量；η 为光子激发出电子的量子效率；P 为入射到样品的辐射功率。

（1）金属的光电子发射

金属中自由电子的能量服从费米分布，其分布曲线如图 7-1 所示。其中曲线 1 对应 $T=0\text{K}$，曲线 2 对应 $T>0\text{K}$。该图的右侧是金属表面势垒的情况，E_A 是表面势垒的高度，也称为金属对电子的亲和势。金属中的自由电子只有当其能量等于或大于 E_A 时，才有可能逸出金属表面。

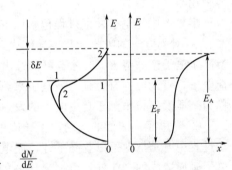

图 7-1　金属中自由电子的能量分布和金属的表面势垒

在 $T=0\text{K}$ 的情况（曲线 1）下，能量最大的电子处在费米能级上，即 $E=E_\text{F}$。当这些电子吸收光子的能量 $h\nu$ 后，其能量将增大到 $E'(=E+h\nu)$。在它逸出表面之前，不但因为向表面运动过程中的各种散射会损失一部分能量 $\Delta E(\Delta E\geqslant0)$，还要克服表面势垒 E_A。因此从表面逸出的光电子所具有的动能应为

$$\frac{1}{2}mv^2=E_\text{F}+h\nu-\Delta E-E_\text{A} \tag{7-4}$$

那些散射损耗为零（$\Delta E=0$）的光电子发射初速最大，记为 v_max。从图 7-1 中还可以看出，$E_\text{A}-E_\text{F}=W_\phi=h\nu_0$ 就是金属的逸出功。其中 ν_0 为 W_ϕ 相应的频率。故式（7-4）可以写成

$$\frac{1}{2}mv_\text{max}^2=h\nu-W_\phi=h(\nu-\nu_0) \tag{7-5}$$

这就是式（7-1）提到的爱因斯坦方程。

在 $T>0\mathrm{K}$ 的情况下，金属中自由电子的能量分布为曲线2，即有一部分电子的能量比费米能级 E_F 高出 δE。由于这些电子的存在，在与前述能量损耗相同的情况下，就会出现初速大于 $v_{\max}$ 的光电子。如果画出光电子的最大动能与入射光频率的关系曲线，就会在 $\nu<\nu_0$ 之后有一拖尾，如图7-2所示。这就解释了爱因斯坦定律只在 $T=0\mathrm{K}$ 时才正确的原因。但实际上，室温下金属中能量高于 E_F 的电子是很少的，也就是说，图7-2的曲线在 $\nu<\nu_0$ 后的拖尾很小。因此，一般认为爱因斯坦定律在室温下仍然成立。

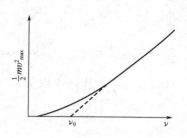

图7-2　$T>0\mathrm{K}$ 时光电子的最大动能与入射光频率的关系曲线

（2）半导体的光电子发射

金属材料的逸出功较高，表面反射强，对光辐射的吸收率低，但其内部存在大量的自由电子，于是激发的电子因碰撞损失能量而不能逸出。实验发现，很多半导体材料具有良好的光电子发射性能。其原因可归结为以下几点：①半导体对入射光有较小的反射系数、较大的吸收系数，通常在长波极限波长附近就有表面和体内光电子发射效应产生；②阴极层导电性适中，一来可以使光电子在趋向表面运动的过程中损失能量比金属小，二来可以使层内传导电子的补充不发生困难；③半导体内存在着大量的发射中心（价带中有大的电子密度）；④半导体有较小的光电逸出功，在光谱响应域内具有较高的量子效率。因此，现代光电阴极多采用半导体材料。

半导体中光电子发射过程包括以下三个步骤。

① 对光电子的吸收。在半导体中，那些吸收了光子能量而被激发的电子，只有当其能量高于电子亲和势 E_A 时才有可能逸出表面，而低于 E_A 的那些电子只能成为导带中的非平衡电子，对光电导有贡献。光电子来源于价带的发射称为本征发射；来源于杂质能级的发射称为杂质发射；来源于自由电子的发射称为自由载流子发射。

② 光电子向表面的运动。半导体中的自由电子浓度很小，被激发的电子在向表面的运动过程中电子散射可以忽略不计，光电子能量散射损耗主要是晶格散射和光电子与价带中的电子碰撞造成的。此外，由于半导体的本征吸收系数很大，光电子只能在距表面 $6\sim30\mathrm{nm}$ 的深度内产生，而这个距离在半导体逸出深度之内，吸收系数越大，在这个距离内产生的光电子数就越多，发射效率就越高。

当光电子与价带上的电子发生碰撞电离时，便产生二次电子-空穴对，将损耗较多的能量。引起碰撞电离所需的能量一般为带隙 E_g 的 $2\sim3$ 倍。因此，作为一个良好的光电发射体，应当选择适当的 E_g 值，以避免二次电子-空穴对的产生。

③ 克服表面势能的逸出。到达表面的光电子能否逸出还取决于它的能量是大于还是小于表面势垒。对于本征半导体，这个能量也就是 $h\nu_0$，在 $T=0\mathrm{K}$ 时，电子占据的最高能级是价带顶，如图7-3所示（忽略了表面能带弯曲）。因此，其逸出功为

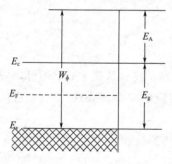

图7-3　本征半导体的能带图

$$W_\phi = h\nu_0 = E_\mathrm{g} + E_\mathrm{A} \tag{7-6}$$

对于杂质半导体，其光电子发射中心是在杂质能级上。图 7-4（a）为 N 型半导体的能带图。图中 E_d 为杂质能级，Δ 为从杂质能级上释放一个电子到导带所需的最小能量。它的光电子逸出功为

$$W_\phi = \Delta + E_\mathrm{A} \tag{7-7}$$

重掺杂的 P 型半导体，其能带如图 7-4（b）所示。因为费米能级 E_F 是在价带顶下 ε_p 的位置，故

$$W_\phi = E_\mathrm{A} + E_\mathrm{g} + \varepsilon_\mathrm{p} \tag{7-8}$$

如果是重掺杂的 N 型半导体，E_F 在导带底上 ε_n 的位置，如图 7-4（c）所示。故

$$W_\phi = E_\mathrm{A} - \varepsilon_\mathrm{n} \tag{7-9}$$

由此可知，半导体的光电逸出功由两部分组成：一部分是电子从发射中心激发到导带所需的最低能量；另一部分是电子从导带底逸出所需的最低能量（即电子亲和势）。不论哪一种发射中心，它的光电逸出功均与电子亲和势密切相关。

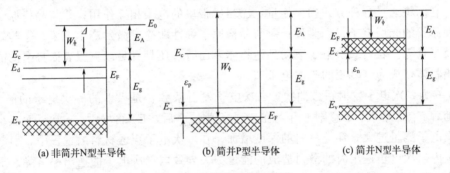

(a) 非简并N型半导体　　　　(b) 简并P型半导体　　　　(c) 简并N型半导体

图 7-4　杂质发射体的能带

7.1.2　二次电子发射

（1）二次电子发射理论

用具有足够动能的电子轰击物体时，物体表面将发射电子，这种现象称为二次电子发射。轰击物体的电子称为一次电子，从物体表面发射出来的电子称为二次电子。不同物体的二次电子发射能力是不一样的。为了表征不同物体的这种能力，通常把二次发射的电子数 N_2 与激发它们的一次电子数 N_1 的比值定义为该物体的二次电子发射系数 σ，即

$$\sigma = \frac{N_2}{N_1} = \frac{I_2}{I_1} \tag{7-10}$$

式中，I_2 为二次电流；I_1 为一次电流。

光电发射是用具有能量 $h\nu$ 的光子照射物体后有电子逸出，这叫做一次电子发射。而二次电子发射是用电子束轰击物体，物体表面有电子发射出来。因此，它们的不同点在于给物体提供能量的方式不同。二次电子发射的物理过程通常分为三步：①原电子射入物体后，在体内发生能量损失并激发产生内二次电子。这时体内电子受原电子激发，由低能态跃迁到高能态。②内二次电子从激发产生的地点向表面运动。在这一过程中，它可能与自由电子、晶

格原子和点阵缺陷相碰撞，与离子产生复合而损失能量。③到达表面的内二次电子克服表面势垒而逸出。

　　按照经典理论，原电子射入发射体后，将与晶格原子的外壳层电子发生相互作用（也可能与内壳层电子和自由电子相互作用），使电子受激发而跃迁到导带较高的能级。原电子本身的能量因而逐渐损失，其能量的损耗率沿原电子所经过的路径是变化的。通常认为原电子在其行程内单位距离中激发产生的内二次电子数与原电子能量沿行程的损耗率成正比，所以内二次电子的浓度沿着原电子所经过的路径分布是不均匀的。其浓度随着原电子能量的减小而增大，在接近原电子行程终端时达到最大。这是因为原电子能量大时，它与其行程附近的晶格原子相互作用的时间短，外壳层电子受激跃迁的概率就小。当原电子能量减小后，激发产生内二次电子的概率反而增大。当原电子的能量小到一定程度后，激发概率就迅速降低，一直到零。图 7-5 为内二次电子浓度沿着原电子行程的分布。由图可见，大部分内二次电子在原电子行程的末端产生。若原电子是以直线行进的，则原电子初能越大，就有越多的内二次电子产生在物体表面下的越深处。

　　内二次电子产生后，具有能量与速度的分布，其中有一部分向着表面方向运动。在运动过程中，它们将通过各种方式损失能量：①与导带里的电子相互作用；②与晶格原子非弹性碰撞，使原子的壳层电子得到激发；③与晶格原子弹性碰撞，激发产生声子；④与缺陷相互作用以及复合等。若内二次电子运动到达物体表面时，还具有足以克服表面势垒的能量，则可以逸出物体，成为"真正的二次电子"。

　　图 7-6 为二次电子发射系数曲线。二次电子发射系数 σ 是入射的一次电子的能量 E_p 的函数。随着 E_p 的增大，σ 急剧上升，在达到峰值 σ_{max} 后，E_p 再增大，σ 却反而减小。这是因为一次电子能量过大，穿透材料的深度增加，在一次电子穿透材料的过程中，引起的能量损失加上内二次电子逸出时的散射造成的能量损失导致内二次电子的逸出率下降。这就是一次电子在电场中获得的能量不宜超过 E_{pmax} 的原因。常用 E_{pmax} 来衡量不同材料的二次电子发射能力。金属的 σ_{max} 一般在 0.5～1.8 之间；半导体和绝缘体的 σ_{max} 为 5～6；专为得到高二次电子发射系数制作的复杂面的 σ_{max} 值可达十几，而负电子亲和势发射体的 σ_{max} 可达 500 以上。

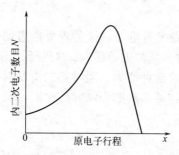

图 7-5　内二次电子浓度沿着原电子行程的分布

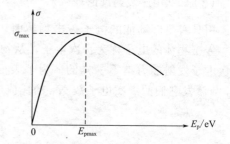

图 7-6　二次电子发射系数曲线

（2）二次电子发射材料

　　二次电子发射材料作为光电子发射器件的倍增极使用，起着倍增电子的作用。多个倍增极串联起来使用构成倍增系统，它可使电子成百万倍地增加。要实现电子的倍增，制作倍增极的二次电子发射材料很关键。这种材料应满足以下条件：①在低的工作电压下具有大的 σ

值。②热发射要小。热发射是指在一定温度下引起的热电子的随机波动。这些热电子通过倍增至阳极时，数值很大，将形成暗电流的主要部分，同时引起噪声。因此，尽可能选用热发射较小的材料。③二次电子发射系数 σ 要保持稳定。即要求在较高的环境温度下，不管是对大的一次电子流入射，还是对小的一次电子流入射，σ 均应保持恒定。④容易制作成各种形状。

锑铯材料是常用的二次发射材料，当入射的一次电子能量为 200eV，厚度为 80~100nm 时，σ 约为 6；在 400eV 时，σ 约为 10。碱土金属（铍、镁、钡等）的氧化物也具有良好的二次发射性能，其中，氧化镁（MgO）常用作倍增极材料。这种材料允许较大的二次电流并耐高温（150℃），σ 的最大值为 10 左右，对可见光不灵敏。镁合金（包括银镁、铝镁和铜镁等）和铍合金（包括铜铍和镍铍）因具有二次电子发射系数大、热发射电流小、发射性能稳定、能承受较大的电流密度等优点被广泛用作二次发射材料。此外，常见的还有用铯（Cs）激活的磷化镓（记作 GaP：Cs）和铯氧激活的硅（记作 Si：Cs-O）两种负电子亲和势二次发射材料。图 7-7 给出了上述两种材料的二次电子发射系数特性曲线。由图 7-7 可知，Si：Cs-O 在一次电子的能量达几十千电子伏特时，其 σ 值仍继续上升；GaP：Cs 材料则在几千电子伏特时呈下降趋势。与 Si：Cs-O 材料相比，GaP：Cs 材料的逸出深度比较浅，只能做反射式倍增极。Si：Cs-O 材料既可以做反射式的倍增极，也可以做透射式的倍增极。

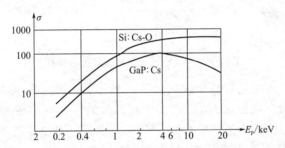

图 7-7 GaP：Cs 和 Si：Cs-O 二次电子发射系数特性曲线

7.2 光电阴极材料

7.2.1 银氧铯光电阴极

银氧铯（Ag-O-Cs）阴极是最早（1929 年）使用的高效光电阴极。它的特点是对近红外辐射灵敏。银氧铯（Ag-O-Cs）阴极的制作过程较为复杂，通常包括以下步骤：①准备银基底。在真空玻璃壳壁上涂一层银膜。可以通过蒸发、溅射等方法制备。②银层氧化。通入氧气，通过辉光放电使银表面氧化，形成氧化银膜。对于半透明银膜，由于基层电阻太高，不能用放电方法，而要用射频加热法。③引入铯蒸气。将氧化银膜暴露在铯蒸气中，进行敏化处理，使铯原子吸附在氧化银表面，形成 Ag-O-Cs 薄膜。④热处理。对 Ag-

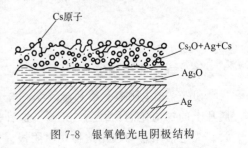

图 7-8 银氧铯光电阴极结构

O-Cs 薄膜进行热处理，以提高其性能和稳定性。其结构如图 7-8 所示。

测试和评估：对制作好的银氧铯阴极进行测试，评估其光电发射性能、光谱响应等特性。

Ag-O-Cs 光电阴极的能带结构如图 7-9 所示。光电阴极中被吸收的光子 $h\nu$ 能使电子从较低的能级跃迁到较高的能级。如果电子最终状态的能级高于阴极界面上的势阈，则这个电子就可以逸出物体而成为光电子。这类跃迁的例子如箭头 2、3、5、7、8 所示。当导带中的电子有足够的浓度时，从这一能带中各状态激发的电子也能起显著作用（箭头 8）。当然，一个被激发的电子从被激发地点迁移到阴极表面后，仍应保存足够的能量才能逸出阴极。除了光电子的光吸收之外，还存有激发的电子不能脱离物体，但是它们能够保证物体的光电导。这些跃迁的电子如箭头 1、4、6 所示。

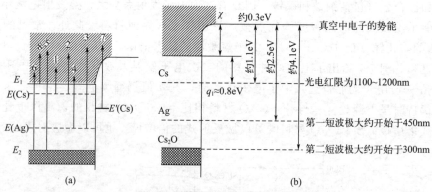

图 7-9　Ag-O-Cs 光电阴极的能带结构

Ag-O-Cs 光电阴极的光谱特性曲线如图 7-10 所示。由图 7-10 可知，银氧铯光电阴极的相对光谱响应曲线有两个峰值，一个在 300～400nm 处，另一个在 800nm 处，光谱范围为 300～1200nm，峰值的量子效率一般在 0.3%～1% 之间。对于半透明阴极，积分灵敏度一般为 30～60μA/lm。其主要优点是红阈低，红限波长可达 1700nm，为其他光电阴极所不及，因此应用于红外光电器件中。其主要缺点是热发射电流密度大，室温下可达 10^{-13}～10^{-11}A/cm^2，因此不能用于微光器件中。此外，Ag-O-Cs 光电阴极的热稳定性差，在 60℃ 下它的灵敏度就开始改变。

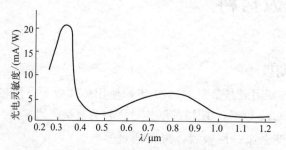

图 7-10　Ag-O-Cs 光电阴极的光谱特性曲线

7.2.2　锑铯光电阴极

Sb-Cs 光电阴极是格利赫（Golich）于 1936 年发明的。它是附着在光电管的玻璃壳或金属片上的锑与铯的化合物 $SbCs_3$。这种光电阴极的工艺和理论比较成熟，因此长期以来光电管、光电倍增管均选用这种光电阴极。锑铯光电阴极的光谱响应在可见光区，光谱峰值在蓝光附近，阈波长截止于红光。其短波部分的光谱响应可达到 105nm 的真空紫外区，在可见光区有较高的量子效率。此外，它又是一种较好的二次电子发射体。其积分灵敏度可达 $100\sim150\mu A/lm$，量子产额的最高值在 20%～30%之间，室温下的热电子发射电流为 $15A/cm^2$。

制备成功的 Cs_3Sb 光电阴极，其结构如图 7-11 所示。表面是一层吸附的单原子 Cs 层；中间层是发射体基质 Cs_3Sb。有时为了增加横向电导率并降低疲劳，在玻璃与基质之间蒸镀一层 Cr 或 MnO。Sb-Cs 光电阴极的制作需要在真空下进行，真空度为 $10^{-4}\sim10^{-6}Pa$。其制作工艺包括 Sb 膜的制备、Sb-Cs 光电阴极的激活、Sb-Cs 光电阴极的银氧敏化。

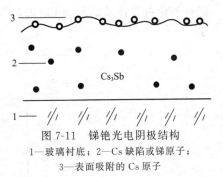

图 7-11　锑铯光电阴极结构
1—玻璃衬底；2—Cs 缺陷或锑原子；
3—表面吸附的 Cs 原子

光电阴极为 $SbCs_3$ 的立方晶体，含微过量的 Sb 形成 P 型半导体。室温下其电导率为 $10^{-1}S/cm$，禁带宽度为 1.6eV，热激活能（受主电离一个空穴到价带所需的能量）为 0.5eV，电子亲和势约为 0.45eV。其能带结构如图 7-12 所示。

Sb-Cs 光电阴极的光谱特性曲线如图 7-13 所示。最大值出现在 300～400nm 附近，长波限（下降至最大值的 1%处）约为 600nm。微弱的氧敏化可使光谱特性峰值以及红限向长波方向移动。其平均逸出深度约为 25nm，光吸收系数为 10^5mm^{-1} 数量级。

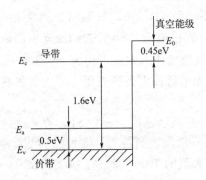

图 7-12　Sb-Cs 光电阴极的简化能级模型

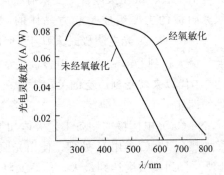

图 7-13　Sb-Cs 光电阴极的光谱特性曲线

7.2.3　铋银氧铯光电阴极

Bi-Ag-O-Cs 光电阴极是由索默（Sommer）于 1939 年发明的。Bi-Ag-O-Cs 光电阴极的最大优点是，在可见光谱区域内有全色响应，灵敏度比较均匀，如图 7-14 所示。与 Sb-Cs 光电阴极相比，Bi-Ag-O-Cs 光电阴极的相对光谱响应与人眼更相近，因而它特别适合制作电视摄像管中的光电阴极。其积分灵敏度为 $30\sim90\mu A/lm$。由图 7-14 可见，其光谱响应的峰值在 550nm 左右，长波限在 800nm 左右。Bi-Ag-O-Cs 光电阴极的量子效率为 5%～10%，暗电流比 Cs_2Sb 光电阴极大，但比 Ag-O-Cs 光电阴极小。

Bi-Ag-O-Cs 光电阴极中光电发射的基础物质是半导体 $BiCs_3$。而 $BiCs_3$ 和 $SbCs_3$ 很相似，它们在光吸收、光电发射、电导率与温度的关系、光电子的能量分布等方面都是类似的，因此在许多方面可以利用 Sb-Cs 光电阴极来很好地解释 Bi-Ag-O-Cs 光电阴极的某些特性。

铋银氧铯光电阴极的制作方法有很多。在各种制法中，四种元素可以有各种不同的结合次序，如 Bi-Ag-O-Cs、Bi-O-Ag-Cs、Ag-Bi-O-Cs 等。制备方法之一如下：①在玻壳上蒸积一层 Bi，使可见光透过率降低到 60%，此时，Bi 层的厚度约为 10nm。②蒸积一层 Ag，使可见光透过率降至 40%，此时，Ag 层的厚度约为 4nm。③在辉光放电中氧化 Ag 膜，氧化进行到透过率恢复到蒸 Ag 前的数值为止。④在 140～170℃下用 Cs 蒸气处理。

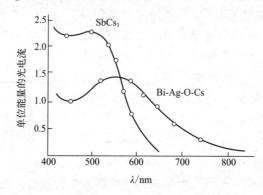

图 7-14　Bi-Ag-O-Cs 光电阴极的光电特性曲线

7.2.4　多碱金属光电阴极

在光电倍增管、微光摄像管等要求有很高灵敏度的光电器件中，常采用双碱或三碱光电阴极。双碱阴极的主要组成是立方晶体的 Na_2KSb 或 K_2CsSb，三碱阴极通常是指（Cs）Na_2KSb。Sb-K-Na-Cs 光电阴极是索默于 1955 年首先报道的。Sb-K-Na-Cs 光电阴极有很高的灵敏度（最大达到 200～300$\mu A/lm$），热发射电流密度小（室温下约为 $10^{-16}A/cm^2$），自 20 世纪 80 年代以来就受到广泛的关注，已在各种光电器件内得到应用，并大大提高了这些光电器件的性能。

Sb-K-Na-Cs 光电阴极的制备工艺大体如下：①在玻璃基底上蒸积 Sb，直到透过率降到 75%；②加热到 170℃，用 K 处理，使白光照射下灵敏度达到最大；③加热到 200～220℃，用 Na 处理，直到灵敏度达到最大，然后又降到最大值的 10%～20%；④冷却到 160℃，并轮流加少量的 Sb 和 K，使灵敏度最佳，达到一个稳定的最大值；⑤在 150℃下引进 Cs，使灵敏度达到另一最大值，如果需要，再加 Sb 和 Cs，使最大值更大；⑥冷却到室温，在此过程中灵敏度还应有所增强。

锑钾钠铯多碱阴极也是 P 型半导体，其能级模型如图 7-15 所示。其中 E_{a1} 是钠原子缺位能级，E_{a2} 是钾原子缺位能级。至于铯原子的作用，有可能是双重的。一是表面效应，它降低表面势垒，即降低了真实电子亲和势，可使表面势垒降低为 0.45eV；二是体积效应，它加强了锑过剩造成的 P 掺杂，从而增大了能带弯曲，降低了有效电子亲和势。Sb-K-Na-Cs 光电阴极的最佳灵敏度相当于 Na 原子数与 K 原子数之比为 2:1 时的状态（$SbKNa_2$-Cs）。有人认为这种光电阴极灵敏度高是纯光学效应，由于逸出深度深（可能深达 100nm，而不是一般的 30nm），干涉现象起作用的缘故。

图 7-16 是索默测定的几种光电阴极的光谱特性曲线。波长阈按 Sb-Na、Sb-K、Sb-Cs、Sb-K-Na、Sb-K-Na-Cs 的顺序往长波方向移动。虽然 Sb-K-Na-Cs 光电阴极的长波阈值延伸到了 850～900nm，远比 Sb-Cs 光电阴极长，但它在室温下的热发射电流密度却比 Sb-Cs 光

电阴极小一个数量级（约 $10^{-16}\,\mathrm{A/cm^2}$）。此外，低温下 Sb-K-Na-Cs 光电阴极的电阻不大，所以在低温下使用不必另蒸导电层。由于这两个特点，加之灵敏度高、响应波段宽，因此将 Sb-K-Na-Cs 光电阴极用于倍增管将大大改善其性能。

由于多碱光电阴极的光谱响应很宽、灵敏度高、热发射电流小，因此其在光谱仪和光子计数等方面使用的光电倍增管、微光摄像管和高速摄影用变像管等电子器件中都有着重要的应用。近年来，在三碱光电阴极的基础上又发展了四碱光电阴极（锑钾钠铷铯阴极）。它的主要优点是对红光区的灵敏度显著增大，热发射电流也比一般的三碱光电阴极小。

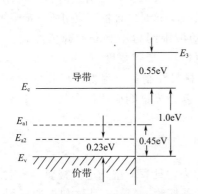

图 7-15　锑钾钠铯多碱阴极的能级模型

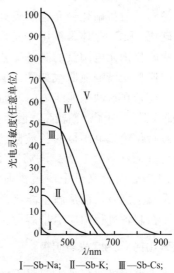

I—Sb-Na；　II—Sb-K；　III—Sb-Cs；
IV—Sb-K-Na；　V—Sb-K-Na-Cs

图 7-16　光电阴极的光谱特性曲线

上述几种常用光电阴极材料的特性参数如表 7-1 所示。

表 7-1　几种常用光电阴极材料的特性参数

光电阴极材料	光谱响应范围/nm	峰值波长/nm	峰值波长量子效率/%	灵敏度典型值/(μA/lm)	灵敏度最大值/(μA/lm)	20℃的典型暗电流密度/(A/cm²)
Ag-O-Cs	400~1200	800	0.4	20	50	10^{-12}
Cs_3Sb	300~650	420	14	50	110	10^{-16}
Bi-Ag-O-Cs	400~780	450	5	35	100	10^{-14}
Na_2KSb	300~650	360	21	50	110	10^{-18}
K_2CsSb	300~650	385	30	75	140	10^{-17}
Na_2KSb（Cs）	300~850	390	22	200	705	10^{-16}

7.2.5　紫外光电阴极

紫外辐射与可见光并没有本质上的区别，只是由于紫外辐射的光子能量高，因此产生了一些特殊要求。首先是光窗材料问题，一般的玻璃是透不过紫外线的。要透过波长长于 180nm 的紫外线，光窗必须用石英或蓝宝石；要透过波长在 180~105nm 范围内的紫外线，光窗一般用氟化锂；波长短于 105nm 时，目前尚无合适的光窗材料。

其次，紫外应用的光电发射材料必须是"日盲"的。所谓"日盲"，就是对太阳的辐射没有响应。当用于大气层时，它对波长 350nm 以上的辐射应不灵敏；用于太空时，对波长 200nm 以上的辐射应不灵敏。如果没有"日盲"的要求，则一切在可见光区域内灵敏的光电阴极，在紫外区域必定有同样或更高的灵敏度，也就没有什么特殊性了。

（1）碲化铯（Cs₂Te）光电阴极

碲化铯光电阴极对波长大于 300nm 的光不敏感，因此，它也被称为"日盲"型光电阴极。透射型和反射型碲化铯光电阴极具有相同的光谱响应范围，但后者较前者有更高的灵敏度。人造硅或 MgF_2 晶体常被用作光入射窗材料。

半透明碲化铯光电阴极的制备工艺有一些特殊之处，但主要规范与锑铯光电阴极相似。这种阴极的典型光谱响应曲线如图 7-17 所示。两条曲线代表两个极端情况，大多数光电阴极的光谱特性处在这两条曲线之间。曲线 I 虽然量子产额要低些，但对"日盲"使用是比较理想的。曲线 II 尽管量子产额较高，但存在较长波长的尾部，这是"日盲"应用所不希望的。

石英窗碲化铯光电阴极的长波限约为 350nm，短波限约为 165nm，峰值波长在 220nm 左右，最大量子效率为 10%。它属于半导体性质的材料，禁带宽度 $E_g \approx 3.0eV$，电子亲和势 $E_A \approx 0.5eV$，符合高量子产额要求的条件。这种材料在制备时容易形成化学计量上过剩的铯，构成施主能级，而从施主能级产生的光电效应就是光谱响应曲线向长波方向延伸的原因。因此，在制备过程中应尽量避免铯的过量。

（2）碘化铯（CsI）光电阴极

碘化铯光电阴极对可见光辐射不敏感，因此被称为"日盲"型光电阴极。当入射光波长大于 200m 时其灵敏度急剧下降，因此仅用作真空紫外探测。MgF_2 晶体和人造硅因高紫外线透射率而被选用为窗口材料。

碘化铯的禁带宽度 E_g 约为 6.3eV，电子亲和势 E_A 约为 0.1eV。氟化镁光窗碘化铯光电阴极的长波限约为 2000Å，短波限约为 1100Å，峰值波长在 1200Å 左右，最大量子效率约 20%。图 7-18 给出了各种碱金属碘化物光电阴极的光谱响应曲线。需要注意的是，这一类材料大多易溶于水，所以要避免暴露在潮湿的空气中。

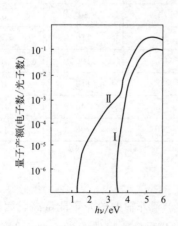
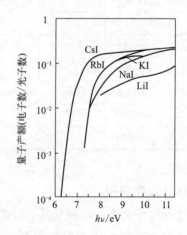

图 7-17　碲化铯光电阴极的光谱响应曲线　　图 7-18　碱金属碘化物光电阴极的光谱响应曲线

尽管碘化铯对波长小于115nm的光具有高灵敏度，但当采用 MgF_2 晶体作为光入射窗时，这种光波并不能有效地透射。为了探测波长小于115nm的入射光，通常的办法是在真空环境中去掉光入射窗而改用一个电子倍增器。该倍增器的第一级倍增极表面上沉积了碘化铯。

（3）氧化镁（MgO）和氟化锂（LiF）光电阴极

氧化镁（MgO）和氟化锂（LiF）光电阴极可针对一些远紫外区的应用。在某些应用场合，要求光电阴极对波长为1216Å的莱曼 α 线也没有响应，即属于"莱曼 α 盲"，因为这条谱线在天文学和有关空间测量中会造成不希望的背景。这样，材料的 $E_g + E_A$ 值就必须大于10eV。同时，由于没有合适的光窗材料，阴极只能装在无光窗的管子中使用。

在这个波长范围内最可行的材料是氧化镁（MgO）和氟化锂（LiF）。氧化镁的 E_g 值约为8.7eV，电子亲和势 E_A 约为1eV，在1000Å处的量子效率超过10%，但它在1200Å以上也有一些响应。此外，要制造具有一定厚度的氧化镁薄膜也相当困难。氟化锂的 E_g 值约为12eV，电子亲和势 E_A 约为1eV，在950Å处的量子效率超过20%。所以它很适合作"莱曼 α 盲"的光电阴极材料。

7.2.6 负电子亲和势光电阴极

1963年，Simon 首先提出了负电子亲和势（NEA）理论。1965年，J. J. Sheer 和 J. V. Laar 在半导体技术迅速发展的基础上用铯激活砷化镓得到了零电子亲和势光电阴极，并首先研制出 GaAs-Cs 负电子亲和势光电阴极，其光照灵敏度达 $500\mu m/lm$，长波限为900nm。这一成果引起了人们的普遍关注，从此开展了对Ⅲ-Ⅴ族化合物光电阴极的大量研究工作，得到了各种负电子亲和势光电阴极。这种阴极不仅具有前所未有的高灵敏度，而且长波极限波长延伸到了红外，开创了光电阴极的新局面。它在光电倍增管、摄像管、半导体器件、超晶格功能器件以及表面物理、高能物理领域，特别是夜视技术等方面有重要应用。

前面讨论的常规光电阴极都属于正电子亲和势（PEA）类型，表面的真空能级位于导带之上，如图7-19（a）所示。如果给半导体的表面做特殊处理，使表面区域能带弯曲，真空能级降到导带之下，从而使有效的电子亲和势为负值，则经这种特殊处理的阴极称作负电子亲和势光电阴极。NEA 的能带结构如图7-19（b）所示。它主要是用 Cs、O 激活Ⅲ-Ⅴ族化合物单晶表面制作的。图7-19（b）中，由于半导体表面吸附有正离子层，于是在半导体内形成耗尽区，引起能带向下弯曲，从而使有效电子亲和势变为负值。将电子激发到导带后，由于导带底的最低能量高于真空能级的能量，因此电子就能从导带直接逸入真空。

在普通的光电阴极中，在材料深处受激的电子，在达到表面之前就衰耗到真空能级以下，结果只有很接近表面的那部分受激电子才能参与光电子发射。这可由下列事实得到说明，典型的普通光电阴极的平均电子逸出深度约为25nm，而 CaAs-Cs 光电阴极则约为1000nm。目前封接在仪器中的 GaAs 光电阴极，积分灵敏度为1000μA/lm 以上，室温弱电子发射电流密度为 $10^{-16}A/cm^2$。图7-20给出了 RCA 公司工业型光电倍增管使用的负电子亲和势光电阴极的光谱响应曲线。从图中可以看出，波长直到 $0.85\mu m$，GaAs 光电阴极的光谱灵敏度仍超过100mA/W，而最好的多碱光电阴极只有15～20mA/W。

负电子亲和势光电阴极与前述的正电子亲和势光电阴极相比，具有以下特点：

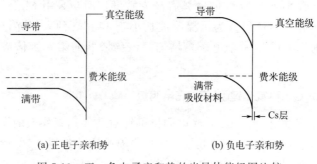

(a) 正电子亲和势　　　　　　(b) 负电子亲和势

图 7-19　正、负电子亲和势的半导体能级图比较

① 量子效率高。负电子亲和势光电阴极无表面势垒，所以受激电子跃迁到导带并迁移到表面后可以较容易地逸出表面。受激电子在向表面迁移的过程中，因与晶格碰撞，能量降到导带底而变成热电子后，仍可继续向表面扩散并逸出表面。对于一般的正电子亲和势光电阴极来说，激发到导带的电子必须克服表面势垒，只有高能电子才能发射出去。所以，负电子亲和势光电阴极的有效逸出深度要比正电子亲和势阴极大得多。如 GaAs 负电子亲和势光电阴极的逸出深度可达数微米，而普通多碱光电阴极只有几十纳米。因此，负电子亲和势光电阴极的量子效率较高。

② 光谱响应延伸到红外，光谱响应率均匀。如果光子能量满足 $E_g \leqslant h\nu \leqslant E_g + E_A$，则电子吸收光子能量后只能克服禁带宽度跃入导带，而没有足够的能量克服电子亲和势逸入真空。因此光子的最小能量必须大于光电发射阈值或功函数，否则电子就不会逸出物质表面。这个最小能量对应的波长称为阈值波长（或称长波限）。正电子亲和势光电阴极的阈值波长为

$$\lambda = \frac{hc}{E_g + E_A} = \frac{1240}{E_g + E_A}(\text{nm}) \tag{7-11}$$

而负电子亲和势光电阴极的阈值波长为

$$\lambda_0 = \frac{1240}{E_g}(\text{nm}) \tag{7-12}$$

例如 GaAs 光电阴极，E_g 为 1.4eV，阈值波长 λ_0 约为 890nm。对于禁带宽度比 GaAs 小的多元 III-V 族化合物光电阴极来说，响应波长还可向更长的红外延伸。

③ 热电子发射电流密度小。与光谱响应范围类似的正电子亲和势光电发射材料相比，负电子亲和势材料的禁带宽度一般比较宽。所以在没有强电场作用的情况下，其热电子发射电流密度较小，一般只有 10^{-16}A/cm^2。

④ 光电子的能量集中。当负电子亲和势光电阴极受光照时，价带中的电子受激发而跃迁至导带，在导带内很快热化（约 10^{-12}s），落入导带底（寿命达 10^{-9}s）；热化电子很容易扩散到达能带弯曲表面，然后发射出去。所以，其光电子能量基本上都等于导带底的能量。光电子能量集中这一点对提高光电成像器件的空间分辨率和时间分辨率有很大意义。

实用的负电子亲和势光电阴极有 GaAs、InGaAs、GaAsP 等，其光谱响应曲线如图 7-21 所示。从图中可看出，其量子效率要比经典的 Ag-O-Cs 光电阴极高 $10 \sim 10^2$ 倍，而且在很宽的光谱范围内光谱响应曲线较平坦。

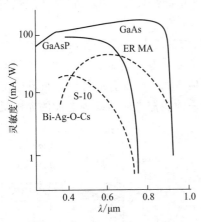
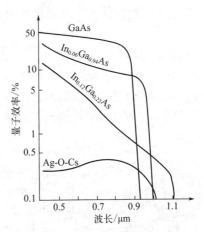

图 7-20　RCA 公司光电倍增管中
工业型 NEA 光电阴极的光谱曲线

图 7-21　负电子亲和势材料
的光谱响应曲线

7.2.7　光电阴极材料新进展

　　光电阴极材料基本上都是传统金属和半导体材料,大多数在 60 年前被发现。它们已成为当代粒子加速器、自由电子激光、超快电镜、高分辨电子谱仪等尖端科技装置的核心元件。然而,这些传统材料存在固有的性能缺陷——它们所发射的电子束"相干性"太差,也就是说,电子束的发射角太大,其中的电子运动速度不均一。这样的"初始"电子束要想满足尖端科技应用的要求,必须依赖一系列材料工艺和电气工程技术来增强其相干性,而这些特殊工艺和辅助技术的引入极大地增加了"电子枪"系统的复杂度,提高了建造要求和成本。尽管最近几十年基于光阴极的电子枪技术有了长足的发展,但已渐渐无法跟上相关科技应用发展的步伐。许多前述尖端科技的升级换代需要初始电子束相干性在数量级上的提升,而这已经不是一般的光电阴极性能优化所能实现的了,只能寄希望于材料和理论层面的源头创新。西湖大学理学院的何睿华团队意外地在一个同类物理实验室中"常见"的量子材料——钛酸锶上实现了突破。此前以钛酸锶为首的氧化物量子材料研究,主要是将这些材料当作硅基半导体的潜在替代材料来研究。何睿华团队却通过一种强大的,但很少被用于光电阴极研究的实验手段——角分辨光电子能谱技术,出乎意料地捕捉到这些熟悉的材料竟然同样承载着触发新奇光电效应的能力;它有着远超现有光电阴极材料的关键性能——相干性,且无法被现有光电发射理论解释。

7.3　真空光电管与光电倍增管的原理

7.3.1　真空光电管的原理

　　真空光电管的组成:光电阴极 K、收集电子的阳极 A、玻璃窗、外壳及相应的电极和管脚。光电管内阳极和阴极的位置设置一般分为中心阳极型、中心阴极型、半圆柱面阴极型、平行平板电极型、带圆桶平板阴极型等,部分结构如图 7-22 所示。为了防止氧化,将管内抽成真空。光电阴极即半导体光电发射材料,涂于玻壳内壁,受光照时,可向外发射光电子。

阳极是金属环或金属网，置于光电阴极的对面，加正的高电压，用来收集从阴极发射出来的电子。

真空光电管的原理如图 7-23 所示。当入射光线透过窗口照射到光电阴极上时，光电阴极发射电子到真空中去；在电场的作用下，光电子在两电极间做加速运动，被具有较高电位的阳极接收。在阳极回路中可以测出光电流的数值 I，I 取决于光照和光照灵敏度。如光照停止，那么阳极电路中也无电流输出。光电管是一种能把光能转变为电能的光电器件。

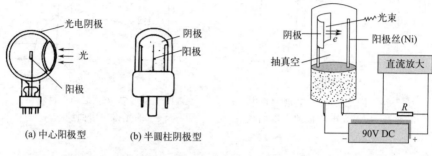

图 7-22　真空光电管的结构　　　　图 7-23　真空光电管的工作原理

真空光电管的优点是光电阴极面积大，灵敏度较高，一般积分灵敏度可达 $20\sim200\mu A/$ lm；暗电流小，最低可达 $10^{-14}A$；光电发射弛豫过程极短。缺点是真空光电管一般体积都比较大，工作电压高达百伏到数百伏，玻壳容易破碎等。

此外，还有充气光电管。光照产生的光电子在电场的作用下向阳极运动，由于途中与惰性气体原子碰撞而使其发生电离，电离过程产生的新电子与光电子一起被阳极接收，正离子向反方向运动被阴极接收，因此在阴极电路内形成数倍于真空光电管的光电流。充气光电管的电极结构也不同于真空光电管。其常用的电极结构有中心阴极型、半圆柱阴极型和平板阴极型。充气光电管最大缺点是在工作过程中灵敏度衰退很快，其原因是正离子轰击阴极而使发射层的结构破坏。充气光电管按管内充气不同可分为单纯气体型和混合气体型。单纯气体型的光电管多数充氩气，优点是氩原子量小，电离电位低，管子的工作电压不高。有些管内充纯氖或纯氦，使工作电压提高。混合气体型的管子常选氩氖混合气体，其中氩气占 10% 左右。由于氩原子的存在，处于亚稳态的氖原子碰撞后即能恢复常态，因此降低了惰性。

由于半导体光电器件的发展，真空光电管已基本上被半导体光电器件替代。因此，这里不再对光电管做进一步的介绍。

7.3.2　光电倍增管的原理

光电倍增管（photomuliplier tube，PMT）是一种将光转换成光电子，然后放大光电子的电真空器件。其内部有电子倍增机构，内增益极高，是目前灵敏度最高的一种光电探测器。它的外形如图 7-24 所示。

光电倍增管由光窗、光电阴极、电子光学系统（也称为电子透镜）、电子倍增系统和阳极组成，如图 7-25 所示。光电倍增管是光电阴极和二次电子倍增器相结合的一种真空光电器件，它的工作原理是建立在外光电效应、二次电子发射和电子光学基础上的。它的工作过程是：入射光透过光窗照射到光电阴极上，引起阴极发射光电子；光电子在电子光学输入系统和第一倍增极加速电压的作用下，被加速、聚焦并打上第一倍增极；倍增极产生几倍于入射光电子的二次电子，这些二次电子在相邻倍增电极间的电场作用下又被依次加速和聚焦，打上第二、第三级倍增极，分别产生第二、第三级二次电子；直到末级倍增极产生的二次电子被阳极收集，输出被放大了数十万倍以上的电流，原来十分微弱的光信号得到十分强烈的增强。

图 7-24　一种光电倍增管实物

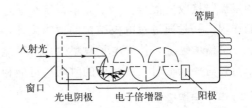

图 7-25　光电倍增管结构

为了满足各种不同的需要，光电倍增管的种类繁多，其分类方法也有多种。例如，按光电阴极材料的不同分为锑铯、银氧铯、双碱、多碱光电倍增管等；按光窗位置的不同分为端窗式和侧窗式；按光电阴极工作方式的不同分为透射式和反射式。这些分类与光电管的分类是相同的。由于光电倍增管自身的特点，还有一些分类方法，如按倍增极的数目分为单级和多级光电倍增管；按倍增系统的结构分为圆笼式（圆周式）、直列式（瓦片式）、盒子式和百叶窗式等。另外，还可按阴极面的形状分为凹镜窗式、平板镜窗式及棱镜窗式三类；按管子的特点分为耐高温管、耐高压管、耐振管和高稳定管等。

（1）光窗

光窗是入射光的通道，同时也是对光吸收较多的部分。因为玻璃对光的吸收与波长有关，波长越短吸收得越多，所以，倍增管光谱特性的短波阈值取决于光窗材料。目前常用的光窗材料有以下几种：①钠钙玻璃，它可以透过波长 3100Å 到红外的所有辐射；②硼硅玻璃，短波限约为 3000Å；③紫外玻璃，短波限约为 1900Å；④石英玻璃，短波限为 1700Å；⑤蓝宝石玻璃，它能透过短到 1450Å 的紫外辐射。

光电倍增管通常有侧窗和端窗两种形式。侧窗式光电倍增管是通过管壳的侧面接收入射光的，一般使用反射式光电阴极；而端窗式光电倍增管是通过管壳的端面接收入射光的，通常使用半透明的光电阴极，如图 7-26 所示。

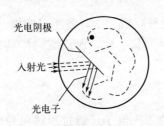

(a) 用于侧窗式的反射式光电阴极

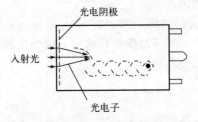

(b) 用于端窗式的透射式光电阴极

图 7-26　反射式、透射式光电阴极

（2）光电阴极

光电阴极的作用是光电转换。它可接收入射光，也可向外发射光电子。制作光电阴极的材料及原理在前面已叙述。光电阴极材料决定了光电倍增管光谱特性的截止波长，同时对整管灵敏度也起决定性作用。

（3）电子光学系统

光电倍增管的电子光学系统主要包括光电子的聚焦与接收以及相邻两个倍增极之间二次电子的聚焦与接收两部分。电子光学系统是通过电场加速和控制电子运动路线，起到如下两方面的作用：一是通过对电极结构的适当设计，使前一级发射出来的电子尽可能没有损失地落到下一个倍增极上，使光电子收集效率尽可能达到100%；二是使前一级各部分发射出来的电子落到后一级上时，所经历的时间尽可能相同，使渡越时间零散最小。

（4）电子倍增极

倍增系统是由许多倍增极组成的。每个倍增极的接收面都是由二次电子倍增材料构成，具有使一次电子倍增的能力。因此，倍增系统是决定整管灵敏度最关键的部分。二次电子发射原理及材料在前面章节已介绍。

光电倍增管中的倍增极一般有几级到十五级，根据电子轨迹的形式可分为聚焦型和非聚焦型两类。电子从前一倍增极飞向后一倍增极，可能发生电子束交叉的结构称为聚焦型。非聚焦型倍增极形成的电场只能使电子加速，而电子轨迹都是平行的。如图 7-27 所示，聚焦型又分为直瓦片式和圆瓦片式两种，非聚焦型又分为百叶窗式和盒栅式两种。

① 百叶窗式倍增极的结构如图 7-27（a）所示。每一个倍增极都由一组互相平行并与管轴成一定倾斜角（一般为 45°）的同电位二次电子发射叶片组成，在叶片的电子入射方向上连接有金属网，下一级倍增极上的叶片倾斜方向与上一级倍增极上的叶片相反。叶片连接金属网可以屏蔽前一级减速电场的影响，提高电子的收集效率。

② 盒栅式倍增极的结构如图 7-27（b）所示。它的形状是 1/4 圆柱面，并在两端加上盖板形成盒子形状，盖板可以屏蔽杂散电场对阴极工作表面的影响，而在阴极前加有栅网，所以又称盒栅式倍增系统。图中，上、下两个盒栅电极连接在一起构成半圆柱形，左、右两行的电极相向排列，并在上、下方向错开（管轴方向错开）一个圆柱半径的距离。

③ 圆瓦片式的结构如图 7-27（c）所示。该倍增系统中各个倍增极的形状都类似于半圆柱状的瓦片，沿圆周依次排列。这种结构紧凑、体积小巧。使用半圆柱瓦片式的倍增极可以形成对二次电子的会聚电场，使电子轨迹在极间会聚交叉并落在下一级倍增极中心附近，电子能得到充分利用。

④ 直瓦片式的结构如图 7-27（d）所示。在这种倍增管中，各个倍增极也是半圆柱瓦片形状，但它们沿着管子轴线依次排列。因为倍增极形状一样，所以它同样具有放大倍数高、极间渡越时间零散小的优点。

（5）阳极

阳极的作用是收集最末一级倍增极发射出来的二次电子，通过引线向外电路输出电流。对于阳极的结构，首先要求接收性能良好，具有较高的电子收集率，能承受较大的电流密度，工作在较大电流时阳极附近空间产生的空间电荷效应很小，可以忽略不计；其次要求阳极的输出电容很小，即阳极与最末级及其他级倍增极之间的电容很小。阳极广泛采用栅网状结构。

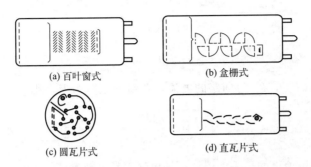

(a) 百叶窗式 (b) 盒栅式

(c) 圆瓦片式 (d) 直瓦片式

图 7-27 光电倍增管的倍增极结构

7.3.3 光电倍增管的供电电路

（1）分压电阻

光电倍增管各极间电压由电阻链分压获得，如图 7-28 所示。

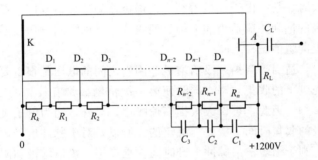

图 7-28 光电倍增管的供电电路

根据电流连续性方程，有

$$I_{in} + I_D = I_{out} + I_e \tag{7-13}$$

式中，I_{in} 为阴极输出电子流；I_{out} 为阳极输出电子流；I_D 为输入端传导电子流；I_e 为输出端传导电子流。

光电倍增管工作电压的选取要保证伏安特性曲线在线性范围内，一般总电压 U_{ak} 为 700～2000V，极间电压 V_D 为 80～150V。

当光电倍增管工作时，随电流信号 I_a 增大，其内阻变小。阳极与阴极的电压为 U_{ak}，内阻 $= \dfrac{U_{ak}}{I_a}$，即当电流信号增大时将导致流过分压电阻的电流减小，特别是最后几级电流较大，对分压电阻链有分流作用，引起极间电压变小，造成放大倍数下降和光电线性特性变坏。为了尽量减小光电倍增管的内阻变化对电阻链的分流作用，要求分压电阻取得适当小，以保证流过电阻链的电流 I_R 比最大阳极电流 I_{am} 大得多，这样可将分压电阻链供电电路看作恒压系统。

因为 $$I_{in} \ll I_{out} \tag{7-14}$$

所以 $$I_{out} = I_D - I_e \tag{7-15}$$

如果 $$I_D \gg I_{out} \tag{7-16}$$

那么 $$I_D \approx I_e = I_R \tag{7-17}$$

通常要求 $I_R \geqslant 20 I_{am}$，I_R 为回路的电流，各级的电阻为 R，则

$$R \leqslant \frac{U_{ak}}{20 I_{am} n} \tag{7-18}$$

式中，I_{am} 为阳极输出的最大电流；n 是倍增系统的级数。

I_R 也不能取得太大，否则分压电阻链功耗增大。因此，当极间电压已经给定时，分压电阻的最大值取决于最大阳极电流值，而分压电阻的最小值则取决于供电电源功率。通常极间分压电阻值 R 取为 $20k\Omega \sim 1M\Omega$。

要根据光电倍增管倍增极的结构来选用分压电阻。对于聚焦型结构，电阻选择比较苛刻，要求误差阻值为 $1\% \sim 2\%$，并且具有高的稳定性和小的温度系数；对于非聚焦型结构，电阻的选择就不那么苛刻了。

当电流信号很大时，往往由于在最后两个倍增极之间形成负空间电荷效应而出现饱和现象。为了消除输出级的饱和，应适当加大最后两级或三级的极间电压。要做到这一点，可适当增大最后三级电阻的阻值。

在探测弱信号时，适当提高第一级倍增极和阴极之间的电压是很重要的。这样，可以提高第一级倍增极对光电子的收集效率，同时使第一级倍增极具有较高的二次电子发射系数，并减小杂散磁场的影响，因此，可以大大提高信噪比。另外，因为电子飞越时间"散差"主要是由第一级倍增极的收集时间"散差"决定的，所以，对于脉冲信号，适当提高第一级倍增极与阴极间电压有利于缩短输出脉冲上升时间。提高第一级倍增极和阴极间电压的方法是增大分压电阻 R_k 值。

（2）分压电容

在光脉冲入射时，最后几级倍增极的瞬间电流很大，从而最后几级分压电阻上的压降有明显的突变，导致阳极电流过早饱和，使光电倍增管灵敏度下降。为此，常在最后三级电阻上并联旁路电容 C_1、C_2 和 C_3，使电阻链上的分压基本保持不变。电容为储能元件，当电压降低时，通过放电来维持分压电阻上的电压不变。通常并联电容器的数值为 $0.002 \sim 0.05\mu F$。

（3）稳压电源

光电倍增管的高压电源一般有两种接法，分别是阴极接地法和阳极接地法，如图 7-28 和图 7-29 所示。图 7-28 中阴极接地法的特点是：便于屏蔽，屏蔽罩可以跟阴极靠得近些，屏蔽效果好；暗电流小，噪声低；但阳极处于正高压，导致寄生电容大，匹配电缆连接复杂，特别是后面接直流放大器，整个放大器都处于高压，不利于安全操作。在阴极接地的原理中，一个耦合电容（C）必须用于从信号中分离阳极正高压，这样不太可能获取一个直流信号。图 7-29 中阳极接地法的优点是消除了外部电路与阳极的电势差，便于与后面电路相

连，如电流表、电流电压转换器、放大电路与光电倍增管的连接，操作安全；缺点是阴极负高压，屏蔽困难，暗电流和噪声大。

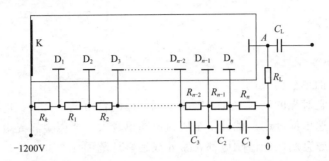

图 7-29　光电倍增管负高压接法

7.4　光电倍增管的特性参数

7.4.1　阴极灵敏度与量子效率

　　灵敏度是衡量光电倍增管探测光信号能力的一个重要参数。光电倍增管的灵敏度有阴极灵敏度与阳极灵敏度之分。

　　光电阴极的灵敏度主要包括光谱灵敏度与积分灵敏度两种。在单一波长辐射作用于光电阴极时，光电阴极输出电流 I_k 与单色辐射通量 Φ_λ 之比称为光电阴极的光谱灵敏度 $S_{k\lambda}$，即

$$S_{k\lambda} = \frac{I_k}{\Phi_\lambda} \tag{7-19}$$

其单位是 $\mu A/W$ 或 A/W。

　　在某波长范围内的辐射作用于光电阴极时，光电阴极输出电流 I_k 与入射辐射通量 Φ 之比称为光电阴极的积分灵敏度 S_k，即

$$S_k = \frac{I_k}{\int_0^\infty \Phi_\lambda \, \mathrm{d}\lambda} = \frac{I_k}{\Phi} \tag{7-20}$$

其单位是 mA/W 或 A/W。

　　测试阴极灵敏度时，以阴极为一极，其他倍增极和阳极都连到一起作为另一极，相对于阴极加 $100 \sim 300V$ 直流电压。照射到光电阴极上的光通量为 $10^{-5} \sim 10^{-2} \, lm$。光通量的上限不要使光电阴极的功耗过大，下限不要使光电流过小，以免使漏电流影响测量光电流的准确性。

　　在单色辐射作用于光电阴极时，光电阴极单位时间发射出去的光电子数 $N_{e\lambda}$ 与入射的光子数 $N_{p\lambda}$ 之比称为光电阴极的量子效率 η_λ（或称为量子产额），即

$$\eta_\lambda = \frac{N_{e\lambda}}{N_{p\lambda}} \tag{7-21}$$

量子效率和光谱灵敏度是一个问题的两种描述方法。它们之间的关系为

$$\eta_\lambda = \frac{\dfrac{I_k}{q}}{\dfrac{\Phi_{e\lambda}}{h\nu}} = \frac{S_{k\lambda}hc}{\lambda q} = \frac{1240S_{k\lambda}}{\lambda} \tag{7-22}$$

式中，波长 λ 的单位为 nm。

对金属来说，它对光的反射率高，吸收率低，体内自由电子又多，电子向表面运动过程中散射损失较大，逸出深度小。此外，金属逸出功也较大。所以金属光电发射体的量子效率都很低，并且大多数金属的光谱响应都在紫外或远紫外范围。

为了提高量子效率，光电发射体应具备以下几个条件：①材料表面的反射系数（反射率）要小；②材料对光的吸收系数要大；③光电子在体内传输过程中受到的能量损失要尽可能小，从而使逸出深度增大；④电子亲和势尽可能低，以提高电子在表面上的逸出概率。

7.4.2 阳极灵敏度与放大倍数

当光电倍增管加上稳定电压，并工作在线性区域时，阳极输出电流 I_a 与入射在阴极面上的光通量 Φ_k 的比值 S_a 称为阳极的光谱灵敏度，单位为 A/lm。

$$S_a = \frac{I_a}{\Phi_k} \tag{7-23}$$

显然，阳极的光谱灵敏度体现的光电倍增管将光能转换成电信号的能力包含了倍增放大的贡献。

在一定的入射光通量和一定的阳极电压下，光电倍增管的阳极输出信号电流与阴极信号电流的比值称为电流增益，也称为放大倍数，即

$$G = \frac{I_a}{I_k} = \frac{S_a\Phi}{S_k\Phi} = \frac{S_a}{S_k} \tag{7-24}$$

G 也可以用阳极光谱灵敏度与阴极光谱灵敏度的比值确定。因此，式（7-23）的阳极光谱灵敏度也可以用放大倍数和阴极光谱灵敏度的乘积确定。

如果各级倍增极的二次电子发射系数 σ 均相等，则阴极光电流经过 n 级倍增后，电流增益也可以表示为

$$G = \sigma^n \tag{7-25}$$

由于 σ 与工作电压有关，因此放大倍数也是工作电压的函数。由于 G 是工作电压的函数，因此光电倍增管的阳极光谱灵敏度与整管的工作电压有关，在使用时往往要标出整管工作电压对应的阳极光谱灵敏度，如图 7-30 所示。实际使用时，只要知道工作电压，就可从所给管子的关系曲线中求出该管的阳极光谱灵敏度和放

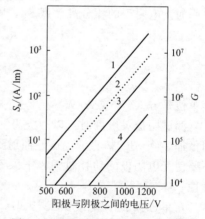

图 7-30　阳极光谱灵敏度和放大倍数
与工作电压的关系曲线
1—最大灵敏度；2—典型放大倍数；
3—典型灵敏度；4—最小灵敏度

大倍数。表 7-2 给出了光电倍增管的灵敏度表达式。

表 7-2　光电倍增管的灵敏度

灵敏度		公式	说明
阴极灵敏度	阴极光谱灵敏度	$S_{k\lambda}=\dfrac{I_k}{\Phi_\lambda}$	式中，S 为灵敏度；λ 为波长；I 为光电流；Φ 为光通量；下标 k 表示阴极，下标 a 表示阳极
	阴极积分灵敏度	$S_k=\dfrac{I_k}{\Phi}$	
阳极灵敏度	阳极光谱灵敏度	$S_a=\dfrac{I_a}{\Phi_k}$	
	阳极积分灵敏度	$S_a=\dfrac{I_a}{\Phi}$	

7.4.3　光电特性

光电倍增管的阳极电流 I_a 和光电阴极受照光通量 Φ_k 之间的关系称为光电特性。对于一只比较好的管子，二者可在很宽的光通量范围内保持良好的线性关系。当光通量很大时，特性曲线开始偏离线性，这是最后几级倍增极的疲劳使放大系数大大降低以及阳极和最后几级倍增极的空间电荷影响所致。以偏离直线 3% 作为线性区的界限，则满足线性的光通量范围可达 $10^{-10}\sim10^{-4}$ lm，如图 7-31 所示。其线性范围越宽，就越适合测量变化较大的辐射光通量。

影响线性范围上限的因素有：

① 光电倍增管最后几级倍增极疲乏，二次电子发射系数减小，放大倍数降低，故阳极电流减小，特性曲线偏离直线。

② 空间电荷效应。当电流大时倍增系统的最后两级和阳极之间出现空间电荷，将使最后几级放大倍数下降。

③ 光电阴极疲乏，从而使光电特性偏离线性。透射式阴极层电阻率高，如 CsSb、双碱、多碱阴极，在工作时光电阴极不能有强光照射，否则易损坏管子。

影响线性范围下限的因素是暗电流与噪声。

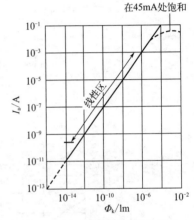

图 7-31　光电倍增管的光电特性

7.4.4　光谱特性

光谱响应取决于光电阴极的材料。图 7-32 和图 7-33 给出了几种光电阴极材料的光谱响应曲线。长波限和短波限都受到光电阴极材料的限制，当然短波限还受到光电倍增管窗口的限制。

7.4.5　伏安特性

光电倍增管的伏安特性也有阴极和阳极之分，一般都用曲线表示。阴极伏安特性是指阴极电流与阴极电压之间的关系；阳极伏安特性是指阳极电流与阳极电压（阳极和最末一级倍增极之间的电压）的关系，见图 7-34。阳极电流一开始随阳极电压的增大而迅速增大，并很快趋于饱和。阳极电流及其饱和值随入射光通量的增大而增大，达到饱和值所对应的阳极电压也会提高。其实，当阳极电压进一步提高时，阳极电流又会下降。这是因为来自倒数第二级倍增极的电子在高压下直接打上阳极，减去了最末一级倍增，使放大倍数降低。

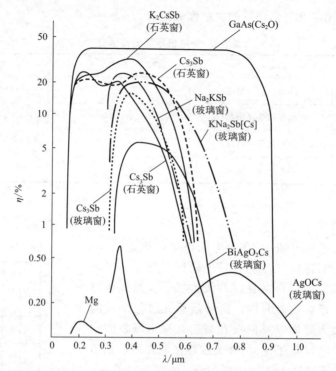

图 7-32 几种常用光电阴极的光谱特性曲线

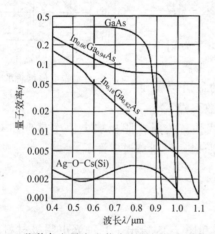

图 7-33 几种负电子亲和势光电阴极的光谱特性曲线

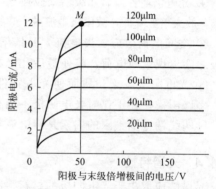

图 7-34 阳极伏安特性曲线

最大光通量所对应的曲线拐点 M 以右，即当阳极电压大于一定值后（例如，大于 50V），阳极电流趋向饱和，与入射到阴极面上的光通量呈线性关系，而与阳极电压的变化无关。因此，通常把光电倍增管的输出特性等效为恒流源。考虑到阳极电路的电容效应，得到它的交流微变等效电路如图 7-35 所示。

7.4.6 时间特性和频率特性

因为电子发射有弛豫效应，电子在极间渡越也需

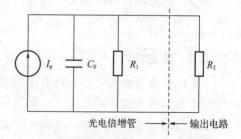

图 7-35 光电倍增管交流微变等效电路
I_p—阳极电流；C_0—等效电容；
R_1—直流负载；R_2—下一级放大器的输入电阻

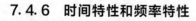

要时间，所以从光入射到光电倍增管上至阳极输出电流，在时间上有延迟。但这一延迟本身通常并不重要，重要的是由相同光电子产生的二次电子之间有渡越时间上的散差。例如，两个间隔很近的光脉冲，在输出中就可能被融合在一起。光电发射和二次电子发射的时间延迟约为皮秒量级，因而常可忽略。光电倍增管的频率响应主要受到电子渡越时间上的散差限制。不同电子的初速度及其所走的具体路径均各不相同，因此会产生渡越时间散差，从而导致由很窄的光脉冲产生的电流脉冲实际上比光脉冲宽得多。

描述光电倍增管的时间特性有三个参数，即响应时间、渡越时间和渡越时间散差。进行光电倍增管的时间特性测试时，需要利用 δ 函数脉冲光源。通常 δ 函数脉冲光源是指能够提供具有有限的积分光通量和无限小宽度的光脉冲光源。一般只要光源的上升时间、下降时间和半宽度均不超过管子输出脉冲相应时间参数的 1/3，这个光源即可认为是 δ 函数脉冲光源。现在可以作为 δ 函数脉冲光源的有发光二极管、激光二极管、掺钕钇铝石榴石脉冲激光器等。图 7-36 中，测量光信号为 δ 函数光脉冲，它的脉冲的半宽度一般应比倍增管的响应时间小约两个数量级。例如，取光脉冲的半宽度小于 50ps。

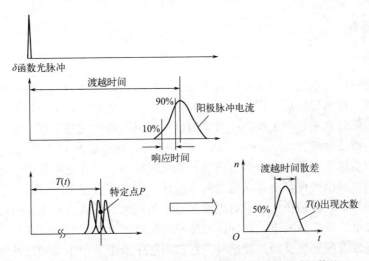

图 7-36　光电倍增管的响应时间、渡越时间和渡越时间散差

① 响应时间。光电倍增管在 δ 函数光脉冲照射下，其阳极输出电流从脉冲峰值的 10% 上升到 90% 所需的时间定义为响应时间或上升时间。

② 渡越时间。从 δ 函数光脉冲的顶点到阳极输出电流达到峰值所经历的时间定义为渡越时间。

③ 渡越时间散差。在重复光脉冲输入时，光电阴极发射的电子达到阳极的渡越时间的起伏称为渡越时间散差。它是电子初速度不同、电子透镜场分布不均匀等因素引起的。渡越时间散差代表时间分辨率，当输入光脉冲时间间隔很小时，渡越时间散差将使管子输出脉冲重叠而不能分辨。通常，当光电阴极在重复 δ 函数光脉冲照射下时，观察阳极输出脉冲上某一特定点（如 P 点）在时刻 t 出现的次数 n，作出 n-t 曲线。其曲线的半宽度定义为渡越时间散差。

表 7-3 列出了几种光电倍增管的时间特性。

表 7-3   几种光电倍增管的时间特性   单位：ns

结构	上升时间	渡越时间	渡越时间散差
直线聚焦型	0.7~3	1.3~5	0.37~1.1
环形聚焦型	3.4	31	3.6
盒栅型	约7	57~70	约10
百叶窗型	约7	60	约10

倍增管的响应时间和输出电路的时间常量都是影响其对快速变化的光信号响应的因素。当电路时间常量远大于上述响应时间时，倍增管的上限截止频率为

$$f_{HC} = \frac{1}{2\pi\tau_e} = \frac{1}{2\pi C_0 R_L} \tag{7-26}$$

式中，τ_e 是外电路时间特性，$\tau_e = C_0 R_L$；$R_L = R_1/R_2$，为倍增管的等效负载电阻；C_0 为倍增管输出等效电容（见等效电路图 7-35）。

7.4.7   其他特性

（1）暗电流

暗电流也有阴极暗电流与阳极暗电流之分。一般使用比较多的是阳极暗电流，它是指各电极都加上正常工作电压以后，阴极无光照时阳极的输出电流。暗电流限制了可测的直流光通量的最小值，同时它也是产生噪声的重要原因。所以，暗电流是鉴别光电倍增管质量的重要参量之一。一般暗电流为 $10^{-9} \sim 10^{-8}$ A，相当于入射光通量为 $10^{-13} \sim 10^{-10}$ lm。

倍增管中产生暗电流的因素较多，例如，光电阴极和靠近光电阴极的倍增极的热电子发射，因为光电阴极和倍增极都是低逸出功的发射体，它们在室温下会有热电子发射，尤其是光电阴极和第一级倍增极的热电子发射电流经过倍增放大后就成为暗电流的主要来源；阳极或其他电极的漏电，正常情况下，极间漏电造成的暗电流远小于热电子发射电流；极间电压过高而引起的场致发射；光反馈，玻璃外壳在散射电子轰击下产生荧光，外界的强辐射场也可能引起玻壳发光，这些光通过玻壳和倍增系统反馈到光电阴极，引起光电子发射；窗口玻璃中可能含有的少量钾、镭、钍等放射性元素蜕变产生的 β 粒子；宇宙射线中的 μ 介子穿过光窗时产生的契伦科夫光子等。

减小暗电流的方法主要是选好光电倍增管的极间电压。有了合适的极间电压可避开光反馈、场致发射及宇宙射线等造成的不稳定状态的影响。另外，还可在阳极回路中加上与暗电流相反的直流成分来补偿；在倍增输出电路中加一选频或锁相放大器滤掉暗电流；利用冷却法减小热电子发射电流等。

（2）稳定性

在入射光通量、工作电压等条件不变的情况下，阳极电流随工作时间的变化程度称为光电倍增管的稳定性。它与管内残余气体等因素有关。光电倍增管的稳定性在闪烁计数和光度学测量中是一个很重要的参量。

（3）疲劳特性

光电倍增管的灵敏度随工作时间的延长而下降。若在弱光下工作，且阳极电流不超过额

定值，则工作完后将管子保存在暗室中一段时间，其灵敏度能恢复到初始值。若管子长期连续工作或受强光照射，则灵敏度不可能再恢复，这种现象被称为疲劳。

因此，管子不使用时，应存放在黑暗的环境中；使用时忌强光照射，一般要求阳极电流不得超过额定值 $100\mu A$ 左右，相当于光电阴极的入射光通量为 10^{-5} lm，如光电阴极的面积为 $5cm^2$，相当于照度为 2×10^{-2} lx（相当于上弦月夜空对地面的照度）。

（4）噪声和灵敏度极限

光电倍增管的噪声是指它的输出电流偏离平均值的起伏，噪声将掩盖输出的微弱交变信号本身的变化，因此，噪声的存在决定了光电倍增管可以探测到的交变光通量的最小值。这个最小值称为光电倍增管的灵敏度极限或探测极限、噪声等效功率。

光电倍增管中的噪声主要为光电阴极的光电子发射和倍增极二次电子发射的统计特性产生的散粒噪声。另外，一些外界干扰（如环境电磁场、背景漏光、电源电压波动等）和结构、工艺上的不完善等也会导致噪声的产生。

噪声常常是伴随着光电倍增管的暗电流考虑的，但两者又有区别。暗电流是一个直流成分，而噪声则为输出中引起的统计起伏，信号中的起伏为信号噪声，暗电流中的起伏为暗电流噪声。

7.5 光电倍增管的典型应用

由于光电倍增管具有极高的光电灵敏度和极快的响应速度，它的暗电流低，噪声也很低，因此它在光电检测技术领域拥有极其重要的地位。它能够探测低至 10^{-13} lm 的微弱光信号，能够检测持续时间低至 10^{-9} s 的瞬变光信息。光电倍增管可以覆盖从紫外（115nm）到近红外（1100nm）的光谱响应范围，具有极高的灵敏度、快速响应及很宽范围内对入射光强呈线性响应等特点。另外，其内增益特性的可调范围宽，从而能够在背景光变化很大的自然光照环境下工作。因此，光电倍增管在微光探测、快速光子计数和微光时域分析等领域已得到广泛应用。

7.5.1 光谱探测仪

光电倍增管与各种光谱仪器相匹配，可以完成各种光谱的探测与分析工作。它已在石油、化工、冶金等生产过程的控制、油质分析、金属成分分析、大气监测等应用领域发挥着重要的作用。光谱探测仪常分为发射光谱仪与吸收光谱仪两大类型。

（1）发射光谱仪

发射光谱仪的基本原理如图 7-37 所示。采用电火花、电弧或高频高压对气体进行等离子激发、放电等方法，使被测物质中的原子或分子被激发发光，形成被测光源；被测光源发出的光经狭缝进入光谱仪后，被凹面反光镜 1 聚焦到平面光栅上，光栅将其光谱展开；落到凹面反光镜 2 上的发散光谱被聚焦到光电器件的光敏面上，光电器件将被测光谱的能量转变为电流或电压信号。由于光栅转角是光栅闪耀波长的函数，因此测出光栅的转角，便可检测出被测光谱的波长。发射光谱的波长分布隐含着被测元素化学成分的信息，光谱的强度表征被测元素化学成分的含量或浓度。用光电倍增管作为光电检测器件，不但能够快速地检测出浓度极低元素的含量，还能检测出瞬间消失的光谱信息。由于光电倍增管的光谱响应带宽的限制，在中、远红外波段的光谱探测中还要利用 $Hg_{1-x}Cd_xTe$ 等光电导器件或 TGS 热释电器件等。当然，利用 CCD 等集成光电器件探测光谱，可同时快速地探测多通道光谱的特性。

（2）吸收光谱仪

吸收光谱仪是光谱分析中的另一种重要仪器。吸收光谱仪的基本原理如图 7-38 所示。它与发射光谱仪的主要差别是光源。发射光谱仪的光源为被测光源，而吸收光谱仪的光源为已知光谱分布的光源。吸收光谱仪比发射光谱仪多一个承载被测物的样品池。样品池安装在吸收光谱仪的光路中，被测液体或气体放置在样品池中，已知光谱通过被测样品后，表征被测样品化学元素的特征光谱被吸收。根据吸收光谱的波长可以判断被测样品的化学成分，吸收深度表明其含量。吸收光谱仪的光电接收器件可以选用光电倍增管或其他光电探测器件。选用光电倍增管可以提高吸收光谱仪的光谱探测速度，选用 CCD 器件可以同时探测不同波长光谱的吸收状况。

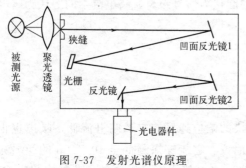

图 7-37　发射光谱仪原理

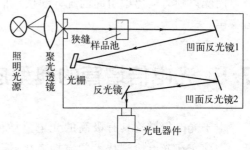

图 7-38　吸收光谱仪原理

7.5.2　测量与控制

在固体、液体或气体的自动化流水生产线上可用光电倍增管测量透射光或反射光的光强，用于精确控制成品或半成品的质量，并能检测出它们的缺陷、异常情况以及色泽和透光密度的变化。例如，在光学镀膜机上可对被镀膜层的厚度进行准确控制，对照相正片放大的曝光量进行自动控制等。如果把闪烁体、放射源与光电倍增管组合在一起，还可以控制不透明材料的重量和厚度，如轧钢机轧钢厚度的自动控制。光电控制法还可以用来检验各种物品的质量。例如，在造纸厂、墨水厂可以确定纸张、墨水的质量；在油漆工业中可确定油漆的配料和表面光洁度；胶片、滤光片、各种溶液的浊度、烟道中的烟量等，都可以利用由光电倍增管构成的光密度测量仪进行光密度测量。下面介绍几个测量与控制的应用实例。

（1）超高速碰撞测量

弹丸撞击靶板等超高速碰撞过程中，在加热和汽化的同时会产生闪光现象。其闪光强度的峰值在弹丸侵彻靶板的瞬间出现，其后伴随持续的黑体辐射衰减。理论分析和实验证明，闪光的峰值强度不仅依赖于碰撞速度和碰撞角度，而且还依赖于弹丸和靶板的力学特性与几何形状。因此，研究闪光强度的峰值及其衰减趋势，可以在微观上揭示超高速碰撞过程的规律；在深空探测中，测量超高速碰撞的闪光曲线也是分析星际表面物质特性的有力手段。

图 7-39 为超高速碰撞闪光光电倍增管测量系统，用于分析研究持续时间极短、强度微弱的超高速碰撞闪光。该测量系统由 4 通道组成。由光纤探头采集的不同波长的闪光信号经光纤输入光电倍增管，光信号转换为电信号并放大后输入示波器，可得到被测对象辐射随时间变化的数据曲线。

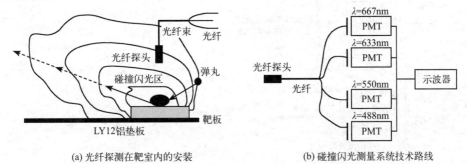

(a) 光纤探测在靶室内的安装　　　　(b) 碰撞闪光测量系统技术路线

图 7-39　一种超高速碰撞闪光光电倍增管测量系统

图 7-40 为某型号弹丸靶板碰撞闪光的光电信号和闪光强度随时间的变化曲线。可以看出曲线由闪光峰值前后两部分组成：峰前部分为弹丸的闪光信号曲线，取决于碰撞物的速度和碰撞角度、尺寸、密度及组成；峰后部分为碰撞产生的热羽黑体辐射衰减信号。强度峰值持续时间取决于弹丸参数，黑体衰减信号持续时间取决于靶板参数。定量描述碰撞闪光衰减指数与碰撞初始条件的关系、碰撞闪光的峰值强度与碰撞物物理参数的关系是目前深入研究的方向。

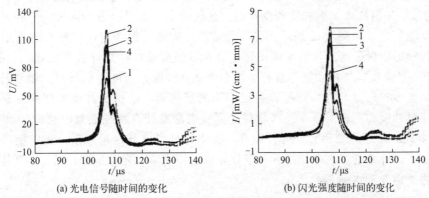

(a) 光电信号随时间的变化　　　　(b) 闪光强度随时间的变化

图 7-40　某型号弹丸靶板碰撞闪光的光电信号和闪光强度随时间的变化曲线

1—$\lambda=667\text{nm}$；2—$\lambda=633\text{nm}$；3—$\lambda=550\text{nm}$；4—$\lambda=488\text{nm}$

（2）闪烁计数器

闪烁计数器是闪烁晶体与光电倍增管组合构成的。常用的闪烁体是 NaI(TI)，用端窗式光电倍增管与之配合。如图 7-41（a）所示，当高能粒子照到闪烁体上时，产生光辐射并由倍增管接收转变为电信号，而且光电倍增管输出脉冲的幅度与粒子的能量成正比；图 7-41（b）是典型的输出脉冲幅度分布图——能谱图。在该图中每一能量上都有一个明显的峰值，在射线测量中，用作衡量脉冲幅度的分辨率。另外，选择光电倍增管时必须与闪烁体的发射光谱相匹配。这种闪烁探测器可检测 β 射线、X 射线和 γ 射线等高能粒子，已应用于核医学、石油测井和工业检测等领域。

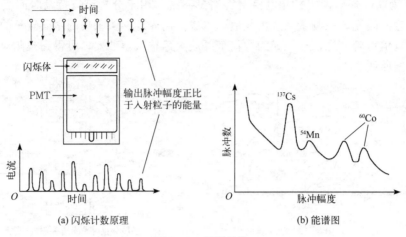

(a) 闪烁计数原理   (b) 能谱图

图 7-41 闪烁计数

闪烁计数器的优点是：效率高，有很好的时间分辨率和空间分辨率，分别达到 10^{-9} ns 和 10^{-3} m 量级。它不仅能探测各种带电粒子，还能探测各种不带电的核辐射，并鉴别它们的性质和种类，根据脉冲幅度确定辐射粒子的能量，因此在核物理和粒子物理实验中应用十分广泛。

（3）厚度测量

生产线上，可利用辐射的非接触式测量技术来测量纸张、塑料和钢板的厚度。在辐射测量中，β 射线、X 射线或 γ 射线比较受欢迎。这些技术大致可以分为两种：一种是穿过对象测量 β 或 γ 辐射量，如图 7-42 所示；另一种是测量荧光 X 射线量，如图 7-43 所示。

由于传输的辐射强度与计数率成正比，材料厚度可通过计算计数率得到。一般情况下，β 射线用于测量橡胶、塑料和纸等具有小的面密度（厚度×密度）的材料，伽马射线用来测量金属等大密度材料。此外，红外辐射也用于测量薄膜、塑料及其他类似的材料。荧光 X 射线用来测量薄膜和沉积层厚度。当材料受到辐射激发拥有特征能量时会产生次级 X 射线的荧光 X 射线，通过测量和区分这种能量，物体材料可进行定量测量。该应用可采用多种探测器，如正比计数管、光电倍增管和半导体辐射探测器。光电倍增管结合闪烁体使用，主要用于检测 γ 射线和 X 射线。

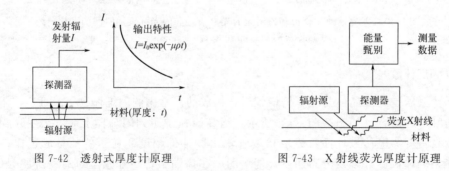

图 7-42 透射式厚度计原理   图 7-43 X 射线荧光厚度计原理

（4）环境测量

在环境测量设备中光电倍增管也常被用作探测器，例如，用来检测空气或液体含尘量的尘埃计数器、用于核电厂中的辐射监测器。下面介绍光电倍增管在大气探测激光雷达中的应用。激光雷达由激光发射机、光学接收机、旋转台和信息处理系统等组成，如图7-44所示。激光发射机用来将电脉冲变成光脉冲发射出去，光学接收机用来把目标（大气分子、气溶胶、云等）反射回来的光脉冲还原成电脉冲，并转换成数字信号。数字信号由计算机处理，可测量散射体的距离、浓度、速度和形状。激光发射机和光学接收机安装在同一个地方，激光束扫描目标区可获得一个三维空间分布。

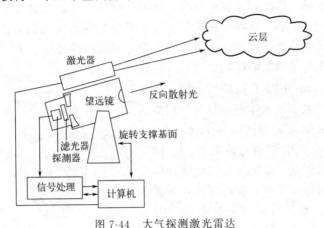

图 7-44　大气探测激光雷达

7.5.3　生物与医疗

（1）生物技术

在生命科学的应用中，包括细胞分拣、荧光计和核酸序列等，光电倍增管主要用于检测荧光和散射光。细胞分类仪是利用荧光物质对细胞标定后，先用激光照射，再用光电倍增管观察细胞发射的荧光，从而对特定的细胞进行标识的装置。利用荧光计可对细胞、染色体发出的荧光、散乱光的荧光光谱、量子效率、偏光、寿命等进行测定。

下面以基因（DNA）芯片扫描仪（图7-45）为例进行分析。

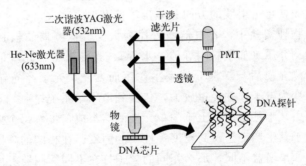

图 7-45　DNA 芯片扫描仪

生化工具"DNA芯片"被用于分析大量的遗传信息。该技术是指将大量探针分子固定在支持物上（通常点阵密度高于 400 个/cm^2）后与标记的样品分子进行杂交，通过检测每个探针分子的杂交信号强度进而获取样品分子的数量和序列信息。通俗地说，就是通过微加工技术，将数以万乃至百万计特定序列的 DNA 片段（基因探针）有规律地排列固定在

$2cm^2$ 的硅片、玻片等支持物上构成的一个二维 DNA 探针阵列。其与计算机的电子芯片十分相似，所以被称为基因芯片。一些基因芯片是利用半导体光刻方法制作的，而其他的是利用高精度的智能机械配发在玻璃片上。用激光束扫描 DNA 芯片，通过测量杂交核酸发出的荧光强度可获取样品 DNA 的遗传信息。

（2）医疗应用

在医疗中，光电倍增管可用于临床检测，比如免疫分析、微生物检测、凝血检测、正电子发射断层扫描（PET）等。这些应用主要利用了光电倍增管对光信号的转换和放大能力，对被同位素、酶、荧光、化学发光、生物发光物质等标识的检测对象进行化学测定。

光电倍增管的正电子发射断层扫描（PET）得到了广泛应用。图 7-46 为 PET 扫描仪。当一个放射性示踪剂释放的正电子注入体内并与电子相撞后湮灭，产生方向相反而能量相同的两个伽马射线，这些伽马射线同时被光电倍增管阵列检测。PET 通过在人体内注射放射性示踪剂（如有放射性同位素标记的分子）并测量其浓度来获得活体在活跃状态下的断层图像，从而进行病变和肿瘤的早期诊断。PET 使用的典型正电子发射放射性同位素有 ^{11}C、^{13}N、^{15}O 和 ^{18}F。与 X 射线计算机断层扫描

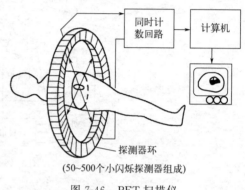

图 7-46　PET 扫描仪

（X-ray CT）方法相同，通过排列每个角度获得横断数据，PET 扫描仪可创建一个断层图像重建图像。

7.5.4　天体物理实验

光电倍增管具有极高的灵敏度、快速响应等特点，因此在探测微弱光信号及快速脉冲光信号方面是一个重要的探测器件。地基粒子天体物理实验中对光电倍增管有广泛的应用。

当外太空的高能宇宙射线进入大气层后，会与空气核发生作用，产生大量的次级粒子，次级粒子会分布在几十至上千平方米的范围内。在地面建立探测器阵列，通过对这些次级粒子的探测可以重建出原初宇宙射线的方向和能量等信息。

在地基粒子天体物理实验中，光电倍增管作为大部分探测器的核心部件起着关键性作用。探测器一般由探测介质（如塑料闪烁体、水等）、光导设备、光电倍增管、电子学系统等组成。粒子到达探测介质后与探测介质发生作用而发光，光子经光导设备到达光电倍增管，经光电倍增管后变为电子，并经过放大，传输到电子学系统。

一般的探测阵列由几十甚至成百上千的单元探测器组成，虽然每个探测器应用同一型号的光电倍增管，但由于其生产工艺及高精度等性质的因素，在相同的高压下，每个光电倍增管的增益也会不同。如果增益不同，那么相同的粒子打在不同探测器上得到的信号也就不一致，这样将造成重建的方向、能量信息的不准确，甚至是探测器阵列数据的错误。为此，必须使每个光电倍增管的增益一致，也就是使它们工作在相同增益的电压下。这就要求在应用光电倍增管组成探测器阵列之前，对它们的高压响应做一次准确测试，确定它的工作高压。通常情况下，每个光电倍增管会有不同的工作电压。

思考题

1. 什么是光电子发射效应？金属和半导体材料的光电子发射有何不同？
2. 什么是二次电子发射？如何计算二次电子发射系数？
3. 有哪些典型的光电阴极材料？
4. 什么是负电子亲和势光电阴极？
5. 真空光电管和光电倍增管的原理是什么？
6. 光电倍增管由哪些部分组成？它们的作用分别是什么？
7. 量子效率和光谱灵敏度之间有什么关系？
8. 除了本书中提到的，光电倍增管还有哪些应用？

第 8 章

光伏型探测材料及器件

利用半导体光伏效应制作的器件称为光伏（photovoltaic，PV）探测器。由于它们由对光敏感的结构成，因此也称为结型光电器件。这类器件品种很多，但原理基本相同。光伏探测器与光电导探测器的主要区别在于：产生光电变换的位置不同；光电导探测器无极性，需要外加电压才可工作，而光伏探测器有确定的极性，无需外加电压即可进行光电信号的转换；光电导探测器的载流子弛豫时间较长、响应速度慢、频率特性差，而结型的光伏探测器响应速度快、频率响应特性好。本章从光生伏特效应开始，重点介绍了光电二极管和光电三极管几个典型器件的结构原理和性能特点，并简要介绍了 PIN 光电二极管、雪崩光电二极管（APD）等一些特殊结构的光伏探测器。

8.1 光生伏特效应

8.1.1 光生伏特效应概念

光生伏特效应涉及三个主要的物理过程：第一，半导体材料吸收光能产生非平衡的电子-空穴对；第二，非平衡电子和空穴从产生处向势场区运动，这种运动可以是扩散运动，也可以是漂移运动；第三，非平衡电子和空穴在势场作用下向相反方向运动而分离，这种势场可以是 PN 结的空间电荷区、金属-半导体的肖特基势垒或异质结势垒等。

现在用 PN 结能带图分析光电转换的物理过程。图 8-1（a）是平衡 PN 结的能带图。在光的照射下，半导体中的原子因吸收光子能量而受到激发。如果光子的能量大于禁带宽度，在半导体中就会产生电子-空穴对。在距 PN 结的空间电荷区一个扩散长度以内产生的电子-空穴对，一旦进入 PN 结的空间电荷区，就会被空间电荷区的内建电场分离。非平衡空穴被拉向 P 型区，非平衡电子被拉向 N 型区。结果在 P 型区边界将积累非平衡空穴，在 N 型区边界将积累非平衡电子，产生一个与平衡 PN 结内建电场方向相反的光生电场。于是，在 P 型区和 N 型区之间建立了光生电动势。积累的光生载流子部分地补偿了平衡 PN 结的空间电荷，引起 PN 结势垒高度的降低，如图 8-1（b）所示。如果 PN 结处于开路状态，光生载流子只能积累在 PN 结两侧产生光生电动势。这时在 PN 结两端测得的电位差叫开路电压，用 V_{oc} 表示。从能带图上看，PN 结势垒由 qV_0 降低到 $q(V_0-V_{oc})$。可以看出，势垒降低的部分正好是 P 型区和 N 型区费米能级分开的距离。

如果把 PN 结从外部短路，则 PN 结附近的光生载流子将通过这个途径流通。这时电流叫光生电流 I_p。其方向从 PN 结内部看是从 N 型区指向 P 型区的。由于这时非平衡载流子不再积累在 PN 结两侧，光生电压为零。

一般情况下，PN 结材料和引线总有一定的电阻，我们用 R_s 表示这种等效串联电阻。

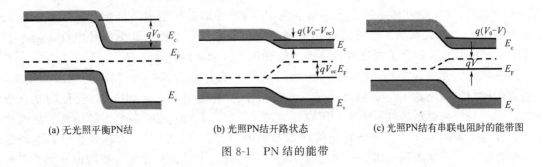

| (a) 无光照平衡PN结 | (b) 光照PN结开路状态 | (c) 光照PN结有串联电阻时的能带图 |

图 8-1　PN 结的能带

这时光生载流子只有一部分积累在 PN 结上，使势垒降低 qV。V 是电流流过 R_s 时，在 R_s 上产生的电压降。如图 8-1（c）所示，P 型区和 N 型区费米能级分开的距离仍然代表 PN 结势垒降低的程度。

与作为普通整流、检波用的 PN 结对比看，光生电流的方向相当于普通二极管反向电流的方向。光照使 PN 结势垒降低等效于 PN 结外加正向偏压。它同样能引起 P 型区空穴和 N 型区电子向对方注入，形成正向注入电流。这个电流的方向与光生电流的方向正好相反。

由此可见，光生伏特效应是基于两种材料相接触形成内建势垒，光子激发的光生载流子（电子、空穴）被内建电场拉向势垒两边，从而形成了光生电动势。光生伏特效应的应用之一是把太阳能直接转换成电能。此外，利用光生伏特效应制成的光电探测器件也得到了广泛的应用。

在稳定条件下，PN 结上的光生电压与流经负载的光生电流 I 的关系为

$$I = I_0 (e^{\frac{qV}{kT}} - 1) - I_p = I_d - I_p \tag{8-1}$$

式中，$I_d = I_0 (e^{\frac{qV}{kT}} - 1)$，是无光照时流过 PN 结的电流，称为暗电流。常温条件下，硅光电二极管的暗电流约为 100nA，硅 PIN 光电二极管的暗电流可小到 1nA。

光生电流 I_p 与光照有关，并随着光照的增大而增大。在反向电压足够大时，光生电流可表示为 $I_p = SE$。其中，S 为光电灵敏度；E 为辐射照度（图 8-2）。

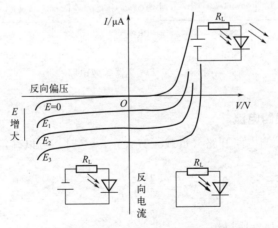

图 8-2　光伏探测器的伏安特性曲线与光照度的关系

8.1.2　光伏探测器的工作模式

在零偏压时称为光伏工作模式，在反向偏压时称为光导模式。

第一象限：PN 结外加正向偏压。暗电流 I_d 随着外加电压增大而呈指数增大，且远大于光生电流 I_p。在此区域工作的光电导探测器与普通二极管一样呈现单向导电性，而不表现出它的光电效应。因此，光电导探测器工作在这个区域是没有意义的。

第三象限：光电导模式。PN 结外加反向偏压。暗电流 I_d 随反向偏压的增大而增大，最后等于反向饱和电流 I_0，其值远小于光生电流 I_p；光生电流 $I_p = SE$，与光照的变化成正比，几乎与反向电压的高低无关。所以总电流 $I = I_d - I_p \approx -SE$ 是光照的函数。从现象来看，在这一象限工作，无光照时光伏探测器电阻很大，电流很小；而有光照时，电阻变小，电流变大，且随着照度增大电流增大。这一特性与光电导探测器的工作现象类似，因此将这种工作模式称为光电导模式。光电二极管在这个区域具有重要意义。反向偏压可以减小载流子的渡越时间和二极管的极间电容，有利于提高器件的响应灵敏度和响应频率。

第四象限：光伏模式。PN 结无外加偏压，此时流过光伏探测器的电流仍为反向电流，但随着光照的变化，电流与电压出现明显的非线性关系。光伏探测器的输出电流流过外电路负载电阻产生的压降就是它自身的正向偏压，称为自偏压。光电池工作模式属于这种类型。

图 8-3 为光伏探测器的等效电路。光伏探测器等效于一个电流源（光生电流 I_p）和一个普通的二极管并联。普通二极管包括暗电流 I_d、结电阻 R_{sh}、结电容 C_j 和串联电阻 R_s。结电阻 R_{sh} 为 PN 结的漏电阻，又称动态电阻，它比 R_L 和 PN 结的正向电阻大得多。例如，硅光电二极管的 R_{sh} 可达 $10^6 \Omega$，故流过的电流很小，往往可以略去。R_s 为引线电阻、接触电阻等之和，其值一般为零点几欧姆到几欧姆，相对 R_L 通常较小，可忽略。如果忽略 R_{sh} 和 R_s 的影响，可以简化光伏探测器的等效电路，如图 8-3（b）所示。

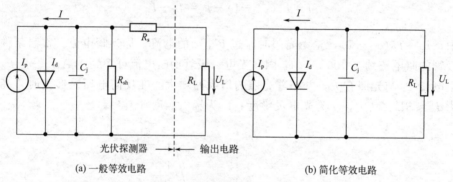

(a) 一般等效电路　　　　　　　　　　　　(b) 简化等效电路

图 8-3　光伏探测器等效电路

8.1.3　开路电压和短路电流

由式（8-1）可知，当电路开路（负载无穷大）$I = 0$ 时，可以确定开路电压为 V_{oc}，即

$$V_{oc} = \frac{kT}{q} \ln \left(\frac{I_p}{I_0} + 1 \right) \tag{8-2}$$

一般情况下，$I_p \gg I_0$，所以

$$V_{oc} \approx \frac{kT}{q} \ln \frac{I_p}{I_0} = \frac{kT}{q} \ln \frac{SE}{I_0} \tag{8-3}$$

上式表明，在一定的温度下，开路电压与辐射照度的对数成正比，但不会随光照的增大

而无限地增大，当增大到 PN 结势垒消失时，得到最大光生电压 V_{ocmax}。因此，V_{ocmax} 应等于 PN 结热平衡时的接触电位差 V_{D}。它与材料特性和掺杂浓度密切相关。

在短路（负载为零）的情况下，$V=0$，可得短路电流为

$$I_{\text{sc}} = -I_{\text{p}} = -SE \tag{8-4}$$

即短路电流与光生电流值相等，与入射辐射照度成正比，从而得到了良好的光电线性关系。这在线性测量中有着重要的应用。

8.2 光电二极管

随着光电子技术的发展，近年来出现了很多性能优良的光伏型探测器。总体来讲，有硅、锗光电二极管、PIN 光电二极管、雪崩光电二极管（APD）、肖特基势垒光电二极管等。本节重点介绍硅光电二极管（PN 结）、PIN 光电二极管以及雪崩光电二极管。

8.2.1 PN 结光电二极管

8.2.1.1 PN 结光电二极管的特点

光电二极管和光电池一样，其基本结构也是一个 PN 结。和光电池相比，结面积小，因此其频率特性特别好。光电二极管光生电势与光电池相同，但输出电流普遍比光电池小，一般为几微安到几十微安。按材料分类，光电二极管可分为硅、砷化镓、锑化铟、碲化铅光电二极管等许多种；按结构分类，也可分为同质结与异质结。其中最典型的是同质结硅光电二极管。

光电二极管与普通二极管的共同点是：均有一个 PN 结，因此，它们均属单向导电性的非线性元件。但光电二极管是一种光电器件，在结构上有它特殊的地方。例如，光电二极管的 PN 结势垒很低，光生载流子的产生主要在 PN 结两边的扩散区，光电流主要来自扩散电流，而不是漂移电流，故又称为扩散型 PN 结光电二极管。为了获得尽可能大的光电流，PN 结的面积要比普通二极管大得多，且通常都以扩散层作为它的受光面。为此，受光面上的电极做得较小。为了提高光电转换能力，PN 结的深度较普通二极管浅。光电二极管采用硅或锗制成。锗器件的暗电流温度系数远大于硅器件，工艺也不如硅器件成熟，虽然它的响应波长大于硅器件，但实际应用尚不及硅广泛。下面着重介绍硅光电二极管的结构、工作原理以及特性参数。

8.2.1.2 硅光电二极管的结构和工作原理

硅光电二极管是最简单、最具有代表性的光生伏特器件，其中 PN 结硅光电二极管为最基本的光生伏特器件。

（1）硅光电二极管的基本结构和工作原理

国产硅光电二极管按衬底材料的导电类型不同，分为 2CU 和 2DU 两种结构形式。2CU 系列以 N-Si 为衬底，2DU 系列以 P-Si 为衬底。硅光电二极管的两种典型结构如图 8-4 所示。2CU 系列光电二极管只有两个引出线，而 2DU 系列

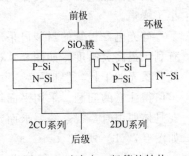

图 8-4　硅光电二极管的结构

光电二极管有三条引出线，除了前极、后极外，还设了一个环极减小暗电流和噪声。

硅光电二极管的基本结构如图 8-5 所示。图（a）是采用 N 型单晶硅及硅扩散工艺，称 P^+N 结构，型号是 2CU 型；图（b）是采用单晶硅及磷扩散工艺，称 N^+P 结构，型号是 2DU 型。为了消除表面漏电流，在器件的 SiO_2 表面保护层中间扩散一个环形 PN 结，该环形结称为环极。如图 8-5 所示，在有环极的光电二极管中，通常有三根引出线。对于 N^+P 结构器件，N 侧电极称为前极，P 侧电极称为后极。环极接电源正极，后极接电源负极，前极通过负载接电源正极。由于环极的电位高于前极，在环极形成阻挡层阻止表面漏电流通过，可使得负载 R_L 的漏电流很小（小于 $0.05\mu A$）。若不用环极也可将其断开作为空脚。

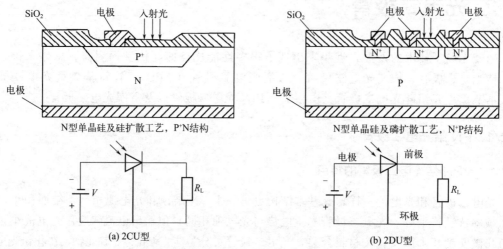

图 8-5　PN 结硅光电二极管的两种典型结构及符号

在 2DU 型硅光电二极管的制造过程中，在光敏面涂上一层 SiO_2 保护膜层的过程免不了沾污些杂质正离子，如钾、钠等。在这些少量正离子的作用下，SiO_2 膜层下必然要感应出一些负电荷，即引起 P 型区内电荷的再分配，空穴被排斥到下面，电子被吸收到上面，出现反型层。因此，在氧化层下面的 P 型区内表面与 N 型区形成沟道，即使没有光入射，在外加反向偏压的作用下，也有电流从 N 型区表面向 P 型区流动，形成表面漏电流，如图 8-6（a）所示。这种表面漏电流可达到微安级，成为暗电流的重要组成部分。同时，它也是产生散粒噪声的主要因素，影响管子的探测极限。为减小 SiO_2 中少量正离子的静电感应所产生的表面漏电流，可在氧化层中间扩散一个环形 PN 结将受光面包围起来，因此称为环极，如图 8-6（b）、（c）所示。在接电源的时候，使环极的电位始终高于前极的电位，从而使极大部分的表面漏电流从环极流向后极，不再流过负载 R_L，因而消除了表面效应的影响，也减小了噪声。

硅光电二极管的封装可采用平面镜和聚焦透镜作入射窗口。采用聚焦透镜有聚光作用，有利于提高灵敏度。如图 8-7（a）所示，由于聚焦位置与入射光方向有关，因此能够减小杂散背景光的干扰，但也导致灵敏度随入射光方向而变化。所以，在实际使用中入射光的对准是值得注意的问题。采用平面镜作窗口，虽然没有对准问题，但要受到杂散背景光的干扰，在具体使用时，视系统要求而定。硅光电二极管的相对灵敏度随光线入射角变化的关系曲线如图 8-7（b）所示。

图 8-8 为光电二极管的光电转换，图中虚线为空间电荷区界限。无光照时，只有热效应引起的微小电流经过 PN 结；有光照时，则产生附加的光生载流子，使流过 PN 结的电流骤

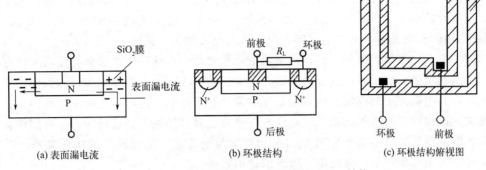

(a) 表面漏电流　　　　　　(b) 环极结构　　　　　　(c) 环极结构俯视图

图 8-6　2DU 系列环极光电二极管的原理、结构

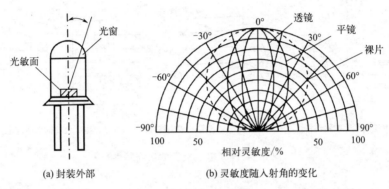

(a) 封装外部　　　　　　(b) 灵敏度随入射角的变化

图 8-7　硅光电二极管

增。不同波长的光（蓝光、红光、红外光等）在光电二极管的不同区域被吸收。被表面 P 型扩散层吸收的主要是波长较短的蓝光。此区域因为光照产生的少数载流子（电子）一旦扩散到势垒区界面，就在空间电荷区电场的作用下很快被拉向 N 型区，波长较长的光波将透过 P 型区到达空间电荷区，在那里激发电子-空穴对，在空间电荷区电场的作用下它们分别到达 N 型区和 P 型区。波长更长的红光

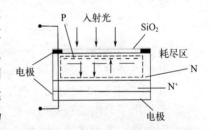

图 8-8　光电二极管的光电转换

和红外光将透过 P 型区和空间电荷区，在 N 型区被吸收，N 型区中产生的少数载流子（空穴）一旦扩散到势垒区界面，就被结电场拉向 P 型区。因此，总的光生电流为这三部分的光生电流之和，它随入射光强度的变化而变化。这样在负载电阻上就可以得到一个随入射光变化的电压信号。

（2）硅光电二极管的特性参数

① 硅光电二极管的伏安特性。在无光照的情况下（暗室中），PN 结硅光电二极管的正、反向特性与普通 PN 结光电二极管一样。其暗电流为 I_d，有光照时的电流即 I_p。

由电流方程可以得到硅光电二极管在不同偏置电压下的输出特性曲线，见图 8-9（a）。硅光电二极管的工作区域应在图的第 3 象限与第 4 象限。采用重新定义电流与电压正方向的方法（以 PN 结内建电场的方向为正向）可把特性曲线旋转成图 8-9（b）。因为与开路电压

相比，外加反压小很多，所以可略去不计。常用曲线如图 8-9（c）所示。

硅光电二极管在反向偏压下工作，这样可以减小载流子渡越时间及二极管的极间电容，从而提高探测器的响应灵敏度和频率。但反向偏压不能太高，以免引起雪崩击穿。光电二极管在无光照时的暗电流 I_d，就是二极管的反向饱和电流 I_{so}；有光照时产生的光电流 I_p 与 I_{so} 同一方向。不同光照下硅光电二极管的电压与电流的关系如图 8-9（c）所示。

由图 8-9（c）可知，低偏压时，光电流变化非常敏感，这是由于反向偏压增大使耗尽层加宽，结电场增强，所以对结区光的吸收率及光生载流子的收集效率加大；当反向偏压进一步增大时，光生载流子的收集已达极限，光电流就趋于饱和。这时，光电流与外加反向偏压几乎无关，而仅取决于入射光功率，曲线近似平直，且低照度部分比较均匀，可用作线性测量。硅光电二极管在较小负载电阻下入射光功率与电流之间呈现较好的线性关系。图 8-10 给出了在一定负载偏压下，硅光电二极管的输出特性。

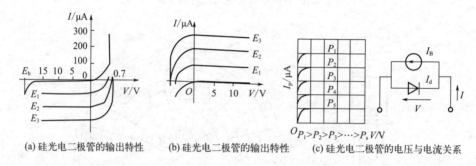

(a) 硅光电二极管的输出特性　　(b) 硅光电二极管的输出特性　　(c) 硅光电二极管的电压与电流关系

图 8-9　硅光电二极管的伏安特性

② 硅光电二极管的电流灵敏度。在给定波长的入射光下，定义光电二极管的电流灵敏度为入射到光敏面上辐射量的变化与电流变化之比：

$$S_i = \frac{dI}{d\Phi} \tag{8-5}$$

电流灵敏度与入射辐射波长 λ 有关，通常给出的是峰值响应波长的电流灵敏度。

③ 硅光电二极管的光谱响应特性。光谱响应特性的定义：以等功率的不同单色辐射波长的光作用于光电二极管时，电流灵敏度与波长的关系。图 8-11 是典型光生伏特器件的光谱响应曲线。典型硅光电二极管的光谱响应长波限为 $1\mu m$ 左右，短波限接近 $0.4\mu m$，峰值响应波长为 $0.9\mu m$ 左右，与硅光电池相同。

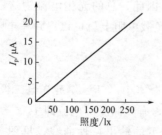

图 8-10　反向偏压 $V_A = -15V$ 时
硅光电二极管的光电流输出特性

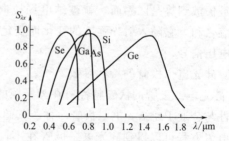

图 8-11　典型光生伏特器件的光谱响应

硅光电二极管的电流响应率通常在 $0.4 \sim 0.5 \mu A/\mu W$ 量级。常用的 2DU 和 2DUL 系列硅光电二极管的光谱响应从可见光一直到近红外区，在 $0.8 \sim 0.9 \mu m$ 波段响应率最高，如图 8-12 所示。这个波段与砷化镓（GaAs）、激光器（LD）或发光二极管（LED）的工作波长相匹配。

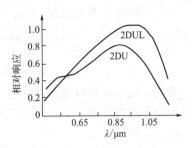

图 8-12　2DU 和 2DUL 系列硅光电二极管的光谱特性

④ 硅光电二极管的响应时间和频率特性。硅光电二极管的高频等效电路如图 8-13（a）所示，R_d 是硅光电二极管的内阻，也称为暗电阻；硅光电二极管等效为一个高内阻的电流源 I_φ，R_s 是体电阻和电极接触电阻，一般很小。在工程计算中，高频等效电路可简化为图 8-13（b）。其高频截止频率 f_c 为

$$f_c = \frac{1}{2\pi R_L C_j} \tag{8-6}$$

响应的电路时间常数 τ_c 为

$$\tau_c = 2.2 R_L C_j = \frac{0.35}{f_c} \tag{8-7}$$

例如，硅光电二极管的结电容为 $C_j = 30pF$，$R_L = 50\Omega$，则 $f_c = 100MHz$，$\tau_c = 3.5ns$。

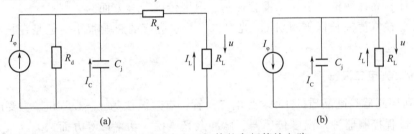

(a)　　　　　　　　　　　　　(b)

图 8-13　硅光电二极管的高频等效电路

一般硅光电二极管的响应频率或响应时间主要受少数载流子扩散时间和电路时间常数的限制。要适应光探测系统中宽带、高速的应用，必须进一步提高 f_c。除了可增大反向偏压，减小结电容外，还必须改进二极管的结构。

硅光电二极管的响应时间主要由三个因素决定：a. 在 PN 结区外产生的光生载流子扩散到 PN 结区内所需要的时间，称为扩散时间，记为 τ_p（ns 量级）；b. 在 PN 结区内产生的光生载流子渡越结区的时间，称为漂移时间 τ_d（10^{-11}s 量级）；c. 由 PN 结电容和管芯电阻及负载电阻构成的 R_c 延迟时间 τ_c（负载电阻 R_L 不大时为 ns 量级）。

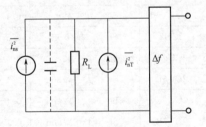

图 8-14　硅光电二极管的噪声等效电路

⑤ 噪声。由于硅光电二极管常用于微弱信号的探测，因此，了解其噪声特性十分必要。图 8-14 是硅光电二极管的噪声等效电路。对于高频应用，有两个主要的噪声源：散粒噪声 $\overline{i_{ns}^2}$ 和电阻热噪声 $\overline{i_{nT}^2}$。所以输出噪声的有效值为

$$I_n = (\overline{i_{ns}^2} + \overline{i_{nT}^2})^{1/2} = \left[2e(i_s + i_n + i_d)\Delta f + 4KT\frac{\Delta f}{R_L} \right]^{1/2} \tag{8-8}$$

相应的噪声电压为

$$V_n = I_n R_L = [2e(i_s + i_n + i_d)\Delta f R_L^2 + 4KTR_L \Delta f]^{1/2} \tag{8-9}$$

式中，i_s、i_n、i_d 分别为信号光电流、背景光电流和反向饱和暗电流的平均值。由上面两式可见，从材料及制作工艺上尽可能减小反向饱和暗电流，合理地选取负载电阻 R_L 是减小噪声的有效途径。在弱光照射情况下，散粒噪声小于热噪声，而在强光照射时，散粒噪声大于热噪声。

8.2.1.3 常用光电二极管

（1）InSb 光电二极管

J10 系列探测器是高品质的 InSb 光电二极管，有效波段为 $1 \sim 5.5 \mu m$，主要应用在热成像、热寻制导、辐射计、光谱测定、FTIR 中。该系列光电二极管的温度特性比较稳定，大于 120℃性能开始出现下滑。

（2）Ge 光电二极管

J16 系列探测器是高品质的 Ge 光电二极管，有效波段为 $800 \sim 1800nm$。该系列主要应用在光功率计、光纤测试、激光二极管控制、温度传感器等方面。

温度改变在峰值波长以下时对 Ge 光电二极管响应率的影响很小，但是在长波长时却显得很重要。

（3）InAs 光电二极管

J12 系列探测器是高品质的 InAs 光电二极管，有效波段为 $1 \sim 3.8 \mu m$，主要应用在激光告警接收、过程控制监视、温度传感器、脉冲激光监视、功率计等方面。

表 8-1 为几种不同材料光电二极管的基本特性参数，供实际应用时参考。

表 8-1 几种不同材料光电二极管的基本特性参数

型号	材料	光敏面积 S/mm^2	光谱响应 $\Delta\lambda/nm$	峰值波长 λ_m/nm	时间响应 τ/ns	暗电流 I_d/nA	光电流 $I_p/\mu A$	反向偏压 V/V
2AU1A~D	Ge	0.08	0.86~1.8	1.5	≤100	1000	30	50
2AU1A~D	Si	ϕ8mm	0.4~1.1	0.9	≤100	200	0.8	10~50
2CU2	Si	0.49	0.5~1.1	0.88	≤100	100	15	30
2CU5A	Si	ϕ2mm	0.4~1.1	0.9	≤50	100	0.1	10
2CU5B	Si	ϕ2mm	0.4~1.1	0.9	≤50	100	0.1	20
2CU5C	Si	ϕ2mm	0.4~1.1	0.9	≤50	100	0.1	30
2DU1B	Si	ϕ7mm	0.4~1.1	0.9	≤100	≤100	≥20	50
2DU2B	Si	ϕ7mm	0.4~1.1	0.9	≤100	100~300	≥20	50
2CU101B	Si	0.2	0.5~1.1	0.9	≤5	≤10	≥10	15
2CU201B	Si	0.78	0.5~1.1	0.9	≤5	≤50	≥10	50
2DU3B	Si	ϕ7mm	0.4~1.1	0.9	≤100	300~1000	≥20	50

8.2.1.4　光电二极管偏置电路

（1）反向偏置电路

光电二极管在外加偏压时，若 N 型区接正端，P 型区接负端，偏置电压与内建电场的方向相同，则称光电二极管处于反向偏置状态，对应的电路称为反向偏置电路，如图 8-15 所示。光电二极管反向偏置时，PN 结势垒区加宽，内建电场增强，从而减小了载流子的渡越时间，降低了结电容，进而可得到较高的灵敏度、较大的频带宽度和较大的光电变化线性范围。光电二极管工作时通常都采用反向偏置电路。

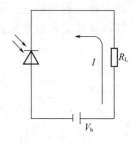

① 基本反向偏置电路。图 8-15 为光电二极管的基本反向偏置电路。设 V_b 为偏置电压，R_L 为偏置电阻（负载电阻），I 为光电二极管的输出电流。由此可得反偏光电二极管的回路电流方程为

$$I = I_p - I_s(e^{\frac{eV}{kT}} - 1) \tag{8-10}$$

由于常温下 $V \gg kT/e$，因此式（8-10）可以表示为

$$I = I_p + I_s \tag{8-11}$$

图 8-15　基本反向偏置电路

回路电压方程可以表示为

$$V(I) = V - IR_L \tag{8-12}$$

式中，$V(I)$ 为光电二极管的端电压。

当入射到光电二极管的光通量 Φ 变化时，会引起回路中电流和电压的变化。由式（8-10）可得电流与光通量的变化关系为

$$I = I_p + I_s \approx I_p = \frac{e\eta}{h\nu}\Phi \tag{8-13}$$

由式（8-12）可得反向偏置电路的输出电压与入射辐射量的关系为

$$V(I) = V - R_L \frac{e\eta}{h\nu}\Phi \tag{8-14}$$

当入射光通量变化时，输出信号电压的变化为

$$\Delta V = -R_L \frac{e\eta}{h\nu}\Delta\Phi \tag{8-15}$$

② 反向偏置光电二极管的阻抗变换电路。图 8-16 是反偏光电二极管的阻抗变换放大电路。反偏光电二极管具有恒流源性质，内阻很大，且饱和光电流与入射光的照度成正比，在很高的负载电阻情况下可以得到较大的信号电压。但如果将处于反向偏压状态下的光电二极管直接接到实际的负载电阻上，则会因阻抗的失配而削弱信号的幅度。因此需要有阻抗变换器将高阻抗的电流源变换成低阻抗的电压源，然后再与负载相连。图 8-16 中以场效应管为前级的运算放大器就是这样的阻抗变换器。场效应管有很高的输入阻抗，光电流是通过反馈电阻形成压降的。放大器的输入阻抗 $R_f = 0 \sim 10\Omega$，输出电压为

$$V_0 = -IR_f = -I_p R_f = -R_f S\Phi \tag{8-16}$$

式中，I_p 为光电二极管的输出电流；R_f 为放大器的反馈电阻。输出电压与输入光通量成正比。该电路与基本反向偏置电路相比，具有极小的负载电阻（R_f），不易出现信号失真，同时由于运放的放大作用，又能输出较大的电压信号；与零伏偏置电路相比，具有较高的反向工作偏压（V_b），由于光电二极管的结电容较小，响应速度快，又有较大线性响应动态范围。

（2）零伏偏置电路

光电二极管零伏偏置电路的伏安特性曲线对应图 8-17 中第三象限和第四象限的交界处，$V=0$，即纵轴。光伏探测器采用零伏偏置电路时，它的 $1/f$ 噪声最小，暗电流为零，可以获得较高的信噪比。因此，即使质量较好（反向饱和电流小，正、反向特性好）的光电二极管也常采用零偏置电路，避免偏置电路引入的噪声。

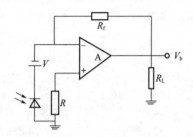
图 8-16　反偏阻抗变换电路

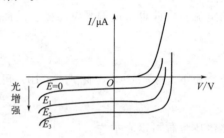
图 8-17　光电二极管的伏安特性曲线

另外，光谱响应在中远红外波段的光伏探测器，例如，工作于 $3\sim5.5\mu m$ 波段的 PV-InSb（77K）和 $8\sim14\mu m$ 波段的 PV-HgCdTe（77K）等，由窄禁带（E_g 很小）半导体材料制成，其性能受热激发的影响较大，能承受的反向偏压不大（一般为几百毫伏至一点几伏），常工作在零伏偏置或接近于零伏偏置的状态。

图 8-18 给出了一种由运算放大器实现的零伏偏置电路。图 8-19 是 PV-InSb（77K）光伏探测器的零偏置电路。静态时，反向漏电流在负载上产生的压降给探测器附加一个正向偏置电压，为了获得零偏的状态，需要外加反向偏压来抵消反向漏电流的影响。

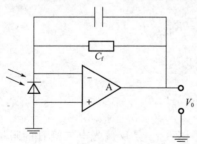
图 8-18　光电二极管的零伏偏置电路

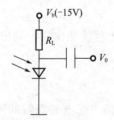
图 8-19　PV-InSb 光伏
探测器的零偏置电路

设探测器的静态工作电流为 I_D，静态工作电压为 V_D，则直流负载线方程为

$$V_D = V_b - I_D R_L \tag{8-17}$$

要使探测器处于零偏置状态，则取 $V_D=0$，$I_D=I_0$，I_0 为探测器的反向漏电流，已知探测器的 $I_0=50\mu A$，若取 $V_b=-15V$，根据直流负载线方程就可以求得负载电阻 $R_L=300k\Omega$。

也可以利用变压器的阻抗变换功能构成零伏偏置电路。将光伏探测器接到变压器的低阻抗端（线圈匝数少），形成直流零伏偏置，而光的波动产生的交变信号经变压器输出。另外，还可以利用电桥的平衡原理设置直流或缓变信号的零伏偏置电路。

值得指出的是，这些零伏偏置电路都属于近似的零伏偏置电路，都具有一定大小的等效偏置电阻，当信号电流较强或辐射强度较高时，将偏离零伏偏置。故零伏偏置电路只适合对微弱辐射信号的检测，不适合较强辐射的探测领域。若要获得大范围的线性光电信息变换，应该尽量采用光伏探测器的反向偏置电路。

8.2.2 PIN 光电二极管

普通的 PN 结光电二极管在光电检测中有两个主要缺点。第一，RC 时间常数的限制。由于 PN 结耗尽层的容量不够小，因此 PN 结光电二极管无法对高频调制信号进行光电检测。第二，PN 结耗尽层宽度至多几微米。入射的长波长光子穿透深度远大于耗尽层的宽度，大多数光子被耗尽层外的中性区域吸收而产生光电子-空穴对。这些电子-空穴对仅有扩散运动而不能在内建电场的作用下发生漂移运动。因而对长波长光子入射到 PN 结光电二极管而言，量子效率低，响应速度慢。光子入射硅材料时，穿透深度 h 与入射光子波长 λ 的关系如图 8-20 所示。通过适当选择耗尽层的厚度，PIN 光电二极管可以获得较大的输出电流、较高的灵敏度和较好的频率特性，频率带宽可达 10GHz，适用于高频调制光信号探测场合。

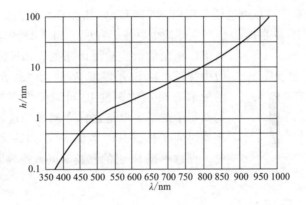

图 8-20　穿透深度和入射光子波长的关系曲线

8.2.2.1 PIN 光电二极管的结构与工作原理

PIN 是指结构为 P^+-本征层-N^+ 的半导体器件，其理想化的结构如图 8-21（a）所示。本征层的掺杂浓度要比 P^+ 和 N^+ 区小得多，它的宽度也要比这些区宽得多，其宽度主要取决于特殊的应用，一般为 $5\sim50\mu m$。在理想的光电二极管中，为了简化，可以取本征 Si 区为本征区。

首先制成这种结构，然后 P^+ 侧的空穴和 N^+ 侧的电子分别向本征 Si 层扩散，在本征 Si 层复合后消失。这样在 P^+ 侧就留下一薄层的暴露的带负电荷的受主离子，在 N^+ 侧留下一薄层的暴露的带正电荷的施主离子，如图 8-21（b）所示。这两种电荷被厚度为 W 的本征 Si 层隔开。如图 8-21（c）所示，从暴露的负离子到暴露的正离子，在本征 Si 层中有一个均匀的内建电场 E_0。相反，在 PN 结的耗尽层中，电场是不均匀的。在没有外加偏压时，由于

内建电场 E_0 可以防止多数载流子进一步向本征 Si 层扩散，因此体系一直处于平衡中。PIN 光电二极管的结电容或耗尽层电容由下式给出。

$$C_{耗尽} = \frac{\varepsilon_0 \varepsilon_r A}{W} \tag{8-18}$$

式中，A 是横截面积；$\varepsilon_0 \varepsilon_r$ 是半导体（Si）的电容率。

由于本征 Si 层的厚度 W 是被结构固定的，因此与 PN 结相反，PIN 结的电容 $C_{耗尽}$ 与外加电场无关。在快速 PIN 光电二极管中，一般 $C_{耗尽}$ 在皮法量级，因此加上一个 50Ω 的电阻，$RC_{耗尽}$ 时间常数约为 50ps。

当在 PIN 光电二极管器件上外加一个反向偏压 V_r 时，本征 Si 层的厚度 W 上外压几乎完全下降，与本征 Si 层的厚度 W 相比，P^+ 侧和 N^+ 侧中薄层施、受主的耗尽层宽度可以忽略。如图 8-21（d）所示，反向偏压 V_r 使内建电压增大到 $V_0 + V_r$。本征 Si 层的电场 E 仍然是均匀的，并且增大到

$$E = E_0 + \frac{V_r}{W} \approx \frac{V_r}{W}(V_r \gg V_0) \tag{8-19}$$

式中，V_0 为本征时的内建电压。

设计 PIN 光电二极管结构时要保证光子吸收发生在本征 Si 层上，本征 Si 层中光生的电子-空穴对被电场 E 隔开，并被迫使分别向 N^+ 侧和 P^+ 侧漂移，如图 8-21（d）所示。当光生载流子漂移穿过本征 Si 层时，会产生外光生电流。在图 8-21（d）中，外电流是通过一个电阻以电压的形式检测出来的。PIN 光电二极管的响应时间由穿过本征 Si 层厚度 W 的光生载流子的渡越时间决定。增加本征 Si 层的厚度 W 可以使更多的光子被吸收，从而提高量子效率，但是这样会减慢响应速度，因为载流子的渡越时间变长。对于本征 Si 层边缘光生的荷电载流子来说，穿过本征 Si 层的渡越时间或漂移时间 τ_d 为

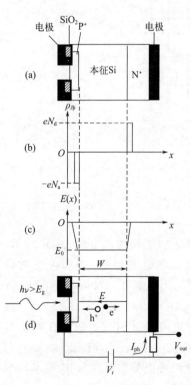

图 8-21 理想的 PIN 光电
二极管结构

$$\tau_d = \frac{W}{v_d} \tag{8-20}$$

式中，v_d 是漂移速度。

为了减少漂移时间，也就是提高响应速度，必须提高漂移速度 v_d，所以增大外加电场 E。在高场时，漂移速度 v_d 并不遵守预期的行为，而是趋于一个饱和值 $v_{饱和}$。对于硅来说，在大于 $10^6 V/m$ 的电场时，$v_{饱和}$ 约为 $10^5 m/s$。仅仅只有在低场时才能观察到 $v_d = \mu_d E$（μ_d 为漂移迁移率）行为，在高场时，电子和空穴的漂移速度都达到饱和。对于厚度为 $10\mu m$ 的本征 Si 层来说，当载流子以饱和漂移速度漂移时，漂移时间约为 0.1ns，比典型的 $RC_{耗尽}$ 时间常数长。PIN 光电二极管响应速度也受穿过本征 Si 层的光生载流子的渡越时间限制。

当然，图 8-21 所示的 PIN 光电二极管结构是理想化

的。在实际中，本征 Si 层有少量的掺杂。例如，假设三明治结构层被施以少量 N 型掺杂时，就记为 v 层，这种结构是 P^+vN^+。三明治 v 层就变成有少量暴露正施主离子的耗尽层。这样在整个光电二极管中，电场就不是完全均匀的。在 P^+v 结处，电场最大，然后在穿过 v-Si 层到达 N^+ 侧时，电场缓慢下降。同样可以将 v-Si 层作为本征 Si 层来分析。

通过在 P^+ 区和 N^+ 区加入 I 区，PIN 光电二极管具有以下优点：

① I 区是一层接近本征层的掺杂很低的 N 区。在这种结构中，零电场区（P^+ 区和 N^+ 区）非常薄，而低掺杂的 I 区很厚，几乎占据了整个 PN 结，从而使光子在耗尽区被充分吸收，有效地减少了光生载流子在扩散过程中的复合，提高了量子效率。同时减小了慢电流，提高了频响特性。

② 本征层的掺杂浓度低，电阻率很高，反偏电场主要集中在这一区域。高电阻使暗电流明显减小。同时光生电子-空穴对被 I 区的强电场分离，并做快速漂移运动，有利于提高光电二极管的频率响应特性。PIN 光电二极管中的电场分布特性如图 8-22 所示。

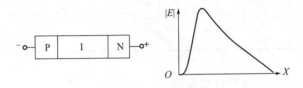

图 8-22　PIN 光电二极管中的电场分布

8.2.2.2　PIN 光电二极管的特点

① 由于结电容较小，有效改善了频率响应特性。PIN 光电二极管的结电容一般为数皮法，频率上限达数吉赫。

② 本征层的电阻率极高，有效地减小了暗电流，如 Si-PIN 的暗电流小于 1nA。

③ 耗尽层显著加宽，量子效率提高，PIN 光电二极管的响应光谱展宽，长波的光谱特性得到了改善。

8.2.2.3　异质结 PIN 光电二极管

为了进一步提高 PIN 光电二极管的频率响应特性，减小耗尽层外（中性层）的光生载流子，减小速度慢的扩散电流是一种有效的方法。异质结 PIN 光电二极管使用窄带隙的材料作为本征层，宽带隙的材料作为本征层两端的 P^+ 和 N^+ 层。常见的异质结 PIN 光电二极管采用 InP 和 InGaAs 两种材料，结构如图 8-23 所示。

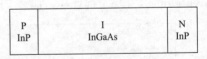

图 8-23　异质结 PIN 光电二极管的结构

InP 和 InGaAs 两种材料的禁带宽度及对应的截止波长见表 8-2。

表 8-2　InP 和 InGaAs 的禁带宽度及截止波长

材料	禁带宽度/eV	截止波长/μm
InP	1.35	0.92
InGaAs	0.75	1.65

InP/InGaAs 异质结 PIN 光电二极管广泛用于光纤通信的接收机，适合对波长为 1310nm 和 1550nm 的光进行探测。当这一波段的光照射到 InP/InGaAs 异质结 PIN 光电二极管表面时，光子在中性层几乎不被吸收（InP 的截止波长小于入射光的波长），光的吸收和光生载流子的激发全部发生在本征层。此时光电流中只有速度快的漂移电流，彻底消除了速度慢的扩散电流，显著提高了响应速度，InP/InGaAs 异质结 PIN 光电二极管的频率响应达到数百吉赫兹量级。

常用 PIN 光电二极管的工作特性参数见表 8-3。

表 8-3　Si、Ge、InGaAs PIN 光电二极管的通用工作特性参数

参数	符号	Si	Ge	InGaAs
波长范围/nm	λ	400～1000	800～1650	1100～1700
灵敏度/（A/W）	R	0.4～0.6	0.4～0.5	0.75～0.95
暗电流/nA	I_d	1～10	50～500	0.5～2.0
上升时间/ns	τ_r	0.5～1.0	0.1～0.5	0.05～0.5
带宽/GHz	B	0.3～0.7	0.5～3.0	1.0～2.0
偏压/V	μ_B	5	5～10	5

8.2.2.4　PIN 光电二极管的主要特性参数

（1）量子效率和光谱特性

光电转换效率用量子效率 η 表示。量子效率 η 的定义为光辐射时产生的光生电子-空穴对数和入射光子数的比值

$$\eta = \frac{光生电子\text{-}空穴对数}{入射光子数} = \frac{\dfrac{I_p}{e}}{\dfrac{\Phi}{h\nu}} = S\,\frac{1.24}{\lambda} \tag{8-21}$$

式中，S 为光电灵敏度；λ 的单位为 μm。量子效率和灵敏度取决于材料的特性和器件的结构。假设器件表面的反射率为零，P^+ 层和 N^+ 层对量子效率的贡献可以忽略，在反向工作电压下，I 层全部耗尽，那么 PIN 光电二极管的量子效率可以近似表示为

$$\eta = 1 - \exp[-\alpha(\lambda)W] \tag{8-22}$$

式中，$\alpha(\lambda)$ 和 W 分别为 I 层的吸收系数和厚度。由式（8-23）可以看出，当 $\alpha(\lambda)W \gg 1$ 时 $\eta \to 1$。所以为提高量子效率 η，I 层的厚度 W 要足够大。

量子效率的光谱特性取决于半导体材料的吸收系数 $\alpha(\lambda)$，对长波长的限制由 $\lambda_c = hc/E_g$ 确定。图 8-24 为量子效率 η 和灵敏度 S 的光谱特性。可见，Si 适用于 $0.8 \sim 0.9\mu m$ 波段，Ge 和 InGaAs 适用于 $1.3 \sim 1.6\mu m$ 波段。PIN 的光电灵敏度一般为 $0.5 \sim 0.6$A/W。

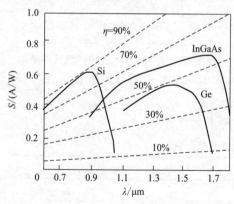

图 8-24　PIN 光电二极管的灵敏度 S、量子效率 η 与波长 λ 的关系

（2）响应时间和频率特性

光电二极管的响应时间用累积电荷变为外部电流所需要的时间衡量，通常表示为上升时间或截止频率。对于数字脉冲调制信号，把光生电流脉冲前沿由最大幅度的 10% 上升到 90%，或后沿由 90% 下降到 10% 的时间，分别定义为脉冲上升时间 τ_r 和脉冲下降时间 τ_f。PIN 光电二极管的响应时间或频率特性主要由光电二极管的 RC 时间常数 τ_c、扩散时间 τ_p、光生载流子在 I 层的漂移时间 τ_d 三个因素决定。

① 电容 C_t 和负载电阻 R_L 的时间常数。时间常数 τ_c 由光电二极管的终端电容 C_t 和负载电阻 R_L 决定。C_t 是二极管结电容和封装寄生电容的总和，τ_c 可表示为

$$\tau_c = 2.2 C_t R_L \tag{8-23}$$

为了缩短 τ_c，设计时必须减小 C_t 或 R_L。C_t 和光照有效面积 A 成比例，和耗尽层宽度 W 成反比，耗尽层的宽度与材料的电阻率 ρ 和反向电压 V_r 成正比，C_t 的表达式为

$$C_t \approx \frac{\varepsilon_r \varepsilon_0 A}{[(V_r + 0.5)\rho]^{2\sim3}} \tag{8-24}$$

② 光生载流子的扩散时间 τ_p。当光照射到 PN 结上被二极管芯片的有效面积吸收时，会在耗尽层外产生光电子-空穴对。这些载流子扩散到 I 层内所需要的时间为扩散时间，这些载流子扩散的时间有时会大于几微秒。

③ 载流子在 I 层的漂移时间 τ_d。载流子在耗尽层的漂移速度 v_d 可用迁移率 μ_d 和耗尽层的电场强度 E 表示，$v_d = \mu_d E$。假设耗尽层的宽度为 W，外加电压为 V_r，那么平均电场强度 $E = V_r / W$，则

$$\tau_d = \frac{W}{v_d} = \frac{W^2}{\mu_d V_r} \tag{8-25}$$

以上三个因素决定二极管的上升时间 τ_r，τ_r 可表示为

$$\tau_r = \sqrt{\tau_c^2 + \tau_p^2 + \tau_d^2} \tag{8-26}$$

为了缩短 τ_c，二极管应该减小 A，增大反向偏置电压。然而，增大反向偏置电压会增大暗电流，所以在微光检测时应谨慎考虑。另外，在结构方面采用同轴封装和微带结构可以减小管壳电容，从而减小 τ_c。τ_p 可通过减小零场区来减小。减小耗尽层的宽度 W，可以减小漂移时间 τ_d，从而提高截止频率 f_c，但同时降低量子效率 η。所以，为减小上升时间 τ_r，各影响因素之间应适当取舍。

对于幅度一定，频率为 $\omega = 2\pi f$ 的正弦调制信号，将 PIN 光电二极管的光电流下降 3dB 的频率定义为截止频率 f_c。其截止频率 f_c 与上升时间 τ_r 的关系如下：

$$f_c = \frac{0.35}{\tau_r} \tag{8-27}$$

由电路 RC 时间常数限制的截止频率

$$f_c = \frac{1}{2\pi R_r C_r} \tag{8-28}$$

式中，R_r 为光电二极管的串联电阻和负载电阻的总和；C_r 为结电容和管壳分布电容的总和。

（3）噪声

噪声是反映 PIN 光电二极管特性的一个重要参数，它直接影响器件的光电灵敏度。PIN 光电二极管的噪声主要包括由信号电流和暗电流产生的散粒噪声和由负载电阻和后继放大器输入电阻产生的热噪声。

① 散粒噪声

$$\overline{i_{ns}^2} = 2e(I_p + I_d)\Delta f \tag{8-29}$$

式中，e 为电子电荷；Δf 为测量频带宽度；I_p 和 I_d 分别为信号电流和暗电流。第一项 $2eI_p\Delta f$ 称为量子噪声，是由于入射光子和所形成的电子-空穴对都具有离散性与随机性而产生的。只要有光信号输入就有量子噪声。这是一种不可克服的本征噪声，它决定光电探测器件灵敏度的极限。第二项 $2eI_d\Delta f$ 是暗电流产生的噪声。暗电流是器件在反向偏压条件下，没有入射光时产生的反向直流电流，包括晶体材料表面缺陷形成的泄漏电流和载流子热扩散形成的本征暗电流。暗电流与光电二极管的材料和结构有关。

② 热噪声

$$\overline{i_{nT}^2} = \frac{4kT\Delta f}{R} \tag{8-30}$$

式中，k 为玻尔兹曼常数；T 为热力学温度；R 为器件等效电阻。热噪声的产生是负载电阻和放大器输入电阻并联的结果。因此，PIN 光电二极管的总均方噪声电流为

$$\overline{i^2} = 2e(I_p + I_d)\Delta f + \frac{4kT\Delta f}{R} \tag{8-31}$$

8.2.2.5 典型的 PIN 光电二极管与应用

根据材料的不同和加工工艺的不同，可以做出在不同波长、速度、容量等参数下适合应用需求的最优产品。表 8-4 列出了不同类型的典型 PIN 光电二极管。

表 8-4 典型 PIN 光电二极管的特性

型号	光敏面直径 /mm	峰值波长 /nm	灵敏度 / (A/W)	电容 /pF	暗电流 /nA	噪声等效功率 / (W/Hz$^{1/2}$)	最大反偏电压/V	上升时间 /ns	工作温度 /℃
PIN-HR005	0.127	800	0.5	0.8	0.03	5.0×10^{-15}	15	0.60	$-25\sim+85$
PIN-HR008	0.203	800	0.5	0.8	0.03	1.9×10^{-15}	15	0.60	$-25\sim+85$
PIN-HR020	0.508	800	0.5	1.8	0.06	7.1×10^{-15}	15	0.80	$-25\sim+85$
PIN-HR026	0.660	800	0.5	2.6	0.1	1.0×10^{-14}	15	0.90	$-25\sim+85$
PIN-HR040	0.991	800	0.5	4.9	0.3	1.9×10^{-14}	15	1.0	$-25\sim+85$

注：测试条件 $T=23℃$，反偏电压 5V，测试波长 830nm。

PIN 硅光电二极管是一种将可见光和近红外信号转变为电信号的器件，主要用于光纤通信、激光技术、可见和近红外接收、测距、测温、微光功率和微电流测量等方面。下面给出了两个 PIN 光电二极管的应用实例。

（1）光纤通信中的光接收机

光电检测器是光纤通信系统中的核心器件，借助光电检测器可以完成光信号到电信号的变换。为了实现光的解调或光电变换，在实际系统中还要将光电检测器、放大电路、均衡滤波电路、自动增益控制电路及其他电路集成，构成光接收机，如图 8-25 所示。

光接收机在整个光纤通信系统中具有相当重要的作用，它的好坏直接决定着系统性能的优劣。光电检测器是光接收机的关键器件，它的功能是把光信号转换为电信号。PIN 光电二极管是目前常用的光电检测器。

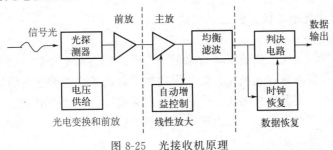

图 8-25　光接收机原理

（2）脉冲式激光峰值功率计

脉冲式激光峰值功率计是测量脉冲式激光器峰值功率值的仪器，其基本原理与一般功率计相同，但测量对象是脉冲光。激光脉冲信号的特点主要是脉冲信号宽度很窄，在 ns 量级，且存在单脉冲或低重复率脉冲以及高重复率信号等多种形式。因此，激光信号远视场情况下的综合测试，主要解决对脉冲激光的响应灵敏度、响应速度、高速宽带信号的采集处理、重复频率、峰值功率标定等问题。在保证光电探测器工作在线性范围的条件下应选用响应速度极快、使用方便的 PIN 光电二极管作为探测器，以保证高响应速度和可靠性，同时应选用高速宽带运算放大器，以保证信号完整真实地输出。

8.2.3　雪崩光电二极管

普通的光电二极管和 PIN 光电二极管提高了时间响应，但未能提高器件的光电灵敏度（无内部增益）。采用具有内增益的光探测器有助于对微弱光信号的探测。雪崩光电二极管（APD）是具有内增益的光伏探测器。它利用光生载流子在高电场区内的雪崩效应而获得光电流增益，提高了光电二极管的灵敏度（具有内部增益 $10^2 \sim 10^4$）。其响应速度特别快，频带带宽可达 100GHz，是目前响应速度最快的一种光电二极管。

雪崩光电二极管具有灵敏度高、响应快等优点。与光电倍增管相比，雪崩光电二极管具有体积小、结构紧凑、工作电压低、使用方便等优点。但其暗电流比光电倍增管的暗电流大，相应的噪声也较大，故光电倍增管更适于弱光探测。常见的雪崩光电二极管有 Ge-ADP 和 Si-ADP 两种。

8.2.3.1　雪崩光电二极管的结构及原理

（1）工作原理即雪崩效应

一般光电二极管的反向偏压在几十伏以下，而 APD 的反向偏压在几百伏量级，接近反

向击穿电压。在 APD 的 PN 结上加相当高的反向偏压，使
结区产生很强的电场，当光照 PN 结所激发的光生载流子
进入结区时，在强电场中将受到加速而获得足够能量。其
在定向运动中与晶格原子发生碰撞，使晶格原子发生电离，
产生新的电子-空穴对。新产生的电子-空穴对在强电场作
用下分别沿相反方向运动，又获得足够能量，再次与晶格
原子碰撞，产生新的电子-空穴对。这种过程不断重复，使
PN 结内的电流急剧倍增放大，这种现象称为雪崩效应，
如图 8-26 所示。雪崩光电二极管就是利用这种效应产生光
电流的放大作用。

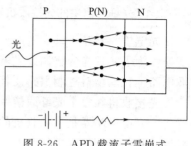

图 8-26　APD 载流子雪崩式
倍增（只画出了电子）

　　雪崩光电二极管的反向工作偏压通常略低于 PN 结的击穿电压。无光照时，PN 结不会
发生雪崩效应；只有当外界有光照时，激发出的光生载流子才能引起雪崩效应。若反向偏压
超过器件的击穿电压，则器件将无法工作，甚至击穿烧毁。因此雪崩光电二极管工作时需要
采用恒温和稳压电路来提供偏压，以保证雪崩增益的稳定性。

　　（2）雪崩光电二极管的结构

　　图 8-27 是一个典型的雪崩光电二极管。图 8-27（a）中以 P 型硅作基片，与扩散杂质浓
度大的 N 层组成结。图 8-27（b）为 PIN 型雪崩二极管，其结构基本上类似于普通光电二极
管，但工作原理不同。为了实现雪崩过程，基片杂质浓度高（电阻率低），容易产生碰撞电
离。另外，基片厚度比较薄，保证有高的电场强度，以便于电子获得足够能量产生雪崩效应。

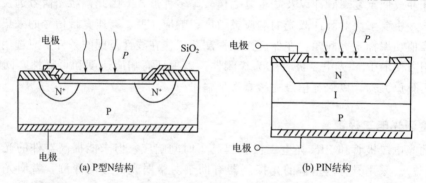

(a) P型N结构　　　　　　　　　　　(b) PIN结构

图 8-27　雪崩光电二极管结构

8.2.3.2　雪崩光电二极管的特性参数

（1）倍增系数（雪崩增益）

　　雪崩区域载流子的倍增程度取决于碰撞电离，而碰撞电离很大程度上取决于这个区域的
电场强度，进而取决于反向电压 V_r。雪崩光电二极管的雪崩倍增因子（avalanche multipli-
cation factor）M 定义为

$$M = \frac{I_p}{I_{p0}} \qquad (8-32)$$

　　式中，I_p 是雪崩光电二极管倍增时的输出电流；I_{p0} 是倍增前的输出电流。有效倍增因

子 M 是关于反向电压和温度的强函数。实验发现，倍增因子 M 可以表示为

$$M = \frac{1}{1 - \left(\dfrac{V_r}{V_{br}}\right)^n} \qquad (8\text{-}33)$$

式中，V_{br} 为雪崩击穿电压参数；V_r 为外加反向偏压；n 取决于半导体材料、掺杂分布及辐射波长，通常硅材料的 $n=1.5\sim4$，锗材料的 $n=2.5\sim8$。V_{br} 与 n 都与温度有密切关系，当温度升高时，击穿电压会增大，因此为了得到同样的倍增因子，不同的温度就要加不同的反向偏压。

由式（8-33）可知，当外加电压 V_r 增大到接近 V_{br} 时，M 趋于无限大，此时 PN 结将发生击穿。图 8-28（a）为 AD500-8 型雪崩光电二极管的倍增因子和偏置电压的关系曲线。由图 8-28（a）可知，在偏压较小的情况下，基本不会发生雪崩效应；随电压增大，将引起雪崩效应，使光电流有较大增益。其他几条典型特征参数曲线如图 8-28（b）～（d）所示。

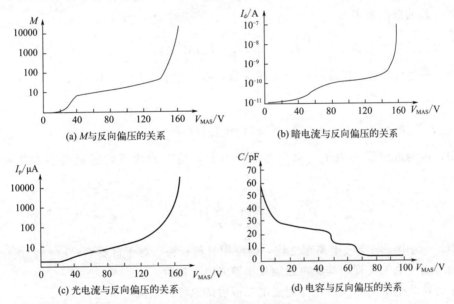

图 8-28　APD 的特征参数与偏压关系曲线

（2）噪声特性

对一个性能良好的光接收机来说，要求有尽可能高的接收灵敏度或尽可能低的最小可探测功率（即达到所要求的误码率时对应的最小入射光功率）。前面已提到 PIN 光探测器中影响探测灵敏度的主要噪声源是跟随其后的放大器的热噪声。在具有内部增益的 APD 中，光接收机不再受外部放大器热噪声的限制，所以光生载流子的雪崩倍增作用在提高灵敏度方面仍是一条有效途径。图 8-29 是 PIN 和 APD 的探测灵敏度与调制速率关系的比较。因总的噪声是随调制速率（带宽）的增大而增大的，所以灵敏度随调制带宽增大而减小。影响 APD 本身探测灵敏度的噪声源如图 8-30 所示。其中由光电效应引起的噪声对 PIN 和 APD 有共同的影响。但由光生载流子倍增过程中因增益随机起伏产生了一种超过原来单纯散粒噪声而得到放大的噪声水平，这称为过剩（或剩余）噪声。

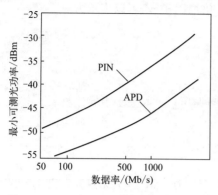

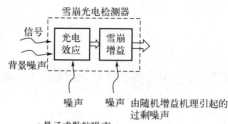

图 8-29 PIN 与 APD 的探测灵敏度比较

图 8-30 APD 的噪声源

雪崩光电二极管的噪声除了散粒噪声外，还有因雪崩过程引入的附加散粒噪声。由于雪崩效应是大量载流子电离过程的累加，其本身就是一个随机过程，必然带来附加的噪声。由雪崩过程引起的散粒噪声为

$$\overline{i_{NM}^2} = 2e(I_d + I_p)M^k \Delta f \tag{8-34}$$

式中，k 为与雪崩二极管材料有关的系数，对于锗管，$k = 2.3 \sim 2.5$。式（8-34）又可写为

$$\overline{i_{NM}^2} = 2e(I_d + I_p)M^k F \Delta f \tag{8-35}$$

式中，F 为过量噪声因子，也称为噪声系数，是雪崩效应的随机性引起噪声增大的倍数。

$$F = M\left[1 - \left(1 - \frac{1}{r}\right)\left(\frac{M-1}{M}\right)^2\right] \tag{8-36}$$

式中，r 为电子与空穴电离率之比，与所用材料有关，对于硅材料，$r \approx 1$。这表明采用硅制作的雪崩光电二极管，其噪声性能优于锗光电二极管。

考虑到负载电阻的热噪声，雪崩光电二极管的总噪声电流均方值为

$$\overline{i_N^2} = \overline{i_{NM}^2} + \frac{4kT\Delta f}{R_L} \tag{8-37}$$

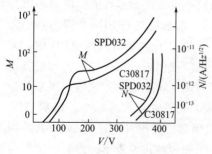

图 8-31 雪崩光电二极管的增益、噪声性能与工作电压的关系

可见雪崩光电二极管的增益、噪声性能与工作电压密切相关。图 8-31 给出了实际雪崩光电二极管的输出特性。可见，当外加偏压在 100～200V 之间时，雪崩系数 M 在 10 的量级，此时器件的噪声很小；随着外加偏压的增高，M 明显增大，同时噪声电流也随之增大。在实际应用中，必须权衡倍增增益及噪声特性这两个方面。在一定光照的条件下，选择合适的工作电压，得到最佳雪崩增益，可使雪崩光电二极管的输出信噪比达到最大。另外，每个雪崩二极管都有自己的工作温度和漂移，因此在实际使用过程中必须考虑

每个雪崩二极管的特性随环境温度的变化而适当调整工作电压。

噪声大是 APD 目前的一个主要缺点。由于雪崩反应是随机的，因此噪声较大，特别是工作电压接近或等于反向击穿电压时，噪声可增大到放大器的噪声水平，以致无法使用。

（3）雪崩光电二极管的响应时间

由于雪崩光电二极管工作时所加的反向偏压高，光生载流子在结区的渡越时间短，结电容只有几皮法，甚至更小，所以雪崩光电二极管的响应时间一般只有 $0.5\sim1\text{ns}$，相应的响应频率可达几十吉赫兹。

目前，制作雪崩光电二极管的材料主要是半导体硅和锗，实用的器件具有极短的响应时间，即数以千兆的响应频率，高达 $10^2\sim10^3$ 的增益，所以雪崩光电二极管在光通信、激光测距和光纤传感技术中有广泛的应用。雪崩光电二极管具有内增益，可以降低对前置放大器的要求，但却需要上百伏的工作电压。此外，雪崩光电二极管的性能与入射光的功率有关。当入射光的功率在 $1\text{nW}\sim1\mu\text{W}$ 时，倍增电流与入射光具有较好的线性关系；当入射光的功率过大时，倍增系数 M 反而降低，从而引起光电流的畸变。在实际探测系统中，当入射光功率较小时，多采用 APD，此时，雪崩增益引起的噪声贡献不大；相反，在入射光的功率较大时，雪崩增益引起的噪声占主要优势，并可能带来光电流失真，这时采用 PIN 光电二极管更合适。因此，在具体使用过程中，应根据系统的要求选择合适的光伏探测器件。表 8-5 为两种典型的雪崩光电二极管的性能参数。

表 8-5　两种典型的雪崩光电二极管的性能参数

项目	Si-APD	InGaAs-APD
波长响应 λ/nA	$0.4\sim1.0$	$1\sim1.65$
灵敏度 $\rho/(\text{A/W})$	0.5	$0.5\sim0.7$
暗电流 I_d/nA	$0.1\sim1$	$10\sim20$
响应时间 τ/ns	$0.2\sim0.5$	$0.1\sim0.3$
结电容 C/pF	$1\sim2$	<0.5
工作电压/V	$50\sim100$	$40\sim60$
倍增因子 g	$30\sim100$	$20\sim30$
附加噪声指数 x	$0.3\sim0.5$	$0.5\sim0.7$

（4）雪崩光电二极管的特点

① 反向偏压高，一般为 200V，接近（小于）反向击穿电压。

② 灵敏度高，电流增益可达 1000 倍数量级。

③ 噪声大，材料的禁带宽度越小噪声越大，放大倍数越高噪声越大。

④ 响应速度快，响应频率可达到 100GHz 以上。

常用 APD 的参数见表 8-6。

表 8-6　常用 APD 的参数

参数	符号	Si	Ge	InGaAs
波长范围/nm	λ	$400\sim1000$	$800\sim1600$	$1100\sim1700$

参数	符号	Si	Ge	InGaAs
雪崩增益	G	20~400	50~200	10~40
暗电流/nA	I_d	0.1~1	50~500	10~50
上升时间/ns	τ_r	0.1~2	0.5~0.8	0.1~0.5
增益带宽积/GHz	GB	100~400	2~10	20~250
偏压/V	μ_B	150~400	20~40	20~30

8.2.3.3 典型的雪崩光电二极管与应用

不同型号的雪崩光电二极管对光谱范围的灵敏度不同，响应速度不同，应用场合也不同。表 8-7 列出了不同类型的典型雪崩光电二极管的相关特性参数。

表 8-7 典型 APD 光电二极管的特性

型号	光敏面直径/mm	峰值波长/nm	灵敏度/（A/W）	电容/pF	暗电流/nA	反偏电压范围/V	上升时间/ns	工作温度/℃
APD-300	0.3	820	42	1.5	1.0	130~280	0.4	−40~+70
APD-500	0.5	820	42	2.5	1.8	130~280	0.5	−40~+70
APD-900	0.9	820	42	7	2.5	130~280	1.0	−40~+70
APD-1500	1.5	820	42	12	7.0	130~280	2.0	−40~+70
APD-3000	3.0	820	42	40	15	130~280	5.0	−40~+70

注：测试条件 $T=230℃$，测试波长 850nm，增益 100。

雪崩光电二极管通常用在微弱光信号处理及高调制频率的应用中。典型的应用包括光通信和弱信号条件下的测距。

（1）雪崩光电二极管在模拟光接收机中的应用

在目前的光纤通信接收机中，光电检测器通常使用 PIN 光电二极管和 APD。当入射功率较小时，PIN 管产生的信号电流非常微弱，经过信号放大和处理，引入的放大器噪声将严重降低光接收机的灵敏度。为了克服这个缺点，有必要设法在放大器之前加大光电检测器的输出信号电流，即需要在光电检测器中提供信号增益。APD 就是基于这个目的而设计的一种光电检测器。APD 的使用有效地降低了放大器噪声的影响，提高了光接收机的灵敏度。但 APD 的成本比 PIN 管高，电路也复杂，所以在实际应用中要考虑应用需求和使用范围来合理选取。图 8-32 为 APD 光接收机原理。

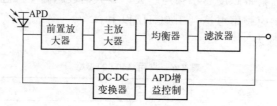

图 8-32 APD 光接收机原理

APD 光接收机除了包含前置低噪声放大器、主放大器、均衡电路和滤波器等 PIN 管接收机也有的部分外，还加入了 DC-DC 变换器、雪崩增益控制电路等。所以，它的电路较 PIN 管接收机复杂，成本也更高。

（2）雪崩光电二极管恒虚警率控制在激光成像系统中的应用

雪崩光电二极管具有接收灵敏度高、响应速度快等优点，常用于扫描式激光成像系统中。由于雪崩光电二极管的工作电压随背景和温度的变化而变化，因此正确设置其工作偏压，对充分发挥接收系统的探测灵敏度是非常重要的。采用恒虚警方法控制 APD 接收机的输出噪声，可使其工作在最佳倍增因子状态。恒虚警控制电路的原理，一方面是调整雪崩光电二极管的偏压，使其随环境、温度等的变化而变化，信号检测时保持虚警率恒定；另一方面，对较小但快速变化的环境参数，则采用自动调整门限电压 U_{ref} 来控制虚警率恒定。在激光成像的应用中，主要的快速变化环境参数来自背景光强弱的变化。

恒虚警控制电路如图 8-33 所示。主要从两个方面利用恒虚警控制接收系统的噪声，一方面控制高压调整器，使 APD 的倍增因子变化，改变光接收系统的噪声大小，从而形成反馈。当输入噪声电平较大（即背景噪声大或温度低）时，视频放大器输出电平送到比较器 2，通过门限控制处理器输出相应较多的噪声脉冲信号，单位时间内传送给 CPU 的噪声脉冲信号也较多，由 CPU 处理后通过 D-A 转换器转换为电压 U_H 控制高压调整器，使 APD 的偏压下降，减少 APD 的倍增因子，从而降低光电接收系统的输出噪声。反之，当输入噪声电平较小（即背景噪声小或温度高）时，通过门限控制处理器输出相应较少的噪声脉冲信号，单位时间内传送给 CPU 的噪声脉冲信号也相应较少，经 CPU 处理后通过 D-A 转换器转换为电压 U_H 控制高压调整器，使 APD 的偏压上升，增加 APD 的倍增因子，从而增大光电接收系统的输出噪声。由于 U_H 的调整涉及数百伏的高压，因此调整过程需要一定的过渡时间，且由于采用反馈控制方法，实际上一个调整周期中需要多次调整 U_H 才能达到稳定值，因此这种处理是慢恒虚警处理。另一方面，对于较小但有快速响应要求的环境，采用自动调整门限电压 U_{ref} 来实现反馈控制，即通过对 U_3（门限处理器输出的噪声脉冲信号）在单位时间计数的数目，由 CPU 来判断 U_{ref} 值的增大或减小。当噪声脉冲信号多时，U_{ref} 值增大，当噪声脉冲信号少时，U_{ref} 值减小，使比较器的门限电压跟随输入噪声的起伏而自动变化，由此在小范围内快速控制光电接收系统的虚警率恒定。为了有效抑制杂波和毛刺，减小虚警率，增加抗噪声干扰的能力，比较器 1 的比较电平 U_1 应略高于比较器 2 的比较电平 U_2，并始终保持一个压差。恒虚警控制电路在激光成像系统中成功运用并取得了较好的效果。

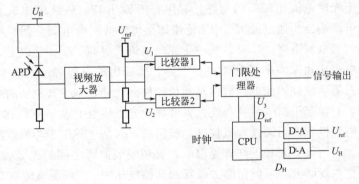

图 8-33　恒虚警控制电路

基于上述三种典型的光电二极管介绍，表8-8列出了由Si、Ge和InGaAs制成的PN结光电探测器、PIN结光电探测器和雪崩光电探测器的一些典型性能。上升时间τ_r是指从施加光逐步激发，光生电流值由最终稳态的10%上升到90%所花的时间。它决定了光电二极管的响应时间。I_d是光敏面积小于$1mm^2$时正常工作条件下的典型暗电流。当然，表中所列的典型参数完全取决于各种特殊应用所需的特殊器件结构。

表8-8　由Si、Ge和InGaAs制成的PN结光电探测器、PIN结光电探测器和

雪崩光电二极管光电探测器的典型性能

光电二极管	波长范围/nm	波长峰值/nm	峰值波长处的响应特征/（A/W）	增益	τ_r/ns	I_d/nA
Si PIN 结	200~1100	600~900	0.5~0.6	<1	0.5	0.01~0.1
Si PIN 结	300~1100	800~900	0.5~0.6	<1	0.03~0.05	0.01~0.1
Si APD	400~1100	830~900	40~130	10~100	0.1	1~10
Ge PIN 结	700~1700	1500~1600	0.4~0.7	<1	0.05	100~1000
Ge APD	700~1700	1500~1600	4~14	10~20	1	1000~10000
InGaAs-InP PIN 结	800~1700	1500~1600	0.7~0.9	<1	0.03~0.1	0.1~10
InGaAs-InP APD	800~1700	1500~1600	7~18	10~20	0.07~0.3	10~100

8.2.4　新型光电二极管

除了典型的半导体材料作为光电二极管的关键物质，随着新材料及新工艺的发展，越来越多的半导体材料甚至是有机物材料类型被开发出来应用于光电二极管中，并拓宽了相应的应用场景。二维层状半导体材料近些年在光电子器件领域发展迅猛，其中基于二维层状材料的同质结、异质结结构的研究进展较快。Tan等报道了一种通过厚度调制自发形成的横向WSe_2-WSe_2同质结光电二极管，其中存在单边耗尽区的独特能带结构。其结型可以从N-N二极管切换到P-P二极管，相应的整流比从约1增大到1.2×10^4。由于存在单侧耗尽区，在偏压为零时，二极管的比探测率可达4.4×10^{10} Jones，光响应速度可达0.18ms。该工作证明了横向同质结光电二极管作为自驱动光电探测器的巨大潜力。Won等针对自驱动光电二极管在零偏置下光暗电流比较低的问题，利用石墨烯/h-BN/硅结构构筑了自驱动的范德瓦耳斯异质结光电探测器。通过插入h-BN绝缘体层可以抑制暗电流，同时在接近零偏置的情况下保持最小的光电流下降。结果，归一化光暗电流比提高了10^4倍以上，在-0.03V漏极电压下，光暗电流比和探测率提升超过10^4倍。所提出的石墨烯/h-BN/硅异质结结构可引入下一代基于石墨烯或硅的光电探测器及光伏器件。此外，基于有机物的光电二极管也发展迅速。近年来，一种基于高效绿色和红色聚合物发光二极管和基于有机物P3HT：PCBM有源层的有机光电二极管的超柔性血氧仪已经被报道。这是一种用于心跳监测和血液氧合的无创医疗传感器，利用可见光和近红外光谱中含氧和脱氧血液之间的光吸收变化进行监测。这个装置用胶带粘在皮肤上，可以监测二极管的开路电压V_{oc}，以测量血液对入射绿光和红光的吸收，并传递相应的脉动光容积图信号。

8.3 光电三极管

光电三极管是在光电二极管的基础上发展起来的半导体光电器件，具有两个 PN 结。它本身具有放大功能。

8.3.1 光电三极管的结构与工作原理

光电三极管有两种基本结构，即 NPN 结构与 PNP 结构。用 N 型硅材料作为衬底制作的 NPN 结构，称为 3DU 型；用 P 型硅材料作为衬底制作的 PNP 结构，称为 3CU 型。

光电三极管和普通的晶体三极管类似，其共同点是：①均有 PNP 和 NPN 两种基本结构（即都是有两个 PN 结的结构）；②均有电流放大作用。其不同之处在于：首先，光电三极管的集电极电流主要受光的控制，不管是 PNP 还是 NPN 光电三极管，一般用基极-集成电极作为受光结，因而有光窗；其次，光电三极管只有集电极和发射极两根引线（极少的也有基极引线）等。光电三极管的制作材料一般为半导体硅，管型为 NPN 型，国产器件称为 3DU 系列。

利用雪崩倍增效应可获得具有内增益的半导体光电二极管（APD），而采用一般晶体管放大原理，可得到另一种具有电流内增益的光伏探测器，即光电三极管。它与普通双极晶体管十分相似，都是由两个十分靠近的 PN 结（发射结和集电结）构成，并均具有电流放大作用。为了充分吸收光子，光电三极管需要一个较大的受光面，所以，它的响应频率远低于光电二极管。

光电三极管相当于在基极和集电极之间接有光电二极管的普通三极管，因此其结构和普通的晶体三极管类似，但也有一些特殊的地方，如图 8-34（a）所示。图中 e、b、c 分别为光电三极管的发射极、基极和集电极。正常工作时保证基极-集电极结（b-c 结）为反偏压状态，并作为受光结（即结区为光照区）。采用硅的 NPN 型光电三极管，其暗电流比锗光电三极管小，且受温度变化影响小，因此得到了广泛的应用。

光电三极管的工作有两个过程：一是光电转换；二是光电流放大。光电转换过程是在集电极-基极结区进行的，它与一般的光电二极管相同。当集电极加上相对于发射极为正向电压而对于基极开路时［图 8-34（b）］，则 b-c 结处于反向偏压状态。无光照时，由于热激发而产生的少数载流子即电子从基极进入集电极，空穴则由集电极移向基极，在外电路中有电流（即暗电流）流过。当光照射到基区时，在该区产生电子-空穴对，光生电子在内建电场作用下漂移到集电极，形成光电流，这一过程类似于光电二极管。同时，空穴则留在基区，使基极的电位升高，发射极便有大量电子经过基极留在集电极。总的集电极电流为

$$I_c = I_p + \beta I_p = (1 + \beta) I_p \tag{8-38}$$

式中，β 为共发射极的电流放大倍数。因此光电三极管等效于一个光电二极管与一般晶体管基极-集电极结的并联。它是把基极-集电极光电二极管的电流（光电流 I_p）放大 β 倍的光伏探测器，可用图 8-34（c）来表示。即集电结起双重作用，一是把光信号变成电信号，起光电二极管的作用；二是将光电流放大，起一般晶体三极管的集电极作用。

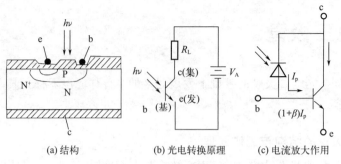

| (a) 结构 | (b) 光电转换原理 | (c) 电流放大作用 |

图 8-34 光电三极管的结构及工作原理

8.3.2 光电三极管的基本特性

（1）光电特性

硅光电晶体管的输出电流和光照度的关系曲线如图 8-35 所示。硅光电晶体管的光电流在弱光照时有弯曲，在强光照时又趋于饱和，只有在某一段光照范围内线性较好。这是由于硅光电晶体管的电流放大倍数在小电流或大电流时都要下降。

（2）伏安特性

图 8-36 为硅光电晶体管在不同光照下的伏安特性曲线。从特性曲线可以看出，光电晶体管在偏置电压为零时，无论光照有多强，集电极电流都为零，这说明光电晶体管必须在一定的偏置电压下才能工作。偏置电压要保证光电晶体管的发射结处于正向偏置状态，而集电结处于反向偏置状态。随着偏置电压的增大，伏安特性曲线趋于平坦。但是，与光电二极管的伏安特性曲线不同，光电晶体管的伏安特性曲线向上倾斜，间距增大。这是因为光电晶体管除具有光电灵敏度外，还具有电流增益 β，并且 β 值随光电流的增大而增大。特性曲线的弯曲部分为饱和区，在饱和区光电晶体管的偏置电压提供给集电结的反偏电压太低，集电极的收集能力低。因此，应使光电晶体管工作在偏置电压大于 5V 的线性区域。

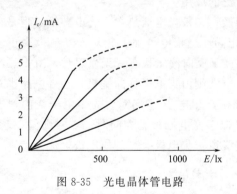

图 8-35 光电晶体管电路

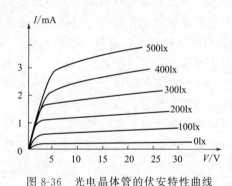

图 8-36 光电晶体管的伏安特性曲线

（3）光谱特性

光电三极管的光谱特性与光电二极管一样，取决于所用的半导体材料及制作工艺。例如硅光电三极管，其光谱响应仍为 $0.8 \sim 0.9 \mu m$。硅光电二极管与硅光电三极管具有相同的光谱响应。图 8-37 为典型的硅光电三极管 3DU3 的光谱响应特性曲线。其响应为 $0.4 \sim$

$1.0\mu m$，峰值波长为$0.85\mu m$。对于光电二极管，减薄 PN 结的厚度可以使短波段波长的光谱响应得到提高，因为 PN 结的厚度减薄后，短波段的光谱容易被结吸收（扩散长度减小）。因此可以制造出具有不同光谱响应的光伏器件，例如蓝敏器件和色敏器件等。蓝敏器件是以牺牲长波段光谱响应为代价获得的（减薄 PN 结厚度，减少了长波段光子的吸收）。

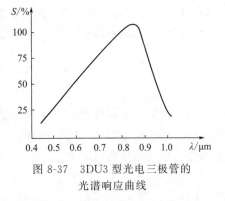

图 8-37　3DU3 型光电三极管的光谱响应曲线

光电三极管是应用极为广泛的光伏探测器，归纳起来主要有以下几种：

① 无基极引线的光电三极管：依靠光的"注入"把集电结光电二极管的光电流放大，从而在集电极回路中得到一个被放大的光生电流。注入的光强不同，得到的光生电流也不同。无基极引线光电三极管实际使用时有电流控制和电压控制两种电路。

② 有基极引线的光电三极管：具有基极引线的光电三极管，可以在基极上提供一定偏流，减小器件的发射极电阻，改善弱光条件下的频率特性，同时使光电三极管的交流放大倍数 β 进入线性区，有利于调制光的探测。其适用于高速开关电路。

（4）频率特性

光电三极管的频率响应与 PN 结的结构及外电路有关，通常需要考虑以下几点：

① 少数载流子对发射结势垒电容（C_{be}）和收集结势垒电容（C_{bc}）的充放电时间；

② 少数载流子渡越基区所需的时间；

③ 少数载流子扫过集电结势垒区的渡越时间；

④ 通过收集结到达收集区的电流在收集区及外负载电阻上的结压降使收集结电荷量改变的时间。

光电三极管的总响应时间应为上述各个时间之和。因此，光电三极管的响应时间要比光电二极管长得多。由于光电三极管广泛用于各种光电控制系统，其输入光信号多为脉冲信号，即工作在大信号或开关状态，因此响应时间或响应频率是光电三极管的重要参数。通常，硅光电二极管的时间常数在$0.1\mu s$以内，PIN 和雪崩光电二极管为 ns 数量级，硅光电三极管长达$5\sim10\mu s$。

光电三极管的响应时间与 PN 结的结构及偏置电路等参数有关。为分析光电三极管的响应时间，首先画出光电三极管输出电路的微变等效电路，如图 8-38 所示。图中，I_p 为电流源，r_{be} 为发射结电阻，C_{be} 为发射结电容，C_{bc} 为收集结电容，I_e 为电流源，R_{ce} 为集射结

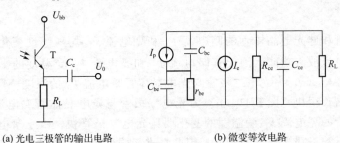

(a) 光电三极管的输出电路　　　　　　　(b) 微变等效电路

图 8-38　光电三极管的微变等效电路

电阻，C_{ce} 为集射结电容，R_L 为输出负载电阻。选择适当的负载电阻，使其满足 $R_L < R_{ce}$，这时可以导出光电三极管电路的输出电压为

$$U_0 = \frac{\beta R_L I_p}{(1+\omega^2 r_{be}^2 C_{be}^2)^{\frac{1}{2}}(1+\omega^2 R_L^2 C_{be}^2)^{\frac{1}{2}}} \qquad (8\text{-}39)$$

由此可见，要提高光电三极管电路的频率响应，须减小负载电阻 R_L，但 R_L 太小会影响输出，导致输出电压下降。因此，一方面可在工艺上设法减小结电容 C_{ce}、C_{be} 等，另一方面要合理选择负载电阻 R_L。

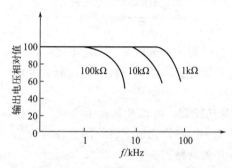

图 8-39　光电三极管输出电压的相对特性

图 8-39 给出了不同负载电阻 R_L 下光电三极管输出电压的相对特性。由图可知，R_L 越大，高频响应越差，减小 R_L 可改善频率响应。但 R_L 太小会导致输出电压下降，故在实际应用中合理选择 R_L 和利用高增益运算放大器做后极电压放大，可实现高输出电压和高频率响应。此外，电路上常用高增益、低输入阻抗的运算放大器与之配合来提高频率响应、减小体积、提高增益。为提高光电三极管的增益、减小体积，常将光电二极管或光电三极管及三极管制作到一个硅片上构成集成光电器件。

图 8-40 为三种形式的集成光电器件。图（a）为光电二极管与三极管集成；图（b）为光电三极管与两个三极管集成；图（c）为光电三极管与三极管构成的达林顿光电器件，它具有更高的电流增益（灵敏度更高）。

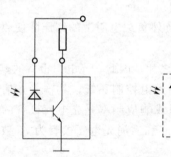
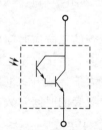

(a) 光电二极管-三极管集成器件　　(b) 光电三极管-三极管集成器件　　(c) 达林顿光电三极管

图 8-40　集成光电器件

（5）温度特性

硅光电二极管和硅光电晶体管的暗电流 I_d 和亮电流 I_L 均随温度变化而变化。由于硅光电晶体管具有电流放大功能，因此其暗电流 I_d 和亮电流 I_L 受温度的影响要比硅光电二极管大得多。图 8-41（a）为光电二极管与光电晶体管暗电流 I_d 的温度特性曲线。随着温度的升高，暗电流增长很快。图 8-41（b）为光电二极管与光电晶体管亮电流 I_L 的温度特性曲线。光电晶体管的亮电流 I_L 随温度的变化要比光电二极管快。由于暗电流的增大，使输出信噪比变差，不利于弱光信号的检测。因此在进行弱光信号的检测时，应考虑温度对光电器件输出的影响，必要时应采取恒温或温度补偿的措施。

（6）噪声

光电晶体管的噪声主要有器件中光电流的散粒噪声、暗电流的散粒噪声和器件的热噪声。在反偏压工作时，内阻很大，器件本身的热噪声可以忽略不计。

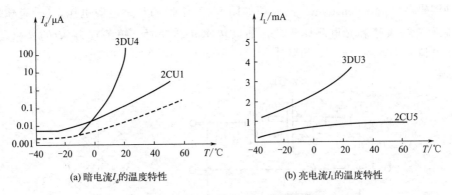

(a) 暗电流I_d的温度特性   (b) 亮电流I_L的温度特性

图 8-41　光电晶体管的温度特性曲线

（7）入射特性

光电晶体管与光电二极管具有相同的入射特性。光电晶体管入射窗口的不同封装会造成灵敏度随入射角的变化。入射窗由玻璃或塑料制成，一般有聚光透镜和平面玻璃。聚光透镜入射窗的优点是能够把入射光会聚在面积很小的光敏面上，以提高灵敏度。平面玻璃入射窗的使用比较简单，但易受到杂散光的干扰，聚光作用差，光易受到反射，极值灵敏度下降。

8.3.3　常用光电晶体管

国产光电晶体管的型号是 3DU 系列和 3CU 系列。表 8-9 为常用光电晶体管的特性参数。在应用时要注意其极限参数 U_{CEM} 和 U_{CE}，不能使工作电压超过 U_{CDM}，否则将损坏光电晶体管。

表 8-9　常用光电晶体管的特性参数

型号	反向击穿电压 U_{CEM}/V	最高工作电压 U_{CE}/V	暗电流 I_d/μA	亮电流 I_L/mA	时间响应 τ/μs	峰值波长 λ_m/nm	最大功耗 P_M/mW
3DU111	≥15	≥10					30
3DU112	≥45	≥30		0.5~1.0			50
3DU113	≥75	≥50					100
3DU121	≥15	≥10	≤0.3	1.0~2.0	≤6	880	30
3DU123	≥75	≥50					100
3DU131	≥15	≥10		≥2.0			30
3DU133	≥75	≥50					100
3DU4A	≥30	≥20	1	5	5	880	120
3DU4B	≥30	≥20	1	10	5	880	120
3DU5	≥30	≥20	1	3	5	880	100

8.3.4 光电晶体管的应用

（1）脉冲编码器

脉冲编码器（pulse encoder）的原理如图 8-42 所示。U_i 是电源电压，U_0 是输出电压，A 和 B 是发光二极管和光电晶体管。转轴以转速 n 转动时，辐条数为 N 的光栅转盘也转动，输出电信号为频率 $f = nN$ 的脉冲。

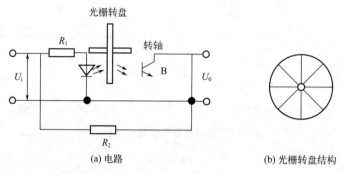

(a) 电路   (b) 光栅转盘结构

图 8-42 脉冲编码器的电路原理

（2）光电数字转速传感器

光电数字转速传感器的原理如图 8-43 所示。接收光信号的是光电二极管或晶体管。根据脉冲编码器原理，$n = f/N$，用频率计测出 f，就可得到转速 n。

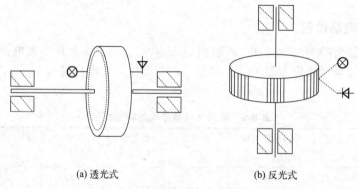

(a) 透光式   (b) 反光式

图 8-43 光电数字转速传感器的电路原理

（3）电子蜡烛

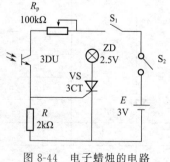

图 8-44 电子蜡烛的电路

电子蜡烛的电路原理如图 8-44 所示。接通电源后，当光电晶体管 3DU 无光照时，晶闸管 VS 触发端 G 因无触发电流而关断，灯 ZD 不亮。当点燃火柴并靠近 3DU 时，其 c-e 极间电阻迅速降低，VS 导通，灯亮。当火柴熄灭后，由于 VS 有自锁功能，灯一直亮着。若对着气动开关 S_1 吹气，将 S_1 的动片吹离触点，切断灯和 VS 的电源，灯灭。由于 VS 有自锁功能，即使 S_1 复原接通电源，灯也不会再亮，需要再点燃火柴用光照光电晶体管才行。

8.3.5 新型光电三极管

近年来，许多新兴材料及工艺被开发出来，光电三极管或称为晶体管的器件种类也逐渐壮大，许多新材料体系及器件结构被报道，本小节将简单列举基于新材料的光电三极管器件。少层、多层的过渡金属二硫化物（TMDs）材料是光电子领域的研究热点之一，在光电三极管中的应用报道也层出不穷。采用改良常压化学气相沉积（APCVD）方法合成的多层二硒化钼（$MoSe_2$）薄膜晶体管具有出色的光响应性（103.1A/W），不过多层的 TMDs 材料因其间接带隙和光激发过程效率不高，光响应受到严重限制。Kim 等利用构筑的多层 $MoSe_2$ 薄膜晶体管探究了高光响应的来源。他们发现在亚带隙态下捕获的空穴导致了显著的光伏效应。这一发现确定了合成 $MoSe_2$ 薄膜晶体管的高响应性来源，为未来可穿戴传感器应用提供了实现高性能、多功能二维材料器件的新途径。Shin 等开发了一种基于 WSe_2 和 MoS_2 范德瓦耳斯异质结构的高灵敏度光电晶体管。MoS_2 被用作光电晶体管的通道，而面外的 WSe_2-MoS_2 PN 结被用作电荷传递层。PN 结中的垂直内置电场将光生成的载流子分开，从而导致了 10^6 的高光导增益。该光电晶体管具有 2700A/W 的高光响应率、$5×10^{11}$ Jones 的比探测率和 17ms 的响应时间。2024 年，Ma 等报道了一种垂直堆叠多层 WS_2/WTe_2 肖特基可重构光电晶体管。半金属特性使得其在异质结上形成 69meV 的内置电场，WS_2 具有栅极可调谐特性。因此，可以实现可重构的整流行为和自驱动的双向光响应。在 635nm 的光照下，其响应度可以从 -1325mA/W 到 430mA/W 进行调节。同时，其最大功率转换效率为 2.84%，比探测率为 $1.47×10^{12}$ Jones。

思考题

1.什么是光伏效应？其物理过程是什么样的？

2.开路电压和短路电流是如何定义的？开路电压是否有极限值？若有，则与哪些参数有关？

3.伏安特性是二极管类器件的典型电学特性，对于最简单的硅光电二极管而言，其伏安特性曲线是怎么样的？

4.雪崩光电二极管在电压低和高时的性能分别是什么样的？

5.APD 是最常见的具有放大效果的探测器，请介绍 APD 的基本结构和工作原理。

6.对于光伏探测器，其典型的性能参数有哪些？请列举出 3 种以上，并简单介绍。

7.光电三极管有几种？并简单画出三极管的基本结构。

第4篇

新能源材料与器件

太阳能电池

太阳能作为一种可再生能源，具有资源丰富、无污染、应用不受地理条件限制等特点，是未来能源结构的基础。技术的进步和"碳达峰、碳中和"的环保需求共同促使光伏装机容量以 39.3% 的复合平均增长率快速增长，增长速度远超其他清洁能源。与此同时，光伏材料也发生了显著的技术革新。常见的光伏材料不仅包括硅材料（单晶硅、多晶硅）、III-IV 族化合物半导体材料（GaAs、CdTe）、CIGS 等无机光伏材料，还包括有机光伏材料以及有机无机杂化钙钛矿材料。本章将首先介绍硅太阳能电池的原理、特性参数及其影响因素，进而介绍几种典型材料的太阳能电池。

9.1 太阳能电池基础

9.1.1 太阳光谱

太阳光看上去是白色的，但是如果使一束太阳光通过一个玻璃三棱镜，那么在白色幕布上就会出现一条红、橙、黄、绿、青、蓝、紫等彩色光带。物理学上把这样的彩色光带（各色光按频率或波长大小的次序排列成的光带图）叫做可见光谱，见图 9-1。可见光谱只占太阳光谱中的微小部分。整个太阳光谱的波长是非常宽广的，从几埃到几十米，比可见光波长长的有红外线、微波、无线电波等，比可见光波长短的有紫外线、X 射线等。地球大气上界太阳辐射光谱的 99% 以上在波长 $0.15 \sim 4.0 \mu m$。大约 50% 的太阳辐射能量在可见光谱区（波长 $0.4 \sim 0.76 \mu m$），7% 在紫外光谱区（波长 $< 0.4 \mu m$），43% 在红外光谱区（波长 $> 0.76 \mu m$），最大能量在波长 $0.475 \mu m$ 处。由于太阳辐射波长较地面和大气辐射波长（约 $3 \sim 120 \mu m$）小得多，因此通常又称太阳辐射为短波辐射，称地面和大气辐射为长波辐射。太阳活动和日地距离的变化等会引起地球大气上界太阳辐射能量的变化。

$\lambda(400\sim760nm)$	可见光	760	630	600	570	500	450	430	400
色系		红	橙	黄	绿	青	蓝	紫	

图 9-1 可见光谱（波长单位为 nm）

太阳能电池的效率对入射光的功率和光谱的变化十分敏感。为了精确地测量和比较不同地点、不同时间的太阳能电池，一个标准的太阳光谱和能量密度是非常必要的。在地球大气层外接收到的太阳辐射，未受到地球大气层的反射和吸收，称为大气质量为零时的辐射，以 AM0 表示。太阳光照射到地球表面时，由于大气层与地表景物的散射与折射，抵达地面光伏组件表面的太阳光入射量会增加 20%，这些能量称为漫射辐射。因此，针对地表上的太阳光谱能量有 AM1.5G（global）与 AM1.5D（direct）之分。其中 AM1.5G 即是包含漫射辐射的太阳光能量，而 AM1.5D 则是不包括漫射辐射的直射辐射，其近似地等于 AM0 的 72%（其中 18%被大气吸收，10%被大气散射）。AM1.5G 光谱的能量密度接近 $970W/m^2$，比 AM1.5D 高近 10%。为了方便起见，实际使用中通常把 AM1.5G 光谱的能量密度归一化为 $1000W/m^2$。图 9-2 是 5250℃的黑体以及 AM0、AM1.5G 的光谱辐射照度。AM1.5G 曲线中的不连续部分为各种不同大气组分对太阳光的吸收带。

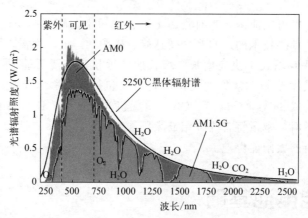

图 9-2　5250℃的黑体以及 AM0、AM1.5G 的光谱辐射照度

9.1.2　半导体光吸收

9.1.2.1　本征吸收

理想半导体在热力学温标零度时，价带是被电子完全占满的，因此价带内的电子不可能被激发到更高的能级。唯一可能的吸收是足够能量的光子使电子激发，越过禁带跃迁到空的导带，而在价带中留下一个空穴，形成电子-空穴对。这种由带与带之间电子的跃迁所形成的吸收过程称为本征吸收。图 9-3 是本征吸收的示意图。

显然，要发生本征吸收，光子能量必须等于或大于禁带宽度 E_g，即

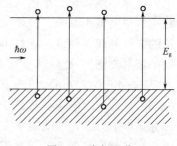

图 9-3　本征吸收

$$\hbar\omega \geqslant \hbar\omega_0 = E_g \qquad (9-1)$$

$\hbar$ 为约化普朗克数，ω 为角频率，$\hbar\omega_0$ 是能够引起本征吸收的最低限度光子能量，也即本征吸收光谱。$\hbar\omega$ 也可以表示为 $h\nu$，ν 为光的频率。在低频方面必然存在一个角频率界限 ω_0（或者说在长波方面存在一个波长界限 λ_0）。当角频率低于 ω_0 或波长大于 λ_0 时，不可能产生本征吸收，吸收系数迅速下降。这种吸收系数显著下降的特定波长 λ_0（或特定角频率 ω_0），称为半导体的本征吸收限。图 9-4 给出了几种半导体材料的本征吸收系数和波长的关系，曲线短波段陡峻地上升标志着本征吸收的开始。根据式（9-1），并应用关系式 $\omega = 2\pi c/\lambda$，可得出本征吸收长波限的公式为

$$\lambda_0 = \frac{1.24}{E_g}(\mu m) \qquad (9-2)$$

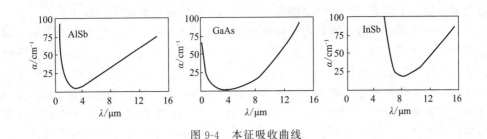

图 9-4　本征吸收曲线

　　根据半导体材料不同的禁带宽度，可算出相应的本征吸收长波限。例如，Si 的 $E_g =$
1.12eV，$\lambda_0 \approx 1.107\mu m$，GaAs 的 $E_g = 1.42\text{eV}$，$\lambda_0 \approx 0.867\mu m$，两者的本征吸收限都在红
外区；CdS 的 $E_g = 2.42\text{eV}$，$\lambda_0 \approx 0.513\mu m$，其本征吸收限在可见光区。图 9-5 是几种常用
半导体材料的本征吸收限和禁带宽度的对应关系。

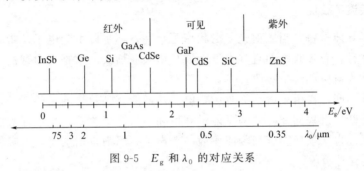

图 9-5　E_g 和 λ_0 的对应关系

9.1.2.2　其他吸收过程

　　实验证明，波长比本征吸收限 λ_0 长的光波在半导体中往往也能被吸收。这说明，除了
本征吸收外，还存在着其他的光吸收过程，主要有激子吸收、自由载流子吸收、杂质吸收
等。研究这些过程，对于了解半导体的性质以及扩大半导体的利用，都有重要的意义。

（1）激子吸收

　　在本征吸收限，$\hbar\omega_0 = E_g$，光子的吸收恰好形成一个在导带底的电子和一个在价带顶的
空穴。这样形成的电子是完全摆脱了正电中心束缚的"自由"电子，空穴也同样是"自由"
空穴。由于本征吸收产生的电子和空穴之间没有相互作用，它们能互不相关地受到外加电场
的作用而改变运动状态，因而使电导率增大（即产生光电导）。实验证明，当光子能量 $\hbar\omega_0$
$\geqslant E_g$ 时本征吸收形成连续光谱。但在低温时发现，某些晶体在本征连续吸收光谱出现以前，
即 $\hbar\omega_0 < E_g$ 时，就已出现一系列吸收线；并且发现，对应于这些吸收线并不伴有光电导。
可见这种吸收并不引起价带电子直接激发到导带，而是形成了所谓的"激子吸收"。

　　理论和实验都说明，如果光子能量 $\hbar\omega$ 小于 E_g，价带电子受激发后虽然跃出了价带，但
还不足以进入导带而成为自由电子，仍然受到空穴的库仑场作用。实际上，受激电子和空穴
互相束缚而结合在一起成为一个新的系统。这种系统称为激子，这样的光吸收称为激子吸
收。激子在晶体中某一部位产生后，并不停留在该处，可以在整个晶体中运动；但由于它作
为一个整体是电中性的，因此不形成电流。激子在运动过程中可以通过两种途径消失：一种
是通过热激发或其他能量的激发使激子分离成为自由电子或空穴；另一种是激子中的电子和

空穴通过复合使激子湮灭，同时放出能量（发射光子或同时发射光子和声子）。

在许多离子晶体中，通过吸收光谱精细结构的研究，激子的存在早已肯定无疑。对于半导体，由于禁带宽度比离子晶体小得多，因而激子能级非常接近。实验观测时，激子吸收线常常密集在本征吸收的长波限上分辨不出来，必须在低温下用极高鉴别率的设备才能观察到。对于 Ge 和 Si 等半导体，因为能带结构复杂，并且有杂质吸收和晶格缺陷吸收的影响，激子吸收也不容易被观察到。20 世纪 50 年代末期以后，随着完整和纯净单晶制备技术及实验分辨率的逐步提高，确定观察到了多种半导体（包括单质半导体和化合物半导体）的激子吸收谱线，激子吸收得到了实验证实。

近年来，随着超晶格、量子阱研究的迅速发展，在量子阱结构中观测到了室温下也保持稳定的二维激子。量子阱室温激子的发现促进了与激子相关的物理研究，导致了与之有关的新的量子阱光学器件的出现。

（2）自由载流子吸收

对于一般半导体材料，当入射光子的频率不够高，不足以引起电子从带到带的跃迁或形成激子时，仍然存在着吸收，而且其强度随波长增大而增大。这是自由载流子在同一带内的跃迁引起的，称为自由载流子吸收。

与本征跃迁不同，自由载流子吸收中，电子从低能态到较高能态的跃迁是在同一能带内发生的。但这种跃迁过程同样必须满足能量守恒和动量守恒关系。和本征吸收的非直接跃迁相似，电子的跃迁也必须伴随着吸收或发射一个声子。因为自由载流子所吸收的光子能量小于 $\hbar\omega_0$，一般是红外吸收。

（3）杂质吸收

束缚在杂质能级上的电子或空穴也可以引起光的吸收。电子可以吸收光子跃迁到导带能级，空穴也同样可以吸收光子而跃迁到价带（或者说电子离开价带填补了束缚在杂质能级上的空穴）。这种光吸收称为杂质吸收。由于束缚状态并没有一定的准动量，在这样的跃迁过程中，电子（空穴）跃迁后状态的波矢并不受限制。这说明电子（空穴）可以跃迁到任意的导带（价带）能级，因而应当引起连续的吸收光谱。引起杂质吸收的最低光子能量 $\hbar\omega_0$ 显然等于杂质上电子或空穴的电离能 E_1（见图 9-6 中 a 和 b 的跃迁），因此，杂质吸收光谱也具有长波吸收限 ω_0，而 $\hbar\omega_0 = E_1$。一般情况下，电子跃迁到较高的能级，或空穴跃迁到较低的价带能级（图 9-6 中 c 和 d 的跃迁），概率逐渐变得很小，因此，吸收光谱主要集中在吸收限 E_1 的附近。

由于 E_1 小于禁带宽度 E_g，杂质吸收一定在本征吸收限以外长波方面形成吸收带。显然，杂质能级越深，能引起杂质吸收的光子能量也越大，吸收峰越靠近本征吸收限。对于大多数半导体，多数施主和受主能级很接近导带和价带，因此，相应的杂质吸收出现在远红外区。另外，杂质吸收也可以是电子从电离受主能级跃迁到导带，或空穴从电离施主能级跃迁到价带，如图 9-6 中 e 和 f 的跃迁。这时，杂质吸收光子的能量应满足 $\hbar\omega \geqslant E_g - E_1$。

由于杂质吸收比较微弱，特别是在杂质溶解度较低的情况下，杂质含量很少，更加造成了观测上的困难。一般，对于浅杂质能

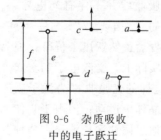

图 9-6 杂质吸收
中的电子跃迁

级，E_1 较小，只有在低温下，当大部分杂质中心未被电离时，才能够观测到这种杂质吸收。

（4）晶格振动吸收

晶体吸收光谱的远红外区，有时还发现一定的吸收带，这是晶格振动吸收形成的。在这种吸收中，光子能量直接转换为晶格振动动能。对于离子晶体或离子性较强的化合物，存在较强的晶格振动吸收带，在 GaAs 及半导体 Ge、Si 中也都观察到了这种吸收带。

9.1.3 基本工作原理

为什么太阳能电池可以把光能直接转换为电能呢？这可以通过量子力学（quantum mechanics）得到解释。光是以光子（photon）的形式传播的。每个光子的能量只依赖于波长 λ，即光的颜色。可见光的能量足够激发固体中的电子到更高的能级，并自由地运动。在大多数情况下，物质吸收入射光后，光子的能量使电子跃迁到高能级，但是受激电子很快地回到基态。如图 9-7 所示，如果光线照射在太阳能电池上并且光在界面层被吸收，具有足够能量的光子将进入 PN 结区，甚至

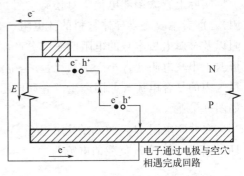

图 9-7　太阳能电池基本工作原理

深入到半导体内部，从而会将电子从价带激发，并在 PN 结附近产生"电子-空穴"对。由于 PN 结处存在内建电场 E，界面层附近的电子和空穴在复合之前受到了空间电荷区电场的作用。在内建电场作用下，电子向带正电的 N 型区运动，空穴向带负电的 P 型区运动。这个分离过程使得 P 型区和 N 型区之间产生电压。如果将 PN 结和外电路相连，则电路中出现电流。该现象称为光生伏特现象或光生伏特效应。

光生伏特效应是太阳能电池的基本原理，也是前面章节介绍的光伏型探测器的工作原理。光生伏特效应的详细介绍见 8.1 节。在光激发下多数载流子浓度一般改变很小，而少数载流子浓度却变化很大，因此应主要研究光生少数载流子的运动。

9.2 太阳能电池的特性参数

9.2.1 太阳能电池的等效电路

（1）理想的太阳能电池等效电路

理想的太阳能电池等效电路如图 9-8 所示。当连接负载的太阳能电池受到光的照射时，太阳能电池可看作产生光生电流 I_p 的恒流源，与之并联的有一个处于正偏置下的二极管，通过二极管 PN 结的漏电流，称为暗电流 I_d；在无光照时，由于外加电压作用下 PN 结内流过的电流方向与光生电流方向相反，会抵消部分光生电流。

I_d 的表达式为

$$I_d = I_0(e^{\frac{qV}{AkT}} - 1) \tag{9-3}$$

式中，I_0 为反向饱和电流，即黑暗中通过 PN 结的少数载流子的空穴电流和电子电流的代数和；V 为等效二极管的端电压；q 为电子电量；T 为绝对温度；A 为二极管曲线因子，取值在 1~2 之间。因此，流过负载两端的工作电流为

$$I = I_p - I_d = I_p - I_0(e^{\frac{qV}{AkT}} - 1) \tag{9-4}$$

（2）实际的太阳能电池等效电路

实际上，太阳能电池本身还有电阻，一类是串联电阻，另一类是并联电阻（又称旁路电阻）。前者主要是半导体材料的体电阻、金属电极与半导体材料的接触电阻、扩散层横向电阻以及金属电极本身的电阻四个部分产生的 R_s。其中，扩散层横向电阻是串联电阻的主要形式。串联电阻通常小于 1Ω。后者是电池表面污染、半导体晶体缺陷引起的边缘漏电或耗尽区内的复合电流等原因产生的并联电阻 R_{sh}，一般为几千欧。实际的太阳能电池等效电路如图 9-9 所示。

在并联电阻 R_{sh} 两端的电压 $V_j = V + IR_s$，因此流过并联电阻 R_{sh} 的电流 $I_{sh} = (V + IR_s)/R_{sh}$，而流过负载的电流为

$$I = I_p - I_d - I_{sh} = I_p - I_0(e^{\frac{q(V+IR_s)}{AkT}} - 1) - \frac{V + IR_s}{R_{sh}} \tag{9-5}$$

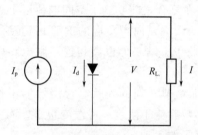

图 9-8　理想的太阳能电池等效电路

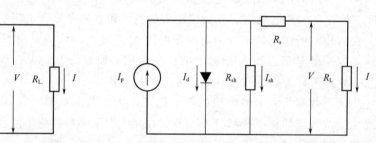

图 9-9　实际的太阳能电池等效电路

显然，太阳能电池的串联电阻越小，并联电阻越大，越接近理想的太阳能电池，其性能也越好。就目前的太阳能电池制造工艺水平来说，在要求不是很严格时，可以认为串联电阻接近于零，并联电阻趋近于无穷大，也就是可当作理想的太阳能电池看待，这时就可以用式（9-4）来代替式（9-5）。此外，实际的太阳能电池等效电路还应该包含 PN 结形成的结电容和其他分布电容，但考虑到太阳能电池是直流设备，通常没有交流分量，因此这些电容的影响也可以忽略不计。

9.2.2　太阳能电池的伏安特性曲线

对于理想的太阳能电池等效电路（图 9-8），当负载 R_L 从零增大到无穷大时，负载 R_L 两端的电压 V 和流过的电流 I 之间的关系曲线，即太阳能电池的负载特性曲线，通常称为太阳能电池的伏安特性曲线，以前也按习惯称为 I-V 特性曲线。

实际上，I-V 特性曲线通常不是通过计算，而是通过实验测试的方法得到的。在太阳能

电池的正负极两端，连接一个可变电阻 R_L，在一定的太阳辐照度和温度下，改变电阻值，使其由零（即短路）变到无穷大（即开路），同时测量通过电阻的电流和电阻两端的电压。在直角坐标图上，以纵坐标代表电流，横坐标代表电压，测得各点的连线，即为该电池在此辐照度和温度下的伏安特性曲线，如图 9-10 所示。

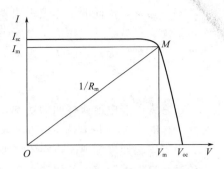

图 9-10 太阳能电池的伏安特性曲线

当太阳光照射在太阳能电池上产生光生电动势 V，就有光生电流 I_p 流过负载电阻 R_L。太阳能电池的输出电压、电流及其功率与光照条件和负载都有很大关系。通常用以下几个参数来表征太阳能电池的性能：短路电流、开路电压、最大输出功率、填充因子及转换效率。

（1）短路电流（short circuit current，I_{sc}）

将太阳能电池置于标准光源照射下，通过导线把电池的阴阳极直接相连使其短路，即 $R_L=0$，输出电压为零，则 PN 结分开的过剩载流子都可以穿过 PN 结，产生最大可能的电流。此时流过导线的电流即为短路电流，用 I_{sc} 表示。I_{sc} 与太阳能电池的面积有关，面积越大，I_{sc} 越大；I_{sc} 的大小与入射光的辐射强度成正比，且环境温度升高时，其值略有升高。在理想情况下，I_{sc} 等于光生电流 I_p。一般来说，$1cm^2$ 的硅太阳能电池其 I_{sc} 为 $16\sim30mA$（AM1.5）。

（2）开路电压（open circuit voltage，V_{oc}）

太阳能电池阴阳极两端无导线相连，处于开路状态的情况下，即 $R_L=\infty$，此时通过电流为零，则 PN 结分开的过剩载流子就会积累在 PN 结附近，于是产生了最大的光生电动势，即该电池的开路电压，用 V_{oc} 表示。在标准光源下，硅太阳能电池的开路电压极限约为 700mV，但其值随环境温度升高略有下降。

对于一般的太阳能电池，可近似认为接近理想的太阳能电池，即太阳能电池的串联电阻值为零，并联电阻无穷大。当开路时，$I=0$，电压 V 即为开路电压 V_{oc}，由式（9-4）可知

$$V_{oc} = \frac{AkT}{q}\ln\left(\frac{I_p}{I_0}+1\right) \approx \frac{AkT}{q}\ln\left(\frac{I_p}{I_0}\right) \tag{9-6}$$

（3）最大输出功率 P_m

太阳能电池的发电系统工作时流过负载的电流称为输出电流（负载电流），负载两端的电压为输出电压。负载不同，输出电流不同，输出电压不同。如图 9-11 所示，调节负载电阻 R_L 到某一值 R_m 时，在曲线上得到一点 M，对应的工作电流 I_m 和工作电压 V_m 的乘积为最大，即最大输出功率，用 P_m 表示。M 点为该太阳能电池的最佳工作点（或最大功率点），此时的输出电压和输出电流分别称为最佳功率点电压和最佳功率点电流，用 V_m、I_m 表示，对应的负载称为最佳功率负载。

也可以通过伏安特性曲线上的某个工作点作一水平线，与纵轴的交点为 I，再作一垂直线，与横轴的交点为 V。这两条线与横轴和纵轴所包围的矩形面积，在数值上就等于电压 V 和电流 I 的乘积，即输出功率 P。伏安特性曲线上的任意一个工作点，都对应一个确定的输

出功率。通常，不同的工作点输出功率也不一样，但总可以找到一个工作点，其包围的矩形面积最大，也就是其工作电压 V 和电流 I 的乘积最大，因而输出功率也最大，该点即为最佳工作点。最大输出功率 P_m 表示为

$$P_m = I_m V_m \tag{9-7}$$

通常太阳能电池所标明的功率，是指在标准工作条件下最大功率点所对应的功率。而在实际工作时，往往并不是在标准测试条件下，且一般也不一定符合最佳负载的条件，再加上一天中太阳辐照度和温度也在不断变化，所以真正能够达到额定输出功率的时间很少。有些光伏系统根据太阳辐照的规律采用"最大功率跟踪器"（又称逐日器），可在一定程度上增加输出的电能。

（4）填充因子（fill factor，FF）

填充因子是衡量太阳能电池整体性能的一个重要参数，表征太阳能电池在最佳负载时能输出的最大功率的特性。因此填充因子可表示为

$$FF = \frac{P_m}{V_{oc} I_{sc}} = \frac{V_m I_m}{V_{oc} I_{sc}} \tag{9-8}$$

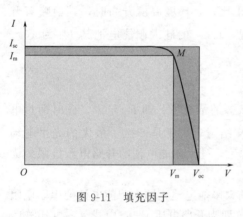

图 9-11　填充因子

填充因子可通过太阳能电池的电流-电压曲线来表示，见图 9-11。其中浅色区域为最大输出功率，深色区域为开路电压和短路电流的乘积，填充因子则为两面积之比，即太阳能电池的伏安曲线趋近深色区域的程度。曲线越趋近深色区域，FF 越高。在太阳能电池没有串联电阻和并联电阻无穷大的情况下 FF 最高，但 FF 一般是小于 1 的无量纲量。一般而言，如果填充因子大于 0.7，则认为光伏组件的质量优良（优质的硅电池 FF 只能达到 0.75～0.82，而优质的砷化镓电池 FF 则可达到 0.87～0.89）。

太阳能电池的串、并联电阻对填充因子影响较大，串联电阻越大，短路电流下降越多，填充因子也随之减小得越多；并联电阻越小，开路电压就下降越多，填充因子也随之下降越多。

填充因子的大小还与太阳能电池的温度有关，一般随温度升高而减小。其原因主要是随着温度升高，PN 结的漏电流增加，太阳能电池的电流-电压关系曲线"软化"。除此之外，同一个太阳能电池，在一定光照强度范围内，其填充因子 FF 随光强的减小而增大。

（5）转换效率（energy conversion efficiency，η ）

转换效率为太阳能电池的最大输出功率与入射到太阳能电池表面的太阳光能量的百分比。η 的数学表达式为

$$\eta = \frac{P_m}{P_{in}} \times 100\% = \frac{FF V_{oc} I_{sc}}{P_{in}} \times 100\% \tag{9-9}$$

η 是太阳能电池一个重要的性能指标，η 越高意味着有更多的电功率输出。它与电池结

构、PN 结的特性（结的内建电场、宽度、界面质量及掺杂浓度等）、材料性质、工作温度、粒子辐射损伤以及环境变化有关系。

9.2.3 太阳能电池量子效率

量子效率（quantum eficiency，QE）用来描述不同能量的光子对短路电流 I_{sc} 的贡献，其定义为一个具有一定波长的入射光子在外电路产生电子的数目。QE 有两种描述：外量子效率（external quantum eficiency，EQE）和内量子效率（internal quantum efficiency，IQE）。

EQE 的定义：对整个入射太阳光谱，每个波长为 λ 的入射光子能对外电路提供电子的概率。它反映的是对短路电流有贡献的光生载流子密度与入射光子密度之比。其数学表达式为

$$EQE(\lambda) = \frac{I_{sc}(\lambda)}{qAQ(\lambda)} \tag{9-10}$$

式中，q 为电子电量；A 为电池面积；$Q(\lambda)$ 为每秒入射到太阳能电池表面上的波长为 λ 的光子通量。

IQE 的定义：被电池吸收的波长为 λ 的一个入射光子能对外电路提供一个电子的概率。它反映的是对短路电流有贡献的光生载流子数与被电池吸收的光子数之比。其数学表达式为

$$IQE(\lambda) = \frac{I_{sc}(\lambda)}{qA(1-s)[1-R(\lambda)][1-e^{-\alpha(\lambda)W_{opt}}]} \tag{9-11}$$

式中，$R(\lambda)$ 为半球反射率；W_{opt} 为电池光学厚度，是与工艺有关的量，若电池采用表面光陷阱结构或背表面反射结构，W_{opt} 可能会大于电池厚度；s 为电池表面复合损失系数；$\alpha(\lambda)$ 为电池对某波长光的吸收系数。

通过 IQE 可以计算总光生电流：

$$I_p = q \int_{(\lambda)} Q(\lambda)[1-R(\lambda)]IQE(\lambda)d\lambda \tag{9-12}$$

比较上述两个量子效率可知，EQE 没有考虑入射光的反射损失、材料吸收、电池厚度以及电池复合等因素，因此 EQE 通常情况下是小于 1 的；而 IQE 考虑了反射损失、电池实际的光吸收等，假设对于一个理想的太阳能电池，如果材料的载流子寿命足够长（$\tau \to \infty$），表面无复合损失系数，电池有足够的厚度吸收全部入射光，则 IQE 是可以等于 1 的。两种表达公式可以表示如下：

$$IQE(\lambda) = \frac{EQE(\lambda)}{1-R(\lambda)-T(\lambda)}\bigg|_{T(\lambda)=0} = \frac{EQE(\lambda)}{1-R(\lambda)} \tag{9-13}$$

式中，$T(\lambda)$ 为太阳能电池的半球透射，如果电池足够厚，则 $T(\lambda)=0$。

对于太阳能电池，常用与入射光谱响应的量子效率谱来表征光生电流与入射光谱的响应关系。分析量子效率谱可以了解材料质量、太阳能电池的几何结构及工艺等与太阳能电池性能的关系，量子效率谱从另一个角度反映了太阳能电池的性能。图 9-12 是晶体硅太阳能电池的内量子效率谱。图中快速下降的长波段表示太阳能电池材料禁带宽度的吸收限。

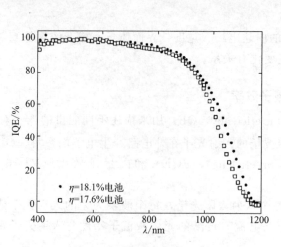

图 9-12　晶体硅电池 IQE 谱

收集效率 θ_i（collection effeciency）定义为某一区域产生的电子-空穴对到达结区的概率，其下标"i"指太阳能电池的结区、发射区或者基区。收集效率与量子效率之间的关系如下：

$$EQE_i = \alpha_i(\lambda)\theta_i(\lambda) \tag{9-14}$$

式中，$\alpha_i(\lambda)$ 是区域 i 中每个入射光子产生的电子-空穴对数。

9.2.4　太阳能电池的光谱响应

太阳光谱中，不同波长的光具有的能量是不同的，所含光子的数目也是不同的。因此，太阳能电池接受光照射所产生的载流子数量也就不同。为反映太阳能电池的这一特性，引入了光谱响应（spectral response）这一参量。

太阳能电池在入射光中每一种波长的光作用下，所收集的光生电流与入射到电池表面的该波长光子数之比，称为太阳能电池的光谱响应，又称为光谱灵敏度。其符号表示为 $SR(\lambda)$，单位为 A/W。由于光子数和辐照度有关，因此光谱响应可以用量子效率表述：

$$SR(\lambda) = \frac{q\lambda}{hc}QE(\lambda) = 0.808\lambda\, QE(\lambda) \tag{9-15}$$

式中，λ 指波长，单位为 μm。采用不同的量子效率，得到的光谱响应可以是内光谱响应，也可以是外光谱响应。

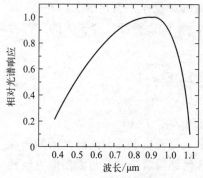

图 9-13　硅太阳能电池的
相对光谱响应曲线

光谱响应有绝对光谱响应和相对光谱响应之分。绝对光谱响应是指某一波长下太阳能电池的短路电流除以入射光功率所得的数值，其单位是 mA/mW 或 mA/($mW \cdot cm^2$)。由于测量与每个波长单色光相对应的光谱灵敏度绝对值较为困难，因此常把光谱响应曲线的最大值定为 1，并求出其他灵敏度对这一最大值的相对值。这样得到的则是相对光谱响应曲线，即相对光谱响应。

图 9-13 为硅太阳能电池的相对光谱响应曲线。一般来说，硅太阳能电池对波长小于约 $0.35\mu m$ 的紫外光和波长大于约 $1.15\mu m$ 的红外光没有反应，而光波长位于

$0.8 \sim 0.9 \mu m$ 的范围时出现峰值。对于不同的太阳能电池，光谱响应峰值则由太阳能电池的制造工艺和材料的电阻率决定。一般电阻率较低时的光谱响应峰值约在 $0.9 \mu m$。在太阳能电池的光谱响应范围内，通常把波长较长的区域称为长波光谱响应或红光响应，把波长较短的区域称为短波光谱响应或蓝光响应。从本质上说，长波光谱响应主要取决于基体中少子的寿命和扩散长度，短波光谱响应主要取决于少子在扩散层中的寿命和前表面复合速度。

9.3 太阳能电池的影响因素

9.3.1 串联电阻和并联电阻对太阳能电池的影响

(1) 对电池 I-V 特性的影响

如前述实际的太阳能电池等效电路（图 9-9），其中存在着串联电阻 R_s 和并联电阻 R_{sh}，这些因素往往不可忽略。串联电阻的主要来源是制造电池的半导体材料的体电阻、电极和互联金属的电阻以及电极和半导体之间的接触电阻。并联电阻则是由 PN 结漏电引起的，包括绕过电池边缘的漏电及由于结区存在晶体缺陷和外来杂质的沉淀物所引起的内部漏电。

在电池体内，电流的方向一般垂直于电池表面。为了由电池表面的栅状电极引出电流，电流必须横向流过电池的顶层。这一层的横向电阻称为方块电阻（或薄层电阻）。它等于电阻率除以该层的厚度，单位为 $\Omega/\square$。方块电阻是串联电阻的一部分。

串联电阻和并联电阻对太阳能电池性能的影响，可用实验方法简便地加以研究。只要在常规电池中交替地串联或并联各种电阻，就可以分析出它们对电池性能的影响。串联电阻对 I-V 特性的影响如图 9-14 (a) 所示。串联电阻减小了填充因子，电阻增大还可能导致短路电流下降。这是由于光生电流在串联电阻上的电压降使器件两端产生了正向偏压，这种正向偏压引起相当大的暗电流，从而抵消了一部分光生电流。即使小的串联电阻，如 $2cm^2$ 的电池中为 $0.5 \sim 1.0 \Omega$，也会导致严重的影响。图 9-14 (b) 表示太阳能电池的并联电阻对 I-V 特性的影响。并联电阻减小，降低了填充因子和开路电压，而对短路电流没有影响。

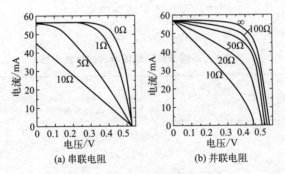

图 9-14 串联电阻 R_s 和并联电阻 R_{sh} 对硅太阳能电池 I-V 曲线的影响

（钨灯光照 $100mW/cm^2$，电池面积 $2cm^2$）

在实际器件中，在 1 个或者略大于 1 个太阳光照强度的情况下，电池的并联电阻是很大的，一般对 I-V 特性的影响可以忽略。但在高的太阳光强度照射下，光生电流增大，串联电阻的影响将会增强。因此对于聚光电池，减小串联电阻十分重要。其方法有两种：一个是增大掺杂浓度；另一个是增大结深。但这两种方法会降低电池的收集效率。较为妥善的方法是采用浅结且掺杂浓度大的工艺。而且为了尽可能减小电极掩蔽面积，减小串联电阻，可采用欧姆接触的密栅电极。

在 $2cm^2$ 的硅太阳能电池中，6 条栅线的串联电阻可高达 0.5Ω，若工作电流为 $60\sim65mA$，那么串联电阻的损失为 $30\sim33mW$。增加栅线密度、减小栅线宽度，会减小串联电阻的损失。紫电池的结深只有 $1000\sim2000\text{Å}$，但表面 N 区掺杂较低，因此增多栅线特别重要。紫电池的栅线密度为 15 条/cm，栅线与电池表面的接触面积占电池前表面的 $6\%\sim7\%$。虽然薄层电阻率较高，扩散层浅，但 $4cm^2$ 的紫电池所得的串联电阻约为 0.05Ω，比常规电池的串联电阻 $0.2\sim0.25\Omega$ 小得多。

下面进一步讨论不同方块电阻所需的接触栅线条数。栅线与电池的接触电阻所产生的接触电压对电池起正向偏压作用，增大暗电流。对长而宽的栅线来说，电流方向可认为近似地垂直于栅线。这样，接触电阻所产生的电压变化上限由下式决定：

$$\Delta V = \frac{J_{sc}R_{\square}d^2}{12} \tag{9-16}$$

式中，$R_{\square}$ 是表面区的方块电阻；d 是栅线间距。在该式中，只要 ΔV 满足 $q\Delta V/kT < 1$，就可以证明方块电阻不会对太阳能电池的输出特性产生严重的影响。这样，栅线间距应限制在下列范围：

$$d < \sqrt{\frac{12kT}{qJ_{sc}R_{\square}}} \tag{9-17}$$

用最大的短路电流密度 J_{sc} 来估计 d 值。取 $J_{sc}=50mA/cm^2$，那么容易求出某一方块电阻时的 d 值。其值如表 9-1 所示。表中同时给出了电池光照面 $5\%\sim10\%$ 的线宽度 W_s，W_s 没有计入电极母线的面积。以 $10\Omega\cdot cm$ 的常规电池为例，方块电阻为 $50\Omega/\square$，只要 3 条/cm 的栅线，就可以有效地收集光生电流了。

从表 9-1 中也可看出，即使方块电阻高达 $5000\Omega/\square$，每厘米所需栅线大约 30 条，如果遮掩面积占整个电池光照面的 10%，那么所需栅极的宽度 $W_s=1\mu m$ 左右。这种宽度用光刻技术可以达到要求。

表 9-1　不同方块电阻值所需的接触栅线

$R_{\square}/(\Omega/\square)$	d（槽线间距）/cm	W_s（槽线宽度）/cm	
		遮掩面积 5%	遮掩面积 10%
10	0.79	0.042	0.088
50	0.35	0.019	0.039
100	0.25	0.013	0.028
500	0.11	0.0049	0.012
1000	0.079	0.0042	0.0088
5000	0.035	0.0019	0.0039

（2）对电池效率的影响

前面曾分析了串联电阻和并联电阻对 I-V 特性的影响，这里将论证它们与效率之间的直接关系。由于太阳能电池存在光的反射，金属栅线遮盖一部分光照面，而且还存在着串联电阻和并联电阻引起的能量损失，因此实际器件的真正效率将低于计算值。

任何电池都有串联电阻，扩散顶层和基区电阻以及它们的接触电阻都是构成串联电阻的因素。但在良好的器件中最主要的串联电阻是薄扩散层的方块电阻。图 9-15 展示了 $1\Omega \cdot cm$ 的硅太阳能电池和 $0.01\Omega \cdot cm$ 的砷化镓太阳能电池中的串联电阻和并联电阻对效率的影响，入射光谱为 AM0。这里设太阳能电池的面积为 $1cm^2$，如果串联电阻从 0Ω 增加到 1Ω，那么硅太阳能电池的效率从 15% 下降至 14%，衰减 1% 左右；而砷化镓太阳能电池的效率则从 19.4% 下降至 18.8%，衰减比硅太阳能电池缓慢。其原因是砷化镓太阳能电池的光生电流比硅太阳能电池小。

图 9-15 也可用于其他面积的电池，如 $2cm^2$、$4cm^2$、$6cm^2$ 等，只要将电池面积除以横坐标就可以换算成该面积所对应的串联电阻与效率的关系。若效率衰减 1%，则 $1cm^2$ 的太阳能电池中串联电阻为 1Ω，而在 $2cm^2$ 的太阳能电池中为 0.5Ω，$4cm^2$ 的器件中则为 0.25Ω。

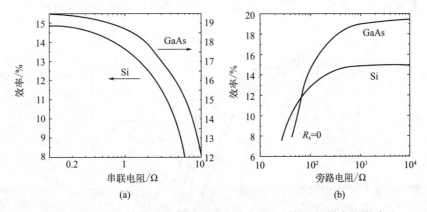

图 9-15　串联电阻和并联电阻对硅和砷化镓太阳能电池效率的影响

硅太阳能电池的并联电阻对效率的影响大致如图 9-15（b）所示，入射光谱为 AM0。理想的并联电阻应尽可能地大，但往往有许多原因降低并联电阻 R_{sh}，其中包括边缘漏电和接触烧结等。$1cm^2$ 的硅器件只要 $R_{sh} > 500\Omega$，砷化镓器件只要 $R_{sh} > 1000\Omega$，那么并联电阻的影响就不是很重要。由于砷化镓器件的输出电压比硅器件高，因此 R_{sh} 对砷化镓器件的影响比对硅器件大。因输出电压与面积无关，所以一定的并联电阻值对大面积器件的影响较小，相反，对小面积器件的影响较大。当然增大器件就会增加边缘漏电，增大形成金属桥路漏电的可能性，从而降低并联电阻。

一般器件表面经过钝化、精细制备就不会显著地产生并联电阻问题。但串联电阻始终是重要的，每一平方厘米的器件表面上串联电阻往往会使输出功率减小 1～1.5mW。

9.3.2　电池厚度对太阳能电池的影响

在讨论太阳能电池的光谱响应中作了一个假定，即光谱响应的范围内各种波长的光子全部被吸收。由于各种波长的光子在电池中的穿透深度不同，因此对太阳能电池片的厚度有相应要求。为了保证吸收入射光90%的光子，各材料所要求的厚度也不相同。

（1）厚度与光吸收的关系

一束单色光垂直射到太阳能电池的表面，设表面处坐标$x=0$，在$x=0$处的光子数为$N_{ph}(0)$，若电池表面以内x处的光子数为$N_{ph}(x)$，它们之间有下列关系：

$$N_{ph}(x) = N_{ph}(0)\exp(-\alpha x) \tag{9-18}$$

式中，α是吸收系数，它是入射光子的能量或波长的函数。

一些半导体材料的吸收系数α与入射光波长的关系如图9-16所示。可以看出，波长大于本征吸收长波限λ_0，即光子能量小于材料的禁带宽度E_g时，光子吸收系数极小。波长小于本征吸收长波限λ_0时的光子吸收可以分成两类。一类如砷化镓、碲化镉、硫化镉、磷化铟等，只要光波长比本征吸收长波限λ_0略小，吸收系数α值就迅速增至$10^4\,\mathrm{cm}^{-1}$，并随着波长的减小而增大。这是由于电子从价带被直接激发到导带产生电子-空穴对。这类材料称为竖直跃迁型材料。另一类如硅和锗，波长小于λ_0，吸收系数才开始慢慢增大。这是由于大于E_g的光子所激发出的电子还要通过其他形式的能量帮助，才能从价带顶跃迁到导带底。这类材料称为非竖直跃迁型材料。其他形式的能量可以是晶格振动能量。

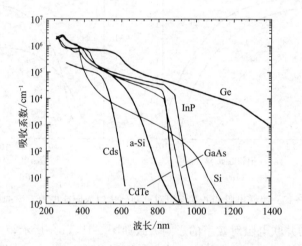

图9-16　吸收系数α与入射光波长的关系

对于同一种材料，太阳光谱中各种能量的光子吸收系数不同，短波光子的吸收系数大于长波光子的吸收系数。

由式（9-18）可以看出，若吸收90%以上入射光的光子，吸收系数α越大，所要求的厚度x值越小。竖直跃迁型材料的吸收系数大，这类材料适合制成薄膜太阳能电池，吸收90%以上入射光的光子只需小于$10\mu m$的厚度。非竖直跃迁型材料的吸收系数小，吸收90%以上入射光的光子需要几百微米的厚度，一般要求电池片有一定的厚度。同理，在太阳光谱中的高能光子都在扩散顶区或表面被吸收，低能光子在基区或后表面附近被吸收。所以前表面的复合或"死层"对短波响应有极大危害，后表面的复合及欧姆电极接触处对长波响应有严重影响。

假设光线一次通过电池，电池片厚度对短路电流、开路电压、填充因子及固有效率的影响在下面分别讨论。若由于前表面和后表面的反射作用，使进入电池的光子在电池中多次反射，硅薄膜电池也能得到较大的短路电流。

（2）电池厚度对短路电流的影响

硅与砷化镓太阳能电池的总厚度与短路电流密度 J_{sc} 的关系如图 9-17 所示。硅是非竖直跃迁型材料。硅电池的厚度小于 $500\mu m$ 时，理想短路电流开始衰减。竖直跃迁型材料砷化镓的吸收系数大，只是在厚度小于 $8\mu m$ 时电流才开始衰减。

在实际情况中，电池存在着体内复合和表面复合，短路电流与厚度的关系没有像上面计算的那样大。只有在电池厚度小于基区少子扩散长度的 2 倍左右时，短路电流才开始减小。在 $10\Omega \cdot cm$、$1\Omega \cdot cm$ 和 $0.1\Omega \cdot cm$ 的硅电池中，电子扩散长度约为 $232\mu m$、$164\mu m$ 和 $52\mu m$。计算的 $10\Omega \cdot cm \ N^+P$ 型硅太阳能电池的短路电流密度与电池片厚度 H 的关系如图 9-18 所示。图中比较了欧姆接触电池及背面场（back surface field，BSF）电池的短路电流密度。可见，没有背面场的常规太阳能电池，厚度小于 $700\mu m$ 时，短路电流密度开始下降；厚度小于 $300\mu m$ 时，短路电流密度有明显的下降。在背面场的情况下，由于背面势垒对少子的反射作用减少了后表面复合，长波光子的量子效率提高，硅电池的厚度只需略大于 $100\mu m$。

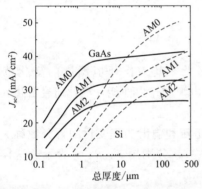

图 9-17　100％收集效率的理想短路电流密度与太阳能电池厚度的关系

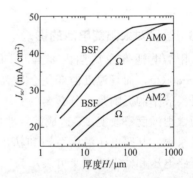

图 9-18　计算的 $10\Omega \cdot cm$ 硅电池的 J_{sc} 与电池厚度 H 的关系

（3）电池片厚度对开路电压及填充因子的影响

$10\Omega \cdot cm$ 硅太阳能电池的 V_{oc}、FF 与电池厚度的关系如图 9-19 所示。常规电池的厚度减小，开路电压及填充因子下降。在背面场的情况下，电池厚度减小，开路电压明显增大，填充因子略有提高。这是背面场靠近 PN 结的缘故。$10\Omega \cdot cm$ 硅太阳能电池的厚度只要 $100\mu m$，理论上可获得 $0.56V$ 的开路电压，0.81 的填充因子。这一特性与厚度为几百微米的常规电池相近。背面场电池的这些特点，为人们广泛采用硅薄膜电池提供了十分有利的条件。

在 $0.1\Omega \cdot cm$ 和 $1\Omega \cdot cm$ 基区的电池中，厚度的影响类似于 $10\Omega \cdot cm$ 电池。由于低电阻率，扩散长度短，只有在厚度相当小时对电池特性的影响才显得重要。背面场也改善了低电阻率薄膜电池的特性，但没有像 $10\Omega \cdot cm$ 的电池那样显著。

（4）电池片厚度对固有效率的影响

电池的转换效率与厚度的关系如图 9-20 所示。入射光谱为 AM0，对基区电阻率为

$10\Omega \cdot cm$ 的背面场或欧姆接触的 $N^+ P$ 电池进行了计算。背面场电池的厚度在 $50 \sim 100\mu m$ 处效率最大，$100\mu m$ 左右的器件效率几乎最佳，AM0 的效率差不多为 18%（AM1 为 20%，AM2 为 20.6%）。由图 9-20 可以看出，$10\mu m$ 单晶背面场电池的 AM0 效率可达 16%，而欧姆接触的单晶电池 AM0 效率只有 12% 左右。在厚度从 $1\mu m$ 到基区扩散长度 2 倍左右的范围内，背面场电池的效率都有不同程度的提高。

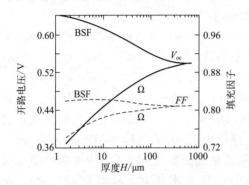

图 9-19　计算的 $10\Omega \cdot cm$ 硅太阳能
电池的 V_{oc}、FF 与 H 的关系

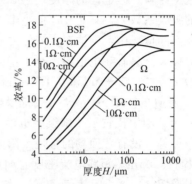

图 9-20　不同基区电阻率的硅电池
AM0 固有效率与电池厚度的关系

9.3.3　温度对太阳能电池的影响

太阳能电池寿命周期内要经历四季更替的考验，其工作环境温度的变化范围很宽（$-40 \sim 80℃$），而且温度的变化会显著改变太阳能电池的输出性能，因此研究温度对太阳能电池转换效率的影响是十分必要的。

通常把温度每改变 $1℃$ 造成的短路电流、开路电压和输出功率变化的百分数称为短路电流温度系数、开路电压温度系数和输出功率温度系数，分别用 α、β、γ 表示。这样短路电流、开路电压和输出功率又可表示为

$$I_{sc} = I_0(1 + \alpha \Delta T) \tag{9-19}$$

$$V_{oc} = V_0(1 + \beta \Delta T) \tag{9-20}$$

$$P = P_0(1 + \gamma \Delta T) \tag{9-21}$$

式中，I_0、V_0、P_0 分别为 $25℃$ 时太阳能电池的短路电流、开路电压和输出功率；ΔT 为太阳能电池工作环境的实际温度与 $25℃$ 的差值。由于功率又可以表示为 $P = I_{sc}V_{oc}$，因此

$$P \approx I_0 V_0 [1 + (\alpha + \beta)\Delta T] \tag{9-22}$$

温度对太阳能电池短路电流的影响比较复杂。一方面，随着温度的升高，本征载流子浓度变大，PN 结的暗电流增大，导致短路电流减小。但另一方面，随着温度的升高，禁带宽度变小，本征吸收极限向长波方向移动，使更多的光能可被利用，导致短路电流变大。再则，温度升高可以使少子寿命和扩散长度增加，也使短路电流增大。这些效应的综合效果，使短路电流随着温度的升高而稍有增大。对硅太阳能电池来说，其短路电流温度系数是正的，一般为 $0.06\%/℃ \sim 0.1\%/℃$ 左右。

温度对太阳能电池的开路电压产生严重影响。太阳能电池开路电压的大小直接同制造电

池的半导体材料禁带宽度有关，而随着温度的升高，禁带宽度会变窄。对硅材料来说，禁带宽度随温度的变化率约为 $-0.003\mathrm{eV/℃}$。半导体的带隙随温度的变化关系满足下列方程：

$$E_g(T) = E_g(0) - \frac{aT^2}{T+b} \tag{9-23}$$

式中，$E_g(T)$ 为温度 T 时半导体的带隙宽度；a、b 为温度相关系数，温度上升，带隙减小，光谱红移。常见半导体 Si 和 GaAs 的带隙宽度值如表 9-2 所示。

表 9-2 硅（Si）、砷化镓（GaAs）半导体的带隙宽度与温度的关系

半导体	$E_g(0K)/eV$	$E_g(300K)/eV$	$a/10^{-4}(eV/K^2)$	b/K
Si	1.17	1.12	4.730	636
GaAs	1.52	1.42	5.405	204

另外，随着温度的升高，PN 结的暗电流呈指数增大，也会造成开路电压的降低。对硅太阳能电池而言，开路电压的温度系数随太阳能电池的结构和加工工艺不同有所不同，一般在 $-0.4\%/℃\sim-0.1\%/℃$ 左右。

输出功率是电流与电压的乘积，所以输出功率的温度系数受到电流和电压的共同影响。根据式（9-23）可知 $\gamma=\alpha+\beta$，所以功率温度系数为负，其值约为 $-0.5\%/℃\sim-0.3\%/℃$。当温度升高时，$I\text{-}V$ 曲线的形态改变，填充因子下降，故能量转换效率随温度的增大而下降。

需要说明的是，这里介绍的是温度对晶体硅太阳能电池性能的影响。对非晶硅电池而言，温度的影响则不同。相同的测试条件下，非晶硅太阳能电池的 η 降低较小。根据美国 Uni-Solar 公司的报道，三结非晶硅电池组件的功率温度系数只有 $-0.21\%/℃$。这主要是半导体材料的禁带宽度不同所致。禁带宽度大的材料对温度的依赖较小，如图 9-21 所示。

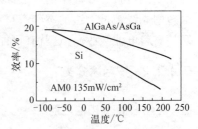

图 9-21 太阳能电池工作环境的温度对转换效率的影响

9.4 典型太阳能电池的结构与材料

9.4.1 太阳能电池的分类

迄今为止，人们已研究了 100 多种不同材料、不同结构、不同用途和不同形状的太阳能电池，由于种类繁多，可以有多种分类方法。

9.4.1.1 按电池结构分类

（1）同质结太阳能电池

由同一种半导体材料所形成的 PN 结称为同质结，用同质结构成的太阳能电池称为同质结太阳能电池。

（2）异质结太阳能电池

由两种禁带宽度不同的半导体材料形成的结称为异质结，用异质结构成的太阳能电池称为异质结太阳能电池。

（3）肖特基结太阳能电池

利用金属-半导体界面上的肖特基势垒构成的太阳能电池称为肖特基结太阳能电池，简称 MS 电池。目前已发展为金属-氧化物-半导体（MOS）、金属-绝缘体-半导体（MIS）太阳能电池等。

（4）薄膜太阳能电池

利用薄膜技术将非常薄的半导体光电材料铺在非半导体的衬底上构成的光伏电池，称为薄膜太阳能电池。薄膜厚度以微米甚至纳米计，可减少半导体材料的消耗，从而降低了光伏电池的成本。可用于构成薄膜光伏电池的材料有很多种，主要包括多晶硅、非晶硅、碲化镉等。其中以多晶硅薄膜光伏电池性能较优。

（5）叠层太阳能电池

它是指将两种对光波吸收能力不同的半导体材料叠在一起构成的光伏电池。鉴于波长短的光子能量大、在硅中的穿透深度小的特点，充分利用太阳光中不同波长的光（通常让波长最短的光线被最上边的宽禁带材料电池吸收，让波长较长的光线能够透射进去被下边禁带较窄的材料电池吸收），这就有可能最大限度地将光能变成电能。

9.4.1.2　按用途分类

（1）空间太阳能电池

空间太阳能电池是指在人造卫星、宇宙飞船、空间工作站、无人机等航空、航天领域应用的太阳能电池。由于使用环境特殊，要求其具有效率高、重量轻、耐高低温冲击、抗高能粒子辐射能力强等性能，而且其制作精细，价格也较高。

（2）地面太阳能电池

地面太阳能电池是指用于地面阳光发电系统的太阳能电池。这是目前应用最广泛的太阳能电池，要求其耐风霜雨雪的侵袭，有较高的功率价格比，具有大规模生产的工艺可行性和充裕的原材料来源。

（3）光敏传感器

光照射在太阳能电池上时，其两极之间就能产生电压，连成回路，就有电流流过，光照强度不同，电流的大小也不一样，因此可以作为光敏传感器使用。

9.4.1.3　按光电转换机理分类

（1）传统太阳能电池

主要是指那些吸收光子产生电子-空穴对（载流子）及载流子传输同时进行的太阳能电

池，如硅太阳能电池、硫化镉太阳能电池、砷化镓太阳能电池等。

（2）激子太阳能电池

主要是指那些吸收光子产生激发态，再发生电子转移的太阳能电池。此类太阳能电池吸收光能和传输电荷分别由染料和半导体承担，如有机太阳能电池、塑料太阳能电池、量子阱电池等。

9.4.1.4　按基体材料分类

（1）硅太阳能电池

包括结晶系太阳能电池、非晶硅太阳能电池。其中结晶系太阳能电池又分为单晶、多晶两大类。单晶硅材料结晶完整，载流子迁移率高，串联电阻小，光电转换效率最高，可达20%左右，但成本比较高。多晶硅材料晶体方向无规律性。由于在这种材料中的正、负电荷有一部分会因晶体晶界联结的不规则性而损失，因此不能完全被 PN 结电场分离，其实质效率一般要比单晶硅光伏电池低，但多晶硅光伏电池成本较低。非晶硅光伏电池是采用内部原子排列"短程有序而长程无序"的非晶体硅材料（简称 a-Si）制成的，其造价低廉，但光电转换效率比较低，稳定性也不如晶体硅光伏电池，目前主要用于弱光性电源，如手表、计算器等的电池。

（2）无机化合物太阳能电池

主要分单晶和多晶两类，常由砷化镓、磷化铟Ⅲ-Ⅴ族化合物组成的半导体构成。既可采用同质结形式也可以采用异质结形式，既可采用单晶切片结构也可采用薄膜结构。

（3）有机化合物光伏电池

主要是指由一些有机的光电高分子、小分子材料构成的光伏电池。

9.4.2　硅基太阳能电池材料

（1）单晶硅太阳能电池材料

硅是一种重要的半导体材料，已广泛应用于光电子领域。硅为金刚石结构，T_d 点群（$\overline{4}3m$），晶格常数 $a = 0.543$nm。生长单晶硅的两种最常用方法为导模法（czochralski）及区熔法。

导模法是制备单晶的一种方法，又称直拉法。先将硅料在石英坩埚中加热熔化，用籽晶与硅液面进行接触，然后开始向上提升以长出柱状的晶棒。集成电路用的单晶硅和地面用的太阳能电池的硅基片都是用此方法得到的。其优点是，硅片能切薄而不容易破，生长速度也较快，晶体生长的稳定性好。

区熔法主要用于材料提纯，也用于生长单晶。区熔法生长硅单晶能得到最佳质量的硅单晶体，但成本较高。若要得到最高效率的太阳能电池就要用此类硅片，制作高效率的聚光太阳能电池也常用此种硅片。

晶体硅太阳能电池的制作工艺如下：清洗腐蚀及绒面处理→用输送带炉或扩散炉进行PN 结制作→等离子法刻蚀硅片周边→丝网印刷铝浆（或铝银浆）→输送带烧结→丝网印刷

银浆→输送带烧结→喷涂二氧化钛减反射膜→电池片测试分档→电池片焊接串联→太阳能电池层压封装→太阳能电池组装→太阳能电池组件测试。

（2）多晶硅太阳能电池材料

多晶硅太阳能电池的出现主要是为了降低晶体硅太阳能电池的成本，其优点是能直接制出方形硅锭，设备比较简单，并能制出大型硅锭，以形成工业化生产规模；材质及电能消耗较省，也能用较低纯度的硅作投炉料；可在电池工艺方面采取措施来降低晶界及其他杂质的影响。缺点是效率比单晶硅太阳能电池低。

制备多晶硅的常用方法为铸锭工艺，主要包括定向凝固化法及浇铸法。定向凝固法是将硅料放在坩埚中熔融，然后将坩埚从热场逐渐下降或从坩埚底部通冷源，以造成一定的温度梯度，固液界面则从坩埚底部向上移动而形成晶锭。定向凝固法中有一种热交换法，是在坩埚底部通入气体冷源来形成温度梯度。浇铸法是将熔化后的硅液从坩埚中倒入另一模具中形成晶锭。铸出的方形锭被切成方形硅片做太阳能电池。

晶硅专用设备制造业的技术提升以及太阳能电池设计和制造工艺的发展，有利地促进了晶硅材料太阳能电池效率的提高和发电成本的降低。如多晶硅铸造炉的发明及改进，使多晶硅电池产量持续增加，成为光伏市场的主导产品。线锯的发明使硅片生产率大幅度提高，切片损失和硅片厚度大大降低，从而降低了成本。此外，多晶硅类太阳能电池材料还包括硅带和小硅球等。硅带（片状硅）是从熔体硅中直接生长出的多晶硅材料，可以减少切片造成的损失，片厚约 $100\sim200\mu m$。小硅球也可在铝箔上形成并联结构组装成太阳能电池。每个小硅球均具有 PN 结，平均直径 1.2mm。2 万个小硅球镶在 $100cm^2$ 的铝箔上形成的太阳能电池效率可达到 10％。此方法在 20 世纪 90 年代初发展起来，技术上有一定特色，但要降低成本尚有许多技术困难。

（3）非晶硅薄膜太阳能电池材料

非晶硅（a-Si）是近代发展起来的一种新型非晶态半导体材料。同晶体硅相比，它的最基本的特征是组成原子没有长程有序性，只是在几个晶格常数范围内有序。其原子之间的键合十分类似晶体硅，形成一种共价无规网络结构。

非晶硅太阳能电池是以玻璃、不锈钢及特种塑料为衬底的薄膜太阳能电池，结构如图9-22 所示。非晶硅太阳能电池的工作原理与单晶硅太阳能电池类似，都是利用半导体的光伏效应。与单晶硅太阳能电池不同的是，在非晶硅太阳能电池中光生载流子只有漂移运动而无扩散运动。由于非晶硅材料结构上的长程无序性，无规网络引起的极强散射作用使载流子的扩散长度很短。如果在光生载流子的产生处或附近没有电场存在，则光生载流子由于扩散长度的限制，将会很快复合而不能被收集。为了能有效地收集光生载流子，要求在 a-Si 太阳能电池中光注入所及的整个范围内尽量布满电场。因此，电池设计成 P-I-N 型（P 层为入射光面）。其中 I 层为本征吸收层，处在 P 层和 N 层产生的内建电场中。根据太阳能电池的工作原理，光要通过 P 层进入 I 层才能对光生电流有贡献。因此，P 层应尽量少吸收光，称为窗口层。a-Si 电池也可设计为 N-I-P 型，即 N 层为入射光面。实验表明，P-I-N 型电池的特性好于 N-I-P 型，因此实际的电池都做成 P-I-N 型。

玻璃衬底的 a-Si 太阳能电池，光从玻璃面入射，电流从透明导电膜（transparent conductive oxide，TCO）和电极铝引出。不锈钢衬底太阳能电池的电极与晶体硅（c-Si）电池类似,在透明导电膜上制备栅状银(Ag)电极,电流从不锈钢和栅状电极引出。

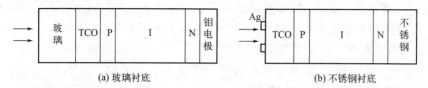

(a) 玻璃衬底　　　　　　　　(b) 不锈钢衬底

图 9-22　a-Si 太阳能电池结构

9.4.3　化合物半导体太阳能电池材料

(1) GaAs 太阳能电池材料

20 世纪 60～70 年代,空间太阳能电池仅限于单晶硅太阳能电池。直到 80 年代,液相外延砷化镓(LPE GaAs)太阳能电池才开始应用于空间领域。

空间太阳能电池通常具有较高的效率,以便在空间发射的重量、体积受限制的条件下,能获得特定的功率输出。特别是在一些特定的发射任务中,如微小卫星(重量在 50～100kg)上应用,要求单位面积或单位重量的比功率更高。空间太阳能电池在地球大气层外工作,必然会受到高能带电粒子的辐照,引起电池性能的衰减,主要原因是电子或质子辐射使少数载流子的扩散长度减小。其光电参数衰减的程度取决于太阳能电池的材料和结构。反向偏压、低温和热效应等因素也是电池性能衰减的重要原因,尤其是对于叠层太阳能电池,由于热胀系数显著不同,电池性能衰减可能更严重。在空间环境中,温度通常在 ±100℃ 之间变化,在一些特定的发射任务中,还要求更高的工作温度。另外,光伏电源的可靠性对整个发射任务的成功起关键作用。与地面应用相比,太阳能电池/阵的费用高低并不重要,因为空间电源系统的平衡费用更高,而可靠性是最重要的。空间太阳能电池必须经过一系列机械、热学、电学等苛刻的可靠性检验。因此,空间环境对太阳能电池的要求大体包括四个方面,即转换效率高、抗辐照性能好、工作温度范围宽和可靠性好。在 20 世纪 80 年代初期,苏联、美国、英国和意大利等开始研究和发展 GaAs 太阳能电池。

图 9-23 为 LPE GaAs 太阳能电池的结构和能带。当 $x=0.8$ 时,$Ga_{1-x}Al_xAs$ 是间接带隙材料,$E_g=2.1eV$,对光的吸收减弱,起窗口层作用。如果 $Ga_{1-x}Al_xAs$ 为 P 型,那么在导带边的能带补偿可构成电子的扩散势垒,减少光生电子的反向扩散,降低表面复合。同时,价带偏移不高,不会影响光生空穴向 P 层的输运和收集。这样的 $Ga_{1-x}Al_xAs/GaAs$ 异质界面结构提高了 LPE GaAs 电池的效率。

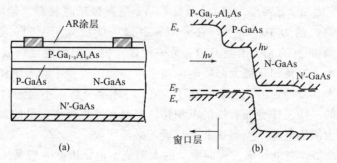

图 9-23　LPE GaAs 电池的结构和能带

砷化镓是一种典型的Ⅲ-Ⅴ族化合物半导体材料，具有与硅相似的晶体结构，不同的是 Ga 和 As 原子交替占位。GaAs 具有直接能带隙，带隙宽度 1.42eV（300K）。GaAs 还具有很高的光发射效率和光吸收系数，已成为光电子领域的基础材料。

GaAs 的光吸收系数 α 在光子能量超过其带隙宽度后，即光的波长小于 870nm 时，剧升到 $10^4 cm^{-1}$ 以上（图 9-16）。也就是说，当光子能量大于其带隙宽度的阳光经过 GaAs 时，只需 $3\mu m$ 左右，GaAs 就可以吸收 95％以上这一光谱段的阳光，而这一光谱段正是太阳光谱中最强的部分。所以，GaAs 太阳能电池的有源区厚度多选取 $3\mu m$ 左右。这一点与具有间接带隙的硅不同。硅的光吸收系数在光子能量大于其带隙（300K 时 1.12eV）后是缓慢上升的，在太阳光谱很强的大部分区域，它的吸收系数都比 GaAs 小一个数量级以上。因此，硅需要厚达数十微米才能充分吸收阳光。

GaAs 的带隙宽度正好位于最佳太阳能电池材料所需要的能隙范围。由于能量小于带隙的光子基本上不能被电池材料吸收；而能量大于带隙的光子，多余的能量基本上会热释给晶格，很少再激发光生电子-空穴对而转变为有效电能。因此，如果太阳能电池采用单一的材料构成，则存在一个匹配于太阳光谱的最佳能隙范围。如前所述，Si 和 GaAs 都是优良的光伏材料，但 GaAs 具有比 Si 更高的理论转换效率。

GaAs 电池具有较好的抗辐照性能。电池材料抗辐照性能的优劣是由材料结构决定的。通常，材料组分的原子量大或原子之间键合力强，抗辐照性能就好。此外，抗辐照性能也与材料的掺杂类型和厚度有关。通常 P 型基区电池的抗辐照性能较好，因为少子是电子，具有较大的迁移率；薄层材料抗辐照性能更佳，因为高能电子的穿透能力很强，在数十微米厚度中引发的缺陷密度基本上是均匀分布的。如果将电池有源层减薄，即意味着减少了辐照缺陷的总数，GaAs 电池抗辐照性能好也部分由于此。

GaAs 材料另一个显著的特点是，易于与其他材料实现晶格匹配或光谱匹配，从而适用于异质衬底电池和叠层电池的设计。例如，GaAs/Ge 异质衬底电池、$Ga_{0.52}In_{0.48}P$/GaAs 和 $Al_{0.37}Ga_{0.63}As$/GaAs 叠层电池。这使电池的设计更为灵活，可大幅提高 GaAs 电池的转换效率并降低成本。

此外，在Ⅲ-Ⅴ族空间太阳能电池材料中，除 GaAs 电池材料外，InP 电池材料也受到了较多的关注，目前小面积（$1.008cm^2$）InP 太阳能电池的最高效率为 24.2％。

（2）CdTe 太阳能电池材料

CdTe 材料的主要优势是它的光谱响应与太阳光谱十分吻合，因此 CdTe 太阳能电池理论转换效率很大，在室温下为 27％（开路电压 $V_{oc}=1050mV$；短路电流密度 $J_{sc}=30.8mA/cm^2$；填充因子 $FF=83.7％$）；而且 CdTe 是直接带隙材料（能隙约为 1.44eV），对光的吸收系数较高，约为 $10^5 cm^{-1}$，就太阳辐射谱中能量大于 CdTe 能隙的范围而言，$1\mu m$ 厚的材料可吸收 99％的光。因此 CdTe 是一种理想的太阳能电池吸收层材料，可减少材料消耗、降低成本。但是碲化镉太阳能电池在生产和使用过程中对人体和环境具有一定危害。碲化镉不溶于水，是稳定的化合物，高于 500℃时才会分解，不会通过皮肤和呼吸道进入人体。生产线上的一些工作台面有镉的沉积物，但没有发现操作人员的血和尿样超标。失效和破碎的碲化镉太阳能电池不能当成普通垃圾，必须回收。

由于 CdTe 很难制成高电导率、浅同质结的太阳能电池，因此一般采用异质结结构。现在普遍采用的 CdTe 太阳能电池基本结构为玻璃/SnO_2：F/CdS/CdTe ［图 9-24（a）］。光从玻璃面射入，用 CdS 层作为窗口层，CdTe 层为吸收层，透明导电膜（TCO）一般为 SnO$_2$：F（简称 FTO），背电极用金。由于 CdTe 具有很高的功函数（约 5.5eV），与大多数的金属都难以形成欧姆接触 [图 9-24（b）]。同时，CdTe 很难实现重掺杂，无法通过隧道效应解决欧姆接触问题。现在一种比较成功的方法是在 P-CdTe 上沉积一层重掺杂的材料，如 ZnTe、HgTe，以实现 P-CdTe 与电极之间的欧姆接触。

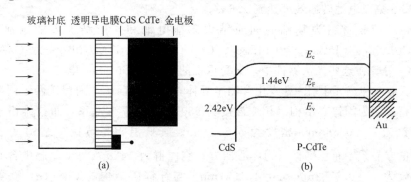

图 9-24　CdTe 太阳能电池的基本结构和能带

　　CdTe 是 Ⅱ-Ⅵ 族化合物，是直接带隙材料，带隙为 1.44eV。它的光谱响应与太阳光谱十分吻合，且电子亲和势很高，为 4.28eV。具有闪锌矿结构的 CdTe，晶格常数 $a =$ 0.16477nm。由于 CdTe 薄膜具有直接带隙结构，因此对波长小于吸收边的光，其光吸收系数极大。厚度为 1μm 的薄膜，足以吸收大于 CdTe 能隙的辐射能量之 99%，因此降低了对材料扩散长度的要求。CdTe 的结构与 Si、Ge 有相似之处，其晶体主要靠共价键结合，但又有一定的离子性。与同一周期的Ⅳ族半导体相比，CdTe 的结合强度很大，电子摆脱共价键所需的能量更高。因此，常温下 CdTe 的导电性主要由掺杂决定。薄膜组分、结构、沉积条件、热处理过程对薄膜的电阻率和导电类型有很大影响。

　　窗口层 CdS 是非常重要的Ⅱ-Ⅵ族化合物半导体材料。CdS 薄膜具有纤锌矿结构，是直接带隙材料，带隙较宽，为 2.42eV。CdS 薄膜广泛应用于太阳能电池窗口层，并作为 N 型层与 P 型材料形成 PN 结，从而构成太阳能电池。它对太阳能电池的特性有很大影响，特别是对电池转换效率有很大影响。

　　一般认为，窗口层对光激发载流子是死层。一方面 CdS 层高度掺杂，因此耗尽区只是 CdS 厚度的一小部分；另一方面，CdS 层内缺陷密度较高，使空穴扩散长度非常短，如果耗尽区没有电场，载流子收集无效。减少缺陷密度可使扩散长度增加，能在 CdS 层内收集到更多的光激发载流子。在 CdTe/CdS 太阳能电池中，要想得到高的短路电流密度，CdS 膜必须极薄。由于 CdS 的带隙为 2.42eV，能通过大部分可见光，而且薄膜厚度小于 100nm 时，CdS 薄膜可使波长小于 500nm 的光通过。图 9-25 为四川大学（曲线 a，效率 13.38%）和美国 South Florida 大学（曲线 b，效率 15.8%）制备的 CdTe 太阳能电池光谱响应曲线。其主要区别在于 CdS 厚度不同。可见，减薄 CdS 后扩展了短波响应。

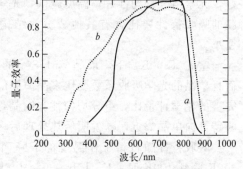

图 9-25　不同窗口层厚度的 CdTe
太阳能电池的光谱响应曲线
（a 为 180nm；b 为 60～80nm）

（3）CIS 及 CIGS 系太阳能电池材料及制备

1976 年，Kazmerski 报道了第一个薄膜 $CuInSe_2$ 电池，效率约 5%。目前，小面积 CIGS 太阳能电池的转换效率已达 23.35%。Shell Solar GmbH 制备的 $4938cm^2$ 的组件，效率达到 13.1%。国内，南开大学制备的硒铟铜太阳能电池光电转换效率达到了 12.1%，3.5cm×3.6cm 集成电池转换效率达到 6.6%。

以 $CuInSe_2$ 薄膜材料为基础的同质结太阳能电池和异质结太阳能电池主要有 N-$CuInSe_2$/P-$CuInSe_2$、（InCd）S_2/$CuInSe_2$、CdS/$CuInSe_2$、ITO/$CuInSe_2$、GaAs/CuInSe、ZnO/CuInSe 等。在这些光伏器件中，最受重视的是 CdS/$CuInSe_2$ 电池。

$CuInSe_2$ 是一种三元 I-II-VI 族化合物半导体，具有黄铜矿、闪锌矿两个同素异形的晶体结构。其高温相为闪锌矿结构（相变温度为 980℃），属立方晶系，布拉维格子为面心立方，晶格常数为 $a = 0.58nm$，密度为 $5.55g/cm$。其低温相是黄铜矿结构（相变温度为 810℃），属正方晶系，布拉维格子为体心四方，空间群为 $I\overline{4}2d$，每个晶胞中含有 4 个分子团，晶格常数为 $a = 0.5782nm$，$c = 1.1621nm$，与纤锌矿结构的 CdS（$a = 0.46nm$，$c = 6.17nm$）的晶格失配率为 1.2%，这一点优于 $CuInS_2$ 等其他 Cu 的三元化合物。

$CuInSe_2$ 是直接带隙半导体材料，77K 时的带宽为 1.04eV，300K 时为 1.02eV，带隙对温度的变化不敏感。其禁带宽度（1.04eV）与地面光伏利用要求的最佳带隙（1.5eV）较为接近。$CuInSe_2$ 的电子亲和势为 4.58eV，与 CdS（4.50eV）相差很小，这使它们形成的异质结没有导带尖峰，降低了光生载流子的势垒。

$CuInSe_2$ 具有一个 0.95～1.04eV 的允许直接本征吸收限和一个 1.27eV 的禁带直接吸收限以及 DOW-Redfiled 效应引起的在低吸收区（长波段）的附加吸收。$CuInSe_2$ 具有高达 $6×10^5 cm^{-1}$ 的吸收系数，是半导体材料中吸收系数较大的材料。具有这样高的吸收系数（即小的吸收长度），对于太阳能电池基区光子的吸收、少数载流子的收集（即对光生电流的收集）是非常有利的条件。这就是 CdS/$CuInSe_2$ 太阳能电池有 $39mA/cm^2$ 这样高的短路电流密度的原因。小的吸收长度（$1/\alpha$）使薄膜厚度可以很小，而且薄膜的少数载流子扩散长度也很容易超过 $1/\alpha$，甚至结晶程度很差或者多子浓度很高的材料，扩散长度也容易超过 $1/\alpha$。

$CuInSe_2$ 的光学性质主要取决于材料各元素的组分比、各组分的均匀性、结晶程度、晶格结构及晶界的影响。大量实验表明，材料元素的组分与化学计量比偏离越小，结晶程度越好，元素组分均匀性好，温度越低，光学吸收特性越好。具有单一黄铜矿结构的 $CuInSe_2$ 薄膜的吸收特性要比含有其他成分、结构的薄膜好，表现为吸收系数增大，并伴随着带隙变小。

室温（300K）下，单晶 $CuInSe_2$ 的直接带隙为 0.95～0.97eV，多晶薄膜为 1.02eV，而且单晶的光学吸收系数要比多晶薄膜的光学吸收系数大。原因是单晶材料较多晶薄膜有更完善的化学计量比，组分均匀性和结晶程度好。在惰性气体中进行热处理后，多晶薄膜的吸收特性向单晶靠近，这说明经热处理后多晶薄膜的组分和结晶度得到了改善。

吸收特性随材料工作温度的下降而下降，带隙随温度的下降而稍有升高。当温度由 300K 降到 100K 时，E_g 上升 0.02eV，即 100K 时，单晶 $CuInSe_2$ 的带隙为 0.98eV，多晶 $CuInSe_2$ 的带隙为 1.04eV。

$CuInSe_2$ 材料的电学性质（电阻率、导电类型、载流子浓度、迁移率）主要取决于材料各元素组分比以及由于偏离化学计量比而引起的固有缺陷（如空位、填隙原子、替位原子）。除此之外，还与非本征掺杂和晶界有关。

对材料各元素组分比接近化学计量比的情况，按缺陷导电理论，当 Se 不足时，Se 空位呈现施主，当 Se 过量时，呈现受主；当 Cu 不足时，Cu 空位呈现受主，当 Cu 过量时，呈现施主；当 In 不足时，In 空位呈现受主，当 In 过量时，呈现施主。

当薄膜的组分比偏离化学计量比较大时，情况变得非常复杂。这时薄膜的组分不再具有单一黄铜矿结构，而包含其他相（Cu_2Se、$Cu_{2-x}Se$、In_2Se_3、$InSe$ 等）。在这种情况下，薄膜的导电性主要由 Cu 与 In 之比决定，一般是随着 Cu/In 比的增加，电阻率下降，P 型导电性增强。导电类型与 Se 浓度的关系不大，但 P 型导电性随着 Se 浓度的增加而增强。

9.4.4　有机太阳能电池材料

（1）有机半导体材料的能带结构

无机半导体的原子是周期性重复排列的，这些原子形成晶体后，外层电子会出现较大的交叠。这种交叠使得外层电子不再局限于某一个特定的原子上，而是可以转移到其他原子上。根据能带理论，这些外层电子能够在整个晶体中做类似自由电子的运动，即电子具有共有化运动特征。

有机材料中的情况与无机半导体材料不同。有机分子之间是通过较弱的范德瓦耳斯力相互作用形成固体，其结构是松散、无定型的。由于整个固体内的分子不再保持周期性排列的结构，电子不在其中做离域的共有化运动，较弱的分子间相互作用使得电子局限在分子上，不易受其他分子势场的影响，因此，有机材料不形成无机晶体半导体那样的能带结构。为了便于研究，福井谦一借用无机材料的能带结构，提出了有机材料分子的能带理论——前线轨道理论。分子轨道理论特别关注两个特殊的分子轨道——最高占有分子轨道（highest occupied molecular orbital，HOMO）和最低未占有分子轨道（lowest unoccupied molecular orbital，LUMO），如图 9-26 所示。

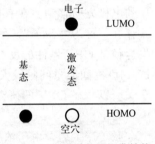

图 9-26　有机分子的能带结构

当分子处于基态时，电子将所有能量低于或等于 HOMO 的分子轨道填满；当分子受激发时，处于 HOMO 上的电子就能够克服 HOMO 和 LUMO 之间的能级差，跃迁到 LUMO 上。与无机半导体的能带比较，可以把有机分子的 HOMO 和 LUMO 能级分别比作价带顶和导带底，由于 HOMO 和 LUMO 之间没有其他的分子轨道，电子不可能处于它们之间的任何能量状态，因此 HOMO 和 LUMO 之间的能隙就类似于无机半导体材料中的"禁带"。

（2）有机太阳能电池工作原理

无机太阳能电池的核心部分类似于一个面积很大的 PN 结平面二极管。对于由 N 型和 P 型半导体材料组成的高聚物体系而言，本质上可以获得像无机半导体一样的 PN 结。当光与给体和受体相互作用时，电子就能够从低的分子轨道提升到高的分子轨道。由于有机材料电荷的局域性，光激发后将主要产生激子（束缚在一起的"电子-空穴对"），因此要获得电流首先必须将激子拆分。在没有外界的影响下，弛豫过程随后产生，在此期间电子和空穴复合，导致能量发射——通常是以产生比原跃迁波长更长的光的形式而发射。但如受体存在，电子就向受主传输，从而发生电荷分离。所以，聚合物 PN 结光电池的基本工作原理可以这样描述：共轭高分子层吸收可见光产生"电子-空穴对"，它们在外加电场的作用下相互分离，分别向正极和负极迁移从而产生光生电流，这个过程也叫光生伏特效应。其基本过程包括：①有机光敏材料吸收光子形成激子；②激子向给体和受体的异质结界面处运动；③激子在异质结界面处分离成自由电子和空穴；④电子和空穴发生迁移并被电极收集。图 9-27 给出了有机太阳能电池的基本物理过程。

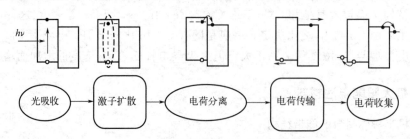

图 9-27　有机太阳能电池的工作原理

由上可知，有机太阳能电池的基本工作原理与无机太阳能电池相似，都是基于半导体材料的光生伏特效应，因而有机太阳能电池又叫有机光伏器件（organic photo voltaic，OPV）。一般认为，OPV 的物理过程包括光的吸收、激子的产生、激子的扩散、电荷的分离与传输、电荷在电极处的收集。下面对图 9-27 所示进行较为详细的描述。

在传统的半导体中，被激发的电子和形成的空穴成为自由载流子并在电场的作用下向相反的电极方向移动。在有机太阳能电池中，入射光子激发而形成的电子和空穴以束缚态的形式存在，称为"激子"，呈电中性，其迁移对电流无任何贡献。在这一阶段，能量的主要损失途径是 OPV 器件的反射以及光子对器件的加热。通常来说，由于有机材料的 HOMO 和 LUMO 之间能量间隔较大，太阳光谱中具有较低能量的光子都无法使有机分子激发产生激子。所以，在 OPV 的研究中，有许多研究都是集中在如何获得具有较窄能量间隔的有机光电材料上。

激子产生后，由于浓度的差别会产生扩散运动，激子到达分离界面后被拆分为电子和空穴（通常激子可以被电场、杂质和适当的界面分离）。在这一过程中，影响激子分离效率的因素是激子的寿命和激子的扩散长度。当激子寿命和扩散长度都较长时，激子就有机会在复合之前达到被分离的界面。因此，选用激子扩散长度长的材料或让分离界面靠近激子产生的位置，都可以有效地提高激子分离的效率。采用给体材料和受体材料共同蒸发的方式来形成体异质结的结构，可以使分离激子的界面接近激子产生的位置。

激子被分离后，自由载流子必须被分开且被两个电极分别收集，才能够形成最终的光生电流。虽然激子在界面分离后形成的自由载流子的浓度梯度可以分离电子和空穴，但更加有效的载流子分离还是需要电场的作用。由于 OPV 的整体厚度较薄，由两个电极功函数差异建立起来的内建电场可以足够强，因而能有效地分离自由载流子。在这一过程中，由于界面拆分获得的电子和空穴都集中在界面附近，它们再次复合的概率还是很大的。另外，由于有机材料的导电性通常都较低，自由载流子在向两端电极移动的过程中，会有机会被陷阱俘获而损失。因此，提高有机半导体的导电性，也能有效地提高 OPV 的能量转换效率。

与晶体硅太阳能电池相比，在转换效率、光谱响应范围、电池的稳定性方面，有机太阳能电池还有待提高。OPV 的光电转换效率受到制约的机制主要是：

① 半导体表面和前电极的光反射；

② 禁带越宽，没有吸收的光传播越大；

③ 由高能光子在导带和价带中产生的电子和空穴的能量驱散；

④ 光电子和光空穴在光电池光照面和体内的复合；

⑤ 有机染料的高电阻和低的载流子迁移率。

上述损失都是由有机材料自身的性质导致的。一方面，高分子材料大都为无定型，即使有结晶度，也是无定型与结晶形态的混合，分子链间作用力较弱，这使得电子局限在分子上，不易受其他分子势场的影响。光照射后生成的光生载流子主要在分子内的共轭价键上运动，而在分子链间的迁移比较困难，使得高分子材料载流子的迁移率 μ 一般都很低，$\mu =$ $10^{-6} \sim 10^{-1} cm^2/(V \cdot s)$。另一方面，通常高分子材料键分子链的 E_g 范围为 7.6~9eV，共轭分子的 E_g 范围为 1.4~4.2eV，与 Si、Ge 等相比，E_g 较高，因此，有机太阳能电池与无机太阳能电池载流子产生的过程有很大的不同。有机高分子的光生载流子不是直接通过吸收光子产生，而是先产生激子，然后再通过激子的分裂产生。

通过上面的分析可以看出，若想提高 OPV 的能量转换效率，必须考虑以下几方面的因素：

① 有机太阳能电池对太阳光的有效吸收必须尽可能地大，即提高太阳光的吸收效率，一方面可以拓宽器件吸收光谱的范围，另一方面，增加器件对太阳光的吸收强度；

② 尽可能减小激子的复合概率，提高激子的分离效率；

③ 提高光生载流子的迁移率，避免载流子在传输过程中的复合。

（3）常用的有机太阳能电池材料

有机太阳能电池材料的特点在于有机化合物的种类繁多，有机分子的化学结构容易修饰，化合物的制备提纯加工简便，可以制成大面积的柔性薄膜器件，拥有未来成本上的优势以及资源分布的广泛性。

有机太阳能电池材料与无机半导体材料的区别在于：①光生激子是强烈地束缚在一起的，一般不会自动地离解成自由的电子和空穴；②载流子以跳跃的方式在分子间传输，而不是像无机材料那样在能带间传输，所以迁移率较低；③和太阳光谱相比，吸收光谱范围较窄，但光的吸收系数较高；④在有氧、有水的条件下不稳定等。这些因素对有机太阳能电池的应用有很大的影响。

目前运用较多的材料主要分为四大类：有机小分子化合物、有机大分子化合物、D-A 二元体系、叶绿素模拟材料。

9.4.5 染料敏化太阳能电池材料

9.4.5.1 染料敏化太阳能电池的结构与组成

图 9-28 为染料敏化太阳能电池的结构。染料敏化太阳能电池主要由以下几部分组成：透明导电玻璃（transparent conductive oxide，TCO）、染料多孔半导体薄膜、染料光敏化剂、电解质和反电极。下面逐一介绍染料敏化太阳能电池的各

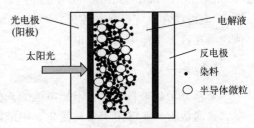

图 9-28 染料敏化太阳能电池结构

个组成部分、功能以及性能要求。

（1）导电电极

目前一般采用透明导电玻璃作为导电电极。TCO 就是在普通的玻璃（厚度约 1～3mm）上镀一层掺 F（或掺 Sb）的 SnO_2 透明导电薄膜，也可以是氧化铟锡（indium tin oxide，ITO）薄膜。在导电膜和玻璃之间最好扩散一层数纳米厚的纯 SnO_2，以防止高温光阳极烧结过程中普通玻璃中的 Na^+、K^+ 等离子扩散到导电膜里面去，影响导电能力。一般要求 TCO 的方块电阻为每块 5Ω/□ 以上，透光率在 85%。

（2）光阳极

染料敏化太阳能电池的核心部分是纳米晶多孔膜半导体电极或光阳极。光阳极通常由纳米 TiO_2 多孔半导体薄膜组成。TiO_2 是一种价格便宜、运用广泛、无毒、稳定性好且抗腐蚀性强的物质。TiO_2 常用于涂料、研磨剂，甚至牙膏、化妆品等，只是通常所采用的颗粒较大且杂质较多。除了 TiO_2 之外，适合用于光阳极的材料还有 ZnO、Nb_2O_5 等。其中，ZnO 的优点是来源丰富、成本较低、加工容易。

一般认为，多孔膜应具备以下特点：

① 大的比表面积和粗糙因子。

② 纳米颗粒间的相互连接构成海绵状的电极结构，以使纳米晶之间有很好的点接触。载流子可以容易地通过多孔网络，保证了大面积表面的导电性。

③ 氧化还原对渗透到整个纳米晶多孔膜电极，使被氧化的染料分子能有效地再生。

④ 纳米晶半导体和其吸附的染料分子之间的界面电子转移是快速有效的。

对电极施加负偏压，在纳米晶表面能够形成聚集层。对于本征和低掺杂半导体而言，在正偏压的作用下，不能形成耗尽层。

（3）反电极

反电极也被称为光阴极，由透明导电半导体膜组成，主要用于收集电子。反电极除了起到光阴极的作用之外，还有催化作用，即加速 I^-/I_3^- 以及阴极电子之间的电子交换速度。这就需要在反电极上镀一层铂，铂可以大大提高 I^-/I_3^- 以及阴极电子之间的电子交换速度。另外，厚的铂层还起着光反射的作用。可以通过多种途径获得铂反电极，如电子束蒸发、DC 磁控溅射以及 H_2PtCl_6 溶液的热解等，直接在导电 ITO 或者 SnO_2 膜上获得。不同方法获得的铂反电极所得到的实验结果基本相同，虽然厚膜的传输电阻要比薄膜小，但是没有本质的区别。

溶剂对电荷传输电阻也有一定影响，但是，没有 Pt 层的 TCO 电极的 TCR（temperature coefficient of resistance）非常大，它对防止电池短路起着至关重要的作用。若把 Pt 电极放在空气中暴露数天，会发现电阻明显增大，原因在于 Pt 层被空气污染了，而这种现象在该类电池中却影响很小。

（4）染料

染料分子是染料敏化太阳能电池的光俘获天线，它的性能直接决定了电池的光电转换效率。普遍认为，能够用于染料敏化太阳能电池的染料一般需要具备以下几个条件：

① 具有很宽的吸收带，可以吸收尽可能多的太阳光；

② 具有长期的稳定性，能经得起无数次的激发-氧化-还原过程；

③ 能紧密地吸附在纳米晶网络电极表面，在二氧化钛纳米结构半导体电极表面有很好的吸附性，既能够快速达到吸收平衡，又不易脱落；

④ 足够负的激发态氧化还原电势，以保证染料激发态电子注入二氧化钛导带；

⑤ 激发态寿命足够长且有高的电荷传输效率；

⑥ 基态的染料敏化剂不与溶液中的氧化还原对发生作用；

⑦ 在氧化还原过程中势垒相对较低，以便在初级和次级电子转移中的自由能损失最小。

1949 年，Putzeiko 和 Terenine 首次报道了有机光敏染料对宽带氧化物半导体 ZnO 等的敏化作用。他们将罗丹明、曙红、赤藓红等染料吸附在压紧的 ZnO 粉末上，观察到了可见光的光生电流，这些构成了现在染料敏化太阳能电池染料敏化剂的研究基础。目前，研究中使用的染料敏化剂主要分为两类：金属配合物染料敏化剂和纯有机染料敏化剂。

（5）电解质

在染料敏化太阳能电池中，电解质的主要作用是传输 I^- 和 I_3^-。目前，电解质可分为固体电解质和液体电解质两种类型。其中固体电解质又可进一步分为全固态和准固态电解质。

（6）基板

基板是染料敏化太阳能电池正常运行必不可少的组件之一。对基板的要求，一般是绝缘性好、透光率高（85%）、耐腐蚀性好、耐温和成本低等。玻璃是最常用的基板，由于普通玻璃容易破裂，安装比较麻烦，重量较大，从而导致染料敏化太阳能电池的运用受到限制。近年来，国内外开始研究采用聚乙烯对苯二酸酯（PET）、聚酰亚胺（PI）等有机聚合物薄膜作为基底材料。例如，PI 薄膜柔性较好、可适度弯曲、抗氧化，特别是耐温性能突出。PI 的热分解温度达 600℃，在 550℃下可短期保持其主要的物理性能，330℃ 以下可长期使用。

9.4.5.2　染料敏化太阳能电池原理

图 9-29 为光照射染料敏化太阳能电池后，电池内的电子直接转移过程。具体如下：①染料分子的激发。②染料分子中激发态的电子注入 TiO_2 的导带，E_{cb} 和 E_{vb} 分别表示 TiO_2 的导带底和价带顶。从图 9-29 中可以看出染料分子的能带最好与 TiO_2 的能带重叠，这有利于电子的注入。③染料分子通过接收来自电子供体 I^- 的电子，得以再生。④注入导带中的电子与氧化态染料之间的复合，此过程会减少流入外电路中电子的数量，降低电池的光生电流。⑤注入 TiO_2 导带中的电子通过网格传输到 TiO_2 膜与导电玻璃的接触面后流入外电路，产生光生电流。⑥在 TiO_2 中传输的电子与 I^- 间的复合反应。⑦I_3^- 扩散到对电极被还原再生，完成外电路中的电流循环。其中，过程④、⑥是造成光生电流损失的原因。因此，要提高光生电流，须尽可能抑制过程④、⑥的发生。

当能量低于半导体的禁带宽度且大于染料分子特征吸收波长的入射光照射到电极上时，吸附在电极表面的染料分子中的电子受激跃迁至激发态，然后注入半导体的导带中。此时，染料分子自身转变为氧化态。注入半导体导带的电子被收集到导电基片，并通过外电路流向对电极，形成电流。处于氧化态的染料分子则通过电解质溶液中的电子给体恢复为还原态，得到再生。被氧化的电子给体扩散至对电极，在电极表面被还原，从而完成一个光电化学反

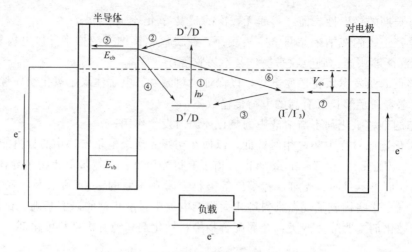

图 9-29　染料敏化太阳能电池的工作原理

应循环。完整的过程可用下式表示：

$$D + h\nu \longrightarrow D^*$$ (9-24)

$$D^* \longrightarrow D + e^- \longrightarrow E_{cb}$$ (9-25)

$$D^+ + X^- \longrightarrow D + X$$ (9-26)

$$X + e^- \longrightarrow X^-$$ (9-27)

式中，D 为基态染料分子；D^* 为激发态染料分子；D^+ 为氧化态染料分子；X 为卤素分子；X^- 为卤素阴离子。

在整个的过程中，各反应物总状态不变，光能转换为电能。电池的开路电压取决于半导体的费米能级 E_F 和电解质中氧化还原可逆对的能斯特电势差 E_0，用公式可表示为

$$V_{oc} = \frac{1}{q(E_F - E_0)}$$ (9-28)

式中，q 为完成一个氧化还原过程所需的电子总数。

9.4.6　钙钛矿太阳能电池

9.4.6.1　钙钛矿太阳能电池工作原理

钙钛矿太阳能电池（perovskite solar cells，PSCs）发电原理的核心是基于 PN 结，但有所不同的是，钙钛矿材料本身具有优异的双极性电荷传输能力，所以其既可以作为本征半导体被夹在电子选择性吸收层和空穴选择性吸收层中间形成 P-I-N 结，又可以单独与 P 型或者 N 型结合形成无须电子传输层或者空穴传输层的 PN 结。其中，电子传输层对电子有较高的传输速率，而对空穴的传输速率较低，一般为 N 型半导体；空穴传输层对空穴有较高的传输速率，而对电子的传输速率较低，一般为 P 型半导体。

图 9-30 为钙钛矿材料作为本征层 I 的电荷传输路径。在光照下，钙钛矿材料捕获光子产生激子，基于电子传输层（electron transport layer，ETL）、钙钛矿材料和空穴传输层

（hole transport layer，HTL）之间的能级高低关系，电子和空穴分别通过电子传输层和空穴传输层向两个方向汇流，并流入外电路。

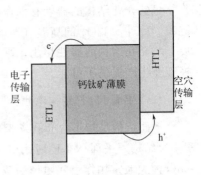

图 9-30　钙钛矿、N 型和 P 型材料形成的 P-I-N 结

9.4.6.2　钙钛矿太阳能电池的基本结构

（1）液体-电解质染料敏化电池

这些电池由透明导电氧化物（TCO）衬底、纳米多孔 TiO_2、钙钛矿敏化剂、电解质和金属电极组成［图 9-31（a）］。$CH_3NH_3PbBr_3$ 首次被用作染料敏化太阳能电池中 TiO_2 的敏化剂，电池的转换效率 PCE（power conversion efficiency）为 2.2%。当使用 $CH_3NH_3PbI_3$ 作为敏化剂时，PCE 达到 3.8%。较低的带隙和较宽的吸收光谱导致了短路电流密度（J_{sc}）的增大。通过优化制备 $CH_3NH_3PbI_3$ 和 TiO_2 纳米颗粒，获得了 6.5% 的 PCE。对液体-电解质染料敏化电池的研究没有继续下去，因为这些电池非常不稳定（PCE 在 10min 内下降 80%），而且没有找到合适的使吸收剂稳定存在的液体电解质。

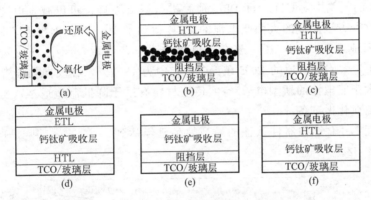

图 9-31　钙钛矿太阳能电池的典型结构
TCO—透明导电氧化物；HTL—空穴传输层；ETL—电子传输层

（2）介孔结构电池

具有介孔结构的电池通常由 TCO（FTO 或 ITO）、阻挡层、介孔 TiO_2 或 Al_2O_3 支架、钙钛矿吸收体、空穴传输层（HTL）和金属电极组成［图 9-31（b）］。当使用 $CH_3NH_3PbI_3$ 作为吸收体并以介孔 TiO_2 为支架时，可获得 9.7% 的 PCE。若以混合卤化物钙钛矿（$CH_3NH_3PbI_{3-x}Cl_x$）为吸收体，并以 Al_2O_3 为支架，PCE 则可提高至 10.9%。这些研究结果表明，钙钛矿太阳能电池不同于传统的染料敏化电池，因为它不依赖于将电子注入宽带隙的 Al_2O_3 中，而是通过钙钛矿本身实现电子和空穴的传输。此外，液体电解质的去除显著提高了器件的稳定性。进一步地，以介孔 TiO_2 为支架、$FAPbI_3$ 为吸收体，可将效率提升至 20.1%。到目前为止，大多数高效的介孔结构的 PSC 都是基于 TiO_2 的 ETL，认证的最高 PCE 已达到 25.2%。钙钛矿层的形貌（表面覆盖率、晶粒尺寸和均匀性、粗糙度等）显著影响器件性能。

虽然介孔结构的器件有助于获得低滞后的高效率器件，但这种结构却不利于钙钛矿层的沉积。此外，TiO$_2$的高温（＞450℃）制备也阻碍了低成本、柔性和钙钛矿串联器件的发展。与介孔结构的器件相比，平面结构的钙钛矿太阳能电池为串联太阳能电池的开发、大规模工业生产提供了可能。

（3）平面 N-I-P 结构电池

平面结构是指不含介孔支架的结构。根据器件中入射到功能层的顺序，可分为 N-I-P 或 P-I-N 结构。平面 N-I-P 钙钛矿太阳能电池的一般结构如图 9-31（c）所示。致密 TiO$_2$ 或 ZnO 薄膜通常用作空穴阻挡层或电子传输层（ETL）。首次报道的平面结构的钙钛矿太阳能电池是 FTO/致密 TiO$_2$/钙钛矿/spiro-OMeTAD/Au 结构，通过优化工艺条件（气氛、退火温度、薄膜厚度），其 PCE 可以达到 11.4%。采用双源气相沉积法制备 CH$_3$NH$_3$PbI$_{3-x}$Cl$_x$ 薄膜，PCE 提高到 15.4%。为了在保持高薄膜质量的同时简化钙钛矿薄膜的制备，采用顺序沉积法制备了 CH$_3$NH$_3$PbI$_3$ 薄膜。采用该方法，并以低温溶液处理的 ZnO 为 ETL，获得了 15.7% 的 PCE。这种低温制造方法可以降低制造成本，并且与聚合物基板兼容。

利用新型电子/空穴输运材料可进一步提高平面异质结钙钛矿太阳能电池的性能，这样可以提高钙钛矿薄膜质量，便于电荷提取。采用掺钇 TiO$_2$（Y-TiO$_2$）作为 ETL，在相对湿度为 30%±5% 的气氛中对 CH$_3$NH$_3$PbI$_3$ 薄膜进行退火处理，可以减少电荷重组和促进电荷萃取。通过这种方法制成的太阳能电池的 PCE 达到了 19.3%。据报道，将 Au 纳米颗粒嵌入 TiO$_x$ 中形成 TiO$_x$-Au-TiO$_x$ 复合层可以增强电荷提取，产生 16.2% 的 PCE。使用 SnO$_2$ 作为 ETL，太阳能电池的 PCE 在正向扫描中为 18.1%，在反向扫描中为 18.4%。开发用于钙钛矿太阳能电池的新型电子/空穴传输材料有助于降低制造成本，提高器件的稳定性，为未来的商业化做准备。

目前，平面 N-I-P 结构器件认证的最高效率已经达到了 25.7%。钙钛矿太阳能电池的 PCE 发展见图 9-32。

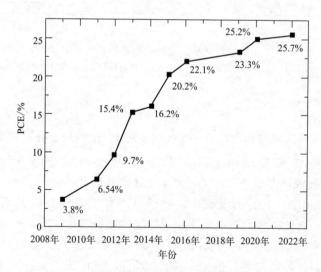

图 9-32　PSCs 器件的 PCE 发展

（4）平面 P-I-N 结构电池

P-I-N 结构与 N-I-P 结构的区别在于电荷输运层的相对位置 [图 9-31（d）]。P-I-N 结构的 HTL 位于透明导电衬底之上。首先，在 FTO 或 ITO 衬底上沉积 HTL，然后，将钙钛矿层沉积到 HTL 上，接着制备 ETL，最后沉积金属电极（Au 或 Ag）。在 P-I-N 结构中，最常用的 HTL 是聚(3,4-乙烯二氧噻吩)：聚(苯乙烯磺酸)(PEDOT：PSS)、聚（三芳胺）(PTAA) 以及一些无机氧化物（例如 NiO_x）。常用的 ETL 是富勒烯及其衍生物，包括 [6,6]-苯基-C_{61}-丁酸甲酯（PCBM）和 C_{60}。P-I-N 结构的太阳能电池可以低温制备，在 HTL 中不需要掺杂剂，并且与有机电子制造工艺兼容，具有高效、低温处理、灵活性和可忽略的电流密度-电压（J-V）滞后等优点。P-I-N 结构的太阳能电池优于 N-I-P 结构。

首个报道的 P-I-N 钙钛矿太阳能电池是将 C_{60}、浴铜灵（BCP）和 Al 依次热沉积在 ITO/PEDOT：PSS/$CH_3NH_3PbI_3$ 上制备的，其 PCE 为 3.9%。ITO/PEDOT：PSS/$CH_3NH_3PbI_3$/$PC_{61}BM$/Al 结构的溶液处理钙钛矿太阳能电池，采用一步沉积法获得了 5.2% 的 PCE，采用顺序沉积法获得了 7.4% 的 PCE。使用由 CH_3NH_3I 和 PbI_2 共蒸发制备的 $CH_3NH_3PbI_3$，PCE 提高到 12%。使用无机 P 型 NiO_x 和 N 型 ZnO 纳米颗粒作为 HTL 和 ETL 制备了 PSCs，效率为 16.1%。随着一些课题组对 P-I-N 器件制备工艺和材料的不断优化，目前平面 P-I-N 结构的钙钛矿太阳能电池的认证 PCE 已经达到了 25.37%。

（5）无 HTL 电池

无 HTL 钙钛矿太阳能电池是通过将 Au 直接沉积在钙钛矿层上制成的，未使用 HTL [图 9-31（e）]。在这种设计中，钙钛矿材料既充当了光吸收体，又承担了空穴导体的作用。钙钛矿层与 TiO_2 电子传输层（ETL）形成异质结，并通过内建电场驱动电子和空穴的分离与传输。然而，由于金（Au）与钙钛矿中的碘化物之间的化学反应较为缓慢，因此在实际应用中存在稳定性问题。尽管如此，这种无 HTL 的钙钛矿电池对研究钙钛矿材料本身的空穴传导性及电荷分离机制也具有重要意义。早期的无 HTL 钙钛矿太阳能电池的光电转换效率（PCE）为 5.5%，为理解钙钛矿太阳能电池的工作原理提供了宝贵的数据和研究基础。

（6）无 ETL 电池

TiO_2 和其他 N 型半导体作为 ETL 被认为是制造钙钛矿太阳能电池所必需的。然而，不使用这种 ETL 也可以获得高 PCE [图 9-31（f）]。使用顺序沉积法将 $CH_3NH_3PbI_3$ 直接沉积到 ITO 上，可获得 13.5% 的 PCE。通过在 FTO 上直接形成 $CH_3NH_3PbI_{3-x}Cl_x$ 薄膜制备无 ETL 电池，PCE 达 14.1%。有人提出，获得高效无 ETL 电池的关键是制备结晶度好的均匀钙钛矿膜，避免 HTL 和 FTO 之间的分流路径。一些无 ETL 电池即使从 J-V 测量中获得了不错的 PCE，但还是表现出非常低的稳定输出功率。这些电池的工作机制还有待进一步研究。

思考题

1. PN 结光电二极管可以工作在与太阳能电池相似的光生伏特条件下，光照下光电二极管的电流-电压特性也与太阳能电池相似，请说明光电二极管与太阳能电池的主要区别。

2. 300K 时理想的太阳能电池的短路电流为 3A，开路电压为 0.6V，计算并画出它的输出功率与工作电压的关系，并求出此功率下输出的填充因子。

3. 请画出理想太阳能电池和实际太阳能电池的电路原理图，并比较两者的不同之处。

4. 表征太阳能电池的主要参量有哪些？这些参量之间是如何相互关联的？

5. 讨论影响太阳能电池输出的因素。

6. 试说明 Si、GaAs、CdTe 和钙钛矿太阳能电池各自的优势。

7. 查阅文献，了解我国钙钛矿太阳能电池的发展状况及未来趋势。

参考文献

[1] 萨法·卡萨普. 电子材料与器件原理下册：应用篇[M]. 3 版. 汪宏，译. 西安：西安交通大学出版社，2009.

[2] 张彤，王保平，张晓兵，等. 光电子物理及应用[M]. 南京：东南大学出版社，2015.

[3] 母国光，战元龄. 光学[M]. 2 版. 北京：高等教育出版社，2009.

[4] 方兴，董盈红，杜珊. 光学 [M]. 昆明：云南大学出版社，2006.

[5] 陆慧. 光学[M]. 上海：华东理工大学出版社，2014.

[6] 杨亚培，张晓霞. 光电物理基础[M]. 成都：电子科技大学出版社，2009.

[7] 张烽生. 光电子器件应用基础[M]. 北京：机械工业出版社，1993.

[8] 顾济华，吴丹，周皓. 光电子技术[M]. 苏州：苏州大学出版社，2018.

[9] 杨应平，胡昌奎，胡靖华，等. 光电技术[M]. 北京：机械工业出版社，2014.

[10] 江文杰. 光电技术[M]. 2 版. 北京：科学出版社，2014.

[11] 刘恩科. 半导体物理学[M]. 7 版. 北京：电子工业出版社，2011.

[12] 刘树林. 半导体器件物理[M]. 2 版. 北京：电子工业出版社，2015.

[13] Neamen D A. 半导体物理与器件[M]. 赵毅强，姚素英，史再峰，等译. 4 版. 北京：电子工业出版社，2011.

[14] 孟庆巨，刘海波，孟庆辉. 半导体器件物理[M]. 2 版. 北京：科学出版社，2009.

[15] 裴世鑫，崔芬萍，孙婷婷. 光电子技术原理与应用[M]. 北京：国防工业出版社，2013.

[16] 侯宏录. 光电子材料与器件[M]. 2 版. 北京：北京航空航天大学出版社，2018.

[17] 王玥，李刚，李彩霞. 光电子技术与新型材料[M]. 哈尔滨：哈尔滨工业大学出版社，2013.

[18] 杨应平，胡昌奎，陈梦苇. 光电技术[M]. 北京：清华大学出版社，2020.

[19] 张道礼，张建兵，胡云香. 光电子器件导论[M]. 武汉：华中科技大学出版社，2015.

[20] 于军胜，黄维. OLED 显示技术[M]. 北京：电子工业出版社，2021.

[21] 狄红卫，朱思祁，张永林. 光电子技术[M]. 3 版. 北京：高等教育出版社，2021.

[22] 俞宽新. 激光原理与激光技术[M]. 北京：北京工业大学出版社，2008.

[23] 李相银，姚敏玉，李卓，等. 激光原理技术及应用[M]. 哈尔滨：哈尔滨工业大学出版社，2004.

[24] 姚建铨，于意仲. 光电子技术[M]. 北京：高等教育出版社，2006.

[25] 朱京平. 光电子技术基础[M]. 2 版. 北京：科学出版社，2013.

[26] (日)栖原敏明. 半导体激光器基础[M]. 周南生，译. 北京：科学出版社，2002.

[27] 陈鹤鸣，赵新彦，王静丽. 激光原理及应用[M]. 3 版. 北京：电子工业出版社，2017.

[28] 石顺祥，刘继芳. 光电子技术及其应用[M]. 北京：科学出版社，2010.

[29] 阎吉祥，崔小虹，王茜蒨，等. 激光原理与技术[M]. 北京：高等教育出版社，2004.

[30] 黄德修，刘雪峰. 半导体激光器及其应用[M]. 北京：国防工业出版社，1999.

[31] 王立军，宁永强. 高功率半导体激光器[M]. 北京：国防工业出版社，2016.

[32] 苏俊宏，尚小燕，弥谦. 光电技术基础[M]. 北京：国防工业出版社，2011.

[33] 滕道祥，孙言. 光电子技术[M]. 北京：清华大学出版社，2021.

[34] 王庆有. 光电技术[M]. 4 版. 北京：电子工业出版社，2018.

[35] 刘振玉. 光电技术[M]. 北京：北京理工大学出版社，1990.

[36] 孙海金，杨国锋. 光电子器件及其应用[M]. 北京：科学出版社，2020.

[37] 江月松. 光电技术与实验[M]. 北京：北京理工大学出版社，2007.

[38] 汪贵华. 光电子器件[M]. 2 版. 北京：国防工业出版社，2014.

[39] 刘元震，王仲春. 电子发射与光电阴极[M]. 北京：北京理工大学出版社，1995.

[40] 王金淑，周美玲. 电子发射材料[M]. 北京：北京工业大学出版社，2008.

[41] 承欢，江剑平. 阴极电子学[M]. 西安：西北电讯工程学院出版社，1986.

[42] 安其霖，曹国琛，李国欣，等. 太阳电池原理与工艺[M]. 上海：上海科学技术出版社，1984.

[43] 种法力，滕道祥. 硅太阳能电池光伏材料[M]. 北京：化学工业出版社，2015.

[44] 于军胜，钟建. 太阳能光伏器件技术[M]. 北京：电子工业出版社，2011.

[45] 朱建国. 电子与光电子材料[M]. 北京：国防工业出版社，2007.

[46] 李伟. 太阳能电池材料及其应用[M]. 成都：电子科技大学出版社，2014.

[47] 李燕. 钙钛矿太阳电池：溶液法钙钛矿薄膜微结构调控[M]. 北京：中国石化出版社，2019.

[48] 张玉红. 基于界面调控策略的 N-I-P 型钙钛矿太阳能电池性能研究[D]. 长春：吉林大学，2023.

[49] 邱琳琳. 钙钛矿太阳能电池 SnO_2 电子传输层界面调控及光伏织物构建研究[D]. 杭州：浙江理工大学，2023.

[50] 刘雪惠. 高效稳定钙钛矿太阳能电池及模组的研究[D]. 天津：天津大学，2022.

[51] 尉渊. 基于氧化镍空穴传输层的反式钙钛矿太阳能电池研究[D]. 济南：山东大学，2023.

[52] 耿素杰，王琳. 半导体激光器及其在军事领域的应用[J]. 激光与红外，2003，33(4)：311，312.

[53] 韦欣，李明，李健，等. 几种新体制半导体激光器及相关产业的现状、挑战和思考[J]. 中国工程科学，2020，22(3)：21-28.

[54] 刘茂元，陈鑫，念聪. 光电倍增管在地基粒子天体物理实验中的应用[J]. 知识文库，2019，7：37.

[55] Hong C Y, Zou W J, Ran P X, et al. Anomalous intense coherent secondary photoemission from a perovskite oxide [J]. Nature, 2023, 617：493-498.

[56] Hou X Q, Qin H Y, Peng X G. Enhancing dielectric screening for auger suppression in CdSe/CdS quantum dots by epitaxial growth of ZnS shell[J]. Nano Letters, 2021, 21(9)：3871-3878.

[57] Kojima A, Teshima K, Shirai Y, et al. Organometal halide perovskites as visible-light sensitizers for photovoltaic cells[J]. Journal of the American Chemical Society, 2009, 131(17)：6050-6051.

[58] Lim J, Park M, Bae W K, et al. Highly efficient cadmium-free quantum dot light-emitting diodes enabled by the direct formation of excitons within InP@ ZnSeS quantum dots[J]. ACS Nano, 2013, 7 (10)：9019-9026.

[59] Song J, Li J, Li X, et al. Quantum dot light-emitting diodes based on inorganic perovskite cesium lead halides (CsPbX$_3$)[J]. Advanced Materials, 2015, 27(44)：7162-7167.

[60] Li X, Wu Y, Zhang S, et al. CsPbX$_3$ quantum dots for lighting and displays：room - temperature synthesis, photoluminescence superiorities, underlying origins and white light - emitting diodes[J]. Advanced Functional Materials, 2016, 26(15)：2435-2445.

[61] Li J, Xu L, Wang T, et al. 50-Fold EQE improvement up to 6.27% of solution-processed all-inorganic perovskite CsPbBr$_3$ QLEDs via surface ligand density control[J]. Advanced Materials, 2017, 29 (5)：1603885.

[62] Wadsworth A, Hamid Z, Kosco J, et al. The bulk heterojunction in organic photovoltaic, photodetector, and photocatalytic applications[J]. Advanced Materials, 2020, 32(38)：2001763.

[63] Tan C, Wang H, Zhu X, et al. A self-powered photovoltaic photodetector based on a lateral WSe$_2$-WSe$_2$ homojunction[J]. ACS Applied Materials & Interfaces, 2020, 12(40)：44934-44942.

[64] Won U Y, Lee B H, Kim Y R, et al. Efficient photovoltaic effect in graphene/h-BN/silicon heterostructure self-powered photodetector[J]. Nano Research, 2021, 14：1967-1972.

[65] Kim S, Maassen J, Lee J, et al. Interstitial Mo-assisted photovoltaic effect in multilayer MoSe$_2$ phototransistors[J]. Advanced Materials, 2018, 30(12)：1705542.

[66] Shin G H, Park C, Lee K J, et al. Ultrasensitive phototransistor based on WSe$_2$-MoS$_2$ van der Waals heterojunction[J]. Nano Letters, 2020, 20(8)：5741-5748.

[67] Ma J, Wang J, Chen Q, et al. Vertical 1T'-WTe$_2$/WS$_2$ Schottky-barrier phototransistor with polarity-switching behavior[J]. Advanced Electronic Materials, 2024, 10(1)：2300672.

[68] Zuo C T, Bolink H J, Han H W, et al. Advances in perovskite solar cells[J]. Advanced Science, 2016, 3(7)：1500324.